建筑能源应用工程与绿色建筑协同发展研究

主 编 马兴文 张 鑫 张 龙
副主编 李丽霞 穆玉敏 安俊卿

北京工业大学出版社

图书在版编目（CIP）数据

建筑能源应用工程与绿色建筑协同发展研究 / 马兴文，张鑫，张龙主编. — 北京：北京工业大学出版社，2019.10（2021.5 重印）

ISBN 978-7-5639-6318-8

Ⅰ. ①建… Ⅱ. ①马… ②张… ③张… Ⅲ. ①建筑－节能－研究②生态建筑－研究 Ⅳ. ① TU111.4 ② TU-023

中国版本图书馆 CIP 数据核字（2019）第 084000 号

建筑能源应用工程与绿色建筑协同发展研究

主　　编：	马兴文　张　鑫　张　龙
责任编辑：	赵圆萌
封面设计：	点墨轩阁
出版发行：	北京工业大学出版社
	（北京市朝阳区平乐园 100 号　邮编：100124）
	010-67391722（传真）　bgdcbs@sina.com
经销单位：	全国各地新华书店
承印单位：	三河市明华印务有限公司
开　　本：	710 毫米 ×1000 毫米　1/16
印　　张：	24.5
字　　数：	490 千字
版　　次：	2019 年 10 月第 1 版
印　　次：	2021 年 5 月第 2 次印刷
标准书号：	ISBN 978-7-5639-6318-8
定　　价：	99.80 元

版权所有　翻印必究

（如发现印装质量问题，请寄本社发行部调换 010-67391106）

前　言

随着建筑行业的发展，新材料、新设备、新工艺以及新技术不断被投入使用，一批新的施工规范和施工技术相继颁布施行，人们对建设工程新知识的要求也越来越广泛，发展绿色建筑将是建筑业实现节能减排和可持续发展的重要举措。工程建设行业在有效促进经济和社会发展的同时，也带来了巨大的能源消耗和环境污染。国民经济的支柱产业，既要使国民经济又好又快地发展，又要加强能源、资源节约和生态环境保护，增强可持续发展能力。因此，建筑业可持续发展必须满足国民经济又好又快发展的需要，同时也必须符合国家节约资源、能源和生态保护的基本要求。

全书共 10 章内容。第一章为绪论，主要阐述了建筑与绿色建筑再认识、建筑节能的论述、绿色建筑节能新体系以及绿色建筑节能设计相关政策等内容；第二章为能源政策与建筑节能标准法规，主要阐述了世界能源政策法规制定与能源业的发展现状、典型国家和地区的能源政策及其对我国的借鉴意义以及我国的能源政策与建筑节能标准法规等内容；第三章为绿色建筑发展综述，主要阐述了绿色建筑的起源与发展、绿色建筑的评价指标以及绿色建筑的设计标准和国内外绿色建筑标准的发展与现状等内容；第四章为绿色建筑与建筑节能，主要阐述了建筑节能的理念、建筑能源利用以及主动式节能技术和被动式节能技术等内容；第五章为绿色建筑与新能源技术，主要阐述了绿色建筑与可再生能源、绿色建筑与生物质能技术、绿色建筑与风力发电技术、绿色建筑与水力发电技术以及绿色建筑与地热能应用技术和绿色建筑与太阳能光电光热技术等内容；第六章为绿色建筑中的蓄能技术，主要阐述了蓄能空调发展现状与适用范围、冰蓄冷空调系统运行模式与设备以及水蓄冷空调系统的形式与适用范围和蓄热供暖系统的形式与设备等内容；第七章为建筑能源的评价与管理，主要阐述了建筑能源使用的基本情况、建筑能耗分析方法与工具以及建筑能源管理系统等内容；第八章为绿色建筑节能的研究趋势，主要阐述了绿色建筑节能政策的研究现状与趋势、绿色建筑节能设计的研究现状与趋势以及绿色建筑节能技术的研究现状与趋势等内容；第九章为建筑环境末端系统的发展趋势，主要阐述了毛细管网系统在建筑节能中的应用与发展、温湿度独立调节系统技术的发展以及被动式超低能耗建筑及其能源利用等内容；第十章为我国绿色建筑与可再生能源的协同发展，主要阐述了绿色环保建材的发展、城市供热多元化发展以及可再生能源的发展论述和我国绿色建筑发展的战略等内容。其中，马兴文负责本书11万字的编写工作；张鑫负责本书11万字的编写工作；张龙负责本书10万字的编写工作；德州市建筑规划勘察设计研究院的李丽霞、穆玉敏、安俊卿各负责本书6万字的编写工作。

为了保证内容的丰富性与研究的多样性，笔者在编写本书的过程中参阅了很多关于建筑能源应用工程与绿色建筑协同发展等方面的相关文献，在此对这些文献作者表示衷心的感谢。

由于笔者水平有限，加之时间仓促，书中难免有疏漏和不妥之处，恳请广大读者批评指正。

目 录

第一章 绪 论 …………………………………………………………… 1
　第一节　建筑与绿色建筑再认识 …………………………………… 1
　第二节　建筑节能的论述 …………………………………………… 12
　第三节　绿色建筑节能新体系 ……………………………………… 22
　第四节　绿色建筑节能设计相关政策 ……………………………… 29

第二章 能源政策与建筑节能标准法规 ………………………………… 37
　第一节　世界能源政策法规制定与能源业的发展现状 …………… 37
　第二节　典型国家和地区的能源政策及其对我国的借鉴意义 …… 39
　第三节　我国的能源政策与建筑节能标准法规 …………………… 54
　第四节　建筑节能评价方法 ………………………………………… 71

第三章 绿色建筑发展综述 ……………………………………………… 77
　第一节　绿色建筑的起源与发展 …………………………………… 77
　第二节　绿色建筑的评价指标 ……………………………………… 86
　第三节　绿色建筑的设计标准 ……………………………………… 106
　第四节　国内外绿色建筑标准的发展与现状 ……………………… 118

第四章 绿色建筑与建筑节能 …………………………………………… 131
　第一节　建筑节能的理念 …………………………………………… 131
　第二节　建筑能源利用 ……………………………………………… 144
　第三节　主动式节能技术 …………………………………………… 148
　第四节　被动式节能技术 …………………………………………… 156

第五章 绿色建筑与新能源技术 ………………………………………… 171
　第一节　绿色建筑与可再生能源 …………………………………… 171
　第二节　绿色建筑与生物质能技术 ………………………………… 219

  第三节 绿色建筑与风力发电技术 …………………………………… 255
  第四节 绿色建筑与水力发电技术 …………………………………… 262
  第五节 绿色建筑与地热能应用技术 ………………………………… 276
  第六节 绿色建筑与太阳能光电光热技术 …………………………… 282

第六章 绿色建筑中的蓄能技术 ………………………………………… 299
  第一节 蓄能空调发展现状与适用范围 ……………………………… 299
  第二节 冰蓄冷空调系统运行模式与设备 …………………………… 302
  第三节 水蓄冷空调系统的形式与适用范围 ………………………… 308
  第四节 蓄热供暖系统的形式与设备 ………………………………… 310

第七章 建筑能源的评价与管理 ……………………………………………… 313
  第一节 建筑能源使用的基本情况 …………………………………… 313
  第二节 建筑能耗分析方法与工具 …………………………………… 314
  第三节 建筑能源管理系统 …………………………………………… 318

第八章 绿色建筑节能的研究趋势 …………………………………………… 333
  第一节 绿色建筑节能政策的研究现状与趋势 …………………… 333
  第二节 绿色建筑节能设计的研究现状与趋势 …………………… 337
  第三节 绿色建筑节能技术的研究现状与趋势 …………………… 339

第九章 建筑环境末端系统的发展趋势 ……………………………………… 345
  第一节 毛细管网系统在建筑节能中的应用与发展 …………… 345
  第二节 温湿度独立调节系统技术的发展 ………………………… 351
  第三节 被动式超低能耗建筑及其能源利用 ……………………… 353

第十章 我国绿色建筑与可再生能源的协同发展 …………………………… 357
  第一节 绿色环保建材的发展 ………………………………………… 357
  第二节 城市供热多元化发展 ………………………………………… 366
  第三节 可再生能源的发展论述 ……………………………………… 371
  第四节 我国绿色建筑发展的战略 …………………………………… 376

参考文献 ……………………………………………………………………………… 383

第一章 绪 论

随着社会经济的飞速发展以及人口的不断增加，我国的城市化建设也加快了步伐，建筑业的产业规模不断扩大，并且已经成为我国经济发展的主要支柱之一。由于建筑过程及建筑物消费过程都是耗能"大户"，由此所带来的生态问题日益严重，也越来越受到人们的重视，社会上对建筑绿色化的呼声越来越高，与此相关的节能建筑、环境友好建筑、可持续建筑、生态建筑、绿色建筑等相关概念不断涌现。

第一节 建筑与绿色建筑再认识

一、建筑概述

（一）建筑的内涵

建筑一般包括两部分内容：修建和建筑物。修建是指兴建建筑物或其基本建设的过程；建筑物是指人们用泥土、砖、瓦、石材、木材、钢材（包括各种型材）、玻璃、芦苇、塑料、冰块等一切可以利用的建筑材料，建造的一种供人居住和使用的空间场所，如住宅、办公室、桥梁、体育馆、窑洞、水塔、寺庙等。可以说，修建过程的内容是极其丰富的，所使用的建筑材料也是丰富多彩的，所建造的建筑物的形式也是多种多样、应有尽有的。

一方面，由于建筑内容涉及生产、流通、分配和消费各个领域，建筑文化及其影响也渗透到人类生活的各个层面，建筑不仅仅为人类建造和提供了一个生活、办公的场所，它还是文化传承的重要载体；另一方面各个国家、民族、区域等在不同的历史发展时期，由于文化、技术水平、资源状况、风土人情等有诸多不同，建筑也可谓"色彩斑斓"乃至"千奇百怪"。建筑的目的是获得建筑物所形成的"空间形式"或"空间内容"，从这个意义上讲，园林也是建筑的一部分。

每当人们提起建筑一词，通常指的是建筑物本身。但从建筑能源消耗的角度来讲，由于建筑物能源消耗不仅停留在其使用阶段，其设计和建造过程等各个环节同样涉及大量的能源消耗方面的问题；同时，在人们对建筑物消费环境越来越重视的今天，建筑物是无法脱离周边环境而孤立存在的。

因此，需要特别强调，建筑不仅包括上述的修建过程和建筑物及其环境，还包括之前的设计、建造过程以及建筑运行消费过程的各个环节。也就是说，涉及的节能建筑、生态建筑、低碳建筑和绿色建筑，其研究领域都应该归于建筑原始的含义，即建筑是建前设计、修建过程、建筑物及环境、建筑物运行（或消费）过程所涉及的一系列辅助设施（如排水系统、园林等）等建筑内容与形式的组合。

然而，无论建筑概念内涵多么广泛，古罗马建筑家维特鲁威在其经典名著《建筑十书》中所提出的"坚固、实用、美观"这三个建筑（物）标准一直影响着后世建筑学的发展，也必将继续影响着建筑事业的可持续发展以及绿色建筑的发展与推广。

（二）一般建筑的特征与问题

这里的一般建筑是指目前一般意义上的、大量存在的、普普通通的建筑。目前，尽管在一般建筑中也存在或包含了具有不同形态、不同等级（或级别）或含有一些绿色因子或成分（节能、低碳、环保等）的建筑，如人们常说的可持续性建筑、节能建筑、生态建筑、低碳建筑、环境友好建筑等，但我们必须承认，目前我国一般建筑大多在可持续性、节能性、生态性、低碳性、环境友好性、绿色性能方面都较低，也可以说，我国一般建筑的绿色化空间十分巨大。因此，讨论一般建筑的内涵及特点，对于积极实践一般建筑的绿色化问题具有指导作用。

按照马斯洛需要层次理论，我国的一般建筑从整体上来说，大部分还处于满足基本生活与生产需要的基本生理需要状态，对于安全需要，尤其是对归属与爱的需要、尊重需要、自我价值实现的需要等高层次需要，与发达国家相比还有一定的差距，还有一段艰难的路要走。目前，一般建筑的特征及存在的问题主要涉及以下六个方面。

1. 通风、采光效果欠佳

开发商为了降低成本，或为了尽可能多地开发出独立的套房，或为了在有限的土地资源上尽可能多地开发出楼盘，或为了增加建筑面积，楼层数普遍较高或楼间距较小，或没有开放式凉台；使用者为了增加使用面积，采用封闭式凉台。总之，以上做法致使在设计上与自然环境隔离，尤其是经过节能改造的老房子，为了保证或提高节能效果，要求建筑物本身具有更好的密封性，造成室内外空气交换不畅，普遍通风、采光效果欠佳。

2. 重表面轻内在

重表面轻内在即过分重视外形、外观，而忽视建筑物的内在品质。一般建筑可以说是一种高档耐用的消费商品。开发商往往把追求批量化、低成本建设放在首位，使得对诸多楼盘过分注重外表，在外立面、造型方面下大功夫，而对建筑物内在品质上用心不够，致使诸多建筑物"短寿"。20世纪80、90年代建造的房子，不到20年就问题百出。有资料显示，中国的建筑平均寿命是25～30年；而发达国家的建筑，如英国，平均寿命达到了132年，美国的建筑平均寿命也达到了74年。仇保兴先生在第六届国际绿色建筑与建筑节能大会上提到，我国是世界上每年新建建筑量最大的国家，每年有20亿 m^2 新建面积，相当于消耗了全世界40%的水泥和钢材，而只能持续25～30年。英文版《中国日报》曾报道，每年中国消耗全球一半的钢铁和水泥用于建筑业，一方面产生了巨大建筑废弃物；另一方面，建筑寿命短，也加大了拆迁量，造成了很多不必要的人力、物力、财力的浪费和资源、环境的破坏。

3. 忽视与周边环境的协调性

有些一般建筑由于过分地追求"新、奇、特"或"大、洋、贵"，或追求标志效应，较少考虑与周围环境的协调问题，导致诸多建筑物建成之后与周围环境不协调；有些对周围环境造成极其不良的影响，如影响周边建筑物居民的采光、通风等，甚至有些对周边环境造成污染或破坏。如果一味追求"新、奇、特"或"大、洋、贵"，或标志效应，必将导致一系列"短视"行为与现象，更加加剧建筑物的"短寿"现象。

4. 资源浪费严重

我国一般建筑中的普通建筑能耗非常大。一是在建造环节，房地产开发商更多关注建设速度，但是否节能很少考虑，从而造成了能源消耗量的增大，即便是节能建筑，由于节能技术和材料的落后，其节能效果与国外先进水平相比仍然存在很大差距。二是在使用环节，一般建筑初期建造成本低，但建成后运行成本较高，尤其是建筑运行的能源消耗较大，包括水电、取暖、纳凉、设备维修及更新等费用不断增加。

5. 不利于废弃物的回收

一般建筑中的节能建筑和环境友好建筑仅仅考虑建筑物本身的环境友好性，而对建筑全生命周期内产生的建筑垃圾与废弃物进行有效处理的较少，无论是建造企业还是社会废旧物资回收部门，目前都没能提供切实有效的回收方案。另外，由于一般建筑用材大量采用不可再生的水泥硅酸盐材料，而且建筑解体后其将变成难以循环再利用的废弃物，既浪费了资源，又对环境造成了较大的压力。因此，当前许多发达国家都在研究如何尽可能地降低水泥制品的用量。

6. 缺乏地方特色

一般建筑材料单一、形式单调。随着建筑设计生产和用材的标准化、产业化，大江南北建筑的形式雷同，造就了"千城一面"，形成了"钢筋水泥的丛林"，弱化了建筑作为文化载体的作用，失去了地域特色，无法展现地域文化的内涵。

（三）建筑异化与建筑消费异化

审视现代社会中现代人的消费观念及其行为或消费现象，赶时髦、攀比、没有计划、不自量力、盲从广告等，与真正的需要有较大的差距，由此所造成的无意识、有意识"浪费"等消费异化现象可以说比比皆是，使得"消费主义"盛行，不仅充斥着物质方面的消费，还盛行对青春、年华的异化消费。在将建筑作为商品的现代社会，建筑异化及其消费异化现象不可避免，而且有愈演愈烈之势。研究建筑异化与建筑消费异化，尤其是思考和探讨营销观念与建筑异化、建筑消费异化之间的相互关系，对建筑业的绿色化发展与推广，具有现实的指导意义。

1. 异化与建筑异化

（1）异化及其必然性

异化一词源自拉丁文，有转让、疏远、脱离等意。简单地说，异化就是把自己变成非己，或把相似或相同的事物逐渐变得不相似或不相同，或将同类事物演变成不同类的事物。异化的哲学和社会学意义的解释为：当主体事物发展到了一定阶段，分裂出自己的对立面，变成了外在的异己力量，或指将自己拥有的东西转化成同自己对立的东西。诠释哲学和社会学上的异化概念，其所反映的实质内容，在不同历史时期，不同的学者有不同的解释。马克思主义观点认为，异化是人的生产及其产品反过来统治人的一种社会现象。

其产生的主要根源是私有制，最终根源是社会分工固定化。在异化中，人丧失了能动性，人的个性不能全面发展，只能片面甚至畸形发展。当代作家殷谦先生在《棒喝时代》一书中说过，现在的很多人，就是被外在的异化力量主宰着，人们无奈地顺从它的摆布，因为人们没有能力或者说没有自由拒绝它的奴役。

阮思余在《结构性异化：异化现象在转型中国全面开花》一文中指出，从异化观点考察当代生活，不难发现，人们生活在一个异化的世界里。异化已经渗透到生活的每一个角落，难以逃避。今日之异化现象，涉及政治、经济、社会、思想诸领域，包括政治制度的异化（如官僚体系的异化等）、经济生活的异化（如房地产业的异化等）、社会生活的异化（如工作就业的异化等）、思想文化的异化（如讲真话的异化等）等。

按照马克思观点思考，异化具有必然性。也就是说，在全球经济私有制、社会分工比较固定化的今天，异化及其现状普遍存在于各行各业，具有必然性。即现在大多数人都被外在的异化力量主宰着，既无奈又乐在其中地被其奴役、摆布，有其必然性。

（2）建筑异化及其演变

20世纪80年代初，邓小平同志提出了改革城镇住房制度、加快城镇住房建设的设想，中国开始了以推行住房商品化、社会化为目标的城镇住房制度改革，由此，城镇住房商品化改革迅猛推进；1994年7月，国务院颁发《关于深化城镇住房制度改革的决定》，要求建立与社会主义市场经济相适应的新的城镇住宅制度，实现住宅商品化、社会化；1996年，建设部（现为住房和城乡建设部）提出"把住宅建设培育成国民经济新的增长点"。此后，房地产业开始在中国经济发展大舞台上崭露头角。经过多年的努力，中国房地产行业有了长足的发展，尤其在科学技术、管理水平方面都取得了一定的成绩，但建筑异化及建筑消费异化现象不容忽视。

投资、增值是目前促进中国建筑消费异化的催化剂。建筑作为一种特殊商品，营销活动对其异化的促进可谓起到了很大作用。房地产开发商在建筑营销过程中，对建筑异化的促进可概括为以下两个方面。

一是营销活动本身的异化。

营销的核心是交换，建筑营销交换的目的是满足建筑消费者的住房利益。客观地讲，商业是一种交换行为，在商言商在满足消费者住房利益的过程中实现交换，赢得合理的利润是很正常的事情。在市场经济条件下，正是由于建筑开发商、建筑设计师、房企的存在，通过交换人们才有更好的房子住，更好的、色彩斑斓的、丰富多彩的甚至是不朽的建筑才能屹立于世。但是，如果房企单纯把追求企业自身短期、局部甚至是眼前盈利最大化，并在市场推广战略与策略的营销活动中，为了卖出建筑产品、扩大销售量，不惜"花言巧语"诱导消费者，甚至大搞欺骗性促销等活动，把投机取巧、无商不奸奉为经营哲学，甚至把这种极端的唯利是图的自私行为视为正常，就会导致一系列严重的后果：①加剧房企与建筑消费者之间的矛盾；②由于整体建筑质量不高，加剧社会的不安全因素；③加剧社会诚信缺失的现象；④因房产开发的无序，加剧生态的失衡。

目前，中国房地产市场还不太规范，制度建设与执行层面都不太健全，从业者道德素质良莠不齐，很多扰乱市场行为的现象在所难免，这也更加印证了无商不奸的说法。但如果把无商不奸这种异化的商业思想奉为其经营哲学，则说明这个社会整体异化了，这种社会将不会和谐。

二是由营销活动异化催生并加速了建筑消费异化。

由于开发商在营销推广活动中，片面理解和满足购房者的短期、局部利益与价值的需要和欲望开发出了不少质量不高的建筑产品，包括服务产品，甚至片面诱导消费者，加剧了消费者的短期利益和欲望，由此也催生和加速了建筑消费异化。认识建筑异化和建筑消费异化现象及其危害，有利于树立可持续发展的绿色建筑营销观，也有利于绿色建筑的发展与推广。

2. 建筑消费异化及其与营销活动的关系

（1）建筑消费异化

戚海峰在《论市场营销与消费的异化》一文中讨论了消费性质及其随着社会经济的发展所出现的异化现象。从人与自然的关系考察，建筑消费性质非常简单，就是满足人类住的消费需要，当然这里说的住的消费需要是全方位的。但是，建筑消费性质随着社会、经济的发展而不断演变，出现了不同程度的异化。在生产力比较低下、建筑产品单一的经济体制下，建筑消费对生产及社会的影响很小，主要是满足消费者自身住的需要。随着经济多样化，建筑消费逐渐成为房企实现利润、消费者投资的目标，成为政府调节经济的有效手段之一，建筑消费性质随之发生变化，逐渐成为目的与手段的统一体。

目前，在经济学研究领域，消费是其研究的重点内容之一。无论是"消费不足"还是"有效需求不足"理论，都主张通过增加需求与消费，达到生产扩大、经济增长的目的，建筑消费也不例外。如果房企从自身获利、消费者需求满足、社会真正发展"三赢"的角度考虑，则这是值得鼓励的经济现象；但如果房企一味地把实现自身盈利最大化作为唯一目标，并大量创造与消费者实际需求相背离、也不利于可持续发展的建筑，或通过一定的所谓营销策略及诱导措施，刺激、诱导消费者购买与消费，则这就是一种建筑消费的异化现象。在人们对消费建筑商品的目的与其自身合理需要产生偏离的同时，消费者消费心理、消费观念、消费方式（如拜物主义）等一系列内容都将产生一定程度的异化现象，对真正提高人们的生活品质和保护自然环境与资源以及走可持续消费道路形成阻碍。

（2）营销活动对建筑消费异化的促进

营销推广活动对建筑消费观念的影响是双重的。不当的营销活动可能对建筑消费异化起加速作用，具体表现为建筑消费思想的异化和建筑消费模式的异化。

建筑营销活动对建筑消费思想的影响表现为促进了消费主义向大众化蔓延。消费主义表现为现实生活层面上的大众高消费，它常常是由企业及其附属的大众传媒通过广告或其他文化、艺术形式推销给大众的。这种价值观鼓励高消费，尤其把消费商品的数量作为较高生活质量的标志，作为公民对繁荣经济的贡献以及对国家或社会的责任。这种消费思想认为，消费不是目的，是向他人表明经济实力、权力地位，博得荣誉或获得自我满足的一种手段。消费主义在西方发达国家普遍存在，目前，正在向不发达国家蔓延。营销活动促进了消费主义向大众化趋势蔓延。营销活动的普遍性与广泛性，极大地刺激了人们的建筑消费欲望，包括投资欲望；同时，科学技术为营销活动带来的影响（如使大部分建筑材料及产品生命周期缩短），进一步加剧了消费主义大众化的促进作用；再者，银行业营销观念的普及与推广（如分期付款方式）导致超前消费，也加速了建筑消费主义大众化的蔓延。

营销活动能够大规模创造建筑消费需求，其主要表现是，它通过各种促销方式（如广告），把某种象征意义与文化价值赋予产品（品牌），将其价值属性、象征、意义、文化等巧妙地融合在一起，使建筑营销或销售的根本意义在于对产品象征意义与消费价值观念的创造与推广。这种品牌象征意义的创造与建筑推广具有双重性，如果单纯地将这种创造及过程中的手段化变成人们追求的目的，将加速建筑消费异化，尤其是信息传递技术的不断变化加之企业大众化营销策略或技巧的日益艺术化，使得建筑营销对消费者需求与消费的影响、控制的力量将越来越强，不少消费者尤其是年轻消费者就是跟着广告消费。

建筑营销活动对建筑消费模式的影响表现为加剧了消费与真正需要的背

离程度，以及消费结构的倾斜性。一方面，以追求高消费为动力的建筑消费生产，只是建筑企业扩大利润的需要。建筑企业仅仅是为利润制造建筑消费品，为利润创造需求。这里的建筑消费需要不是人们真正的需要，也不是社会长远利益的需要。因此，建筑企业在人为地制造并满足消费需求的过程中，通过创造"消费时尚"来诱导建筑消费者接受自己实际上可能并不需要的产品，并通过赊购、分期付款等促销手段，促使建筑消费者超前消费。这种诱导行为形成了大众对消费时尚的普遍需求，对许多基本需求之外"欲求"的需求，并在广告诱导下使消费者按照营销者设计的消费方式进行背离其自身真正需要的消费。另一方面，营销通过控制消费，把消费者引向"拜物"方向，使建筑消费者在建筑异化消费中认识不到自己的真正需求是什么，导致畸形的建筑消费结构，即物质建筑消费与精神建筑消费的严重不对称。

从营销对消费异化促进的过程分析来看，营销对消费异化的影响，尤其是大众消费主义及其支配下的非理性消费模式起到了极大的促进和强化作用。这是导致物欲横流、消费者精神空虚、自然环境污染和资源浪费等现象泛滥的根源之一。

（3）营销活动对"共生共赢"的建筑消费观念的引导

营销推广活动对建筑消费观念的影响是双重的。合理的营销活动则有利于"共生共赢"的建筑消费观念与消费模式的形成。营销活动对建筑消费异化的促进作用与营销者追求目标的"自私性"分不开。目前，现代建筑企业已经认识到伦理与道德因素在经济活动中的重要性。尽管伦理与道德永远不能取代利润的核心地位，不能彻底消除营销活动对消费异化的作用，但通过建筑营销活动来引导异化了的建筑消费朝"共生共赢"方向的演变将具有重要的积极作用。

新时期已经对建筑消费领域和建筑营销领域提出了新的要求。建筑绿色化消费与建筑绿色化营销的鼓声已敲响，即建筑企业运用营销工具，以防止环境污染、减少资源耗费为出发点，进行建筑目标市场选择与定位，进行建筑产品的研发、生产、定价、分销与促销和服务。这种建筑绿色营销活动的实施有利于实现全社会的"共生共赢"的经济发展。绿色建筑营销观念的顺利贯彻与实施，能够引导国民消费从一味追求建筑物质消费，转向健康、精神、教育和文化的消费，促使建筑消费需求向健康性、科学性、知识性、精神性等方向发展。

建筑消费需求与建筑消费模式的变化，影响并决定着建筑消费领域和生产领域以及市场营销活动的内容。建筑市场营销作为连接建筑消费与建筑生产的桥梁,对创造和引导有利于"共生共赢"的建筑消费需求具有重要的作用。

不"合道"（合乎道德）的建筑营销观念及营销策略的不适当运用,催化了建筑消费异化;同样,"合道"的建筑营销观念及营销策略的适当运用,将是减少或消除建筑消费异化的催化剂。如果建筑企业具备真正为满足消费者长远利益着想的营销观念与营销行为,同样会把已经异化了的建筑消费思想和消费模式,朝着有益于可持续建筑消费的方向演变。

二、绿色建筑概述

一般建筑往往局限于修建过程及建筑物本身,无论是修建过程还是建筑物本身,都不太考虑相关资源的消耗及对环境的影响,只关注其本身的成本及所谓的"实际性"。联合国《21世纪议程》指出,可持续发展应考虑环境、社会和经济三方面内容。结合可持续建筑的定义,可以认为低能耗、零能耗建筑属于可持续建筑发展的第一阶段;环境友好建筑属于可持续建筑发展的第二阶段;而生态建筑、绿色建筑属于可持续建筑发展的第三阶段。

（一）绿色建筑的概念

根据《绿色建筑评价标准》（GB/T 50378—2019）（现已被GB/T 50378—2019替代）的定义,绿色建筑是指在全寿命周期内,最大限度地节约资源（节能、节地、节水、节材）、保护环境、减少污染,为人们提供健康、适用和高效的使用空间,与自然和谐共生的建筑。通过定义可知,目前我国的绿色建筑理念已经从单纯的节能走向"四节、一环保、一运营"（节能、节地、节水、节材、环境保护和运营管理）、全寿命周期的综合理念上来。目前学术界、政府与市场对绿色建筑已经基本达成一致,其定义与理论已经明确,绿色建筑开始进入高速发展期。绿色建筑的内涵主要包括以下三个方面。

①绿色建筑的目标是建筑、自然以及使用建筑的人三方的和谐。绿色建筑与人、自然的和谐体现在其功能是提供健康、适用和高效的使用空间,并与自然和谐共生。健康代表以人为本,满足人们的使用需求;适用代表在满足功能的前提下尽可能节约资源,不奢侈浪费,不过于追求豪华;高效代表资源能源的合理利用,同时减少二氧化碳排放和环境污染。绿色建筑以人、建筑和自然环境的协调发展为目标,在利用天然条件和人工手段创造良好、健康的居住环境的同时,尽可能地控制和减少对自然环境的使用和破坏,充分体现向大自然的索取和回报之间的平衡。

②绿色建筑注重节约资源和保护环境。绿色建筑强调在全生命周期，特别是运行阶段减少资源消耗（主要是指能源和水的消耗），并保护环境、减少温室气体排放和环境污染。

③绿色建筑涉及建筑全生命周期，包括物料生成、施工、运行和拆除四个阶段，但重点是运行阶段。绿色建筑强调的是全生命周期实现建筑与人、自然的和谐，减少资源消耗和保护环境。实现绿色建筑的关键环节在于绿色建筑的设计和运营维护。

绿色建筑概念的提出只是绿色建筑发展的开始，它是一个高度复杂的系统工程，它在实践中的推广还需要靠一套完整的评价体系。绿色建筑全寿命周期，可以理解为从项目的立项到建筑的最长使用寿命这段时间，而决定建筑耗能高低的因素主要是设计和施工，因此，绿色设计和绿色施工就应运而生，运用绿色的观念和方式进行建筑的规划、设计开发、使用和管理。而给人们提供一个健康、舒适的办公和生活场所并不与节约资源相冲突，并不是强调节约资源要以牺牲人类使用的舒适度为代价，这里的节约资源是指高效地利用资源，即能源利用效率的提高。

绿色建筑的发展离不开技术的提高，绿色建筑本身也代表了一系列新技术和新材料的应用。传统的建筑技术无法满足绿色建筑的发展要求，这就需要我们更多地开发新型绿色技术，通过各个专业的紧密联系，用全新的设计理念对绿色建筑全寿命周期进行设计。由于绿色建筑需要我们在各方面约束自己的行为，如节水、节能等，这些不仅是技术问题，更是个人意识问题。随着社会的高速发展，生活质量的提高，人们更多关注居住空间的舒适度和自身健康问题，这就要求从业者要以满足人们需求为前提，全方位推动绿色建筑的发展。绿色建筑是一个全面的总的概念，它涉及建筑材料的生产、建筑的设计、施工以及使用，包含了人的观念、生产的观念、消费的观念、生活方式的观念、价值的观念等内容。绿色建筑的推广，除了能帮助人类应对环境与经济的挑战，减少温室气体的排放，还能缩小建筑物全寿命周期的碳足迹。绿色建筑将是建筑行业未来的发展方向，具有不可估量的潜力与前景。

（二）绿色建筑的社会建设

我国现阶段，由于一般建筑落后的技术和粗放的生产方式导致资源消耗较高，资源的循环利用率低，较国际先进水平要耗费更多的自然资源。例如，目前我国大多数家庭使用的卫生洁具的耗水量高出发达国家的30%以上，城市污水处理后的回用率仅为发达国家的1/4。据统计，全国实心黏土砖厂占地450万亩，每年毁田95万亩，耗能1亿多t标准煤；而苏联早在20世纪80年代初生产的黏土砖在墙体材料中的比重就已下降到了37.9%；美国和日本黏土砖的使用比例分别在15%和3%以下。由于我国建筑用钢材和水泥的强度较低，与发达国家相比钢材消耗高出10%～25%，每拌和1 m³混凝土要多消耗80 kg水泥，另有"短命建筑"在各地频现，并成为公众关注的焦点。

自2000年绿色建筑概念引入我国以来，建设部等相关机构积极倡导推行绿色建筑，并已经初见成效，并制定、颁布了一系列有关绿色建筑的相关文件。总的来讲，我国绿色建筑的设计理念遵循以下原则：一是节约能源，即充分利用太阳能等清洁能源和可再生能源，采用节能的建筑维护结构来控制室内空气温度的调节，降低对化石能源的消耗与依赖；二是节约资源，即在建筑设计、建造和建筑材料的选择中，考虑资源的合理使用和处置，尽量使用当地的可循环利用建筑材料，设计雨水、中水收集系统等节水设施、器具；三是回归自然，即绿色建筑外观充分考虑与周边环境相融合，采用适应当地气候条件的平面形式及总体布局，做到和谐一致、动静互补，实现"天人合一"；四是营造舒适健康的生活环境，即建筑内部使用无害的装修材料，保持室内空气清新，令使用者感觉舒适、愉快。

随着我国"建设资源节约型和环境友好型社会"目标的提出，绿色建筑已经成为当今建筑业追捧的热点。同时，综合一般建筑和绿色建筑的特点，可以看出，大力发展与推广绿色建筑，不仅可以更好地满足使用者的需求，更能符合循环经济和可持续发展建筑观的要求，也是构建环境友好型和谐社会的必由之路。

（三）绿色建筑的评价

如今纵观绿色建筑理念及践行发展轨迹，其成熟的标志性运行模式是诸多国家和地区都相应建立了各具特色的绿色建筑评估与评价体系或系统。例如，1990年英国的建筑研究院环境评估方法（Building Research Establishment Environmental Assessment Method，BREEAM），是英国首创的绿色建筑评价体系，开创了让绿色建筑"有据可依"的先河，它的体系构成和运作模式成为许多不同国家和研究机构建立自己绿色建筑评估体系的范本。日本的建筑环境效率的综合评价系统（Comprehensive Assessment System for Building Environmental Efficiency，CASBEE）、美国的能源与环境设计先锋（Leadership in Energy and Environmental Design，LEED）是目前在世界各国的各类建筑环境保护评估、绿色建筑评估以及建筑可持续性评估标准中被认为是最完善、最有影响力的评估标准。

还有加拿大的绿色建筑评估体系 GB Tool、德国的生态导则 DGNB、澳大利亚的建筑环境评价体系 NABERS、挪威的 ECK Priofik、法国的 ESCALE。相比之下，德国、法国、挪威、芬兰等国家的绿色建筑评价体系起步较晚，无论是完善程度还是影响力都不及英国、日本、美国。

没有最好，只有更好。由于受到知识和技术的制约，各国关于绿色建筑评价体系也存在一定的局限性：一是某些评价因素较简单化，许多社会和文化方面的因素难以确定其评价指标，量化更是不易；二是可操作性不强，灵活性和扩展性差；三是评价工作量大，庞大的指标体系不易管理，各国评价体系不利于广泛地进行交流共享。因此，进一步完善绿色建筑评价指标体系尤其是增强可操作性和实用性还需进一步努力与完善。

第二节 建筑节能的论述

一、建筑节能的基本概念

建筑节能是探讨以满足建筑热环境和保护人居环境为目的，通过建筑设计手段改善建筑围护结构的热工性能，充分利用非常规能源，使建筑达到可持续发展的应用研究科学。随着经济生活水平的提高和科学技术的飞速发展，人们对居住质量（建筑功能合理、建筑设备齐全、室内外环境条件舒适等）越来越重视，要求建筑师在进行艺术创作的同时，更应科学、实用、有远见卓识地开展建筑创作活动。

建筑节能成为世界建筑界共同关注的课题，并由此形成关于建筑节能定义的争论，一般来讲，其概念有三个基本层次：最初称为"建筑节能"；不久又改为"在建筑中保持能源"，即减少建筑中能量的散失；目前普遍地称为"提高建筑中的能源利用效率"，即主动、积极地节省能源消耗，提高其利用效率。我国建筑界对第三层次的节能概念有较一致的看法，即在建筑中合理地使用和有效地利用能源，不断提高能源的利用效率。

由此，建筑师率先在建筑设计领域充分尊重能源的有效利用，通过建筑设计手段达到提高能源利用效率的目的，建筑节能成为建筑学中关于环境保护、建筑可持续发展的首要设计。

目前，建筑设计可以借助于先进的科技成果来改善建筑的居住质量，但以建筑热环境而言，能源问题的提出，使建筑设计再也不能仅靠消耗有限的常规能源（煤、电、石油气等）来换取舒适的热环境了，建筑开始回到自然中来，向自然要能源，在设计中挖掘能源，建筑节能已刻不容缓地摆在建筑师的面前。

二、建筑节能的途径

（一）确定新建建筑节能标准

国外的节能经验表明，法律法规和强制性标准是建筑节能得以开展的依据。因此通过国家立法和颁布相关法规，确定新建建筑节能相关标准，并保证其法律地位，是保证建筑节能制度。

2006年，我国颁布了《绿色建筑评价标准》（GB/T 50378—2014），该标准将绿色建筑划分为三个等级：一星级、二星级和三星级。此后，政府又颁布一系列的措施，直到2009年我国的能效测评标识体系才初步建立，目前我国的节能建筑仍不成熟，需要进一步完善。

（二）建筑节能改造

需要指出，国外的建筑节能经验并不能完全适合我国的节能形势。因此，我国不能照搬国外的模式，但是可以学习和借鉴其成功经验，然后根据我国建筑能耗特点，找到适合我国的建筑节能道路。

1. 德国模式

德国的私有住房很少，大部分房屋为住宅建设公司，产权较为单一。这些公司基本上由政府控股，因此建筑节能政策推行的阻力较小。此外，为了推动住宅节能改造，德国政府在建筑改造之前就颁布了一系列的政策法规和经济激励政策，从基本上清除了建筑节能改造的阻力。

经过节能改造后的建筑取得了较为显著的结果。部分地区板式建筑在改造之后能耗指标明显降低，室内外环境也得到明显改善。因此住宅建设公司在改造后提高了租金，但是出租率不但没有降低反而提高了。根据计算建筑节能改造的投资经过12年左右的时间就可回收。同样对用户来说，虽然租金增加了，但房屋的运行费用减少了20%～30%。在总体使用成本仅增加15%左右的前提下，居住质量比改造前有了显著提高。

2. 波兰模式

波兰在建筑节能改造前，基本采用集中供热的方式，城市约有76%的建筑采用集中供热。其中，大城市是以热电联产为热源的方式进行区域供热；小城市则是锅炉房的方式进行区域集中供热；农村集中供热的比例较小，仅占4.7%。

波兰对建筑进行了节能改造，具体措施为：首先，改造建筑围护结构并实行采暖计量收费；其次，改造热源、热网和热用户，控制设备统一进行现代升级，如高效锅炉和换热器等，并采用室内供暖计量及安装控制设备仪表等测量方式。

建筑节能改造通常需要资金支持。首先，波兰在建筑节能改造之前出台了相应的政策与管理，为了推动建筑节能，波兰政府积极制定经济激励政策；其次，金融配套措施到位；最后，各参与方分工明确，热力公司和住房合作社各司其职。

三、建筑节能的社会体系

我国建筑节能事业发展20多年来，尤其近些年来，建筑节能得到了长足的发展，建筑节能呈现全面推进的良好局面，具体表现在以下三个方面。

1. 建筑节能是关系国家命运的重要决定

随着节能减排目标的设定，建筑行业作为能源消耗大户，受到国家的高度重视。"十五"期间，人们提出了建筑节能概念，并要求大力发展节能、研发建筑节能材料、探究建筑节能技术、制定建筑节能标准，从全社会各个方面推行建筑节能政策。建筑节能关系到人们生活生产的各个领域，其能否得到长远发展，将关系到人们居住水平、生活质量、经济发展及和谐社会的发展。

2. 建筑节能法律法规已经初步建立

在过去30多年的时间里，我国已经颁布了以《中华人民共和国节约能源法》（以下简称《节约能源法》）为中心、《民用建筑节能条例》和《民用建筑节能管理规定》为配套的法律法规体系。该法律法规体系保证了我国的建筑节能工作得以有效进行。目前，我国已经形成了报表制度、市场准入制度、节能改造制度、能源运行管理制度、"技术—材料—产品—设备"制度、能效审计和公示制度、能效测评标识制度、绿色建筑认证制度等，初步建成了建筑节能法律体系，从而有助于我国节能工作的顺利开展。但是需要注意的是，这些法律法规还没有能够在全国范围内，不分地域、不分经济发展水平地全面实施。

3.建筑节能政策体系已经初步形成

为了鼓励建筑节能工作的推广，国家相继出台了多元化的财政政策和经济激励政策，主要包括可再生能源的利用，大型公共建筑用能监管体系的建设，以及既有建筑的节能改造等方面。这些财政政策和经济激励政策能够调动居民建筑节能的积极性，从而在全国范围内促进建筑节能工作的开展。

四、建筑节能的策略

（一）新建建筑节能

新建建筑节能的实践主要有两方面：公共建筑和城镇住宅。公共建筑节能最佳实践案例有：国内较早探索绿色生态技术策略并得以实施的山东交通学院图书馆，取得良好节能效果的深圳建科大楼，对推广温湿度独立控制空调理念具有示范作用的深圳招商地产办公楼以及处于我国西北严寒地区的新疆维吾尔自治区中医院。我国现有的公共建筑中能耗最大的往往是空调系统和照明系统，如何节能，设计师需要考虑采光和通风的最优化。天津时代奥城、水晶城住宅示范区、北京山水文园、内蒙古低碳住宅示范区等无不体现了建筑节能的思想。我国在30多年的建筑节能实践中也摸索出了一些经验，各地方部门根据自己本地区的特色也制定了相关标准，如河北唐山市制定并实施了"建筑节能闭合管理程序"强化建筑节能管理，紧抓设计、施工、验收三个环节，节能工作取得了明显的效果。

（二）既有建筑节能改造

以天津已有建筑为例，改造项目为"滨海新区北塘街杨北里"住宅楼。天津市制定"供热企业投资为主，政府补贴为辅"的策略，改造效果极为明显，达到了节能65%的要求。通过节能改造，政府获得了显著的社会效益；供热企业也得到了比较理想的经济效益；居民也节约了部分开支。

天津模式为我国的节能改造探索出了一条道路，这适合大城市的节能改造项目，改造主体投资为主政府补贴为辅。目前我国有不少城市已出台了一些关于节能改造的补贴措施，但对于中小城市来说就不是那么容易了，一方面节能改造不是那么迫切，另一方面也没有那么多的资金投入，依靠居民或企业自主改造，其成果可想而知。

五、建筑节能存在的问题及发展前景

（一）建筑节能存在的问题

为了了解我国建筑节能标准的实施情况以及建筑节能效果，建设部（现为住房和城乡建设部）组织研究人员对我国寒冷地区以及严寒地区的建筑进行了普查。调查结果表明，我国的建筑节能标准推广程度较差，目前能够达到建筑节能标准的建筑仅占调查区城市居住面积的6.5%。因此，建设部对我国的建筑标准现状较为重视，并总结分析了我国建筑节能设计、推广和应用中存在的主要问题。

①居民的建筑节能意识较差。截至目前，除了有少量的居民了解建筑节能之外，其他居住者并不了解建筑节能的重要性与现实意义。其次，我国建筑节能标准并不完善，导致居民将重点放在了建筑外围护结构的传热系数设计上，如新型建筑材料的研究、节能检测项目的开展等并没有受到重视。此外，缺少对建筑节能的量化指标，人们在一个月、一年等时间内的热量冷量使用量，没有基准。

②缺乏财政和经济鼓励政策。虽然建筑节能设计能够提高建筑运营过程中的经济效益，但是节能产品和材料的价格要略高于普通产品。没有国家经济政策的支持，人们很难自发地采用节能产品，进行节能改造。

③缺乏对建筑节能技术的支持。节能技术是建筑节能工作成败的决定性因素，人们很难获得具有先进成熟技术以及质量合格、数量足够的产品。

④缺乏科学完善的用能收费制度。现在的居民建筑供热计价方式取决于家庭居住面积，居民无法自行调控热能使用量，容易造成能源浪费。

（二）建筑节能发展前景

针对我国目前的建筑节能形势，政府必须控制好新建住宅和公共建筑的节能要求，制定更完备的法律法规体系，建立健全监督机构，确保城镇节能工作要做好。城镇节能是底线，农村是以后发展的方向。

①在城镇新建建筑节能和已有建筑节能改造中，政府机构应先行，做到示范作用。国家制定全国性的经济激励政策，有条件的地方，政府可以制定本地区的激励政策，以利益驱动各方节能。同时，加强监督管理，对不符合标准的建筑坚决不予开工建设。

②如果说城市建筑节能已经步入正轨，那么建筑面积占全国50%以上的农村在建筑节能方面可以说是一片空白。已有的农村建筑节能示范工程大

都有其自己的特殊性，对广大农村不具有可复制性，尤其是中西部农村。我国农村地区面积广阔，建筑面积巨大。据统计我国农村地区的建筑能耗为城市地区的 2～3 倍，因此如果能在农村地区开展建筑节能工作，那么必定能够取得显著的成果。同样，也需要认识到农村地区建筑节能工作的难度。首先，国家没有颁布农村建筑节能标准，农村大部分建筑为居民自建建筑，没有经过专门的设计；其次，凭借经验建造，建筑围护结构的热工性能特别差。我国建筑节能工作的重点为农村建筑，结合农村建筑的耗能特点以及资源分布，制定完善的农村节能政策，促进建筑节能工作的全面发展。

绿色建筑包含新建绿色建筑和既有建筑的绿色化改造，我国目前有 500 亿 m^2 既有建筑每年新增 20 亿 m^2 新建建筑，这都将是绿色建筑的广阔空间。

绿色建筑标识分为两种：一种是设计标识，通过工程审查后即可向国家提出申请；另一种是运行标识，建筑物竣工以后运行一年，通过测得一年四季不同气候下的能效数值，达到标准即可得到的标识。截至目前，我国已经认证了 2047 个绿色建筑项目，其中设计标识项目 1924 个，运营标识项目 123 个。绿色建筑标准的适用范围包括住宅建筑和公共建筑。其中，住宅建筑主要是低层、多层、中高层、高层建筑等，而公共建筑主要是指办公楼、商场、图书馆、学校、医院、博物馆、酒店等。

六、建筑节能的技术选择及评价

（一）建筑节能技术选择的相关理论

1. 可持续发展理论

可持续发展理论是建筑业发展模式的必然选择，也是评价政策、技术实施的理论基础。

我国建筑物的设计寿命是 50～70 年，在建造和运行过程中将会消耗大量的能源，并造成环境污染。只有从节能技术应用和政府政策管理两个方面入手，才能在保证提高能源利用效率的同时，不断提高室内舒适性，实现我国国民经济的快速发展和社会可持续发展，保护资源和减少环境污染。可持续发展理念要求我们，在建筑节能技术评价和选择的过程中，首先要把节能技术带来的经济效益和社会及环境效益相结合，即在追求节能技术应用的经济效益最大化的同时，要兼顾节能技术对环境、社会和生态带来的正负效果，争取节能效益的最优化。其次构造基于可持续发展的建筑节能技术选择评价指标体系和方法体系，正确评价建筑节能技术、节能效果，选择出适合项目、利于投资主体节能目标实现的建筑节能技术。同时，保证政府节能标准、激励政策制度的可持续性和公众参与的可持续性，也是保证建筑节能目标实现的两项重大措施。

2. 循环经济理论

循环经济的建筑节能不但把系统范围拓展到建筑生命周期，而且考虑了整个系统内能源资源的再利用和再循环，其目标是使整个建筑生命周期内从生产环节到消费环节对环境的影响最小，资源利用效率最高。在建筑节能技术选择与评价过程中引入循环经济的理念，就是充分利用建筑物自身的功能保持热量并且减少能源消耗，大量开发使用新技术、新材料、可再生能源及新能源，如在符合条件的地方采用太阳能、地热等技术，与常规能源配合使用，逐步达到零排放。避免能源的浪费和损失，用有限的资源和最少的能源消耗换来最大的经济效益、社会效益和环境效益。

3. 综合评价理论

综合评价理论，指对以多属性体系结构描述的对象系统做出全局性、整体性的评价，即对评价对象的全体，根据所给的条件，采用一定的方法给每个评价对象赋予一个评价值，又称评价指数；再据此择优或排序。综合评价的对象系统通常为社会、经济、科技、环境、教育和管理等复杂的系统。为了对节能技术做出最后的决策，需对有关建筑节能技术进行综合性的比较，根据不同节能主体的需求，从多角度对建筑节能技术进行全面、系统的评价，从中选择出一种最佳方案或几种备用方案作为今后工作的实施计划。

4. 生命周期评价理论

生命周期评价方法，是从产品或服务的整个生命周期出发，是一种客观评价产品、过程或活动整个生命周期过程中的环境负荷的方法。该评价方法通过识别和量化所有物质与能量的使用以及环境排放，全面、科学地评价这些消耗和排放造成的环境影响，评估相应的改善环境的体系。

建筑节能最主要的特性是节能，而能源的利用是体现在建筑从设计到建造再到拆除全过程中的，即在建筑的全寿命周期中。生命周期评价包括产品、过程或活动从原材料获取和加工生产、运输、销售、使用、再使用、维修、再循环到最终处置的整个过程。建设项目的生命周期分为建设过程和使用过程。建筑被看作具有一代人乃至几代人可持续使用价值的社会资本，以进行计划、规划、设计、建设、运行和维护管理。建筑物的生命周期大体上分为以下几个过程：①建材生产及供应；②施工建造；③使用运行；④维修更新拆除；⑥废弃物处置。建筑物的能源消耗可分为建造能耗和使用能耗。

（二）建筑节能技术评价方法

建筑节能技术评价方法可以分为国家级和企业级两个方面，其中国家级评价方法是从宏观上研究分析经济、社会、环境和技术的相互关系，旨在分析建筑节能技术多方面的影响，并分析其对未来环境、经济与社会的发展，从而制定出能够控制与引导技术应用的策略，从而提高建筑节能技术效益并避免其带来的危害。与国家级评价方法相比，企业级评价方法更注重节能技术的应用，旨在短期内以最小的经济、环境与社会代价获得最大的利益。建筑节能技术的评级选择试图在国家级和企业级的评价方法上，选择出最有利于建筑节能的方法。

建筑节能技术评价主要包括以下四个步骤：选择价值标准；确定评价内容；建立评价指标体系；选择评价方法。

上述四个步骤是由技术评价目的决定的，评价目的不同，评价内容和方法也就不同。常用的评价方法包括以下几种。

①专家评审法、德尔菲法。

②技术经济评价法、费用—效益分析法、指标公式法、投资回收期法、内部收益率法、净现值法。

③模拟法、线性规划法、动态规划法、相关树法。

④综合评分法、交叉影响矩阵法、网络图法。

建筑技术节能评价从技术可操作性、节约资源、减少环境污染、投入资金等多方面的效果进行综合评价，为建筑节能技术选择提供可靠的判断依据。

（三）建筑节能技术评价影响因素

建筑节能适用技术内涵丰富，种类繁多，节能主体在引进、开发和选择建筑节能技术达到节能目标的时候，要加强技术研究的深度，对技术所需资源、技术应用条件与过程、技术实施效果、技术应用风险等进行全面细致的分析，保证技术实施的效果，降低技术风险。只有当节能技术的各项评价指标都达到预期的目标时，才会对节能技术进行选择和推广。建筑节能技术评价的影响因素主要有以下几方面。

1. 经济效益

经济效益是指人们从事经济活动所获得的劳动成果（产出）与劳动消耗

（投入）的比较。经济承受力，是指该项技术引进及应用能否获得足够的资金支持。采用节能技术势必要增加经济投入，但同时也减少能源浪费，减少环境污染。受利益驱使及经济水平限制，微观节能主体往往不愿采用节能技术。只有当技术使用带来的经济效益大于使用成本，且不超出经济承受能力时，微观节能主体才有可能采用该技术。

2. 技术本身

技术的影响主要体现在先进性、成熟性、配套性。节能主体在选择新技术时，应从项目的节能目标出发，选择可以实现节能目标的技术。同时，这个建设目标的实现是采用旧有技术无法实现或者很难实现或者资源投入过多实现的，而先进技术可以以较少的资源投入而实现。此外，节能技术的应用，需要有很多的配套技术和设备，技术的选择应尽量考虑和旧有技术的相关性，相关性越大技术使用人员掌握技术的时间就越短，技术应用成功的可能性就越大。

3. 环境效益

环境效益是指人类活动所引起的环境质量的变化。环境效益涉及多项内容，需要利用多项指标才能反映环境质量的变化，同时由于环境效益的滞后性，我们很难准确计量环境效益。节能是为了从根本上减少经济活动对生存环境的影响，建筑节能技术的研究不仅要从经济效益角度来考虑节约能耗，更要多考虑环境效益。把微观效益与宏观效益相结合，也要处理好眼前的经济利益与长远环境效益的关系。

4. 社会效益

社会效益是指在项目全寿命周期过程中，人类活动所产生的社会效果。社会效益是从社会角度来评价人类活动的成果；节能技术的社会效益是对就业率、生活水平、文化的提高程度。

（四）建筑节能技术评价原则

建筑节能技术评价指标体系要充分反映节能主体在建筑节能技术选择中的职责。在建立建筑节能技术选择评价指标体系时，要遵守以下的原则。

1. 科学性原则

指标选择的科学合理直接关系到评价质量的准确性。指标选择要有代表性、完整性和系统性，应以生命周期评价理论和环境经济学为基础，要有一定的专业知识，对节能技术进行深入的了解，并结合评价方法进行调整。评价指标的定义要准确、规范，防止发生歧义，定性定量分析相结合，通过综合考核评价，提高评价结果的可靠性。

2. 针对性原则

节能技术具有多样性，技术选择的方式有多种，每一种方式涉及的因素互不相同，因此指标的设计既要体现备选技术方案的共同点，也要服务于侧重点不同的技术方案。

3. 综合择重原则

由于建筑节能技术的多样性和复杂性，节能技术效果的影响因素很多，我们不可能对每一项技术进行评价并得出结论。但是，可以建立一个相对稳定的评价指标体系，一方面要全面反应技术的整体性能和综合情况，另一方面评价指标要有明确的代表性。应注意使指标体系层次结构合理、协调一致，既能反映节能的直接经济效果，又要反映节能的间接社会效果和环境效果。

4. 可操作性原则

建立评价指标体系的目的是为节能主体的建设项目、节能技术选择工作提供支持与帮助。由于参与评价人员的技术等各方面的差异，可能会在评价过程中出现一定的误差，造成评价的错误。因此指标设计既要符合理论要求，又要力求简便明了，需要的信息资料要易于收集，便于利用现有的数据资料，有实际操作的可行性。

5. 可比性原则

技术选择评价是根据系统的整体属性和效果的比较进行排序的，可比性越强，评价结果的可信度越大。评价指标和评价标准的制定要符合客观实际，便于比较。指标间要避免显见的包含关系，隐含的相关关系也要以适当的方法加以消除。不同量纲的指标应该按特定的规则做标准化处理，化为无量纲指标，便于整体综合评价。指标处理中要保持同趋势化，以保证指标间的可比性。

6. 可调节性原则

建筑节能技术的含义是一个动态的概念，由于受到政策、技术发展、经济等环境的影响，在不同的发展阶段及不同地域关注的重点不同，其评价指标的选择及指标权重也不同。因此节能技术的选择要具有可调节性，随着不同时期、时间和地域的变化，评价指标体系的使用要能够根据工程项目的具体情况适时进行调整，以保证评价结果的准确性。

7. 客观性原则

目前建筑节能技术等方面的数据资料不易收集，建筑节能技术评价指标体系中有一定的定性评价指标，而定性指标的定量化方法主要采用专家评定法等，因此带有很强的主观性。这就要求在确定节能选择评价指标体系、选择评价方法时要客观、公正，应尽量避免加入个人的主观意愿。

第三节 绿色建筑节能新体系

一、零能耗建筑概述

（一）零能耗建筑的概念

零能耗建筑的概念最早是由丹麦的艾斯本森（Esbensen）教授在进行太阳能利用试验时提出的。在该试验过程中，艾斯本森教授以丹麦的一栋居住建筑为研究对象，将节能技术切实地应用到了住宅设计中。试验对建筑外围护结构的保温层进行了节能处理，从而使得建筑冬季采暖能耗明显降低。此外，该居住建筑首次采用了太阳能集热器以及具有良好保温性能的蓄水池。经过上述节能技术改造后，建筑的能耗量大幅度降低，因此艾斯本森教授认为，在建筑节能设计中，只要采用合理的建筑节能技术，配备先进的节能装置，并充分利用太阳能，建筑就可以达到摒弃其他能源供应的理想状态，处于这一状态的建筑被称为零能耗建筑。

随着节能技术的不断发展，世界各国与地区对于建筑节能的要求越来越严格。德国学者沃斯（Vos）采用太阳能光热光电技术对建筑物进行供暖供热，经过3年的实时监测发现，建筑的能耗降低到 10 kWh/m^2，最为关键的是在保证建筑物使用功能的前提下，实现了建筑全部能耗由太阳能供应的目标。此后，人们又提出了"无源建筑"的概念。其含义是指建筑物不需要外界能源设备提供能源，而只需要通过太阳能光热光电技术和蓄能技术相结合的方法，就可以完全提供建筑物所需能源。

但是，现代科学技术受到各种限制，在实际工程应用中，理想的零能耗建筑很难实现。目前为止，工程中的近零能耗建筑的可行性比较高。在全球范围内，各个国家与地区的近零能耗建筑又各不相同，较为著名的当属德国的"被动房"。"被动房"在满足舒适度要求和保证人体健康的前提下,建筑能耗极低,其全年的空调系统耗能在 0～15 kWh/m² 范围内,而建筑总能耗低于 120 kWh/m²。此外,在瑞士近零能耗建筑又被称为"迷你能耗房",要求按照标准建造的此类建筑,其总能耗不能高于普通建筑的 75%。随着零能耗建筑在全世界范围的推广,一种全新的节能建筑概念,即"零能耗太阳能社区"随即提出,并得到世界各国的普遍关注。"零能耗太阳能社区"要求社区内所有住户年内消耗的能源与社区内可再生能源设施所产生的能源相平衡。从能源供给关系来看,相对于零能耗建筑,"零能耗太阳能社区"更容易实现。

综上所述,在建筑设计和建筑技术研究中,零能耗建筑这一概念从提出到得到世界各国与地区的普遍关注和重视,都体现了太阳能技术的不断完善和成熟。同时,伴随着太阳能光热光电技术、建筑和区域蓄热技术以及能源管理系统等的进步,零能耗建筑在未来实现的可能性也越来越大。考虑到欧美等国家的建筑特点,零能耗建筑主要针对三层以下的低矮建筑。这类建筑的能耗计算主要考虑了建筑冬季供暖、夏季供冷所需能耗,而很少能够考虑建筑家用电器与照明的能耗。

(二)零能耗建筑应用研究

虽然零能耗建筑这一概念简单易懂,看似较为容易实现,但是受技术与管理手段的限制,目前仍然很难实现。为了更好地实现零能耗建筑的目标,目前世界各国与地区对其应用方式进行了大量的研究,并提出了零能耗建筑的相关概念。

1. 物理边界划分

对于建筑节能而言,无论研究对象如何,第一步便是确定计算区域的物理边界条件,从而把抽象的问题圈定在一个较为具体的空间内。目前国际上大多数国家是以单栋建筑作为计算对象,根据是否与电网连接,将零能耗建筑分为两种:一种是"上网零能耗建筑",要求使用期内电网给建筑物输送的能量和建筑物产生并输送回电网的能量达到平衡,即在计算期内电表的读数为零;另一种是"网下零能耗建筑",即要求建筑一体化或建筑物附近与其自身链接的可再生能源供应系统产生的能量和建筑物需求能源量保持平衡,这类建筑又被称为"无源建筑"或"太阳能自足建筑"。

正确的建筑物理边界划分对合理确定在线供电系统很有帮助。如果在建筑物理边界范围内或在建筑物附近,只为建筑物提供能量,就可以认为是在线供电系统，并将其纳入系统平衡计算的范围内。例如，如果安装在建筑物停车场附近的太阳能光伏系统在给建筑物供电时，那么应该将系统纳入计算范围内。

目前，我国城镇的各种功能设施比较完善，居住建筑基本是集中电网或者热网的供能形式。同时，一些地区的资源、气候和交通条件并不适用于集中供能，因此这些建筑物不需要连接电网便可独立地完成建筑能源要求。总之，我国的地域气候、资源和居住习惯的差异性比较大，建筑物自身的需热量或者冷量的差异性很大，因此我国零能耗建筑的设计建造需要根据自身条件选择与外网连接或者无外网连接的方法。

2. 衡量指标

目前共有四类指标可以用于衡量零能耗建筑：终端用能、一次能源、能源账单、能源碳排放，但是这四类指标的评价结果有明显差异。衡量地源热泵系统或建筑光伏一体化系统等的应用对建筑节能减排效果的影响，采用不同指标会得到不同的结果。通常认为，采用终端用能或能源账单作为衡量零能耗建筑指标，操作相对容易。而学者基尔基斯等认为，引入"火用"概念将能更好地体现建筑物对环境的影响，因此以"火用"为衡量单位更加合理，但如果采用"火用"作为指标进行计算，计算过程较为复杂且适用性较差。我国气候区多，南北气候的差异性较大，因此选择衡量指标，需要根据我国实际情况考虑，是确定一个还是选择多个，需要具体问题具体分析。例如，在我国北方地区，建筑物在夏天可通过其自身配备的太阳能光伏系统发电，而冬天则需要依靠燃烧生物质或化石燃料供暖，零能耗平衡计算过程就较为复杂，很难用一个参数对其进行平衡计算。但是对于新建建筑，在系统相对简单的情况下，使用终端用能作为计算单位，便能够更容易地定义并进行系统的模拟计算，且便于工作推广。

3. 转换系数

转换系数的确定，对零能耗的计算结果有很大的影响。一般而言，在确定衡量指标后与建筑物相关的能量就需要通过转换系数统一到与衡量指标单位一致的水平上。在此过程中需要转换的能源包括能源供给和使用链上的全部能源，如一次能源、可再生能源、换热、传输电网和热网。目前，世界上各个国家的能源结构并不尽相同，而且电网、热网的组成也不同。因此随着可再生能源发电规模的逐步扩大，各个国家与地区以及同一国家不同地区之间的转换系数将会有很大差异，而且随着能源产生的速度的加快，转换系数的确定难度将会进一步提升。

4. 平衡周期

一般认为,以年为能量平衡计算的基本单位最为简单合理,但是赫尔南德斯(Hernandez)和肯尼(Kenny)等认为也可以基于平衡周期进行计算,如 30 年或 50 年。这主要是因为通常情况下,建筑物会在 30 年或 50 年时进行一次大修,每次大修会对建筑物能耗负荷有很大的影响。同时,以建筑全寿命周期为单位,也需将建筑材料、建造过程等因素一起考虑进来。目前,我国是以年为计算周期的。

①对于城镇建筑,建筑物既可以与外界电网与热网连接,也可以独立于外界电网与热网而存在,其中乡村建筑主要采用独立电网和热网供能的形式。

②在建筑物能耗计算过程中,应考虑建筑物供暖供冷、照明家电设备以及电力动力设备等因素对能耗的影响。在未来的能耗计算中,应该考虑蓄电池或电动汽车等技术间接参与并形成建筑物能源系统的可能。

③在零能耗建筑平衡计算中,各种耗能因子需通过国家认可的转换系数转换为一次能源。

④需要确定合理的能耗计算周期,我国通常以 1 年为单位,进行建筑能源供应与消耗计算。因此,也给出了我国零能耗建筑的定义,具体内容为:以年为计算周期,以终端用能形式作为衡量指标,建筑物及附近与其相连的可再生能源系统产生的能源总量大于或等于其消耗的能源总量的建筑物。

目前,世界发达国家和地区已经制定了由普通建筑物节能减排向零能耗建筑迈进的长期目标和具体的技术实施路径,一般是按照"先低层后多高层""先居住建筑后公共建筑"的顺序进行的。为了切实降低建筑能耗,一些国家采取绝对值法对节能水平进行了规定,而另外一些国家则采取逐步提升建筑节能标准目标法以促进零能耗建筑的发展。在欧美发达国家或地区,采取了不同激励手段,美国通过商业手段推动技术进行,从而降低技术成本,逐步推行零能耗建筑,如 LEED 的发展模式。欧洲则通过政府手段,以立法的方式确定建筑节能发展目标,结合先进的技术手段和财税政策,进而推动零能耗建筑的实施。

5. 能耗计算范围

建筑节能设计标准规定,与建筑物相关的能耗包括供暖、供冷、通风、照明、热水使用等方面,然而这并不包括一些与用户关联度较大的能耗。例如,插座负荷、电动汽车负荷等没有纳入能耗平衡计算的范围内。因此可以预测，如果未来能源网中，电动汽车的使用量大幅度提升，虽然不会对建筑物负荷造成明显影响，但这类产品和设备将对建筑物的用电平衡有显著影响。随着我国国民生活水平的提高，居民的用电量将会进一步增加，因此在相关数据逐步完善的前提下，在平衡计算时，应考虑插座负荷等因素的影响。如果建筑物无法实现零能耗的目标，能否通过其他措施进行补充是目前仍在探讨的课题。例如，可否通过购买绿色电能或者对绿色工程进行基金投资，从而认为其满足零能耗要求。英国的"零碳居住建筑"要求新建建筑节能水平要比 2006 年建筑节能水平高 70%，但允许建造商以国家投资基金的方式对一些低碳或零碳项目投资，从而认为其达到零能耗目标，实际上这类政策与碳排放交易类似。总之，如何使节能措施能真正推动建筑节能工作的进步，还需要和其他部门（如财政部门）进行密切配合。

二、分布式能源的优化整合

（一）分布式能源的概念

分布式能源是指用户终端上可以采用的能源系统，其可以利用的能源方式包括两种：以一次能源为主，可再生能源为辅，充分利用一切可以利用的能源；以二次能源为主，中源供应系统为辅，直接满足客户端的用能需求。分布式能源具有经济性和环保性，一方面通过分布式能源，各梯级的能源能够得以利用，能源效率能够达到 70%～90%，从而能够降低资源浪费，提高经济效益，另一方面分布式能源以天然气等环保型资源为燃料，能够降低有害物质的排放量，从而提高环境质量，能够有效地实现节能减排的目标。此外，分布式能源在区内使用，能够减少能源的长距离输送，一方面能够提高能源使用的灵活性和安全性，另一方面当其他区域的电网出现故障时，能够通过连接外网，保持该地区供电的持续性，提高了能源供应系统的可靠性。

（二）项目运营模式

在合同能源管理模式中，能源公司的主要职能包括：项目设计、融资、设备采购、建造与设备安装运行等，其营利方式在于运行过程中的节能效益。一般而言，如果建筑项目较小，如可再生能源的分布式项目，其日常运营与维护相对比较简单，不需要大型的能源服务公司管理，因此可以采用业主投资模式或者能源服务公司模式。对于复杂的能源项目，如热电联产和三联供系统，中间涉及大型和复杂设备的组合和运行，如发动机、并网处理、水路循环、计算机技术以及三相负荷管理等，因此需要专业的技术团队代为安装管理，应该采用合同能源管理模式。

（三）分布式能源的应用

分布式能源的应用范围较为广泛，几乎可以服务于全部用能项目。例如，工厂、医院、宾馆、学校、办公建筑以及居民住宅等，建筑作为这些项目的载体，成为耗能的主要形式。在传统建筑中，能源主要由大型发电厂、大型供热站来供应。分布式能源则是由安装在用户端的能源设施直接提供的，因此与暖气空调设备相同，成为用户能源设施的部分。

优化整合能源系统与建筑，对能源和建筑，都是一次空前的革命。这对建筑业是一个全新选择，同样对城市各种既有能源供应体系以及城市规划而言，都将是一种革命性的尝试。这样城市将不再受电缆系统的限制，从而在建筑规划方面赋予建筑师足够的空间自由。

目前，分布式能源可以与电网系统形成一种补充关系，也可相互独立。从根本上讲，分布式能源可以完全独立于电网系统。但是在目前，一般将分布式能源与城市电网协同优化，这不仅可以减少建筑的电力系统的成本，而且可以提高电网系统的安全性。此外，也可以通过改善电网用电结构，优化电网和发电厂的经济性。从利用方式上讲，分布式能源与燃气管网最佳模式是两者相互依存，因为分布式能源通常是一种网络化能源系统。

如果分布式能源系统是建立在燃气管网系统上的，那么它也可以依靠液化天然气、石油气、沼气等其他燃料，因此石油管道燃气并不是唯一选择。分布式能源的控制方式具有很大的灵活性，其既可以现场控制，又可远程控制。

发达国家十分重视发展小型与微型热电（冷）系统，这主要源于这些系统节能和环保的优点。同时，这些分布系统作为建筑物能源系统的重要组成部分，能够为建筑的电力供应安全提供保证。随着信息社会的发展，电力系统在人们生活中的重要性越来越大，可以说没有电力系统，人们的生活将会停滞。特别是对于智能建筑而言，如果没有电力系统，人们将无法与外界联系。分布式能源在每栋建筑物内部，可以独立于城市脆弱的电网系统，从而具有提高建筑物自身能源系统的安全性的潜力。

分布式能源是建筑动力系统的核心，是建筑节能设计的重要方面。如果建筑具有一个高效节能的动力系统，那么就可以保证人们的能源安全，同时也可以为能源安全和世界和平提供重要的保障。对于建筑物内的居住者而言，关系到他们切实生活的是能源价格，因此具有高效的能源系统，必然能为他们带来可观的经济效益。

对于普通建筑，能源系统往往是孤立分离的，在使用过程中，能源成本会相应提高。分布式能源系统将孤立的燃气、电力以及供热等能源系统整合起来，有效地降低整个项目的成本与费用，从而实现建筑能源的集约化。一般情况下，建筑内的消防和生活电力系统是相互独立的，这样便能够保证在生活能源系统不能正常运行时，能够保证消防系统的正常工作。特别是，为了保证供能系统能够完成未来人们居住的需求，也可能会在楼宇系统中安装辅助能源系统，如柴油发电机以及其他应急设备。如果建筑采暖系统不能满足需求，也可以并入集中供热系统，以及采暖用燃气锅炉和其他电力系统。

传统建筑主要建筑能源来自煤和电，由于与二次能源供热、供冷等设备设施分地分设，不仅总投资运行成本居高不下，而且远距离输送能量损耗大、能源利用效率低（约40%）、环境污染严重。20世纪70年代发源于美国，目前已经在发达国家普遍运用的分布式冷、热、电联供能源系统，可以建在城市负荷中心，实现冷、热、电三联供，使一次能源发电后产生的余热烟气得到高效的梯度循环利用，能源利用率高（80%以上），碳排放仅为传统能源利用方式的1/4。在我国，分布式能源系统正值其发展的大好时期，主要原因：第一，空调冷负荷、生活热水需求等随着城市化与人们生活水平的提高也正在迅速增长；第二，我国城市发展规模大，人口密集，居住相对集中，大量的新城新区正在如火如荼地建设中，如果在这些新区建设中广泛推广分布式能源系统，将有利于实现甚至可能超过国家能源局制定的分布式能源发展目标；第三，伴随天然气在我国的普及应用，以天然气为一次能源的DES/DCHP系统也将迎来广阔的发展前景。

高强度、集约化是中国低碳城市空间模式的必然选择。世界自然基金会提出低碳城市建设"CIRCLE"原则，该原则决定了低碳城市形态的主要特征是多中心、紧凑型的，即高层、高密度、高容积率的"三高"城市。"三高"意味着城市人口高度密集、功能高度复合、建筑布局紧凑，各项城市资源配置效率高。这样区域内将存在较大的用能需求、用能密度与多元的负荷。从分布式能源系统使用的角度来看，则能够有利于减少能源输送环节的损耗，最大程度地发挥其能源利用效率。因此，低碳城市"三高"特点正迎合了分布式能源系统发展的特征要求。

第四节 绿色建筑节能设计相关政策

一、政策环境分析

(一)节能政策研究意义

广义上的建筑能耗,包括建筑材料生产运输、建筑施工建造、运行维护以及拆毁后垃圾处理过程中消耗的能源的总和。根据英国学者调查研究,英国社会总耗能的30%用于建筑行业,其中20%用于办公建筑,而我国广义建筑能耗高达46.7%,这个比例远高于其他国家和地区。因此,在我国推行绿色建筑节能政策具有重要的现实意义。

首先,我国建筑行业的发展模式,资源消耗量大。在建筑材料生产过程中,消耗各类资源与原材料高达50亿t,但建筑材料的供应量远大于需求量,造成大量的能源资源浪费。另外,环境问题较为严重,我国建筑垃圾增长的速度与房地产业的发展成正比,除少量金属被回收外,大部分成为城市垃圾。同样,建筑的二次装修造成的资源浪费和二次污染较为严重。

其次,我国的建筑行业发展迅速,每年新建建筑面积在20亿 m^2 左右。如果不进行有效的能源与建筑规划,提高建筑行业用能效率,继续采用传统建筑模式,资源与环境将不堪重负。例如,我国每年因建筑活动,造成的环境污染占全社会污染的34%左右。如果按照这样的状况,包括近20年新建的和正在兴建的建筑(其中多数建筑都缺少严格认真的节能和环保设计)的高污染和高能耗将造成建筑行业停滞。

目前,我国虽然出台了一些绿色建筑节能设计标准规范、政策与法规,但是我国的绿色建筑研究还处于初级阶段。同样,考虑到世界其他国家,对绿色建筑的管理、设计、应用等方面的经验并不丰富,因此探究节能政策对我国绿色建筑发展具有战略意义。在研究中,需要根据我国目前的资源与能源状况、社会发展水平与当地的经济实力,确定我国绿色建筑发展的目标与战略,建立起具有中国特色的绿色建筑体系,将绿色建筑发展为绿色生态小区,形成绿色地区与城市,甚至绿色国家。

绿色建筑是一个新兴的课题。目前,绿色建筑理论并不完善,因此需要在技术领域,管理理论和经济理论等多个领域产生研究成果。绿色建筑是在人类发展与环境、资源出现尖锐矛盾时提出的,要看到它是建立在生态系统规律上的一种发展模式，要求在发展中注意资源的可持续利用和不给环境造成不可恢复的破坏，因此它是一种新的生态价值观。

（二）节能政策分析常用方法

目前，在建筑节能政策方面，较为著名的当属威廉·邓恩（William Dunn）提出的"以问题为研究中心的政策分析"方法，这种方法联系了公共政策理论及其实践。在应用中，如果实践能够紧密结合理论，那么达到节能政策目的的可能性就高；在此基础上，便可以为公共政策提供有机反馈，为公共政策的修正与完善提供依据。在理论的完善过程中，邓恩论述了"交流、论证和争辩"的重要性。

该政策的中心环节为问题界定，如果能够确定既有问题的范围，就可以更容易地实现公共政策，就便于提出解决问题的方法。因此，在问题解决之初，就能够正确地建立问题的模型、避免出现另类错误。因此，邓恩的政策分析模型是以政策问题为核心的。一个政策问题的解决需要设定正确的标准、规则和程序。其中，标准、规则决定着程序应用及其产生潜在结果的准确性，即与政策有关的标准、规则的优先级高于程序。程序只是能够用来界定问题、行动、结果和绩效信息等，不能产生新的政策类知识。

（三）建筑节能主体利益关系

建筑在市场中具有商品的属性。在市场机制中，如果一个项目能够顺利地完成，那么该项目的各参与方均会获得各自的利益。在绿色建筑市场中，仅仅只有建筑师或者政府方面推行建筑节能设计、降低能耗的战略，我国节能减排的目标是不可能实现的。因此，需要房地产开发商、供应商、承包商以及消费者等所有参与人员进入市场内，进行相互交流合作，才能够切实地推进绿色建筑市场的进步。

房地产开发商不但关心早期的项目投资，也会关注绿色建筑项目后期的运营与维护费用，同样会关注建筑行业所有参与者的意向。建筑节能建筑的环境效益毋庸置疑，对于消费者而言，除了会关注其销售价格之外，还会关心该建筑采用的节能技术，因为这与后期的经济效益和环境效益有关。目前，国外很多国家通过绿色认证，来提升绿色建筑品位，进而满足消费者的需求，并取得很好的效果。

为了实现节能减排的目标，政府采取了很多措施，如减免税收、降息贷款等政策。绿色建筑的发展是政府最为关注的问题，因为这既关系到当代人们的经济与环境利益，又关系到后代的长远利益。因此，从政府的角度来看，其主要工作在于：①从公共项目做起，实行经济激励政策与行政政策，推进绿色建筑项目，这一方面会产生一定的经济与环境效益，另一方面会为绿色建筑项目做出示范；②采用节能政策管理手段，建立绿色建筑体系，推行绿色建筑法律法规，从而推进绿色建筑的发展。

而供应商和承包商，在绿色建筑项目中，只起到桥梁的连接作用。建筑设计单位、施工单位以及材料供应商，进行绿色建筑设计会增加工程量。此外，目前由于绿色建筑设计处于起步阶段，工程师对其建筑设计方法并不熟悉，也会降低建筑设计效率。例如，在建筑设计中，如果采用被动式节能设计方式，则会减少设备与材料的使用量，进而导致供应商的利益，此时该方面参与人员的积极性会受影响。

从一个完整的建筑设计项目来看建筑师、政府管理部门以及业主之间的关系。在这个系统中，建筑师和业主除了会关注社会效益之外，还会注重个人利益和社会利益。对于房地产开发商而言，其个人利益是一个项目得以开展的前提条件，而建筑师又在政府管理部门和房地产开发商之间起到沟通交流的中介作用。为了能够保证各自利益以及利益平衡，房地产开发商和政府部门需要建筑师分析设计策略、潜在效益以及管理方法，从而开展绿色建筑项目。绿色建筑的高级利益需要由政府部门的法律法规和建筑师的设计策略共同支撑。

二、绿色建筑开发管理研究

（一）绿色建筑开发管理支撑

绿色建筑的开发管理是一项系统工程，它不仅需要各种新技术作为支持，更需要法律规章制度的保障。从发达国家的经验可以看出，发达国家为推动和鼓励绿色建筑的发展，主要通过立法形式，系统出台绿色建筑法律，用法律法规形式约束政府、企业和国民必须履行可持续发展的社会义务，用经济激励杠杆推动企业自觉建设绿色住宅，激励公民自觉购买和使用绿色建筑。

1. 企业责任明确

由于法律明确企业在维持绿色建筑开发中的责任，发达国家的开发商把绿色建筑开发理念作为自身发展不可分割的一部分，对促进绿色建筑开发起到了积极作用。德国规定在新建或改造建筑物时，承建方应为建筑物的所有者编制建筑物能源证书。所有者应依照有关机构的要求，向各州法律所指定的法规监管部门提交能源证书。

2. 经济激励政策大力支撑

绿色建筑虽然对社会各群体的整体利益是一致的，但提高能源效率所需的节能附加成本问题往往成为推动绿色建筑实施的一大障碍。为了促使企业自发生产绿色建筑或者采用节能新技术降低单位建筑面积能耗，促使居民能够自发购买绿色建筑，则需要政府制定相应的经济激励政策，使企业和居民真正从绿色建筑实施中受益。

3. 公众绿色建筑意识的培养

实施绿色建筑不仅需要政府的倡导与企业的自律，更需要提高广大公众的参与意识和参与能力。发达国家非常重视运用各种手段与传媒加强对绿色建筑的宣传，以提高市民对实现零排放或低排放的环境意识。开展建筑节能信息传播及咨询服务是绿色建筑管理经常采取的方式，因而发达国家公民有较高的节能和环保意识，与政府开展经常性的、有目的的宣传、教育和培训分不开。

（二）政府在绿色建筑开发中的角色分析

1. 政府是绿色建筑开发的推动者

政府应当结合我国资源和能源利用现状以及我国当前的实际情况，制定我国发展绿色建筑的总体目标和发展战略，并在此基础上构建针对绿色建筑开发的制度体系，从政策上推动绿色建筑的发展。政府还应通过推行绿色环保的价值观和行为规范，利用各种宣传媒介，对消费者和开发商进行环保意识与绿色知识教育，使全社会形成绿色环保可持续发展的意识。通过宣传，使开发商树立环保意识和大局观，加深其对绿色建筑的认识，调动其开发建设绿色生态建筑的责任感和使命感，从而推动绿色建筑的开发。

2. 政府是绿色建筑开发的引导者

通过投资和税收优惠诱导，鼓励绿色建筑的开发，并提供绿色建筑开发的土地、配套设施以及金融的贷款优惠政策等。通过相关措施，促进绿色建筑相关技术转化和开发企业管理的结合；逐步增加对绿色建筑开发的投入，并通过政府投资和税收优惠以诱导、鼓励绿色建筑的开发。政府通过发布科学可行的绿色建筑评价指标体系和模型，规范绿色建筑的设计、施工以及运营等各阶段，使绿色建筑的建设过程易于控制、易于评估，从而保持绿色开发的科学性、规范性。通过建立绿色建筑试点工程，用评价指标和模型对试点工程进行评价与控制，为我国绿色建筑的开发积累成功的经验，为开发商提供有益的支持和引导。

3. 政府是绿色建筑开发的监管者

在绿色建筑开发过程中，政府应加强对开发商的监管，可以通过制定并实施环保、"绿色"标志认证制度加强对绿色建材、绿色环保产品以及绿色建筑的认证。对符合绿色标准的产品由相关部门颁发"绿色"标志证书后，方可在市场上流通。这将使绿色产品的开发和应用得到规范，有利于绿色建材、绿色产品、绿色建筑的发展。

（三）消费者对绿色建筑开发需求分析

需求是指特定的时期内消费者在可以接受的价格水平上购买某种商品和劳务的意愿与能力。影响绿色建筑需求变化的因素较多，目前较为统一的观点主要有舒适性、使用成本、绿色建筑价格等。

1. 舒适性

随着生活水平的提高，人们对建筑物的舒适性提出了更高的要求。目前我国主要从居住密度、绿地面积、室外活动场所的设施标准、室外环境的噪声标准、日照等几个指标来衡量建筑舒适度。舒适建筑必须满足：居住密度适中；空气清新；绿化率高、林木品种多；无噪声；有适合不同人群的休闲活动的场所和设施等条件。由于绿色建筑在设计、开发、建造的过程中，更加注重健康、环保、绿色等理念，更能够满足人们对舒适的建筑环境的要求，因此，越来越多的消费者青睐绿色建筑。

2. 使用成本

已经证实绿色建筑的运行费用较低，可以节省30%～50%的能源消耗，可以减少30%的用水量甚至更多。还可以减少维修和维护费用，并且由于产生的垃圾较少可以减少垃圾填埋费用。当今能源紧张，能源费用面临巨大的上涨压力，所以绿色建筑较低的使用成本，无疑成为消费者选择绿色建筑的重要原因。

3. 绿色建筑价格

从居民的角度来看，随着经济的发展，人均实际收入水平提高，住宅的支付能力增强，必然增加对绿色住宅的需求。这部分需求的支出与居民人均可支配收入呈正相关关系。居民收入的逐渐提高必然会增加可支配收入，随着消费结构逐渐改变以及福利分房制度的取消，居民在住房方面的投资越来越大，对居住需求越来越高，因而居民的收入以购买力的形式直接影响居民的需求能否实现。

（四）开发商开发绿色建筑动因分析

就商品房地产来说，开发商开发绿色建筑动因主要取决于激励政策、市场需求和开发商社会责任等因素。

1. 激励政策

政府的宏观经济政策、土地供应政策、财政金融政策等都会影响房地产市场的供给。政府常常根据房地产市场的运行情况，采取必要的宏观调控措施，对房地产的开发经营活动进行引导和约束，进而会影响房地产供给的数量和结构。另外，政府还可以通过税收、金融等经济政策对房地产供给进行调节。经济激励的一个重要功能是弥补市场功能的不足，鼓励具有公共产品特性的节能建筑的开发是具有现实意义的。

2. 市场需求

消费者对绿色建筑的需求必将增强开发商开发建造绿色建筑的信心，是开发商建造绿色建筑的最有效的动力。

3. 开发商社会责任

数据显示，全球房地产建筑业的能耗占终端总能耗的40%左右，并排放相似比例的二氧化碳。若提高建筑能效，全球可减排7.15亿t二氧化碳，相当于预计的全球全年排放总量的27%。而中国每建成一平方米的房屋，约释放出0.8 t碳。在全社会呼唤企业承担起自己的社会责任的背景下，开发商也纷纷做出节能减排的社会承诺，房地产企业要做到低碳减排，在建筑开发领域就要减少冬季采暖、夏季空调的能源消耗，这都可以通过绿色建筑的开发来实现。

三、绿色建筑设计管理内容与程序

（一）绿色建筑设计管理内容

绿色建筑设计主要包括节地与室外环境、节能与能源利用、节水与水资源利用、节材与绿色材料、室内环境质量、安全耐久适用、健康舒适、自然和谐、绿色文明、适宜绿色建筑技术等。

(二)绿色建筑设计程序

1. 项目委托和设计前期的研究

通过业主将绿色建筑设计项目委托给设计单位后,由建筑师组织协助业主进行此方面的现场调研工作。根据绿色建筑设计任务书的要求,设计单位要对绿色建筑设计项目进行正式立项,然后建筑师会同业主对绿色建筑设计任务书中的要求详细地进行各方面的调查和分析,按照建筑设计的相关规定以及我国关于绿色建筑的相关规定进行针对性的可行性研究,归纳总结出基于绿色思维的开发管理策略。

2. 方案设计阶段

根据业主的要求和绿色建筑设计任务书的规定,建筑师要构思出多个设计方案草图提供给业主,针对每个设计方案的优缺点、可行性和绿色建筑性能与业主反复讨论,最终确定既能满足业主要求又符合绿色建筑法规规范的设计方案,并通过建筑效果图和建筑模型等表现手段,提供给业主设计成果图。

3. 初步设计阶段

建筑师根据审查通过的绿色建筑方案意见建议及业主新的要求,参考《绿色建筑评价标准》中的相关内容,对方案设计的内容进行相关的修改和调整,同时,着手组织各技术专业的设计师配合工作。建筑师要同各专业设计师对设计技术方面的内容进行反复探讨和研究,并在相互提供各专业的技术设计要求和条件后,进行初步的设计制图工作,并提出建设工程的概算书。

4. 施工图设计阶段

根据初步设计的审查意见建议,对初步设计的内容进行修改和调整,在设计原则和设计技术等方面,如各专业间基本上没有大的异议,就着手进行建筑设计施工图、结构设计施工图,给排水、暖通设计施工图等设计。各专业的施工图设计完成后,提出建设工程预算书。

5. 施工现场的服务和配合

在施工前,建筑师和各专业设计师要向施工单位技术负责人对建筑设计意图、施工设计图和构造做法进行详细交底说明。并根据施工单位提出的合理化建议再对设计图进行局部的调整和修改,通常采用现场变更单的方式来解决设计图中设计不完善的问题。

6. 绿色建筑评价标识的申请

按照《绿色建筑评价标准》进行设计和施工的项目，在项目完成后可申请"绿色建筑评价标识"，确认绿色建筑等级并进行信息性标识。

第二章 能源政策与建筑节能标准法规

能源的全面发展，为国民经济长期快速发展与人民生活水平持续提高做出了重要贡献。也正是因为如此，对能源的需求越来越大，能源供需之间的不平衡，加剧了能源供需的矛盾。为了建设资源节约型社会，在建筑的建设、规划、设计、建造与使用过程中，我们执行建筑节能的标准，合理有效地利用能源，加快节约型社会的建设。本章以能源政策与建筑节能标准法规为探讨点，通过分析国外一些典型国家的能源政策与我国的能源政策与建筑节能标准法规，体现共同致力于能源保护的理念。

第一节 世界能源政策法规制定与能源业的发展现状

一、世界能源政策法规制定

能源是人类生存与经济发展的物质基础。随着国民经济持续、稳定、高速的发展和人们生活水平的不断提高，能源需求越来越大，能源的缺口越发突出，环境污染、生态恶化等问题更突显了能源供需的矛盾。当前世界能源消费以化石资源为主，其中少数国家以煤炭为主，其他国家大部分以石油与天然气为主。根据专家预测，按目前的消耗量，石油、天然气最多能维持半个世纪，煤炭也只能维持一二百年。所以不管是哪一种常规能源，都面临枯竭的问题。为了应对即将到来的传统能源枯竭，世界上许多国家制定了相应的能源政策和法规，以提高本国的能源使用效率，并且从政策上鼓励开发可再生能源。因此，世界上很多国家通过制定能源政策与法规，来保护能源，协调人类与自然之间的关系。

二、世界能源业的发展现状

长期大规模使用化石燃料会导致严重的环境污染，进而影响地球的生态平衡。工业革命以来，煤炭、石油、天然气、核能与可再生能源等相继大规模地进入人类生活领域。能源结构的演变推动并反映了世界经济发展和社会进步，同时也极大地影响了全球二氧化碳排放量和全球气候。据气象学家估算，陆地植物每年经光合作用固定的二氧化碳为200亿～300亿t。而仅化石能源人为燃烧就产生二氧化碳370亿t，加上生命呼吸、生物体腐烂及火灾等产生的二氧化碳，就严重地超过了绿色植物光合作用吸收转化二氧化碳的量，破坏了自然界的二氧化碳循环平衡，从而造成保护地球的臭氧层的破坏和其他一些反常现象。近年来，全世界出现了大量反常气候现象，如2015年2月美国东部地区接连数周遭到暴雪袭击，多地降雪创下历史纪录，如波士顿地区降雪总量超过1.8 m，温度低至-18 ℃；而与此同时美国西部地区的温度却创造了同期当地最高气温，多地温度达26 ℃，很多科学家把这种反常的气候现象归结为环境遭到破坏的证据之一。

在过去很长的一段时间里，北美洲、中南美洲、欧洲、中东、非洲及亚太六大地区的能源消费总量均有所增加，但是经济、科技比较发达的北美洲和欧洲两大地区的能源消费增长速度非常缓慢，低于发展中国家，其消费量占世界总消费量的比例也逐年下降。究其原因，一方面，发达国家的经济发展已进入后工业化阶段，经济向低能耗、高产出的产业结构发展，高能耗的制造业逐步转向发展中国家；另一方面，发达国家高度重视节能与提高能源使用效率。

在能源供应中，煤炭所占比重较高，但在终端消费中，其比重明显较低。煤炭直接用于终端消费，不仅利用效率低，而且会造成严重的环境污染问题，为此各国都倾向于将煤炭转换成清洁、易传输的电力，再供终端用户使用。天然气作为一种相对清洁、低碳的优质能源，也受到越来越多的重视。在发展中国家，随着经济增长和社会进步，电力比重显著上升；而对于发达国家，工业化进程已完成，对电力的需求增长较低，因此电力在终端能源消费中的比重增长缓慢。目前终端能源消费呈现出清洁化的趋势。

再加上会受到金融风暴的影响，世界经济低位徘徊，各国能源政策趋向灵活。石油出口国为增加财政收入，振兴经济，灵活运用政策杠杆，相应调节关税，对石油等资源的控制有所松动，对石油资源的战略性勘探开发投资明显加速。能源消费国则在加快新能源政策出台频率的同时，通过立法等鼓励节能产品的发展，使新能源开发的政策更加明晰且具可操作性。国际能源合作更加受到各国政府的重视。

第二节　典型国家和地区的能源政策及其对我国的借鉴意义

一、美国能源政策及其对我国的借鉴意义

（一）美国能源政策

美国是人均能源消耗量最多的国家，人均能源消费量是中国的10倍。为了应对高能耗需求，美国政府推出相应的政策努力提高能源的利用率并积极推广可再生能源。

1. 实行能源多元化替代战略

美国的能源战略中对多元化予以高度重视。与政府发布的书面政策相比，美国的行动更能体现其能源多元化战略的核心和本质内容。总的来看，能源多元化战略可以分为两大支线：能源品种的多元化和能源来源的多元化。美国力图通过不同的能源品种之间的替代作用，实现能源品种的多元化，这和美国具备全球领先的科研实力这一背景是分不开的。

（1）能源品种多元化

1）加强可再生能源的开发

加强可再生能源的开发工作，缓解主流能源的供给压力。近年来，美国的风能、太阳能及垃圾沼气能发展很快，地热能利用也开始崭露头角。随着技术的进步，美国的风力发电成本大大降低，每度电成本仅为5美分，已低于天然气发电成本。太阳能的发电成本以每年5%的幅度下降。美国国家光电研究中心制定了21世纪美国太阳能光电企业路线图指南，根据这一指南，预计光电产品将至少满足2020年美国电力增加部分的15%。2003年，美国某能源管理公司投产的垃圾沼气热电厂以20年不变的价格向BMW公司的汽车制造厂供应电力及热力，现已占到该厂所需电力的绝大多数。

美国的地热发电厂也已投入运营。这些可再生能源的开发和利用，有效缓解了主流能源的供给压力，确保了美国能源供给安全。

2）加强科技投入

就实现国家能源和环境目标而言，氢能是最有吸引力的方案之一。美国提出了建立国际氢能合作的建议。并承诺在5年里投入17亿美元，用于资

助宏大的《自由汽车与氢燃料计划》，开发用氢的零排放的汽车运行系统。

煤是美国最丰富的燃料，但又是温室气体排放中的一个主要因素。美国政府的《洁净煤研究计划》是一项为期10年、支出达20亿美元的计划，目的在于减轻美国对国外能源的依赖，同时大大减少温室气体排放和其他污染物质。

第四代核裂变反应堆设想的提出，为进一步发展核能做好了技术准备。聚变能重返国际热核聚变堆（ITER）的合作研究，可见人们更重视核聚变能的开发，将为国际热核聚变堆的建设和运行投资几十亿美元。

美国通过大量科技投入，力图开发替代能源，它们分别是氢能、洁净煤、核电和核聚变能。目的是既保证经济正常增长，又减少温室气体排放，缓解环境压力，同时也可避免对主流能源的过度依赖。这也是美国在能源政策上的一大亮点。

（2）能源来源多元化

1）鼓励节能

节能虽然不能产生能源，但也被视为一种特殊的能源来源。美国对节能问题高度重视，对先进节能技术的支持尤为积极，不但政府牵头注入研发资金，且对迈入商业化的新技术给予各种政策优惠。2001年的美国能源政策中，高度重视建筑节能问题和交通节能问题，并强调通过高技术提高能源利用效率，如发展热电联产、混合动力汽车技术等。

2）实施能源优惠政策

为了促进国内石油的勘探和生产，美联邦政府实行针对地质勘探费用和税收的优惠政策，以及实行支持复杂地质和深海油田技术开发的政策，力图降低石油勘探和生产成本。为此，美国能源部每年向其所属实验室和民间研究机构拨付大量科研经费，以提高油田采收率和钻井技术的研究开发。

3）增加国内石油战略储备

美国的石油战略储备制度实行得较早，石油的战略储备在世界各国中也最多。2004年为6.595亿桶（1桶=0.159 m^3），相当于国内60天的供应量；2005年9月，美国的石油储备已增加到7亿桶。美国的石油储备制度在应对石油市场价格波动时，能发挥一定的作用。美国于1974年第一次石油危机之后，开始建立国家石油战略储备，目的是减少石油供应中断对国家安全和宏观经济的影响，同时承担国际能源协议能源计划所要求的义务。20世纪90年代中期，美国的战略石油储备曾高达5.92亿桶，后来由于1996年和1997年的两次动用，使储备下降到5.43亿桶，加上商业储备可超过90天石油净进口量。

"9·11"事件发生后，美国总统下令美国能源部迅速增加战略石油储备，目标是增加到7亿桶。到2002年11月，美国的战略石油储备已增加到5.95亿桶，再创历史最高水平。增加美国的石油战略储备，为美国的发展奠定了良好的基础。

4）积极开展能源外交

目前，美国石油进口分别来自北美、南美、中东等地区。由于中东局势的动荡，从中东进口石油的比重明显下降。目前，美国主要的5个石油进口国分别为沙特、墨西哥、加拿大、委内瑞拉、尼日利亚。在坚持进口来源多元化的同时，美国政府还鼓励本国企业到海外勘探开发石油资源，以降低本国的石油供应风险。

最近几年，美国正在试图建立符合石油利益的新地缘战略。20世纪，美国的外交政策基本都是围绕世界石油储量三分之二的中东地区，还有由此向太平洋和大西洋伸展的石油运输线。进入21世纪，美国已经成功地调整了新的符合石油利益的地缘战略，不但关注海湾地区，而且更加关注石油储量丰富的包括里海地区在内的欧亚大陆中南部地区。

2. 注重国家目标政策法规导向

1975年，美国政府颁布实施了《能源政策和节约法》，核心是能源安全、节能及提高能效；1998年公布了《国家能源综合战略》，要求提高能源系统效率，更有效地利用能源资源。过去，美国共出台了《21世纪清洁能源的能源效率与可再生能源办公室战略计划》等十多个政策或计划来推动节能。2003年出台的《能源部能源战略计划》更是把"提高能源利用率"上升到"能源安全战略"的高度，并提出四大能源安全战略目标。2005年美国颁布的《国家能源政策法》中要求"到2012年燃料制造商在汽油中必须加入2250万t生物乙醇，这样每年可减少20亿桶的原油消耗和向外商支付640亿美元的购油款，还可以使美国家庭减少430亿美元的开支"（2005年，美国每年消耗石油约9.5亿t，净进口6.4亿t，石油进口依存度67.4%）。

在石油替代燃料中，燃料乙醇已经占有越来越重要的地位。2006年，布什在国情咨文中提出，到2012年纤维素乙醇商业生产过关，投入1.6亿美元建设3个纤维素乙醇示范工程，投入21亿美元用于相关新技术开发。2007年年初美国提出"Twenty in ten"计划，即要求10年内减少20%的汽油消耗，其中15%源自生物燃料替代，5%依靠提高汽车能效。2007年底美国通过《能源自主与安全法案》，进一步提出到 2022 年生产生物燃料 1.08 亿 t 及相应的温室气体减排目标与计划。2009 年奥巴马政府上台后，提出到 2012 年美国的电力有 10% 来自可再生能源、到 2050 年有 25% 来自可再生能源的发展目标。2014 年，美国可再生能源的净发电量所占的比例约为 16.3%。2017 年，美国一次能源生产总量为 87.536 万亿 Btu（英热单位，约合 36.38 亿 t 标准煤或 21.88 亿 t 标准油），其中煤炭、天然气、原油为主的化石能源为 67.98 万亿 Btu，占一次能源生产总量的 77.66%；核能所产生的电力为 8.419 万亿 Btu，占 9.62%；可再生能源为 11.137 万亿 Btu，占 12.72%。美国的能源政策是根据国家的目标导向而制定的。

3. 注重能效标识和减税鼓励

美国从 1980 年开始实施强制性能效标识制度，能效标识制度由能源部负责制定和实施，1992 年开始实施自愿性节能认证（能源之星）。2003 年 7 月 31 日美国决定在此后 10 年对能源效率、替代燃料和可再生燃料等领域实施减免能源税政策。2005 年《国家能源政策法》规定，在未来 10 年内，美国政府将向全美能源企业提供 146 亿美元的减税额度，以鼓励石油、天然气、煤气和电力等相关企业采取节能、洁能的措施。为提高能效和开发可再生能源，该法案还决定将给予相关企业总额不超过 50 亿美元的补助。

（二）对我国的借鉴意义

美国是世界上经济发达的大国之一，也是世界上较大的能源消费国，美国在能源供应安全保障的过程中采取的应对策略能为我们提供比较好的借鉴经验。

首先，能源安全政策需要能源结构的多元化发展。美国的能源安全保障主要涉及氢、清洁煤、核电、核聚变能、能源效率和可再生能源，其目的是既追求经济的稳定增长，又尽量减少温室气体的排放，有效地缓解了能源供应与环境保护的压力。长期以来，我国能源安全的保障主要采取依靠国内资源的战略，而且煤炭占一次能源的比例长期在 70% 左右。但是，从现实看煤炭开采的难度越来越大，目前全国尚未利用的精查储量的九成，分布在开发、运输难度很大的中、西部地区；开采和利用煤炭，会带来土地、水资源、大气环境的污染；随着经济结构的改变和人民生活水平的提高，客观上更需要高效、清洁、便利的能源。这些都使得我们在新增一次能源的供应上，要力求多元化。我国《能源中长期发展规划》提出的"加快发展核电、可再生能源和大力发展水电"能源供应多元化战略显然是符合我国目前现实需要的，不仅符合保障能源供应的需要，也是减轻环境污染、实现可持续发展的需要。

其次，注重国际能源合作，极力推行能源国际化战略。世界各国在一起构成了一个为了共同利益而结合的团体，这些共同利益的存在使各国之间发生广泛的交往和合作。国家彼此之间的这种互相依赖、不可分割性使得国家之间进行合作，以谋取自身更好的生存与发展，这成为国家战略中的重要手段。现实中，能源部门为国际化和全球化所做的努力，以及各国的相互依存，证明了这样一个道理：单独某一国家，哪怕是大国和经济强国，都不可能独立地保障自己国家的能源安全。通过国际能源领域的积极参与和竞争，从而获得在国际能源市场上的规则制定权和主导权是各国在能源国际市场中的重要目标。

美国在1973年第一次石油危机后积极参与筹建国际能源机构，最终在美国主导下的国际能源署的建立不仅保障了美国的石油安全，同时制定的石油最低保护价政策也促进了美国国内石油产业的持续发展。另外，国际能源协议保障了石油公司在生产、分配、信息中的地位，从而保障了美国石油公司对国际能源机构的影响；国际能源协议中还规定了成员国石油公司在成员国之间相互投资的优惠政策和国民待遇，这一政策对美国石油公司提供了极大的便利。

最后，由于认识到能源与石油制品在贸易领域中的角色日益重要，进行国家合作寻求能源供给安全对于维护各国国家利益的重要性，美国、加拿大和墨西哥在《北美自由贸易协定》中专门设定了对国家之间能源与石油制品贸易行为的规范，规定了基本原则、相关税制、进出口的具体行为限制措施及国家可以采取的安全措施等内容。随着全球一体化趋势的进一步发展，每个国家在能源发展方面与世界联系都日益紧密。国内的能源发展在满足了本国经济社会发展需求的同时，对于世界能源供应市场的稳定及促进世界经济的稳定发展也起着积极的作用。任何国家的能源供给问题已经不仅仅是单纯的国内问题，也是全球性问题，而且绝大多数国家都不可能离开国际合作而获得能源供给的安全保障。在今后相当长一段时间内，大力开展能源外交，进行能源供应国际合作以谋求能源供应国和供应渠道多元化，确保本国的经济稳定发展仍将是我国能源安全供应立法着重考虑的一个基本策略。

美国能源立法的一项经验是，其较为完备的能源立法体系是实现国家能源安全目标的重要保障。能源安全保障机制的构建需要多方面的因素，它是涉及经济政策、资金机制、科技与教育、人口与社会保障、环境保护与自然资源保护等诸多方面的综合战略。

二、德国能源政策及其对我国的借鉴意义

(一)德国能源政策

德国是一个资源相对贫乏的国家,绝大部分能源需要从国外进口,如石油几乎100%、天然气80%依赖进口。为了促进社会的可持续发展,德国政府历来将节约能源、开发可再生能源作为优先考虑的目标。

1.注重政策引导

经济性、保障持续供应和环保是德国制定能源政策的三个同等重要的目标,尤其是1998年主张环保节能的绿党上台执政以来,德国政府先后出台了如《可再生能源法》《生物质能源法规》《能源节约法》以及"十万个太阳能屋顶计划"等一系列有关环保和节能的法规与计划,为引导德国进一步走向节能环保型社会确立了相应的法律框架。与此同时,德国政府还开征了生态税,利用税收杠杆,鼓励企业和个人节约能源。例如,德国2000年的《可再生能源法》及其他相关法规体现了补贴式新能源发展模式,主要有:规定新能源占德国全部能源消费量的50%,并为此制定了政府补助。新能源发电可无条件入网,传统能源和新能源采取非对等税收,全力扶持新能源企业发展。对新能源进行电价补贴,推出促进"十万个太阳能屋顶计划",出台《生物能发展法规》。2009年3月又通过《新取暖法》,德国政府提供5亿欧元补贴采用可再生能源取暖的家庭。德国政府的扶植重点逐渐向新能源下游产业转移。

2009年制定的500亿欧元经济刺激计划,其中很大部分用于研究电动汽车和车用电池,提出到2020年生产100万辆电动汽车的计划,将初步形成新能源汽车产业链。德国为投资风电的企业提供20%~60%额度不等的投资补贴,还实行分阶段补偿机制。德国的太阳能安装用户可获得50%~60%电池费用的补贴。从2000年起,德国政府对于家用太阳能系统采取一次性补贴400欧元的办法。自2000年开始实施《可再生能源法》以来,德国可再生能源发展取得了令人瞩目的成绩,发电量中可再生能源所占比率已经从2000年的6%上升到2013年的约25%。伴随着这种发展的是快速上升的补贴成本。有报告称,截至2013年,德国民众承担的可再生能源附加费总计高达3170亿欧元,而2014年一年的可再生能源附加费就达到230亿欧元,预计到2022年一年费用就可能达到680亿欧元。2013年太阳能发电仅占德国电力供应总量的5%,但相应的补贴却占整个可再生能源补贴的近

一半。为此，德国也开始重新审视和调整相关政策。2013年以后，德国政府提出了平衡能源政策目标的"三角关系"，即生态环境承受力、能源供应安全和能源可支付能力。控制成本、保障能源供应安全和环境保护，成为能源转型改革方案的主要目的。

2014年6月通过的"德国可再生能源改革计划"，更是对可再生能源政策进行了"彻底改革"。改革后的可再生能源法案有以下几个特点：一是减少补贴的力度和范围，对可再生能源的平均补贴水平，从当时的17欧分/（kW·h）下降到第二年的12欧分/（kW·h）；二是强制实施可再生能源企业直销电和市场补贴金制度；三是对发电主体自用的发电部分也征收可再生能源附加费；四是增长通道被进一步强化，从太阳能扩展到陆上风电和生物质能源。

2. 注重技术创新

德国十分重视节能技术的开发与创新，最大程度地提高现有能源的使用效率。其主要做法有：推动能源企业实行"供电供热一体化"，通过向能源企业，尤其是小型企业提供资金、技术援助，帮助购置相关设备等，鼓励能源企业将发电的余热用于供暖；促进使用传统矿物能源发电的企业不断开发和使用新的技术，如高压煤波动焚烧技术、煤炭气化技术等；根据节能性能，对市场上销售的家用电器、汽车等实行产品分级制度，要求所有产品在销售时必须贴上等级标签，只有那些技术先进、特别节能的产品才可以获得全国统一的专用节能或环保标识。21世纪以来，德国能源协会多次发起提高工业企业能源系统利用效率的活动，并为企业如何进一步提高能源使用效率提供相应的解决办法。

3. 重视节能宣传

目前德国全国有300多家提供节能知识的咨询点。政府高级官员不定期与民众举行研讨会，就政府的相关政策进行研讨，听取意见，并鼓励民众对政府、企业在节能与环保等领域的工作进行监督。负责组织全国节能工作的德国能源局不仅开设了电话免费服务中心，解答人们在节能方面遇到的问题，还设有专门的节能知识网站，以便更好地向民众介绍各种节能专业知识。德国联邦消费者联合会及其位于各州的下属分支机构也提供有关节能的信息和咨询服务。通过节能宣传教育工作的开展，将节能知识深入社会公众的内心，更好地推进德国能源政策的实施。

（二）对我国的借鉴意义

我国目前正面临着十分严峻的能源形势。德国在能源法律政策上的经验和措施，对我国能源法律体系的建构具有借鉴意义。

1. 建立完善的能源法律体系

德国已形成了以《能源经济法》为基本法，由煤炭立法、石油立法、可再生能源立法、节约能源立法、核能立法、生态税收立法等专门法为中心内容的能源法律体系。德国《能源经济法》明确将"保障提供最安全的、价格最优惠的和与环境相和谐的能源"作为立法目的，在能源市场引入竞争机制，宏观上指导了具体的能源立法。2005年修订的《能源经济法》又加强了对电力、天然气市场的监管。同时，各专门领域也能有具体细致的规范，取得了较好的效果。

我国也制定了《煤炭法》（1996年）、《电力法》（1996年）、《节约能源法》（1997年）、《可再生能源法》（2006年）等一系列的能源专门法，并制定了一系列相关配套法律规范。我国应借鉴德国能源法律体系，完善我国的能源法律制度体系。即在制定具有能源基本法性质的能源法时应注重能源市场的适度竞争和有效监管。同时，要及时完成我国能源专门法的立法和修改工作，如尽快制定《石油天然气法》《原子能法》等特别法，尽快修正《煤炭法》《电力法》等，以完善我国能源专门法的体系和内容。

2. 能源立法应具有灵活性

德国的能源立法具有较强的灵活性，根据情况的变化及时进行修改。如新《能源经济法》1998年颁布以来，已经进行了两次修改，每次修改的幅度也较大。1976年《建筑物节能法》颁布以来，相关立法已经经过多次修改，平均三四年就要修改一次，每次修改都将节能指标进行提高。同时，德国的能源立法注重可操作性，在法律中提出具体的量化指标，以此保证法律目标的具体化。如《可再生能源优先法》中，就详细地对水力和填埋场、矿山、垃圾处理场气体发电（第四条）、生物质能发电（第五条）、地热发电（第六条）、风能发电（第七条）和太阳辐射能发电（第八条）的补偿价格进行了规定。

反观我国现有的能源立法，比较偏重原则化，可操作性不强，使其在实践中难以有效地发挥效果。因此，应借鉴德国的相关经验，强化能源立法的灵活性和可操作性。

3. 节能立法应具有先进性

从德国不同时期的节能规范可以看出，德国的节能思想有一个清晰的脉络：第一阶段控制建筑外围护结构；第二阶段控制建筑的单位面积能耗指标；第三阶段控制建筑的整体实际原始能耗（控制建筑的外部输入能源，控制不同种类能源），从而控制整体能耗。德国节能思想紧抓能耗的关键，不是单纯从材料、单项技术出发，而是通过一系列技术手段，控制建筑实际需求使用能源量，从而有效节能。这显示节能思想的不断进步，体现了先进的策略。目前，我国许多城市的节能意识尚停留在第一阶段，即控制外墙、外窗的隔热保温，某些材料商也利用这种误区单纯强调建材的清晰脉络。德国节能思想紧抓能耗的关键，不是单纯从材料、单项技术出发，而是通过一系列技术手段，根据建筑实际需求控制使用能源量。

三、日本能源政策及其对我国的借鉴意义

（一）日本能源政策

日本自然资源缺乏，能源高度依赖石油，石油高度依赖进口，进口高度依赖中东。日本的能源自给率极低，能源安全形势极为脆弱，但其能源利用效率与节能技术均列于全球高水平之列。这主要得益于日本节能技术开发和相关的节能法规建设的发展。如今，日本是世界上能源利用效率最高的国家之一。

能源自给率极低，这使日本处于极大的能源安全风险之中。极度贫乏的能源现实使日本历届政府都以战略的眼光看待能源安全问题，制定并实施了一系列能源安全政策和措施，为最大程度地确保日本能源供应的安全，必须进一步多样化能源供应渠道，其核心是发展继续依靠核能。该政策鼓励使用天然气来减轻对气候变化的影响，并减少对石油的需求，这同时也可以有效减少日本能源对中东的依赖。

1. 注重节能的统一管理

日本对节能工作实行全国统一管理，地方政府没有相应的机构负责节能管理。2001年政府机构改革后，将原来资源能源厅煤炭部的节能科升格为节能新能源部，反映了日本政府对节能工作的高度重视。中介机构是日本推进节能工作的重要力量，如节能中心、能源经济研究所、新能源和产业技术综合开发机构等，这些机构在节能情况调研、搜集分析相关信息、研究提出政

策建议、贯彻落实和组织实施节能政策、推动日本节能工作中发挥着重要的作用，真正发挥出节能统一管理的作用。

2. 注重节能法规的制定

1979年日本开始实施《节约能源法》，对能源消耗标准做了严格的规定。主要措施包括：①调整产业结构，限制或停止高能耗产业发展，鼓励高能耗产业向国外转移；②制定节能规划，规定节能指标；③对一些高能耗产品制定严格的能耗标准等。同时协助推进民间机构能源节省技术的研究开发，使日本在能源的高效使用方面达到世界先进水平。

日本政府又分别在1998年和2002修改了《节约能源法》，对重点用能企业的责任及政府在节能管理职能上等都做了严格界定。日本政府通过节能法规定各产业的节能机制和产业的能效标准。日本政府还通过税收、财政、金融等手段支持节能。在税收方面，实施节能投资税收减免优惠政策；在财政方面，对节能设备推广和节能技术开发进行补贴；在金融方面，企业的节能设备更新和技术开发可从政府指定银行取得贷款，享受政府规定的特别利率优惠。具体来讲，日本产业界的重点能源消耗企业必须提交未来的中长期能源使用节能计划，并有义务定期报告能源的使用量。

随着民生部门的能源消费在日本能源消费中的地位不断上升，民生部门的节能措施也日渐重要，如家用电器、办公自动化设备等的能源节省基准引入了能源使用最优方式。同时鼓励开发新建筑材料，如对办公楼、住宅楼等提出明确的节能要求。在交通领域积极推进节油型汽车的研发和制造，鼓励多利用公共交通工具。2009年4月，日本发布题为《绿色经济与社会变革》的政策草案，一方面提出通过环境和能源技术来促进经济发展；另一方面还制定了日本中长期的社会发展方针，其主要内容涉及投资、技术、资本、消费等多个方面。此外，在政策草案中，还详细提出了碳排放权交易制度和环境税等具体实施方案。

3. 实施"领先产品"能效基准制度

日本对汽车和电器产品分别制定了不低于市场上已有商品最好能效的能效标准。煤气与燃油器具、变压器等"领先产品"的能效标准也在制定过程中。生产这些产品的企业，必须按照"领先产品"标准执行，否则将受到劝告、公布企业名单和罚款等处理。

4. 制定和实施激励性政策

对节能设备推广、示范项目实行补贴，对列入目录的 111 种节能设备实行特别折旧和税收减免优惠，即除正常折旧外，还给予特殊的"加速折旧"。对使用节能设备实行优惠，通过政策性银行给予低息贷款，以鼓励节能设备的推广应用。通过财政预算支持节能技术开发，对"国家的节能技术开发项目"由政府全额拨款；对"企事业单位的节能技术开发项目"，国家给予补贴。2007 年，日本用于节能技术开发的财政预算为 1100 亿日元（1 日元 = 0.06635 元）。在 2009 财年预算案中，日本对环境能源技术研发进行单独预算，预算金额高达 100 亿日元，其中太阳能发电技术研发这一项预算就达 35 亿日元。在 2010 财年预算案中，又新增了一项预算用于尖端低碳化技术的研发，预算金额达 25 亿日元。此外，日本还采取精神奖励的办法，调动企业节能的积极性。例如，经济产业省定期发布节能产品目录，开展节能产品和技术评优活动，分别授予经济产业大臣奖、资源能源厅长官奖和节能中心会长奖。

5. 重视节能宣传教育工作

除节能日（每月第一天）、节能月（每年 2 月）在全国开展节能技术普及和推广及形式多样的宣传活动外，日本还规定每年 8 月 1 日和 12 月 1 日为节能检查日，检查评估节能活动效果及生活习惯的变化。日本的节能中介组织还通过开展各种活动，提高公众的节能意识。

6. 积极发展能源外交

日本对中东石油的依存度远远高于其他发达国家。一旦中东因战乱或政治格局的改变而断油，日本的经济命运不言而喻，所以，确保中东石油供给渠道的畅通和寻求能源进口渠道的多元化，一直是日本外交政策的一个重要支点。通过一系列的经济外交，日本稳定了中东石油进口。除了继续稳定中东的石油进口以外，开拓新的石油进口渠道、减少对中东的依赖，对日本的能源安全来说，势在必行。接着，日本又把目光转向仅次于中东的世界第二大供油大户俄罗斯，积极参与俄罗斯萨哈林大陆架石油天然气资源开发工程。2003 年，日本政府以 75 亿美元的诱人筹码，实现了俄罗斯先修建从安加尔斯克油田到纳霍德卡的石油输送管线"安纳线"。经过多年的外交努力，日本的能源进口渠道多元化格局基本形成，在一定程度上缓解了对中东石油的过度依赖，能源安全进一步提高。

7. 发展核电与环境保护

发展核能和其他石油替代能源（如煤炭、天然气、可再生能源），并减少石油进口，降低进口石油在能源结构中的比重。1985—1996年间，日本核能发电翻了近一番，石油在总能源供应中的比例从第一次石油危机时的80%降至目前的55%。政府承诺实施一项计划帮助公众更好地理解核能对未来发展的重要作用，并已开始对支持核能的社区提供补助。

能源利用引发的主要环境问题是气候变化和二氧化碳排放。日本政府认为，必须采取有力措施减少二氧化碳排放。因此，日本政府通过以天然气代替煤炭的形式，发展核电和提高能源利用率。2010—2030年间，燃料电池汽车和高效废热利用将是温室气体减排的重要技术；2030年后，空间太阳能系统、生物质能、二氧化碳封存和利用将是应对气候变化的主要技术。日本的能源消费量以石油为主，煤炭、天然气、水电以及其他能源为辅。

2000年，日本能源消费量为5.09亿吨油当量，其中石油占50%，煤炭占19%，核电占16%，天然气占13%，水电占1%，其他能源占1%。2000年，日本能源对外依存度为80%，石油、天然气和煤炭的对外依存度分别为99%、97%和95%。1990—1995年，能源消费量年均增长率为2.6%。

（二）对我国的借鉴意义

我国目前正处在十分严峻的能源形势之下。日本在能源政策与立法方面的经验与措施，对我国能源法律体系的构建具有借鉴意义。

1. 构建金字塔式能源法律体系

日本已构建了以《能源政策基本法》为指导，以《电力事业法》《天然气事业法》《原子能基本法》《能源利用合理化法》等能源专门法为主体，以《电力事业法施行令》《天然气事业法施行令》《促进新能源利用特别措施法施行令》等相关法规为配套的金字塔式能源立法体系。该法律体系保证了在宏观上对能源立法进行指导，各专门领域立法也取得了较好的效果。

我国目前也制定了一系列相关配套法律规范。我国应借鉴日本金字塔式的能源法律体系，系统完善我国能源法律制度体系。即在重点展开制定具有能源基本法性质的能源法的同时，完成我国能源专门法相关立法和修改工作。

2. 注重能源立法的可操作性

2007年，日本经济产业省决定扩大现行《节约能源法》的适用范围，将连锁便利店的店铺等也列为限制对象，以期提高温室气体减排效率。《节约能源法》不定期修正,其他的能源立法,也都经常进行修改。可见,我国应在能源立法中注重灵活性,在必要时对能源专门法和相关配套法规进行修改。

日本于1974年制订并实施了"新能源开发计划"即"阳光计划"。该计划的核心内容是太阳能开发利用,同时也包括地热能开发、煤炭液化和气化技术、风力发电和大型风电机研制、海洋能源开发和海外清洁能源输送技术。为了开发节能技术,提高能源的利用率,1978年,日本又启动了"节能技术开发计划"即"月光计划"。按照该计划,不但进行以能源有效利用为目的的技术开发,还推进以燃料电池发电技术、热泵技术、超导电力技术等大型节能技术为中心的技术开发。1993年,日本政府又推出"新阳光计划"。该计划的思想是:在政府领导下,采取政府、企业和大学三者联合的方式,共同攻关,以革新性的技术开发为重点,在实现经济可持续增长的同时,同步解决能源环境问题。"新阳光计划"的主要研究课题包括七大领域,即再生能源技术、化石燃料应用技术、能源输送与储存技术、系统化技术、基础性节能技术、高效与革新性能源技术及环境技术。为了保证"新阳光计划"的顺利实施,日本政府每年为该计划拨款570多亿日元,其中362亿日元用于新能源技术开发。预计这项计划将延续到2020年。

日本在保障能源法律可操作性方面,主要采取了三种措施。一是明确管理主体。能源管理部门过多,或者各部门之间职能相互交叉,不利于能源的管理。根据能源基本法和专门法的规定,日本经济产业大臣负责能源管理工作,保证了能源法律法规的执行。二是在法律中规定量化指标。日本注重在能源立法中提出具体的量化指标,以此保证法律目标的具体化。实践证明,在法律中规定量化指标与保障法律稳定性并无矛盾。三是及时制定配套法规。在制定某一能源专门法后,日本政府会及时地制定《施行令》《施行规则》等相关配套法规,更加具体、细致地对相关问题进行规范。

我国现有的能源立法偏重原则化,可操作性不强,使其在实践中难以有效地发挥效果。因此,应借鉴日本的相关经验,强化能源立法的可操作性。

3. 注重培育相关专业结构

日本在能源立法中,较为注重对能源专业机构的建设,并专门制定法律进行规范。例如,日本在1967年制定《石油公团法》,设立了专门负责石油和液化石油气开发及技术开发的国家石油公司(石油公团)。1978年,日本修改了《石油公团法》,调整了石油公团的职能,使其承担起国家石油和液化石油气储备的责任。2002年7月19日，日本国会正式通过独立行政法人石油天然气、金属矿产资源机构法，决定废除原隶属于资源能源厅的"石油公标"，以此保证法律目标的具体化。实践证明，在法律中规定量化指标与保障法律稳定性并无矛盾。

可见，制定专门立法对相关机构进行法律规范是日本能源立法的一个特点。如此有助于规范能源专门机构的运作，也取得了较好的成效。我国能源立法应借鉴此经验，制定专门法律来规范相关机构的成立和运作。

4. 注重国际合作

如今，能源问题已超出局部和经济范畴，日益全球化和政治化，对国家安全、大国关系以及国际战略产生着深远影响，能源合作要由政府统筹规划调控。对此，能源立法应进行相应的规范。日本《能源政策基本法》第13条就专门规定："为有助于稳定世界能源供需，防止伴随能源利用而产生的地球温室化等，国家应努力改善为推进与国际能源机构及环境保护机构的合作而进行的研究人员之间的国际交流，参加国际研究开发活动、国际共同行动。"

日本提出《亚洲节能规划》作为与亚洲地区节能合作的基本方针，与以中国、印度为主的能源需求快速增长重点国家开展两国间的政策对话，制定旨在推进节能的具体行动计划。日本以接受研究生进修、派遣专家等方式协助培养人才，充分利用国际框架组织，进行亚洲地区的产煤国与煤炭消费国间的政策性对话，将日本的煤炭清洁利用、煤炭生产安全技术推广到中国、印度尼西亚等国。支援亚洲各国引进新能源，推进符合当事国自然条件、能源特性的新能源技术的开发和试验。

可见，我们应对日本的经验进行研究并加以汲取，同时结合自身的特点，注重国际合作，全方位打造我国的能源安全战略，确保经济的可持续发展。

四、欧盟能源政策

欧盟能源消费量居世界第三位。在目前能源需求结构中，石油占41%，天然气占23%，煤（硬煤、褐煤和泥煤）占15%，核能占16%，可再生能源占6%。欧盟地区经济发达，能源消费量大，而区内能源资源十分短缺，是能源输入型地区，石油、天然气是欧盟国家的主要燃料，占欧盟能源消费量的66%，但高度依赖进口，因此，能源安全和战略储备是欧盟国家的能源重点。欧盟各国认为保障能源供应安全，确保其公众福利和经济正常运行，以及能源产品的市场可获得性，在价格上对所有消费者（私人和企业）都是可承受的，同时兼顾环境保护与可持续发展是其能源政策的重点。

（一）加强需求侧管理

欧盟把加强需求侧管理，控制需求增长作为新的能源政策的基石。采用税收、法规和其他市场手段对需求进行有效控制；树立起无节制消费能源不利的公众意识；使能源价格反映真实成本，鼓励节能。

交通和建筑是两大重点节能部门。欧盟计划复兴铁路、短程海运和内河运等交通模式；加大基础设施投资，消除铁路运输网的瓶颈，发展欧洲一体化铁路运输网；加快零污染和低污染车辆的商业化。推动城市交通清洁化，为环保、高效用能、交通运输成本考虑"污染者支付"原则，引导消费模式的改变。

（二）形成运转良好的内部市场

欧盟已经做出关于内部能源市场的政治决策，法律框架现也已到位。当务之急是保证已被采纳的措施得到正确的执行。对跨国基础设施投资不足，阻碍了一个真正一体化市场的形成。只有具有一个充分互联的网络，能源市场的开放才能使公众充分受益。目前，欧盟不少地区仍然由历史形成的经营者支配，改变供应商的消费者甚少。而且，输送系统经营者依然没有实现完全的独立自主，配送系统经营者也没有适当地分离。2005年，欧盟委员会在创建内部电力和天然气市场中已进行一次更深入的进展评价。根据本次市场分析，欧盟委员会出台了评估改善市场运转所需要的补充措施。

（三）加强与保障核电

目前核电占欧盟总发电量的三分之一，未来仍可能保持这个水平。相应地，公众有权利要求核设施安全得到最大的保障。欧盟至今没有严格意义上的核安全法律框架。欧盟委员会最近就此提出了两项议案：一是根据国际公认而且可以通过欧盟法律系统执行的国际原子能机构原则，为欧盟核安全提供一个法律框架，制定共同的安全标准；二是责成各成员国就放射性废料的处理拟订一份最终的废料管理计划，主要是强活性废料的深埋。此外，欧盟委员会将继续进行核能方面的研究，特别是要考虑长期安全管理放射性废料的技术的方案。核设施关停的经费负担问题同样重要。欧盟委员会将紧密监督，确保有效地储备这些资金。

（四）积极推广可再生能源

最近几年来，欧盟的可再生能源（地热能、生物能、太阳能、风能、水电等）的消费量翻了两番，1990年开始的欧洲辅助能源项目计划，截至2005年使欧盟的可再生能源供应提高到8%，使可再生能源发电增加2倍，欧盟规定对可再生能源不征收任何能源税。积极地推广可再生能源，减少不可再生能源的损耗。

（五）采取积极主动的能源政策

按《京都议定书》的规定，2008—2012年期间，欧盟的温室气体排放量要在1990年的基础上削减。2010年新能源和可再生能源已实现翻两番，达到12%；另外，要对摒弃核能的做法进行重新审视。欧盟将支持新型反应堆的研究，尤其是核聚变。虽然欧盟在很多政策上比较一致，但是缺乏一个共同的能源外交政策，因此，欧盟在国际能源外交上的影响力相对较小。

第三节 我国的能源政策与建筑节能标准法规

一、我国能源的发展现状

改革开放以来，我国能源工业快速增长，实现了煤炭、电力、石油、天然气以及新能源的全面发展，为保障国民经济长期平稳较快发展和人民生活水平持续提高做出重要贡献。

（一）供应保障能力显著增强

2014年，我国一次能源生产总量达到42.6亿t标准煤，居世界第一。其中，原煤产量38.7亿t，原油产量稳定在2.1亿t，成品油产量3.17亿t。天然气产量达到1301.6亿m^3。

（二）能源节约效果明显

我国大力推进能源节约。1981—2011年，我国能源消费以年均5.82%的速度增长，支撑了国民经济年均10%的增长。2011—2014年，国内生产总值能耗从0.799 t标准煤下降到0.6693 t标准煤，能源节约效果十分明显。

（三）非化石能源快速发展

我国积极发展新能源和可再生能源。2014年，全国水电装机容量达到

3亿kW，居世界第一。风电并网装机容量达到9637万kW，居世界第一。光伏发电增长强劲，装机容量达到2805万kW。太阳能热水器集热面积4.14亿m^2。我国还积极开展沼气能、地热能、潮汐能等其他可再生能源的推广应用。非化石能源占一次能源消费的比重达到11.1%。

（四）科技水平迅速提高

我国已建成比较完善的石油天然气勘探开发技术体系，复杂区块勘探开发、提高油气田采收率等技术在国际上处于领先地位。全国采煤机械化程度在60%以上，井下600万t综采成套装备全面推广。百万千瓦超临界、大型空冷等大容量高参数机组得到广泛应用，70万kW水轮机组设计制造技术达到世界先进水平；百万千瓦级压水堆核电站自主设计、建造和运营能力，高温气冷堆、快堆技术研发取得重大突破。3 MW风电机组批量应用，6 MW风电机组成功下线。形成了比较完备的太阳能光伏发电制造产业链，光伏电池年产量占全球产量的40%以上。特高压交直流输电技术和装备制造水平处于世界领先地位。

（五）用能条件大为改善

我国正积极推进民生能源工程建设，提高能源普遍服务水平。与2006年相比，2011年我国人均一次能源消费量达到2.6 t标准煤，提高了31%；人均天然气消费量89.6 m^3，提高了110%；人均用电量3493 kW·h，提高了60%。

（六）环境保护成效突出

我国正加快采煤沉陷区治理，建立并完善煤炭开发和生态环境恢复补偿机制。2011年，原煤入选率达到52%，土地复垦率40%。加快建设燃煤电厂脱硫、脱硝设施，烟气脱硫机组占全国燃煤机组的比重达到90%。燃煤机组除尘设施安装率和废水排放达标率达到100%。自此以后，我国关于环境保护的脚步就没有停止，加大了煤层气（煤矿瓦斯）开发利用力度，抽采量达到11.4亿m^3，在全球率先实施了煤层气国家排放标准。单位国内生产总值能耗下降，减排二氧化碳14.6亿t，取得了令人瞩目的成绩。

（七）体制机制不断完善

能源领域投资主体实现多元化，民间投资不断发展壮大。煤炭生产和流通基本实现市场化。电力工业实现政企分开、厂网分离，监管体系初步建立。

能源价格改革不断深化，价格形成机制逐步完善。开展了煤炭工业可持续发展政策措施试点。制定了风电与光伏发电标杆上网电价制度，建立了可再生能源发展基金等制度。

加强能源法制建设，近年来新修订出台了《节约能源法》《可再生能源法》《中华人民共和国循环经济促进法》《中华人民共和国石油天然气管道保护法》《民用建筑节能条例》《公共机构节能条例》等法律法规。作为世界第一大能源生产国，我国主要依靠自身力量发展能源，能源自给率始终保持在90%左右。

（八）资源约束矛盾突出

我国人均能源资源拥有量在世界上处于较低水平，煤炭、石油和天然气的人均占有量分别仅为世界平均水平的67%、5.4%和7.5%。虽然近年来我国能源消费增长较快，但目前人均能源消费水平还比较低，仅为发达国家平均水平的三分之一。

（九）能源效率有待提高

我国产业结构不合理，经济发展方式有待改进。我国单位国内生产总值能耗不仅远高于发达国家，也高于一些新兴工业化国家。能源密集型产业技术落后，第二产业特别是高耗能工业能源消耗比重过高，钢铁、有色、化工、建材四大高能耗行业用能占到全社会用能的40%左右。能源效率相对较低，单位增加值能耗较高。

（十）环境压力不断增大

化石能源特别是煤炭的大规模开发利用，对生态环境造成严重影响。大量耕地被占用和破坏，水资源污染严重，二氧化碳、二氧化硫、氮氧化物和有害重金属排放量大，臭氧及细颗粒物（PM 2.5）等污染加剧。

（十一）能源安全形势严峻

近年来能源对外依存度上升较快，特别是石油对外依存度从21世纪初的32%上升至2014年的59.6%。能源储备规模较小，应急能力相对较弱，能源安全形势严峻。对可再生能源的开发力度不够，对能源的管理机制不健全，造成一定程度的能源的浪费，加剧了能源安全形势。

（十二）体制机制亟待改革

能源体制机制深层次矛盾不断积累，价格机制尚不完善，行业管理仍较薄弱，能源服务水平亟待提高，体制机制约束已成为能源科学发展的严重障碍。

二、我国的能源政策

维护能源资源长期稳定可持续利用，是我国政府的一项重要战略任务。我国能源必须走科技含量高、资源消耗低、环境污染少、经济效益好、安全有保障的发展道路，全面实现节约发展、清洁发展和安全发展。树立绿色、低碳发展理念，统筹能源资源开发利用与生态环境保护，在保护中开发，在开发中保护，积极培育符合生态文明要求的能源发展模式。

"十二五"期间，节能减排的主要目标和重点工作，把降低能源消耗强度、减少主要污染物排放总量、合理控制能源消费总量工作有机结合起来，形成"倒逼机制"，推动经济结构战略性调整，优化产业结构和布局，强化工业、建筑、交通运输、公共机构以及城乡建设和消费领域用能管理，全面建设资源节约型和环境友好型社会。

以能源发展"十三五"规划为指引，构建清洁低碳、安全高效的现代能源体系。优化能源结构，实现清洁低碳发展，是推动我国能源革命的本质要求，是我国经济社会转型发展的迫切需要。根据规划，到2020年我国非化石能源消费比重将提高到15%以上，天然气消费比重力争达到10%，煤炭消费比重降低到58%以下。

在2019年政府工作报告中，强调着力激发微观主体活力，创新完善宏观调控，统筹推进稳增长、促改革、调结构、惠民生、防风险等一些政策，国内生产总值增速目标为6%～6.5%，生活环境要进一步改善，单位国内生产总值能耗要下降3%左右，主要污染物排放量要继续下降。二氧化硫、氮氧化物排放量下降3%，重点地区的细颗粒物浓度要继续下降，同时要持续开展京津冀周边、长三角、汾渭平原的大力治理攻坚，加强工业、燃煤、机动车三大污染源治理。

（一）全面推进能源节约

我国能源政策的基本内容是：坚持"节约优先、立足国内、多元发展、保护环境、科技创新、深化改革、国际合作、改善民生"的能源发展方针，推进能源生产和利用方式变革，构建安全、稳定、经济、清洁的现代能源产业体系，努力以能源的可持续发展支撑经济社会的可持续发展。

我国始终把节约能源放在优先位置。早在20世纪80年代初，国家就提出了"开发与节约并举，把节约放在首位"的发展方针。2006年，我国政府发布《关于加强节能工作的决定》。2007年，发布《节能减排综合性工作方案》，全面部署了工业、建筑、交通等重点领域的节能工作。

（二）大力发展可再生能源

在做好生态环境保护、移民安置的前提下，我国积极发展水电，把水电开发与促进当地就业和经济发展结合起来。坚持科学理性的核安全理念，把"安全第一"的原则严格落实到核电规划、选址、研发、设计、建造、运营、退役等全过程。坚持集中开发与分散发展并举，优化风电开发布局，推进太阳能多元化利用。坚持"统筹兼顾、因地制宜、综合利用、有序发展"的原则，发展以农作物秸秆、粮食加工剩余物和蔗渣等为燃料的生物质发电，城市垃圾焚烧和填埋气发电，建设生物质成型燃料生产基地，推广地热能高效利用技术。坚持"自用为主、富余上网、因地制宜、有序推进"的原则，发展分布式能源。

（三）推动化石能源清洁发展

我国统筹化石能源开发利用与环境保护，主要做法是加快建设先进生产能力，淘汰落后产能，大力推动化石能源清洁发展，保护生态环境，应对气候变化，实现节能减排。多元发展着力提高清洁低碳化石能源和非化石能源比重，大力推进煤炭高效清洁利用，积极实施能源科学替代，加快优化能源生产和消费结构。

建设煤炭深加工升级示范工程，加强煤炭矿区环境保护和生态建设，实现安全高效开发煤炭。鼓励煤电一体化开发，稳步推进大型煤电基地建设。建设清洁高效燃煤机组和节能环保电厂，严格控制燃煤电厂污染物排放，鼓励在大中型城市和工业园区等热负荷集中的地区建设热电联产机组，合理建设燃气蒸汽联合循环调峰机组。

实行油气并举的方针，实现上下游一体化、炼油化工一体化、炼油储备一体化集约发展。

加快煤层气勘探开发，增加探明地质储量，推进煤层气产业化基地建设。加快页岩气勘探开发，优选一批页岩气远景区和有利目标区。

综合考虑目标市场，产业布局调整，煤电、风电、核电、天然气发电、抽水蓄能等电源点建设和进口能源，以及资源地的水和生态环境承载力等因素，统筹谋划能源输送通道建设。

（四）提高能源普遍服务水平

保障和改善民生是我国能源发展的根本出发点和落脚点。统筹城乡能源协调发展，加强能源基础设施建设，改善广大农村和边疆少数民族地区用能条件，提高能源基本服务均等化水平，让能源发展成果更多地惠及全体人民。

通过增加财政投入，扩大电网覆盖面和发展分散式可再生能源，解决西藏、新疆、青海、云南、四川、内蒙古等省、自治区无电人口用电问题。在无电人口集中地区，建立并完善承担社会公共服务功能的电力普遍服务体系。

坚持"因地制宜、多能互补、综合利用、注重实效"的原则，加强农村能源基础设施建设，改善农村生产生活用电条件，大力发展农村可再生能源，完善农村能源管理和服务体系。

对边疆地区加大资金支持力度，加强这些地区的能源基础设施和民生能源工程建设，积极支持西藏、新疆跨越式发展。

改善城镇居民生活用能条件。加强城镇电网改造和升级，提高供电质量和可靠性。做好电力供应保障，优先确保居民生活用电。加快天然气发展，建设和完善城市供气管网，让更多的居民用上天然气。在北方采暖城市，因地制宜发展热电联产机组，进一步改善居民供暖条件。

（五）加快推进能源科技进步

加强基础科学研究和前沿技术研究，增强能源科技创新能力。依托重点能源工程，推动重大核心技术和关键装备自主创新，加快创新型人才队伍建设。2011年，我国发布《国家能源科技"十二五"规划》。这是首部能源科技专项规划，确定了勘探与开采、加工与转化、发电与输配电、新能源等重点技术领域，全面部署建设"重大技术研究、重大技术装备、重大示范工程及技术创新平台"四位一体的国家能源科技创新体系。

超前部署一批对能源发展具有战略先导性作用的前沿技术攻关项目，鼓励开展先进适用技术的研发应用，推进关键技术创新，增强能源领域原始创新、集成创新和引进消化吸收再创新能力。实施能源消费总量和强度双控制，努力构建节能型生产消费体系，促进经济发展方式和生活消费模式转变，加快构建节能型国家和节约型社会。

进一步完善政策支持体系，建立健全能源装备标准、检测和认证体系，提高重大能源装备设计、制造和系统集成能力，积极推广应用先进技术装备。

围绕能源发展方式转变和产业转型升级，加大资金、技术、政策支持力度，建设重大示范工程，推动科技成果向现实生产力转化。

依托大型企业、科研机构和高校，继续建设一批国家能源技术创新平台，加强自主研发和核心技术攻关，完善国家能源技术创新体系。

（六）深化能源体制改革

深化改革，充分发挥市场机制作用，统筹兼顾，标本兼治，加快推进重点领域和关键环节改革，构建有利于促进能源可持续发展的体制机制。加快能源法制建设，完善能源法律制度，积极推进能源市场化改革，完善市场体制机制，改善能源发展环境，重视能源发展的战略谋划和宏观调控，综合运用规划、政策、标准等手段实施行业管理，推进能源生产和利用方式变革，保障国家能源安全。

（七）加强能源国际合作

国际合作统筹国内国际两个大局，大力拓展能源国际合作范围、渠道和方式，提升能源"走出去"和"引进来"水平，推动建立国际能源新秩序，努力实现合作共赢。

在双边合作方面，我国与美国、欧盟、日本、俄罗斯、哈萨克斯坦、土库曼斯坦、乌兹别克斯坦、巴西、阿根廷、委内瑞拉等国家和地区建立了能源对话与合作机制，在煤炭、电力、可再生能源、科技装备和能源政策等领域加强对话、交流与合作。在多边合作方面，我国是亚太经济合作组织能源工作组、二十国集团、上海合作组织、世界能源理事会、国际能源论坛等组织和机制的正式成员或重要参与方，是能源宪章的观察员国，与国际能源署、石油输出国组织等机构保持着密切联系。立足国内资源优势和发展基础，着力增强能源供给保障能力，完善能源储备应急体系，合理控制对外依存度，提高能源安全保障水平。

三、我国建筑节能政策法规与标准体系

（一）建筑节能政策法规

我国正在逐步完善建筑节能的相关法律与法规，通过不断建立健全相关法规标准，推动可再生能源在建筑中的应用。《节约能源法》作为一个宏观的能源节约法，从总体上对能源的管理、使用和技术进步进行了规定，它为我国建筑节能管理提供了明确的法律依据。明确住房和城乡建设部是建筑节能工作的主管部门，其职责为：拟定建筑节能规划，新建建筑节能监管，建立完善大型公共建筑节能运行制度、能耗定额制度、能效审计和披露制度，

推进供热体制改革,推动可再生能源在建筑中的规模化应用。

在该法律的第三章"合理使用与节约能源"中设专节对建筑节能做出规定,主要涉及六个方面:①明确了建筑节能的监督管理部门为国务院建设主管部门及县级以上地方各级人民政府建设主管部门;②明确了建筑节能规划制度及既有建筑节能改造制度;③建立建筑节能效标识制度;④规定了室内温度控制制度;⑤规定了供热分户计量及按照用热量收费的制度;⑥鼓励节能材料、设备以及可再生能源在建筑中的应用。

《中华人民共和国建筑法》(以下简称《建筑法》)第五十六条规定:"建筑工程的勘察、设计单位必须对其勘察、设计的质量负责。勘察、设计文件应当符合有关法律、行政法规的规定和建筑工程质量、安全标准、建筑工程勘察、设计技术规范以及合同的约定。设计文件选用的建筑材料、建筑构配件和设备,应当注明其规格、型号、性能等技术指标,其质量要求必须符合国家规定的标准。"

《节约能源法》第十条和第三十四条对我国节能工作的主管部门做出了规定。其中第十条:"国务院管理节能工作的部门主管全国的节能监督管理工作。国务院有关部门在各自的职责范围内负责节能监督管理工作,并接受国务院管理节能工作的部门的指导。"第三十四条:"国务院建设主管部门负责全国建筑节能的监督管理工作。县级以上地方各级人民政府建设主管部门负责本行政区域内建筑节能的监督管理工作。县级以上地方各级人民政府建设主管部门会同同级管理节能工作的部门编制本行政区域内的建筑节能规划。建设节能规划应当包括既有建筑节能改造计划。"

《可再生能源法》的第十七条对太阳能在建筑中的应用做出了明确的规定:"国家鼓励单位和个人安装和使用太阳能热水系统、太阳能供热采暖和制冷系统、太阳能光伏发电系统等太阳能利用系统。国务院建设行政主管部门会同国务院有关部门制定太阳能利用系统与建筑结合的技术经济政策和技术规范。房地产开发企业应当根据前款规定的技术规范,在建筑物的设计和施工中,为太阳能利用提供必备条件。对已建成的建筑物,住户可以在不影响其质量与安全的前提下安装符合技术规范和产品标准的太阳能利用系统;但是,当事人另有约定的除外。"

《民用建筑节能管理规定》是国家部委规章,是住房和城乡建设部为了加强民用建筑节能管理,提高能源利用效率,改善室内热环境质量,根据相关法律法规而制定,2005年11月10日发布,自2006年1月1日起施行。该规定共三十条,涵盖了民用建筑节能管理的主体、范围、原则、内容、程序及监督管理和法律责任等,是开展民用建筑节能管理工作的规范性文件。其中第二条规定:"本规定所称民用建筑,是指居住建筑和公共建筑。本规定所称民用建筑节能,是指民用建筑在规划、设计、建造和使用过程中,通过采用新型墙体材料,执行建筑节能标准,加强建筑物用能设备的运行管理,合理设计建筑围护结构的热工性能,提高采暖、制冷、照明、通风、给排水和通道系统的运行效率,以及利用可再生能源,在保证建筑物使用功能和室内热环境质量的前提下,降低建筑能源消耗,合理、有效地利用能源的活动。"

《中国节能技术政策大纲》是中国节能技术政策的纲领性文件,早在1984年,国家计划委员会(现为国家发展和改革委员会)、国家经济贸易委员会(现为商务部)和国家科学技术委员会(现为科学技术部)就共同组织编制了《中国节能技术政策大纲》,1996年三部委对其进行了修订,为了适应新的经济形势,补充节能新技术,国家发展和改革委员会与科技部于2005年6月组织专家对《中国节能技术政策大纲》进行了修订。修订的大纲通过推动节能技术进步,促进构建节约型产业结构、产品结构和消费结构,加快节约型社会的建设,为各地区、各行业制定节能中长期规划和年度计划提供依据,指导基本建设、技术改造和科学研究领域的节能工作。

2004年11月25日国家发展和改革委员会发布了我国第一个《节能中长期专项规划》,明确指出节能专项规划是我国能源中长期发展规划的重要组成部分,也是我国中长期节能工作的指导性文件和节能项目建设的依据。

自2008年10月1日起实施的《民用建筑节能条例》,对我国民用建筑节能工作做出了更加详细的规定。条例中规定了职能授权:"国务院建设主管部门负责全国民用建筑节能的监督管理工作。县级以上地方人民政府建设主管部门负责本行政区域民用建筑节能的监督管理工作。县级以上人民政府有关部门应当依照本条例的规定以及本级人民政府规定的职责分工,负责民用建筑节能的有关工作。"

也是在2008年10月1日起实施的《公共机构节能条例》,针对我国的公共建筑节能工作做出明确的规定。"国务院管理节能工作的部门主管全国的公共机构节能监督管理工作。国务院管理机关事务工作的机构在国务院管理节能工作的部门指导下,负责推进、指导、协调、监督全国的公共机构节能工作。国务院和县级以上地方各级人民政府管理机关事务工作的机构在同级管理节能工作的部门指导下,负责本级公共机构节能监督管理工作。""公共机构的节能工作实行目标责任制和考核评价制度,节能目标完成情况应当作为对公共机构负责人考核评价的内容。""公共机构应当建立、健全本单位节能运行管理制度和用能系统操作规程,加强用能系统和设备运行调节、维护保养、巡视检查,推行低成本、无成本节能措施。"

除了上述法律法规与政策办法外,节能政策还体现在国家颁发的各种法律法规中,如《重点用能单位节能管理办法》(1999年3月10日)、《节约用电管理办法》(2001年1月8日)、《能源效率标识管理办法》(2016年6月1日)、《能源发展"十二五"规划》(2013年1月1日)、《粉煤灰综合利用管理办法》(2013年3月1日)、《页岩气产业政策》(2013年10月22日)、《天然气基础设施建设与运营管理办法》(2014年4月1日)、《可再生能源发展专项资金管理暂行办法》(2015年4月2日)等。同时各级地方政府还以国家颁布的法规条例为依据,结合当地实际,颁布实施了针对地方行业的节能政策办法。

(二)我国建筑节能标准体系

建筑节能标准是实现建筑节能目标的技术依据和基本准则。建立和健全建筑节能标准规范体系,对推动建筑节能工作至关重要。首先,建筑节能标准体系是建造节能建筑的标尺和依据,其引导相关的设计单位、施工单位等主体按照相应的标准从事有关的建设活动;其次,建筑节能标准体系中有些强制性条文能够规范相关的建设单位、设计单位以及施工单位执行节能标准,必须强制执行;最后,建筑节能标准体系的建立,包括建筑工程的设计、施工、验收、运行等全过程,全面保证了建筑节能工作能够真正落到实处。

从20世纪80年代起,我国就开始为民用建筑建立相应的建筑节能标准。1986年建设部发布了我国第一部民用建筑节能设计标准,即《民用建筑节能设计标准》。该标准适用于严寒地区的采暖居住建筑,提出了节能30%的节能目标。1995年对该标准进行了修订,发布了《民用建筑节能设计标准(采暖居住建筑部分)》,节能目标提高到50%。

随着我国南方建筑节能的发展,2001年我国发布了《夏热冬冷地区居住建筑节能设计标准》(JGJ 134—2001),该标准对夏热冬冷地区居住建筑的建筑热工采暖空调,提出了与没有采取节能措施前相比节能50%的目标。2003年我国又发布了《夏热冬暖地区居住建筑节能设计标准》(JGJ 75—2003),该标准对夏热冬冷地区居住建筑的建筑热工采暖空调同样提出了节能50%的目标。2012年我国又进一步修订了《夏热冬暖地区居住建筑节能设计标准》(JGJ 75—2012),虽然学术争论不再提具体节能目标,但指出建筑节能设计应符合安全可靠、经济合理和环保的要求,应按照因地制宜的原则，使用适宜技术。近年来，围绕大力发展节能省地环保型建筑和建设资源节约型、环境友好型社会，住房和城乡建设部从规划、标准、政策、科技等方面采取综合措施，先后批准发布了《严寒和寒冷地区居住建筑节能设计标准》（JGJ 26—2018）、《公共建筑节能设计标准》（GB 50189—2015）等几十项重要的国家标准和行业标准。各地方也根据当地的情况，制定了许多地方建筑节能标准，如《江苏省公共建筑节能设计标准》（DGJ32/J 96—2010）、《天津市公共建筑节能设计标准》（DB29-153—2010）、《北京市公共建筑节能设计标准》（DB11/687—2015）等。

新颁布的《绿色建筑评价标准》（GB/T 50378—2019）自 2019 年 8 月 1 日起开始实施。新标准修订的主要内容是：①重新构建了绿色建筑评价技术指标体系；②调整了绿色建筑的评价时间节点；③增加了绿色建筑等级；④拓展了绿色建筑内涵；⑤提高了绿色建筑性能要求。其他相关的绿色建筑评价标准已经颁布实施，如《绿色工业建筑评价标准》（GB/T 50878—2013）、《绿色办公建筑评价标准》（GB/T 50908—2013）、《建筑工程绿色施工评价标准》（GB/T 50640—2010）、《绿色医院建筑评价标准》（CSUS/GBC 2—2011）、《绿色校园评价标准》（CSUS/GBC 04—2013）等。各省市根据实际情况也颁布了相应的地方绿色建筑评价标准。

在建筑综合性能评价和绿色建筑评价方面，2003 年底，由清华大学、中国建筑科学研究院有限公司、北京市建筑设计研究院有限公司等科研机构组成的课题组公布了详细的"绿色奥运建筑评估体系"。这是国内第一个有关绿色建筑的评价、论证体系。该体系是在日本的 CASBEE 的基础上，结合中国的现有标准等制定的一个绿色建筑评估体系。2005 年，建设部与科技部联合发布了《绿色建筑技术导则》和《绿色建筑评价标准》（GB 50378—2006）。该标准可以说是我国颁布的第一个关于绿色建筑的技术规范。《绿色建筑技术导则》中建立了绿色建筑指标体系，绿色建筑指标体系由节地与室外环境、节能与能源利用、节水与水资源利用、节材与材料资源、室内环境质量和运营管理六类指标组成。国家标准《住宅性能评定技术标准》（GB 50362—2005）于 2006 年 3 月 1 日起实施。《住宅性能评定技术标准》适用于城镇新建和改建住宅的性能评定，反映的是住宅的综合性能水平，体现节能、节地、节水、节材等产业技术政策，倡导一次装修，引导住宅开发和住房理性消费，鼓励开发商提高住宅性能等。在《住宅性能评定技术标准》中，住宅性能分为适用性能、环境性能、经济性能、安全性能、耐久性能五个方面，根据综合性能高低，将住宅分为 A、B 两个级别。

目前，行业主管部门和有关科研单位为建立我国建筑节能评价及能效标识进行了探索与研究。由中国建筑科学研究院及重庆大学等单位共同起草的《节能建筑评价标准》（GB/T 50668—2011）将节能建筑按照采用节能措施的情况划分为 A、B 两个级别，其中 B 级节能建筑为执行了国家和行业现行强制性标准的建筑，A 级节能建筑为执行了国家现行标准且节能性高于 8 级的建筑。A 级节能建筑又细分为 1A、2A、3A 三个等级。该标准的节能建筑评价指标体系由规划与建筑设计、建筑围护结构、供暖通风与空气调节、给水排水、电气和照明、室内环境质量和运营管理七类指标组成。每类指标包括控制项、一般项与优选项。节能建筑应满足该标准中所有控制项的要求，并按被评建筑满足一般项数目和优选项数目，划分为 B、1A、2A 和 3A 四个等级。《节能建筑评价标准》适用于全国的节能居住建筑与节能公共建筑评价，评价对象包括建筑群和单体建筑。《节能建筑评价标准》中的评价方法基本属于清单列表法，具有评价指标体系全面、评价方法可操作性好等优点，但该标准也存在一些不足。首先，该标准对各等级必须达到的一般项和优选项数目提出最低要求，被评建筑等级划分的主要依据是其达到一般项和优选项的数量，然而，该标准没有提供各等级一般项和优选项最低数量要求的理论依据；其次，该标准没有为其评价指标分配清晰的量化权重；最后，该标准没有提出一个如何处理主观评价中出现的不确定和不完全信息的方法。

由中国建筑科学研究院主编及各地方建筑科学研究院参编的《建筑能效测评与标识技术导则》将建筑能效标识划分为五个等级。当基础项（按照国家现行建筑节能设计标准的要求和方法，计算得到的建筑物单位面积供暖空调耗能量）达到节能 50%～65% 且规定项满足要求时，标识为一星；当基础项达到节能 65%～75% 且规定项（按照国家现行建筑节能设计标准要求，围护结构及供暖空调系统必须满足的项目）均满足要求时，标识为二星；当基础项达到节能 75%～85% 以上且规定项均满足要求时，标识为三星；当基础项达到节能 85% 以上且规定项均满足要求时，标识为四星。若选择项（对高于国家现行建筑节能标准的用能系统和工艺技术加分的项目）所加分数超过 60 分（满分 100 分）则再加一星。建筑能效的测评与标识以单栋建筑为对象，在对相关文件资料、部品和构件性能检测报告审查以及现场抽查检验的基础上，结合建筑能耗计算分析结果，综合进行测评。

至此，我国民用建筑节能标准体系已基本形成，扩展到覆盖全国各个气候区的居住和公共建筑节能设计。从采暖地区既有居住建筑节能改造，全面扩展到所有既有居住建筑和公共建筑节能改造；从建筑外墙外保温工程施工，扩展到建筑节能工程质量验收、检测、评价、能耗统计、使用维护和运行管理；从传统能源的节约，扩展到太阳能、地热能、风能和生物质能等可再生能源的利用。基本实现对民用建筑领域的全面覆盖，也促进了许多先进适用技术通过标准得以推广。

四、完善我国建筑节能法律制度的建议

（一）完善建筑节能标准

1. 划分建筑节能标准的地域性

我国地域辽阔，气候特征差异明显，各地建筑物的设计也各具特色，我国制定的《夏热冬冷地区居住建筑节能设计标准》主要针对上海等夏热冬冷的地区，《夏热冬暖地区居住建筑节能设计标准》主要针对广州等夏热冬暖的地区，这两个标准颁布后，相关地区纷纷因地制宜制定了地方标准和实施细则。然而，我国的东北、西北、西南等地区的气候都具有明显的差异，建筑的设计、施工各具特色，所以，我国要根据东西经济发展不平衡、南北气候差异较大等地域特点，因地制宜制定相应的节能标准，使得刚性制度与柔性措施相结合，在提高当地建筑节能水平的基础上，达到全国建筑节能整体落实的目的，故实现建筑节能标准的地域性刻不容缓。

2. 强化建筑节能标准的可操作性

针对我国建筑节能标准的可操作性不强的问题，在制定建筑节能标准时，要广泛听取相关专家和技术人员的意见，增大建筑节能标准的市场融合度；在制定的过程中，以图表的形式列出不同地域、不同建筑物的外围护结构的传热系数限值，使得能耗计算简单明了。对于不同用途的建筑物，由于使用条件不同，应该制定不同的保温隔热标准；不断修订建筑节能标准，以适应市场需求，在修订的过程中逐步提高保温隔热的要求，逐步降低建筑能耗；整理不同领域的建筑节能标准，形成统一的标准体系，并且对于行为主体设定相应的法律责任，保证法律的强制性，完善建筑节能相关标准。

3. 体现建筑节能标准的等级性

国家标准是可以在全国范围内通用的标准，而地方标准是地方政府因地制宜根据自身的需求而制定的合理标准。国家标准具有宏观指导性，在地方很难具体执行，建立具体的地方标准势在必行，但是，地方标准的制定不是随心所欲的，而是要符合一定的要求的，即省级政府可以制定严于国家标准

的省级标准，市级政府也可以制定严于省级标准的市级标准，各级政府根据自身需求制定严于国家标准的节能标准，这样具有严格等级性的节能标准体系会使得我国的建筑节能工作更加有效落实。

（二）建立建筑节能的认证与标识

1. 建立统一的建筑节能认证制度

建筑节能认证，包括建筑材料节能认证、建筑技术节能认证、建筑产品节能认证等多方面的内容。要建立建筑节能的认证制度，先要设定市场准入制度。所谓市场准入制度，就是指没有达到节能标准的施工队、建筑材料和产品不准进入市场，这样就能够从源头上阻止高耗能的技术和产品进入建筑领域。我国对于建筑物的材料环保性能评估、实行方案评估、施工阶段评估都存在着评估机构严重缺乏的问题，相关法律法规对此的规定比较模糊，因此，为了保证我国建筑节能认证制度的高效落实，必须培养建筑能耗评估的专业人员并且建立专业、客观、公正的中介评价机构。同时，中介评价机构的设立应考虑自身的能力、空间分布的合理性以及该机构的公正性和权威性等因素，如设立专门的机构建立数据库存储和管理评估结果，公众可依法申请公开查知，逐步在全社会推广住宅建筑节能的技术层面和具体要求，由此引导消费者的购买倾向。评估机构的设立、评估程序的制定、评估专家的认证等与建筑节能认证相关的问题都需要相关法律法规的规范和政府的监督管理，我国应规定建筑节能认证评估机构的工作人员必须严格按照规范程序，将计算报告交由专门部门进行审查，审查后方可生效。

监管部门要对已经投入使用的建筑进行不定期的审查以此来检测评估机构认证结果的准确性，并且对审查不合格的建筑予以整改，对评估机构进行相应惩罚。

2. 建立相应的建筑能耗标识体系

发达国家的建筑能耗标识制定方式主要有两种，一种是由政府部门制定认证规程，委托中介机构具体实施，另一种是由政府相关部门直接组织制定实施。这两种方式都是在政府的主导下实施的，具有公信力和权威性。我国可以借鉴以上两种建筑能耗标识的制定方式，规范标识的制定部门。同时，建筑能耗涉及范围广泛，对建筑节能起到重要的控制作用，因此，我国有必要将建筑能耗标识制度纳入建筑节能的法律法规中，通过立法来确定建筑能耗标识的法律地位，使得建筑能耗标识制度的性质、程序、管理以及处罚方式系统化、规范化、法律化，明确规定建筑节能认证的技术、主体和产品，明确认证标准和权限，规定对流入市场的不符合建筑节能认证资质的技术和产品的处罚机制，并规定对符合认证资质的建筑颁发认证许可。

为建筑能耗标识设立相应的证书，并且向公众公开，便于公众查看相关的能耗指标，不仅能够落实公众的监督权，公众还可以根据建筑物的能耗选择适合自己的产品。这样就需要相应的法律法规对建筑能耗标识的颁发和使用做出规范性的要求，当建筑物经过一套非常严格和完整的评估程序进行评估后，能耗标识证书的颁发和使用将成为下一步的重要问题，能耗标识证书的颁发必须公正权威，证书上将记载能源消耗情况、房屋能耗级别、评估专家以及评估机构等基本信息，建筑物在市场上的销售和租赁必须附以建筑能耗标识证书，使得建筑能耗标识制度公开透明。同时，建筑能耗指标要不断扩大和完善，将建筑能耗标识适用于全部的建筑领域，对所有的建筑耗能进行规制，建立健全建筑节能的认证与标识的统一体系。

（三）改进建筑节能的激励约束机制

1. 基于能源消耗量的收费制度

在我国，对于建筑物收取取暖费的标准是房屋面积，而不是能耗，与供热开支相关的是房屋的面积而不是消耗的能源，既然房屋的供暖热量多少与采暖费用无关，那么消费者在买房时不会考虑房屋的节能性能，只是单纯地考虑房屋的面积，在使用的过程中也不会考虑建筑的能耗，节能设备不完善，甚至房屋温度过高时还要开窗散热，这样就会在很大程度上造成能源的浪费，基于此，我国需要结合实际情况建立基于能源消耗量的收费制度，《节约能源法》对给予能源消耗量的收费制度也做出了宏观上的规定。

2. 税收激励

建筑经营者处于建筑节能的上游，比较容易通过节能技术、节能设计以及节能施工等达到建筑节能的效果，建筑经营者是市场经济的利益者，适当的税收法律制度必将影响着该主体的节能行为，所以很有必要对其制定合理的税收法律制度。一项税收法律的通过必然会影响多方利益主体，从而引导着他们的节能行为，所以，在制定该项优惠性税收法律制度时要明确激励对象为建筑节能的开发商和建筑商，给予其一定的税收优惠，以降低其生产成本，并且要明确他们的需求，有的放矢地对其进行相应的激励政策。对于低能耗建筑的开发商，我国法律规定可以实行减免税，如对于节能建筑的税收减免不计入企业利润，对于节能部分的成本减免适当的土地增值税，对于具有显著社会效益和经济效益的节能建筑投资项目，可以给予适当的税收减免，对于达到节能标准的建筑给予免税的优惠等。通过以上税收优惠措施，可以提高建筑经营者建造节能建筑的积极性，使用节能建材，改进节能技术，建造更多符合节能标准的建筑物。

节能建材是节能材料和节能设备市场供应的来源，是建筑节能工作有效落实的根本，我国可以制定相应的强制性税收法律制度，运用税收激励节能建材的发展。具体来说，可以向经营节能建材的经营者实行减税、免税等优惠政策，向高耗能建材经营者强制增加负税，进行负面激励。建材经营者为了自身利益希望少纳税或者免税，如果能够享有少纳税乃至免税的优惠就需要减少高能耗建筑材料的生产，这样在一定程度上既可以淘汰那些节能技术落后的建材经营者，限制乃至禁止高能耗建材的生产，又能够刺激建材经营者通过开发新技术来大量生产低能耗、低排污的节能建材，使得节能建材成为市场的主流，为建筑节能工作打下强有力的基础。

建筑需求者对于低能耗建筑的消费观念将直接影响着节能建筑的市场，是建筑节能工作真正落实的直接体现，因此，通过相应的优惠性税收法律制度，合理引导建筑需求者的消费观念，提高建筑节能意识，从而减少高能耗建筑的需求量，增加节能建筑的需求量，进而通过建筑消费者的需求来刺激建筑上游产业的生产方向，即拉动节能建筑的内需，提高能源利用效率，降低能耗，减少环境污染。通过税收激励改进建筑节能的激励约束机制。

3. 财政补贴

根据交易成本理论，建筑工作是一项复杂而系统的工程，需要投入大量的成本，在市场经济下，为了追求利益的最大化，建筑经营者以及建材经营者通常会降低成本来追求利益的最大化，而建筑节能需要投入大量的资本，这就往往与经营者的利益产生冲突，而我国的建筑规模大，能耗比重大，建筑节能成本非常高，我国建筑节能工作的开展又势在必行，基于此，在这种情况下，需要政府利用"看不见的手"对建筑节能相关活动进行宏观调控。目前，我国《民用建筑节能条例》第八条对建筑节能激励措施中的信贷补贴做出了宏观上的规定，通过该条规定，可以看出我国已经开始强调利用金融机构来对建筑节能工作提供支持，但是这只是一条宏观上的法律规定，不能真正落实其目的。

因此，我国可以据此来制定具体的信贷补贴措施，来鼓励建筑节能的发展，如在政府引导、金融机构的配合下，可以设立专门的建筑节能信贷制度，对于支持建筑节能工作的建材经营者、房地产开发商以及建筑物购买者等给予登记，并且设定一定的信贷优惠标准，对于符合优惠条件的登记者给予信贷优惠，这样的低息贷款优惠政策将会在一定程度上鼓励建筑物相关者关注建筑的节能性能，开发建筑节能的市场。同时，还可以建立建筑节能项目保险制度和建筑节能投资保障基金以及专项基金对建筑节能工作进行资金支持，直接帮助企业降低节能成本，消除节能成本高的顾虑。这样，在无须担忧建筑节能成本高的前提下，还能享受各种优惠政策，可以极大地调动建筑经营者的节能积极性，从而促进建筑节能工作的开展，为建筑节能工作的有效实施保驾护航。

（四）健全建筑节能监管机制

1. 设置建筑节能监管部门

行政监督是政府的重要职能，是维系建筑节能工作合法进行的重要保障。我国正处于建筑节能市场化的初级阶段，应该对建筑节能工作进行严格监督，依照建筑节能法律法规的规定，对建筑节能工程进行专项检查。

基于我国的现实情况，再加上我国政府的工作负担比较重，而建筑节能正处于发展的初级阶段，不能成为政府工作的重点，所以，把建筑节能工作从政府的一系列工作中分解出来，成立专门的监管部门，如建筑节能办公室，把建筑节能的监管工作作为一项专门的工作来抓，上到中央政府，下到省市级政府，都设立相应的建筑节能办公部门，对政府负责，从而形成一个系统的建筑节能监督管理体系，把建筑节能工作作为政府工作的重点，这将为建筑节能法律法规的贯彻落实保驾护航。

2. 明确建筑节能监管权限

在建筑节能监管的过程中，明确监管部门的监管权限至关重要，其权限主要为调查评估建筑节能的现状、搜集整理相关节能数据、研究提出有效的政策建议、组织实施具体的建筑节能法规政策并对违反建筑节能法规政策的部门和个人进行行政制裁。要充分发挥建筑节能监管部门的监管作用，首先要协调好建筑节能监管部门与其他行政主管部门之间的权力，分工明确，避免工作的相互推诿，加强各部门之间的权力合作，其次要制定相应的法律法规来划分中央政府监管部门和地方政府监管部门的职责权限，明确落实各级监管部门的权限，使得各级监管部门各司其职，在法律的权限范围内行使自己的权力。然而，有权必有责，要建立针对建筑节能监管部门的问责制，对于不依法履行自己监管职责的监管部门，要给予严厉的行政处罚，严重的要承担刑事责任。

3. 加强建筑节能监管力度

目前，我国的建筑节能方面已经有了相应的法律法规，但是要把规定落到实处，关键在于执行。在监督管理的过程中，要深入进程，进行现场监管，检查建筑节能相关法律法规的执行情况，利用政治、经济、法律等多种手段进行引导和干预，真正落实最严格的审查制度，动真格地检查，采取最严厉的处罚措施，如对于不执行节能标准的有关单位和个人采取给予公开曝光、予以罚款、对经营资质进行撤销、限制进入市场等一系列处罚措施，将建筑节能监管的执行落到实处。

第四节 建筑节能评价方法

一、清单列表评价方法

基于清单列表法的与建筑能效相关的评价方法有许多，目前知名度比较大的有：美国的 LEED，英国的 BREEAM，日本的 CASBEE，国际化的建筑环境评价的绿色建筑挑战（Green Building Challenge，GBC）项目，奥雅纳（Arup）公司开发的可持续建设项目评价工具，澳大利亚绿色建筑委员会（The Green Building Council of Australia，GBCA）发起的"绿之星"，荷兰的 Eco-Quantum，德国的 ECO-PRO，加拿大的能源指南（Ener Guide）建筑能耗标识体系，俄罗斯莫斯科市实施的建筑"能源护照计划（Energy Passport Program）"等。清单列表的优点是提高了实际操作性，但是清单列表的一个问题是权重对于用户来说并不是一直明显的，目前对于打分方法以及权重的优先性还没有一致的看法。另外，有些建筑能效的评价列表关注面过广，失去了对建筑能效的针对性。

1990 年由英国的建筑研究中心提出的 BREEAM 是世界上第一个绿色建筑综合评估系统，也是国际上第一套实际应用于市场和管理之中的绿色建筑评价办法。其目的是为绿色建筑实践提供指导，以期减少建筑对全球和地区环境的负面影响。当前 BREEAM 有各种类型建筑，包括：住宅建筑、办公室建筑、医院建筑、工业建筑、学校建筑以及零售商店建筑等多种建筑类型的建筑环境评价方法的版本。2002年，英国新建办公室有15%～20%获得BREEAM认证。

美国绿色建筑委员会在1995年建立了一套自愿性的国家标准LEED，该体系用于开发高性能的可持续性建筑，它通过"整体建筑"观点进行建筑物全生命周期环境性能评价。这套标准旨在采用成熟的或先进的工业原理、施工方法、材料和标准提高商业建筑的环境与经济性能。LEED可用于新建和已建的商业建筑、公共建筑及高层住宅建筑。整个项目包括培训、专业人员认可、提供资源支持和进行建筑性能的第三方认证等多方面的内容。该套指标紧扣建筑能效这个主题，对建筑能效评价指标体系的建立有较大的参考价值。

2001年4月，在日本国土交通省的大力支持下，由日本政府和企业联合成立了"建筑物综合环境评价研究委员会"并合作开展项目研究。历经三年时间，所得的科研成果就是CASBEE。目前，名古屋市和大阪市已规定在建筑报批申请和竣工时必须用CASBEE进行评价。

绿色建筑挑战于1996年由加拿大的自然资源部发起，是一个由多个国家共同开发的一套建筑环境评价方法，1998年该项目的初期由14个国家组成，最初参加的国家都是欧洲国家，有奥地利、丹麦、芬兰、法国、德国、荷兰、挪威、波兰、瑞典、瑞士和英国。到2000年，丹麦和瑞士由于经费原因，没有继续参加该项目，澳大利亚、智利、南非、西班牙、威尔士这几个国家以及中国香港参加了绿色建筑挑战，至2002年，绿色建筑挑战的成员已经达到23个。GB Tool则是该项目的建筑环境评价软件工具。该项目试图在国际化平台上建立一个充分尊重地方特色，同时具有较强专业指导性的评价系统。绿色建筑挑战项目的GB Tool在应用到具体的国家之前，需要根据具体国家的情况为评价指标分配权重，使得GB Tool能充分适应当地环境。绿色建筑挑战的设计者为绿色建筑挑战提出的三个主要目标是：①研究推广代表目前先进水平的建筑环境性能的评价方法；②保持对可持续发展问题研究的密切关注，并确保绿色建筑与其发展的一致性，特别关注对建筑环境性能评价方法的内容和结构的研究；③举办有关国际会议，促进建筑环境性能评价研究团体和建筑从业者研究信息的交流，展示对于优秀的绿色建筑的评价。

澳大利亚的"绿之星"是一个综合的自愿的建筑环境设计的评估工具。"绿之星"是为房地产工业界开发的建筑环境评价工具，其目的是为绿色建筑评价建立通用语言，设立通用评价标准，提倡建筑整体设计，强调环境先导，明确建筑生命周期影响和提升绿色建筑效益的认识。"绿之星"包含9个大类：管理、室内环境质量（Indoor Environment Quality）、能源、交通、水、材料、土地使用和生态、温室气体排放、创新。

加拿大自然资源部组织的能源指南建筑能耗标识体系的住宅能效分数总分为 100 分，0 分代表能效最差，100 分代表能效最好，即在建筑保温、保证充足通风情况下的气密性、可再生能源使用等方面的表现均达到最好效果。评分的对象涉及供暖及卫生热水设备、通风系统、照明设备、家用电器等。2001 年，加拿大自然资源能效办公室在加拿大引入"能源之星"（Energy Star）标识。

二、生命周期评价方法

生命周期评价（Life Cycle Assessment，LCA）是对产品的生产和服务"从摇篮到坟墓"的整个生命过程造成的所有环境影响的全面分析和评价。生命周期评价能对最优化配置资源和整体利益重视起到重要的指导作用。生命周期评价经过多年的发展，目前已纳入 ISO14000 环境管理系列标准而成为国际上环境管理和产品设计的一个重要支持工具。生命周期评价已被认为是 21 世纪最有潜力的可持续发展支持工具。生命周期评价不存在统一模式，其实践按照 ISO14040 标准提供的原则与框架进行，并根据具体的应用意图和用户要求，实际地予以实施。生命周期评价的步骤包括目的与范围的确定、清单分析、影响评价和结果解释。当前采用生命周期评价方法评价建筑领域上升的趋势很明显。目前，建筑能效相关的生命周期评价方法有中国香港机电工程署（Electrical and Mechanical Services Department，EMSD）开发的香港商业建筑生命周期成本（Life Cycle Cost，LCC）分析、香港商业建筑生命周期能量分析（Life Cycle Energy Analysis，LCEA），美国的 BEES，加拿大的 Athena，法国的 EQUER 和 TEAM。基于生命周期的建筑能效评价方法优点很明显，但是，基于生命周期的建筑能效评价方法需要一个涉及建筑过程与管理的材料和资源的详细输入、输出目录，所以，目前在我国开展生命周期建筑能效评价研究的瓶颈是基础数据的缺乏。离开翔实全面的基础数据，基于生命周期的建筑能效评价将失去评价的先进性和准确性。

2002 年，中国香港机电工程署开发了一套生命周期建筑能效分析计算机工具，该套工具包括香港商业建筑生命周期成本分析、香港商业建筑生命周期能量分析。生命周期能量分析通过建筑设计者输入的数据，模型计算出提供建筑生命周期的环境影响、能量使用和成本。该套工具能输出建筑生命周期不同阶段的计算结果。

美国的 BEES 是一个建筑生命周期评价工具，用来评价建筑的环境与经济可持续性，它的生命周期评价数据来源是美国的制造厂商、市场、环境立法机构以及其他的一些数据。BEES 的目的是开发与实施一个系统的方法，用来进行建筑产品选择以达到环境与经济性能的平衡。这个方法以一致的标准为基础，并具有实际性、灵活性、一致性以及透明性。考虑的环境标准主要有：全球气候变暖、酸雨、资源与臭氧损耗、生态与人体毒素、室内空气品质等。

加拿大的 Athena 是一个环境影响预测工具，能让建筑师、工程师以及研究人员在初设阶段得到整个建筑的生命周期评价。这些建筑类型包括新建的工业类建筑、教育类建筑、办公类建筑、多单元住宅建筑以及单个家庭的住宅建筑。这个软件集成了研究机构在 Simapro 开发的世界认可的生命周期详细目录数据库，覆盖了超过 90 种结构与围护材料。它能够模拟 1000 多种生产线的组合，能够模拟北美 95% 的建筑市场。这个预测器考虑了材料生产中的各种环境影响，包括资源汲取与循环部分、有关的交通、能源使用方面的区域差异以及其他的因素等。

法国的 EQUER 的目的是为建筑过程的各个实施者提供一些定量的指标以求减少建筑物对环境的影响。由于环境质量是一个综合整个复杂系统生命周期过程的集成结果，因此，EQUER 的分析方法是建立在生命周期分析法上的，并且它耦合了包括自然光照模块的动态热模拟工具。法国的 TEAM 4.0 是一个专业软件，用来评价产品、技术以及包括建筑在全生命周期内的环境影响与成本。它适用于从建筑设计到建筑生命终止的全过程，可为建筑选择最佳的方案。

三、基于建筑运行能耗计算或模拟的评价方法

与上述试图从建筑能效相关的整体性能来评价建筑所不同的是，以某种建筑运行能耗计算方法或者建筑运行能耗计算机模拟软件为基础的建筑能效评价方法是目前建筑能耗评价的主要方法。在欧盟建筑能效指导（Energy Performance of Buildings Directive，EPBD）框架下的建筑能耗证书制度都属于该类建筑能效评价方法。该类方法最大的优点是能为建筑能耗提供定量的比较和评价，不足之处是建筑能效的评价依赖于某一建筑能耗模型。任何一种建筑能耗计算方法和模拟软件都是在一定的假定条件下对建筑能耗进行计算与模拟的，一方面建筑能耗计算方法和模拟的结果经常出现较大出入，另一方面任何一种建筑计算方法和模拟软件都不能将影响建筑能效的方方面面

都包含进去，并建立定量的能耗计算。建筑能耗计算方法和建筑能耗模拟软件是建筑设计的有效工具，然而，完全依靠其计算结果来进行建筑能效的评价和标识是不可取的。目前大多数建筑能耗计算和模拟软件自身存在着功能复杂、使用不方便、专业知识要求高、软件之间采用的气象数据各异等诸多问题，评价结果很大程度上取决于计算方法和软件模拟工具。

英国建立了基于标准评价程序（SAP）的新建住宅能耗标识和基于"简化标准评价程序"（Reduced Data SAP，RDSAP）既有住宅能耗标识的方法。英国标准评价程序实质上是一套住宅的供暖、照明、通风、卫生热水的能耗计算方法。在标准评价程序基础上的计算机软件有许多，包括 NHER Plan Assessor、EES SAP Calculator、Super Heat、Building Desk、JPA Designer、SAP Calculator 等。英国"标准评价程序 2005"（Standard Assessment Procedure 2005，SAP 2005）是英国政府采用的"国家建筑能效计算方法"之一。"标准评价程序 2005"用于建筑面积小于 450 m^2 的住宅建筑能耗计算和标识。"标准评价程序 2005"首次发布于 1993 年，由英国建筑研究院、英国环境食品与农村事务部共同开发。之后经过几次修改，陆续发布了"标准评价程序 1998"及"标准评价程序 2001"版本，当前最新版本为"标准评价程序 2005"。"标准评价程序 2005"是按照欧盟建筑能效指令的要求进行修改后的最新版本。"标准评价程序 2005"能耗计算方法的基础是英国建筑研究院的家庭能量模型（Domestic Energy Model），其计算原理是建筑能量平衡。"标准评价程序 2005"计算结果用 4 个指标表示：单位建筑面积的耗能量、能效分数、环境影响分数和单位建筑面积二氧化碳年排放量。能效分数和环境影响分数通常情况下为 1～100。数值越大表示住宅的能效越高，对环境的影响越小。"标准评价程序 2005"所计算单位建筑面积的耗能量和二氧化碳年排放量包括供暖、热水供应、通风和照明的能耗，计算过程考虑到了可再生能源的使用情况。最后，根据计算所得的能效分数和环境影响分数确定住宅能效等级和环境影响等级。

当前英国对非居住建筑的能效评价采用英国皇家屋宇设备工程师学会（CIBSE）开发的"能量评价和报告方法"。以办公室为例，"英国办公室能耗指导 19"为四种类型（自然通风家庭型办公建筑、自然通风的开敞式办公建筑、带空调设备的标准办公建筑、标志性办公建筑）的办公室建筑提供年能耗指标、年能耗成本指标和年二氧化碳排放指标。该指导的能耗指标来源于大量的既有建筑能耗的调研，能耗指标给出以上四种类型办公建筑的能耗代表值。对办公室能效的评价则是通过实际的年能耗与指导所提供能耗指标的比较。"英国办公室能耗指导 19"提供两种类型的能耗指标，一种是典型值（Typical），另一种是优秀案例值（Good Practice Examples），前者是 20 世纪 90 年代中期英国环境交通和地区事务部在大量的既有办公室收集的能耗数据的中间值，后者是采用节能措施后的节能办公室建筑的能耗指标，这些建筑都属于所调查建筑中能耗最低的 1/4 部分。

德国的建筑能源护照中的主要部分是由统一的计算方法计算得到的以一次能耗为基础的建筑物能耗指标（每平方米每年一次能耗，$kW \cdot h/(m^2 \cdot a)$），并根据这个能耗指标对建筑物进行能耗分级。

美国"能源之星"是美国环保署（Environmental Protection Agency，EPA）和能源部（Department of Energy）共同运作的项目。仅仅 2007 年在"能源之星"的帮助下，美国减少的温室气体排放就相当于 2700 万小汽车的排放量，相当于节约 160 亿美元的能耗开销。"能源之星"项目源于 1992 年由美国环保署发起的一个旨在标识能效产品、减少温室气体排放的自愿能效标识系统，最初标识的产品是计算机。1995 年，美国环保署将"能源之星"标识扩展到办公设备产品和住宅的供暖与制冷设备。当前，"能源之星"已经覆盖新建住宅、商业建筑和工业建筑。住宅建筑要想获得"能源之星"标识，必须达到美国能源署的住宅建筑指导的标准，至少比 2004 年国际住宅规范（International Residential Code，IRC）的能耗减低 15%，并且还要采取一些能源署推荐的节能措施。这些措施一般情况下能使得"能源之星"住宅建筑的能耗比标准住宅建筑减低 20%～30%。美国能源署推荐的住宅节能措施包括有效的保温、节能窗户、管道和建筑的气密性、供暖制冷和机械通风的能效、能效家用电器（照明、节能灯、风扇、冰箱、洗碗机、洗衣机）、第三方认证（由独立于房屋开发部门和购买者的第三方进行住宅能效的评定）。2004 年国际住宅规范为三层或三层以下的住宅建筑提供最低的建筑能耗综合标准，包括建筑管道系统、机械系统、燃料供应和家用电器。国际住宅规范提供了两种评价住宅能效的方式，一种是说明性方式（Prescriptive Approach），另一种是性能性方式（Performance Approach）。说明性方式与清单列表的方式比较相似，而性能性方式利用能量模型计算出住宅的能耗。

第三章 绿色建筑发展综述

根据《绿色建筑评价标准》（GB/T 50378—2019）的定义，绿色建筑是指在全寿命期内，最大限度地节约资源（节能、节地、节水、节材）、保护环境、减少污染，为人们提供健康、适用和高效的使用空间，与自然和谐共生的建筑。

第一节 绿色建筑的起源与发展

一、绿色建筑的起源

《推行绿色建筑，加快资源节约型社会建设》一文中指出，国外绿色建筑是从建筑节能起步的。1973年的中东石油危机，全球经济遭受重创，痛定思痛之后，发达国家不约而同推出各种强制性建筑节能措施，目前发达国家的建筑节能已经达到了很高的水平。在建筑节能取得进展的同时，伴随可持续发展理念深化及健康住宅概念的提出，发达国家又将建筑节能扩展到建筑的全过程资源节约，改善室内空气质量，提高居住舒适性、安全性等更广的领域。其间，各类有关绿色建筑的活动在世界各地风起云涌，各种新建筑名称也如雨后春笋般地出现。澳大利亚建筑师西德尼·巴格斯（S. Baggs）等提出生土建筑（Land Cover Building），即利用覆土来改善建筑的热工性能和生态特性；戴维·皮尔森（D. Pearson）基于整体的角度看待人与建筑的关系而形成了生物建筑（Biologic Building）；而布兰达·威尔等创立了自维持建筑的概念，即建筑充分利用太阳、风和雨水维护自身运作，处置建筑内部产生的各种废弃物。1963年，奥戈亚（V. Olgyay）在其所著的《设计结合气候：建筑地方主义的生物气候研究》一书中提出了环境气候学建筑的设计理念。与此同时，日本建筑师黑川纪章、菊竹清训等也创建了新陈代谢建筑和共生建筑的设计思路。德国建筑师托马斯·赫尔佐格（T. Herzog）、保罗·索勒瑞（Paola Soleri）和生态学家约翰·托德（Todd）等自20世纪60年代至70年代初分别提出了生态建筑（Ecological Building）的设计理念，并根据所采用技术的高低将其区分为城市和乡村类型的生态建筑。英国哈德斯菲尔德大学建筑学教授布赖恩·爱德华兹（Brian Edwards）等从众多的欧盟环境保护条约和法规对建筑的要求中，提炼归纳了如何减少建筑对自然环境影响的若干原则，并形成了可持续性建筑（Sustainable Architecture）等一系列新概念。

随着此类研究的逐步深入，它们之间的分歧越来越少，殊途同归的绿色建筑概念越来越清晰了。

由此可见，绿色建筑实际上是上述各种各样的学术研究和实践之集大成者，是建筑学领域的一次持久的革命和新的启蒙运动，其意义远远超过能源的节约。它从多个方面进行创新，从而使建筑与自然和谐，充分利用可再生资源、水资源和原材料，创造健康的建筑环境，并由此逐步形成符合可持续发展要求的绿色建筑的设计理念和技术规范。与此同时，各发达国家将原有节能建筑再改造成绿色建筑的活动也越来越广泛。

二、国内外绿色建筑的发展概况

（一）国内绿色建筑的发展概况

1. 2000 年以前

20 世纪 60 年代，国外提出了生态建筑新概念，我国的绿色建筑也进入快速发展时期。

1994 年 3 月，我国颁布了《中国 21 世纪议程——中国 21 世纪人口、环境与发展白皮书》，首次提出"促进建筑可持续发展，建筑节能与提高居住区能源利用效率"。同时启动了"国家重大科技产业工程——2000 年小康型城乡住宅科技产业工程"。

1996 年 2 月，我国发布《中华人民共和国人类住区发展报告（1996—2000 年）》，为进一步改善和提高居住环境质量提出了更高要求与保证措施。

1997 年 11 月，我国颁布《建筑法》。

2. 2000 年以后

（1）2001 年

2001 年 5 月，建设部住宅产业化促进中心（现为住房和城乡建设部科技与产业化发展中心）承担研究和编制的《绿色生态住宅小区建设要点与技术导则》，以科技为先导，以推进住宅生态环境建设及提高住宅产业化水平为目标，全面提高住宅小区节能、节水、节地、治污水平，带动相关产业发展，实现社会经济、环境效益的统一。多家科研机构、设计单位的专家通过合作，在全面研究世界各国绿色建筑评价体系的基础上并结合我国特点，制定了"中国生态住宅技术评价体系"。出版了《中国生态住宅技术评价手册》《商品住宅性能评定方法和指标体系》。

（2）2002年

7月，建设部陆续颁布了《关于推进住宅产业现代化提高住宅质量若干意见》《中国生态住宅技术评估手册》2002版。分三批对12个住宅小区的设计方案进行了评估，并对其中个别小区进行了设计、施工、竣工、验收全过程评估、指导与跟踪检验，对引导绿色住宅建筑健康发展起到了较大的作用。

10月，我国颁布《中华人民共和国环境影响评价法》，明确要求从源头上控制开发建设活动对环境的不利影响。

10月，科技部的"绿色奥运建筑评价体系研究"课题立项，课题汇集了清华大学、中国建筑科学研究院、北京市建筑设计研究院（现为北京市建筑设计研究院有限公司）、中国建筑材料科学研究院、北京市环境保护科学研究院、北京工业大学、全国工商联住宅产业商会（现为全国工商联房地产商会）、北京市可持续发展科技促进中心、北京市城建技术开发中心等单位近40名专家共同开展工作，历时14个月，于2004年2月结题。

（3）2003年

3月，上海市人民政府制定了《上海市生态型住宅小区建设管理办法》和《上海市生态型住宅小区技术实施细则（试行）》。

（4）2004年

5月，建设部副部长仇保兴在国务院新闻办的发布会上表示，中国将全面推广节能与绿色建筑。目标是争取到2020年，大部分既有建筑实现节能改造，新建建筑完全实现建筑节能65%的总目标，资源节约水平接近或达到现阶段中等发达国家的水平。东部地区要实现更高的节能水平，基本实现新增建筑占地与整体节约用地的动态平衡，实现建筑建造和使用过程中节水率在现有基础上提高30%以上，新建建筑对不可再生资源的总消耗比现在下降30%以上。

（5）2006年

2月，国务院颁布《国家中长期科学和技术发展规划纲要（2006—2020年）》，首次将"城镇化与城市发展"作为11个重点领域之一。在"城镇化与城市发展"领域中"建筑节能与绿色建筑"是其中的一个优先发展主题。

3月,《住宅性能评定标准》开始实施,倡导一次性装修,引导住宅开发和住房理性消费,鼓励开发商提高住宅性能等。

3月,温家宝总理在十届全国人大四次会议上做政府工作报告时提出,抓紧制定和完善各行业节能、节水、节地、节材标准,推进节能降耗重点项目建设,促进土地集约利用,鼓励发展节能降耗产品和节能省地型建筑。

3月,建设部与国家市场监督管理总局联合发布了工程建设国家标准《绿色建筑评价标(GB/T 50378—2006)》,这是我国第一部从住宅和公共建筑全寿命周期出发,多目标、多层次对绿色建筑进行综合性评价的国家标准。

(6) 2007年

7月,建设部决定在"十一五"期间启动"一百项绿色建筑示范工程与一百项低能耗建筑示范工程"(简称"双百工程")。

8月,建设部发布了《绿色建筑评价技术细则(试行)》《绿色建筑评价标识管理办法》,规定了绿色建筑等级由低至高分为一星、二星和三星三个星级。

9月,建设部颁布《绿色施工导则》。

10月,建设部科技发展促进中心印发了《绿色建筑评价标识实施细则》。

(7) 2008年

4月,绿色建筑评价标识管理办公室正式设立。

6月,住房和城乡建设部发布《绿色建筑评价技术细则补充说明(规划设计部分)》。

7月,国务院第18次常务会议审议通过了《民用建筑节能条例》,并于2008年10月1日起正式实施。这标志中国建筑节能法规体系进一步完善。

11月,由住房和城乡建设部科技发展促进中心绿色建筑评价标识管理办公室筹备组建的绿色建筑评价标识专家委员会正式成立。

(8) 2009年

6月,住房和城乡建设部印发《关于推进一、二星级绿色建筑评价标识工作的通知》,明确有一定的发展绿色建筑工作基础并出台了当地绿色建筑评价相关标准的省、自治区、直辖市、计划单列市,均可开展本地区一、二星级绿色建筑评价标识工作。

7月,中国城市科学研究会绿色建筑研究中心成立。其主要负责开展绿色建筑评审工作促进绿色建筑领域的国内外交往;培养绿色建筑的各类人才;收集绿色建筑的相关数据建立国家绿色建筑数据库,开展绿色建筑的其他相关工作。

8月，国家颁布《关于积极应对气候变化的决议》，提出要立足国情发展绿色、低碳月，住房和城乡建设部印发《绿色建筑评价技术细则补充说明（运行使用部分）》并开始执行。

10月，住房和城乡建设部科技发展促进中心绿色建筑评价标识管理办公室印发《关于开展一、二星级绿色建筑评价标识培训考核工作的通知》。

10月，中国城市科学研究会绿色建筑评审专家委员会成立暨绿色建筑评审会议在北京召开。

（9）2010年

6月，住房和城乡建设部科技发展促进中心组织专家在北京召开"绿色建筑评价标准体系研究课题"验收会。验收组一致同意该课题通过验收，认为该课题研究完成了预订任务的目标要求，研究成果达到了国际先进水平。

8月，住房和城乡建设部印发《绿色工业建筑评价导则》，拉开了我国绿色工业建筑评价工作的序幕。

11月，住房和城乡建设部发布《建筑工程绿色施工评价标准》（GB/T 50640—2010）、《民用建筑绿色设计规范》（JGJ/T 229—2010）。

12月，中国绿色建筑委员会、中国绿色建筑与节能（香港）委员会联合发布《绿色建筑评价标准（香港版）》。

12月，中国建筑节能协会成立。

12月，住房和城乡建设部在全国范围内开展了住房城乡建设领域节能减排的专项监督检查。违反《节约能源法》《民用建筑节能条例》及有关标准的在建工程项目，将责令停工整改。

（10）2011年

1月，财政部与住房和城乡建设部联合印发《关于进一步深入开展北方采暖地区既有居住建筑供热计量及节能改造工作的通知》。

3月，中国城市科学研究会绿色建筑委员会在北京召开"绿色商场建筑评价标准"课题启动会。

5月，财政部、住房和城乡建设部联合印发《关于进一步推进公共建筑节能工作的通知》。

6月，财政部、住房和城乡建设部决定"十二五"期间开展绿色重点小城镇试点示范，制定并印发了《关于绿色重点小城镇试点示范实施意见》。

6月，住房和城乡建设部科技发展促进中心主编的国家标准《绿色办公建筑评价标准》开始在全国范围内广泛征求意见。

6月，住房和城乡建设部印发《住房和城乡建设部低碳生态试点城（镇）申报管理暂行办法》。

8月，中国城市科学研究会绿色建筑委员会发布由中国城市科学研究会绿色建筑委员会、中国医院协会联合主编的《绿色医院建筑评价标准》(CSUS/GBC 2—2011)，自2011年9月1日起正式施行。

8月，《绿色建筑检测技术标准》编制组成立暨第一次工作会议在上海召开，并于2012年1月在广州召开第二次工作会议，讨论标准初稿。

8月，国务院印发《"十二五"节能减排综合性工作方案》。

9月，住房和城乡建设部、财政部、国家发展和改革委员会联合印发《绿色低碳重点小城镇建设评价指标（试行）》和《绿色低碳重点小城镇建设评价指标试行（解释说明）》。

12月，11家单位共同承担的住房和城乡建设部2011年科技项目"低碳住宅与社区应用技术导则"在北京召开评审会并通过验收。

（11）2012年

1月，住房和城乡建设部公告发布《被动式太阳能建筑技术规范》(JGJ/T 267—2012)，自2012年5月1日起实行。

4月，财政部、住房和城乡建设部联合发布《关于加快推动我国绿色建筑发展的实施意见》，意见中明确将通过多种手段，全面加快推动我国绿色建筑发展。

5月，住房和城乡建设部印发《"十二五"建筑节能专项规划》，提出城镇新建建筑20%以上达到绿色建筑标准要求。

5月，住房和城乡建设部印发《绿色超高层建筑评价技术细则》。

6月，"十二五"国家科技支撑计划"绿色建筑评价体系与标准规范技术研发"项目和"既有建筑绿色化改造关键技术研究与示范"项目启动会暨课题实施方案论证会分别在北京召开。

7月，《绿色校园评价标准》编制研讨会在上海同济大学召开，会议就标准的规划和绿色校园的发展方向制订了详细的编写计划。

8月，中国城市科学研究会绿色建筑研究中心在北京召开了绿色工业建筑评审研讨会暨国家首批"绿色工业建筑设计标识"评审会，实现了我国绿色工业建筑标识评价的"零的突破"。

8月，"中国绿色校园与绿色建筑知识普及教材编写研讨工作会议"在同济大学召开，本次会议确定将组织编写初小、高小、初中、高中和大学共五本教材。

12月，住房和城乡建设部办公厅发布《关于加强绿色建筑评价标识管理和备案工作》的通知，指出各地应本着因地制宜的原则发展绿色建筑，并鼓励业主、房地产开发、设计施工和物业管理等相关单位开发绿色建筑。

（12）2013年

1月，国务院办公厅以国办发〔2013〕1号转发国家发展和改革委员会、住房和城乡建设部制定的《绿色建筑行动方案》。

文件明确要求把生态文明融入城乡建设的全过程，紧紧抓住城镇化和新农村建设的重要战略机遇期，树立全寿命周期理念，切实转变城乡建设模式，提高资源利用效率，合理改善建筑舒适性，从政策法规、体制机制、规划设计、标准规范、技术推广、建设运营和产业支撑等方面全面推进绿色建筑行动，加快推进建设资源节约型和环境友好型社会。提出了新建建筑节能、既有建筑节能改造、城镇供热系统改造、可再生能源建筑规模化应用、公共建筑节能管理、相关技术研发推广、绿色建材、建筑工业化、建筑拆除管理、建筑废弃物资源利用等重点任务。

该文件对我国绿色建筑发展将会产生深远的影响。

8月，国务院发布《关于加快发展节能环保产业的意见》（国发〔2013〕30号），明确提出开展绿色建筑行动，到2015年，新增绿色建筑面积10亿 m^2 以上，城镇新建筑中二星级以上绿色建筑比例超过20%，建设绿色生态城（区），提高建筑节能标准。完成办公建筑节能改造6000万 m^2，带动绿色建筑建设改造投资和相关产业发展。大力发展绿色建材，推广应用散装水泥、预拌混凝土、预拌砂浆，推动建筑工业化。

我国既有建筑面积达460多亿 m^2，每年新建筑面积为16亿～20亿 m^2。2010年底统计数据显示，我国的绿色建筑不足2000万 m^2，仅为既有建筑面积的0.05%。政府要求，2015年，城镇新增加绿色建筑面积占当年城镇新建建筑面积比例达到23%以上，建设绿色农村住宅1亿 m^2，2017年起，城镇新建建筑全部执行绿色建筑标准。"十二五"末期，政府投资的办公建筑、学校、医院、文化等公益性公共建筑和东部地区省会以上城市、计划单列市政府投资的保障性住房执行绿色建筑标准的比例达到70%以上。

绿色建筑重点工作主要有以下几点。

①抓好绿色规划，严格执行建筑节能强制性标准，政府投资的公共机构建筑、保障性住房以及各类大型公共建筑率先执行绿色建筑标准，引导市场房地产项目执行绿色建筑标准。

②推进既有建筑节能改造，发展围护结构保温体系。

③推进可再生能源建筑规模化应用。

④大力发展绿色建筑材料，发展防火隔热性能好的保温材料，引导高性能混凝土、高强钢应用。

⑤严格建筑拆除管理，维护城镇规划的严肃性、稳定性。

⑥推进建筑废弃物资源化利用，发展绿色建筑任重道远，空间巨大。

（二）国外绿色建筑的发展概况

绿色建筑经历了一个长期演变、发展和成熟的过程。从20世纪六七十年代的"生物圈""全球伦理"和"人类社区"到八九十年代的"全球环保"和"可持续发展"，其内涵也从最初的"注重人居环境"向更宏观的层面递进。

1. 六七十年代的"生物圈""全球伦理"和"人类社区"

①六十年代，出现的世界性环境污染和生态平衡失调的问题，导致了生态学成为拯救人类和保护环境、指导人类生产、改造自然的科学武器。基于此，联合国教科文组织于1965年提出了"国际生物学规划999"，主要研究地球生命系统及其控制机理。

②1970年，联合国教科文组织第16届会议制定了"人与生物圈"（MAB）研究计划；1971年又组织了"人与生物圈"国际协作组织，确立了三大任务：合理利用和保存生物圈资源的研究；改善人和环境的关系；预测人类活动对自然界未来的影响和后果。

③1972年，罗马俱乐部对人类发展状况进行了探讨，发表了《增长的极限》研究报告，提出自然资源支持不了人类的无限扩张，引起了人们对生存与发展的关注。当年6月召开的联合国斯德哥尔摩环境大会上，提出了"人类只有一个地球"的口号，呼吁人们对全球环境的关注。

④1974年罗马俱乐部继《增长的极限》之后，发表了第二个研究报告《人类处于转折点》，明确提出必须发展一种"新的全球伦理"，并对"新的全球伦理"的基本内涵做了明确的阐述。

⑤1975年，法国巴黎进行了"人类居住地综合生态研究"，旨在拓宽居住区规划建设的思路。

⑥1976年，联合国组织召开了题为"生态环境—人类社区"的国际会议，将生态环境与人类居住区环境联系在一起。同年，温哥华世界人类住区会议，发表了"温哥华人类住区宣言"。在这一宣言中，既将人类住区提到了一个关系人类健康生存及发展的重要地位，又提倡将生态学的思想应用到住区规

划中去。

⑦1977年，在维也纳召开的"人与生物圈"计划国际协调理事会第五次会议，正式确认"用综合生态方法研究城市系统及其他人类居住地"。

2. 八九十年代的"全球环保"和"可持续发展"

①1980年，世界自然保护联盟（IUCN）在《世界保护策略》中首次使用了"可持续发展"的概念，并呼吁全世界必须研究自然的、社会的、生态的、经济的以及利用自然资源过程中的基本关系，确保全球的可持续发展。

②1984年，联合国大会成立环境资源与发展委员会，提出可持续发展的倡议。

③1986年，在温哥华召开了联合国人居环境会议。

④1987年，以挪威首相布伦特兰夫人为主席的世界环境与发展委员会（WCED）公布了里程碑式的报告——《我们共同的未来》，向全世界正式提出了可持续发展战略，得到了国际社会的广泛接受和认可。

⑤1991年，世界自然保护联盟、联合国环境规划署（UNEP）和世界野生生物基金会（WWFI）共同发表的《保护地球：可持续生存战略》，将可持续发展定义为"在生存不超出维持生态系统承载能力的情况下，改善人类的生活品质"。同年10月21日，中国、美国、日本等60多个国家的首都同时隆重举行该书的首发式。

⑥1993年，国家建筑师协会第18次大会是绿色建筑发展史上带有里程碑意义的大会，在可持续发展理论的推动下，这次大会以"处于十字路口的建筑——建筑可持续发展的未来"为主题。

⑦1996年6月，在土耳其伊斯坦布尔召开联合国人居环境学与建筑学大会，参加会议的各国首脑签署了《人居环境议程：目标和原则、承诺和全球行动计划》，人类终于有了一个共同的建筑行动纲领。会议重点讨论"人人享有适当的住房"和"城市化进程中的人类住区的可持续发展"。

总结国外绿色建筑发展的特点如下。

①绿色建筑发展进程越来越快。

②各国政府通过横向发展专项技术、纵向过程深入集成，完善绿色建筑技术体系。

③不断扩大政策层面的工作，用经济激励政策和制度，推进绿色建筑的发展，并逐步用行政强制手段推进绿色建筑的发展。

④绿色社区成为发展的重点，通过对社区的能源、土地、交通、建筑、

绿地、信息等关键技术集成，形成区域、城市，不同的空间尺度、不同类型的绿色社区技术体系和集成示范。

第二节 绿色建筑的评价指标

一、绿化指标

绿化指标作为绿色建筑基本要求之一，是指利用建筑场地，建筑物外墙、屋顶、阳台等各种表面以及室内空间覆以土壤来种植不同高度、外观和适应本地环境的低维护成本植物，起到调节温湿度、室外风环境，减少地表径流，吸附有害气体和降低噪声等功效。植被是天然的温湿度调节器，吸收蓄积的降水量以蒸腾作用的形式重新散发到大气当中，可在较为干燥的天气下增加空气湿度。与此同时，蒸发带走的热量和乔木灌木类植物的遮阳效果，可有效降低地表附近的温度，缓解以钢筋混凝土为主的建筑和铺地表面引发的城市热岛效应。场地周围或者建筑周围的树木布置，可以在一定程度引导风向。树木相对建筑物的距离、数量、高矮和排列可以有效改变建筑物附近的风场，以便充分利用自然通风或者减弱场地内过高风速对室外活动的负面影响。此外，植物的光合作用可以制造氧气并吸收二氧化碳，减轻大气温室效应，许多植物还可以吸收来自工业或者交通运输过程中排放的二氧化硫、氮氧化物和一氧化碳等有毒有害气体。以叶面粗糙、面积大和树冠茂密的树木为主的种植林带还可以有效减弱和阻隔交通噪声对建筑室内环境的负面影响。

绿化设计应以合理配置、便于维护和保护生物多样性为原则。鼓励采用本地物种或者适应物种，可以依靠植物本身耐候性减少日常维护的用水量和人工费用。室外绿化结构以乔、灌、草相结合，实现多层次错落有致的景观，以达到人工植物群落与自然生态系统和谐统一。室内绿化应充分考虑日照、通风、采光、除虫和灌溉等方面的要求。绿化配置应合理利用项目场地地面，如建筑物的屋顶、阳台、立面、平台和室内闲置空间。位于建筑屋顶的植被可以降低热岛效应，减少顶层空调房间的负荷，实现雨水回收利用；位于建筑立面和阳台的植被可以有效减少噪声，吸收有害物质，减少通过建筑墙体的传热；位于场地周边和空地上的植被可以提高雨水渗透量，降低地表径流，防止水土流失，降低交通噪声和污染的影响；布置于室内的植被有益于降低日间二氧化碳浓度，提高人们的工作效率，并起到赏心悦目、消除视觉疲劳的效果。

屋顶花园的种植可以考虑不同种类植物和水体，因此对屋顶结构的承重能力要求较高，在人造土壤厚20～50 cm的情况下每平方米载荷为2～3 N。德国是近代最早研究和实践屋顶绿化的国家，早在2003年屋顶绿化率已经达到14%，首都柏林有近45万 m^2 的植被化屋顶。垂直绿化（或者墙体绿化）是指充分利用不同的立面，选择攀缘植物（或其他植物）依附或者铺贴于建筑物或者其他空间结构上的栽植方式。垂直绿化的植物选择必须考虑不同习性植物对环境条件的要求，创造适应其生长的条件。室内绿化利用植物与其他构件以立体的方式装饰空间。室内绿化常用方式是悬挂，运用花搁架、盆栽以及室内植物墙等。室内绿化的实施应严格选择适应性物种，最小化能源和水资源的消耗，减少杀虫剂的使用，确保植物的健康生长。

二、能耗指标

建筑能耗约占全国总能耗的30%，在香港特别行政区该比率更是高达60%，因此建筑节能是保护资源减少环境负荷和缔造可持续发展城市的重要途径。世界上主要国家都有自己相应的节能法规，如我国的《公共建筑节能设计标准》，美国的暖通与空调工程师协会（ASHRAE）标准等，这些法规被绿色建筑能耗评估条文用于建立各自的参照标准。

目前的绿色建筑标准针对能耗的评估主要采取建筑综合能耗模拟和描述性节能措施两种路线。建筑综合能耗模拟依靠计算机软件对现有建筑结构和系统建模，包括建筑外形、围护结构、内部空间布局、暖通空调系统、照明系统、生活热水系统、通风系统以及其他辅助设备（电梯和水泵等）。常用模拟软件有eQUEST、ESP-r、Energy Plus、IES-VE、ECOTECT、DeST等，均能够实现动态实时仿真计算并提供全年能耗和峰值能耗以用于进一步节能比较分析。这些软件可以模拟建筑群内部的相互遮挡以及周边建筑的影响，提高冷热负荷的计算精度。当前的主流模拟软件都具有较为友好的使用界面和经过理论实验论证的计算精确性，是广泛应用的节能评价工具。与建筑综合能耗模拟相对应的方式是描述性规范方法。顾名思义，该评估方法要求建筑设计和系统选用满足现有节能技术的效率或者设计参数，而每项应用技术的节能效果都需经过实践检验。实施该方法不需要特别全面的知识系统和专业训练，只要建筑和系统设计满足每项技术的描述性规定，就可以代替较为复杂的模拟计算而获得相应的分数。但是，此方法缺乏对不同技术间相互作用的分析，有可能导致实际系统整体节能效果下降。目前的主要绿色建筑标准当中，LEED并不鼓励采取描述性路线，其评分系统会授予采取综合能耗模拟路线的项目更高的得分；而我国香港特别行政区的香港绿建环评标准对两种方式赋予基本相同的得分空间。

传统的建筑节能技术可以分为被动式节能技术和主动式节能技术两类。被动式节能技术特指不需要依靠外部动力和功耗的，跟建筑规划设计或者结构本身相结合的应用。常见的被动式节能技术包括以下几个方面。

①建筑规划布局：设计建筑自身朝向、建筑形体等宏观参数，优化自然通风和采光设计，以减少辐射的热量。

②建筑结构物理：提高非透光围护结构的传热、蓄热性能和控制透光玻璃结构的遮阳系数以减少辐射、传导和对流的传热量，降低峰值冷热负荷。

③建筑几何结构：改变窗墙面积比、窗地面积比和遮阳板尺寸等设计参数以便调节室内冷热负荷，提高自然通风和自然采光效率。

④建筑渗透换气系数和气密性：提高建筑门窗气密性可以降低室内空调区域的冷热损失。

与被动式节能技术相反，主动式节能技术通常需要额外的能耗输入，包括提高空调、热水、通风、照明和其他机电设备的运行效率。传统的主动式节能技术包括以下几个方面。

①使用冷水机组代替风冷式机组，采用高效压缩机（如数码涡旋压缩机、变频压缩机和无润滑油压缩机等）、换热器等提高机组的制冷/制热系数（EER/COP）。

②采用 T5 或者 LED 光管代替传统 T8 荧光灯，利用光感或者声感元件实现照明系统随室内光照水平和实际使用情况的自动控制。

③提高空调通风输送系统效率，采用变风量系统或者变频风机、水泵等。

④采用高效气流组织形式，如分层空调、局部制冷、置换通风等。

⑤采用新型空调系统末端装置，如顶板辐射制冷、地暖系统等。

⑥采用高效节能的设备，选用符合节能能效标准的设备，如单元式空调器、热水器、洗衣机、冰箱等。

鉴于传统能源的日益匮乏，开发可再生能源（包括太阳能、风能、地热能、海洋能等）不仅可以缓解日趋严峻的能源供需矛盾，还有利于低碳城市和经济的发展。近年来，可再生能源在建筑节能方面的应用潜力被不断发掘，能够与建筑相结合的可再生能源系统主要有以下几类。

①太阳能光伏系统：包括建筑附加光伏系统（特指附加在建筑表面结构之外的系统）和建筑一体化光伏系统（特指与建筑围护结构形成整体的系统）。光伏应用通常分为孤立系统和并网系统：孤立系统需要较高成本的储能设备，

多用于偏远地区；并网系统是电网覆盖地区较为常用的系统设计方式。

②太阳能光热系统：利用集热器吸收太阳辐射能，用于生活热水或者供暖的系统，可安装于建筑屋顶和用户阳台，与蓄热系统相结合可以提高系统太阳能利用率及稳定性。

③太阳能光伏光热一体化系统：又称PV/T系统，是利用流体降低光伏板表面温度，同时将升温的流体用作供暖或者生活热水的系统。

④太阳能制冷系统：利用太阳能驱动吸收式或者吸附式制冷系统，可提供较高温度的冷源，多与其他空调技术配合共同承担建筑冷负荷。

⑤太阳能除湿系统：适用于空气湿度和潜热负荷较大的亚热带热带气候，利用太阳能加热再生除湿溶液。

⑥风力发电系统：指可以安装于建筑顶部或者花园平台的小型风力发电机，可以分为垂直型和水平型两种，其中垂直型更适用于风速较小的情况。

⑦水力发电系统：指利用建筑给水系统的剩余压头或者排水势能驱动小型水轮发电机的技术。

⑧地源热泵系统：指利用水平或者垂直地埋管作为热泵机组的热源（制热工况下）或者热汇（制冷工况下）的装置。土壤与空气相比，全年温度较为恒定、蓄热性能较好，为热泵蒸发凝器提供了良好的换热条件，当土壤本身不足以容纳或者提供热泵系统排出或吸收的热量时，还可以与太阳能集热器或者冷却塔耦合形成更为高效的混合系统。

⑨热回收系统：虽然不符合传统的可再生能源系统定义，但该系统通过排风与新风之间的热量、质量交换（通过转轮等），有效节约新风预处理能耗，是一种能源循环利用技术。

可再生能源系统能够在被动式节能技术基础之上进一步降低建筑冷热负荷，抵消部分或者全部建筑设备能耗，有助于实现低能耗甚至接近零能耗建筑。可再生能源系统光伏控制器的选择和设计要因地制宜，仔细考察建筑交流负载场地和周边的气候环境，适当地组合不同种类的技术以助于实现产能最大化。部分可蓄电池组再生能源系统由于其来源本身的不稳定性（如风能、太阳能随天气的变化），通常与其他风机控制器直流负载系统联合使用。混合发电系统，将风力发电系统、光伏系统与储能系统并联，可以在一种资源不足时采用另一种资源或者储备能源。应用太阳能和风力发电技术时应首要考虑当地的可利用资源，如在遮挡较为严重或者风力资源较匮乏的地方安装系统则得不偿失。

在高密度城市如上海、香港等地，可再生能源的应用受建筑密度、可用安装面积和人工成本等因素限制，但是从可持续发展的长远战略高度出发，绿色建筑评估标准仍应坚持鼓励该类技术应用。例如，近年来在高层建筑中出现利用光伏幕墙代替普通玻璃幕墙的技术，可在保证部分可见光透过的前提下减少室内负荷并且联网发电。

三、材料指标

建筑材料指标以材料资源的高效利用为宗旨，包含以下几个方面：原材料的选用、高效节材的设计和施工材料的回收利用。

（一）原材料的选用

原材料选用准则旨在鼓励采用经过生命周期分析的具有较高环境、经济和社会效益的产品与原料。生命周期评估（Life Cycle Assessment，LCA）是一种用于评估产品或者材料在开采、加工、使用、废弃、回收的完整循环周期中的环境影响。ISO国际标准化组织（ISO14040）详细介绍了实行生命周期评估的原则框架和基本要求。

美国的绿色建筑评价标准提出了环保产品声明（Environmental Product Declaration）的概念：用一种标准化的方式证明该产品在开采、能耗、化学成分、产生废物以及对大气、土壤、水源的排放等方面的环境影响潜力。

香港特别行政区的绿色建筑材料指标提倡采用快速再生材料（Rapidly Renewable Materals）、可持续性林木产品（Sustainable Forest products）、循环利用材料（Recycled Materials）和区域制造材料（Regionally Manufactured Materials）。其中，快速再生材料指该材料或者资源的自我再生速度超过其传统开采速度，从而减轻对自然生物、土壤和空气质量的影响。典型快速再生材料包括竹子、油毡、软木、速生杨木、松木等。使用快速再生材料可有效减少对环境的影响，提高经济效益。可持续性林木产品来源于经森林管理委员会或同等机构组织认证过的林地。该林地所采用的管理体系应严格遵守保护生物多样性和维持森林生态体系的原则。循环利用材料指废料或者工业副产品中的有效成分，经过处理后作为原材料或者混凝土材料中的一部分重新用于建筑当中（可用于结构性或者非结构性材料）。煤粉灰混凝土是一种典型的含有循环利用成分的材料。区域制造材料不但减少了交通运输过程中的能耗和污染排放，而且支持了本地产业经济的发展，是建筑材料的首选之一。

（二）高效节材的设计

常见的高效节约材料的设计有构件预制、模块化设计和适应性设计等。

构件预制是指把建筑的一部分在工厂中预先成形，运输到施工现场后可以迅速组装的营造方式，能够较大程度提高施工效率。与传统的现场搅拌制作工艺相比，工厂预制可以更好地控制生产流程和实现废料的高效处理。施工现场的噪声、扬尘、排水污染等问题也一并得到解决。内部磨光和定制金属工艺应当在工厂内完成并高度组装，以限制现场所需喷涂和修整工作。在我国香港特别行政区，预制混凝土构件已经广泛应用于公共租住房屋的建造，包括预制卫生间，预制楼板、立面、楼梯间等。

模块化设计是基于标准化网格系统，便于工厂加工和组装统一尺寸构件的技术。细节的标准化有助于实现最优的材料量化生产，并且通过简化设计和现场操作实现其品质和环境效益。标准化模块的尺寸形状要经过仔细设计，以最小化生产过程中边角料的浪费。

建筑的适应性指其满足实质性改变要求的能力，常用的适应性设计策略可以分为以下三个方面：空间布局和微量改变的灵活性；建筑内部空间使用方式的可变性；建筑面积和空间的可拓展性。适应性的设计还可以延长建筑的使用寿命、提高运行性能和空间利用效率并产生经济效益。建筑所有权、用途的变化以及常住人口增长等因素都可能产生改变和拓展已有建筑的需求，伴随大量固体废物的产生，灵活适应性设计给予建筑使用者改变建筑布局的空间，通过使用易于拆除的结构实现改建过程中资源消耗和环境影响的最小化。可移动隔板有利于提高空间利用和各个系统的独立性以及使用寿命内各个建筑组成部分的相容性。

此外，建筑的设计也要考虑未来解体的需要。解体是一个系统的、有选择性的拆卸过程，从而生成能够用于建造和恢复其他建筑结构的合适材料。考虑解体需要的建筑设计有利于回收可循环材料，减少资源消耗和提高经济效益。

（三）施工材料的回收利用

根据美国环境保护局（US Environmental Protection Agency）统计，仅美国国内的纸张、食物、玻璃、金属、塑料等所有可回收材料占到了城市生活垃圾的69%。如果成功将这部分可回收材料从堆填区中转移出来重新利用，建筑开发商和用户可以节省相当可观的原材料与运输成本。建筑垃圾回收处理的前提是保障足够的垃圾回收储存空间。在建筑设计的早期就应该开始考虑材料回收利用设施的规划,应准确预计垃圾的产量并精心布置收集地点,设计使用方便的废物处理设施。这样才有助于建筑使用者养成垃圾回收的行为习惯和环保理念。根据各地法例规范,垃圾回收储存空间大小可按照建筑类型和面积计算而得。近年来,电子废物包括计算机、照相机、键盘等,其数量不断增加,逐渐成为固体废物的主要来源。所以确定其储存空间大小、所需处理设备和运输工具是非常重要的。电池、荧光灯等电子废物较传统的纸张、金属、玻璃和塑料等废物对环境的负面影响更大。因此,材料相关指标要求建筑项目团队设计和指定详细的废物管理规程,特别要规定电子废物等有害物质的回收处理方式。

施工废物是另一个主要的垃圾来源。美国环境保护局估计在2003年有1.7亿t施工废物产生,而欧盟的统计是每年全部成员国的施工废物产量为5.1亿t。回收施工废物可以大幅度减少水和土壤的污染。与生活垃圾的管理类似,施工废物的管理也应该在施工开始之前制定好管理规程,确定最有效的回收策略、技术和运输、储存设备。通常施工废物处理策略包括源头减少和回收利用。从源头减少施工废物的策略包括一系列高效节材设计措施,如预制构件、模块化设计等,做好垃圾分类也可以提高回收系统的效率。同样,在设计阶段正式开始前制定好施工废物管理规程,有利于施工的计划、协调以及策略和相关协议的制定。做好项目设计团队、施工现场工人和废物运输人员的管理培训工作,保证管理规程高效实施,减少堆填区和焚烧炉的负担。贯彻施工废料管理规程,通过回收利用废料和买卖有价值的边角料等方式可有效降低成本,实现更大的投资回报率。

四、管理指标

建筑的管理指标主要包括能耗系统管理、使用者培训等方面的内容。其中,能耗系统管理体现在对建筑设备的调试、运行管理和监测方面;使用者培训着眼于日常环境维护和建筑使用者的环保意识培养。

(一)建筑设备调试、运行管理与监测

绿色建筑评估不仅要考察设计阶段的环境影响和资源利用效率,还必须监测和衡量运行期间的实际效果。事实上,有很多建筑正因为忽略了系统调试、数据的记录保存、操作手册的制定等运行期间必要的培训和管理程序,导致建筑在实际使用中未能达到绿色建筑的期望效益。建筑运行期间比较显著的指标有能耗、电网峰值负荷、室内环境条件等,因此,所有相关的机电

设备都应在调试阶段做好充分的试验和分析。建筑开发商应该保证调试顺利施行，并且结果满足能耗等相关标准。所有系统参数、操作说明、设备组成、设定参数和运行调试结果均应详细全名记录，并且编写成运行维护手册。

运行调试的步骤包括管理调试设计、设备购买、试验、测量、数据采集和误差诊断等。有效的调试和对未来运行维护的指导作用可以保证建筑全寿命周期内的能耗和环境效益。调试运行的对象须包括所有的可再生能源系统、节水系统、机电设备和水利循环系统。其中，暖通空调系统作为重中之重，其调试内容应至少应包含冷水机组、冷却塔、锅炉、中央控制和自动化系统、单元式空调机组、风扇、水泵换热器、热水器、管路和阀门、热回收储藏装置等。项目团队须聘请第三方独立机构进行调试，调试前应准备好调试计划书，供项目团队审查。

运行调试过程结束后，应对未来物业管理人员进行培训，并将调试数据以及有关设备使用方法制作成手册，保证运行维护人员能够正确、安全地操作维修设备（包括设备运行模式和参数的合理设定、控制策略以及设备连锁联动等），并且有效实行能耗管理措施。

楼宇设备能耗监测系统是实现高效运行管理的另一个重要方面。大量的现有建筑没有安装或者安装了不够完善的能耗使用监测装置，这是提高设备运行效率的主要障碍。好的监控系统可以辅助控制设备的部分负荷运行工况，提高运行效率和室内热环境质量。通过实时能耗数据分析，不但可以了解不同运行策略的作用，还可以发现微小的设备故障。监控测量设备要有一定精度以提供准确数据分析结果，其额外成本费用与潜在的节能效果相比并不显著。因此，建筑设备调试与测量具有较高的能源与经济效益，在绿色建筑应用策略中具有广阔的前景。

（二）建筑使用者培训

培养建筑使用者的环保和行为意识是决定建筑运行效率的一个重要因素。行为意识的养成并非一朝一夕，也很难量化衡量，因此，有关评估着眼于设计阶段使用者培训机制的建立和运行期间的实施。

项目团队应提交专为使用者设计的建筑日常运行维护手册或者提示板。手册或提示板的内容应简洁易懂，并且至少包括以下几方面：建筑周边的公共交通和自行车设施的位置和时间表等；绿色交通方式如拼车、穿梭巴士、电动车和充电桩的信息；日常清洁和维护信息（包括适用的环保清洁材料等）；有关建筑使用的环保装修材料的介绍；节能措施和控制方法讲解（包括空调、照明、热水和电器选择等）；节水方法介绍（如感应水龙头、双缸冲水坐便器等）；垃圾分类回收的设施和管理条例说明（包括回收分类、回收地点等）；室内空气品质信息（包括室内空气品质定期监测结果和获得的证书等）。

此外，用户使用手册或者提示板的内容应实时更新，并且指定负责讲解和沟通的工作人员。建筑维护的历史记录和照片应该完好保存，并且制定时间表对使用者进行定期的宣传讲解。

五、水资源指标

水资源指标主要衡量场地排水、水资源的回收利用、节约用水和水质保证等方面的技术及应用。场地排水旨在评估场地的蓄水能力，采取多种措施减少市政排水管网负担；水资源的回收利用包括雨水回收、中水污水处理和循环利用等；节约用水主要依靠节水器具的推广应用；水质保证重点强调市政供水的净化处理和质量监控。

传统的场地开发方式通过采用非透水性地面压结土壤，造成了植被和自然排水渠道的损失，从而扰乱了自然界的水循环，长此以往必将破坏水系统平衡。典型的场地雨水管理方式是通过人工下水管网集中排放收集到的雨水，虽然可以通过增加下水管道容量减少洪涝灾害的可能性，却也从某种程度上延长了地表径流的持续时间，并且侵蚀了水道，对生态系统产生其他负面影响。采用渗水地砖、镂空地砖或者增加绿化面积等模仿自然水文的绿色基建方式有利于雨水渗透，减少地表径流，可有效控制洪涝灾害和减少市政地下水管网压力。此外，蓄积在土壤和渗水材料中的雨水通过蒸发作用有助于缓解城市热岛效应。

回收利用中水不仅可以减少市政用水，还能够保证供水连续性。如经过适当处理，几乎全部的建筑用水可以得到有效回收利用。所谓中水回收系统，是指沐浴用水和空调冷凝水等经过处理后，重新用于灌溉、清洁和冲厕等用途。回收用水的质量必须根据相关标准严格保障，同时应根据建筑用水模式进行用水量平衡计算。雨水回收利用对于降水量丰富的地区也是一种有效提高水资源利用效率的方式。有效雨水收集面积和水缸体积都要经过严格的设计与核算，尤其对于高层住宅，雨水水缸的负荷要结合结构设计一起考虑。与中水类似，收集的雨水也要经过沉降、过滤和消毒等一系列程序，与主供水缸混合后共同承担冲厕、灌溉和空调循环水的供给。

六、生态文化指标

恢复生物栖息地和保护历史文化也是绿色建筑的重要评估标准之一。生物栖息地的恢复包括土壤、植被和生物种类恢复，旨在保护自然生态系统；历史文化的保护包括对有古迹价值的文物、建筑和遗迹采取隔离防护措施，尽量降低损害，保证历史文化的传承。栖息地的恢复是一种重要的、减少人类社会发展对自然环境和濒危物种影响的方式。自然环境不仅对我们这一代人，对子孙后代更是宝贵的财富。在恢复生物栖息地的过程中，要充分考虑生物种类的复杂性，重建生态系统所需时间和努力以及各种不确定因素，这是生态价值被纳入绿色建筑评估体系的主要原因。伴随着中国城市化的进一步发展，交通和建筑用地不断侵蚀自然景观和野生动植物的生态群落。因此，在建筑规划选址阶段应对潜在的场地进行综合生态价值评估，仔细考察其现有物种和植被状态，鼓励在已经开发过的或者污染过的低生态价值的土地上营造建筑。如果必须选择未开发过的土地，一定要按照生态价值评估结果，尽最大努力减少建筑工程对周边生态系统的影响，并且在建筑场地内通过绿化等手段恢复或保留原系统的多样性。

中国是有着五千多年历史的文明古国，历史建筑和文化遗产是极其宝贵的人文社会资源。

有关历史古迹的定义和范畴应参考各国各地区对考古、宗教、历史遗迹等的相应法规。文化遗产通常包括考古遗址、历史建筑、古生物学遗址和其他各种形式的文化遗产（如老街道、石灰窑、陵墓等）。文化遗产是了解历史的重要途径和方法，有助于人们建立对所在地区和国家的归属感。建筑项目的选址应尽量避免位于文物古迹附近，如果需要在该地区发展，务必采取措施保护场地内和邻近的古迹以实现文化传承的连续性。

七、场地选择指标

场地选择指标包含场地周边交通、设施和土地性质三个层面。鼓励选址于临近公共交通的枢纽地区，以倡导低碳出行；鼓励选址于周边各类设施齐全的地带，以提高室内人员的生活和工作效率；鼓励选址于已发展过的土地，以减少对自然生态系统的侵蚀。

数量不断增加的私家车不仅恶化交通拥堵现状，而且严重污染大气环境。目前使用中的机动车辆仍以化石能源为主，大量排放的尾气经过高楼林立的城市街道峡谷效应不断聚集，造成了当前最棘手的交通污染问题。车辆尾气所含的挥发性污染物不但含有致癌物质，更能够加速光化学烟雾的生成。废气中的一氧化碳、氮氧化物和二氧化硫等有害气体也严重危害环境和人类健康。除空气污染外，交通噪声也是不容忽视的环境问题。解决交通污染问题的有效方法之一是减少道路上私家车和出租车的数量，鼓励建筑物用户使用临近的公共交通工具。

因此，建筑的场地规划要考虑与交通站点的相对位置，通常要求该站点位于场地出入口的指定步行距离内，并且应能够在不同时间段内都可以提供一定频率的车次，以减少建筑物用户对私人交通工具的依赖。相应地，规划指标还应要求停车场规模适度、布局合理、符合用户出行习惯，按照国家和地方有关标准适度设置，并且科学管理、合理组织交通流线，保证不对人行道、活动场所产生干扰。例如，美国的 LEED 相关指标要求建筑除提供法律规定的最小车位数量之外不预留其他私家车车位，或者提供一定比例的绿色低碳车型包括电动车、混合燃料机动车等的优先车位。交通需求管理策略也是减少道路机动车辆的有效途径，如提供拼车的优先车位等。

值得特别注意的是，自行车是一种极为低碳和健康的出行工具，其每千米碳排放较普通机动车可减少约 280 g，同时可增强体质，甚至在一定程度上提高人类的平均寿命。绿色建筑设计应考虑提供自行车的停放空间，配套室内洗浴设施，以及确保周边一定距离内可顺利连接到自行车专用的道路网络（所谓自行车道路网络，指包括单车以及各种低速行驶道路，将居住、工作和其他地点连接为一体的公共交通枢纽）。

在建筑附近提供基本生活设施（如教育、医药、金融、邮政、购物、餐饮等）可有效提高用户的生活质量和工作效率。用户可以从周围已有和项目发展将要提供的新设施中获益。娱乐设施和休闲空间对用户的身心健康和工作生活方式的可持续性起到重要的作用。娱乐设施和休闲空间既包括动态设施（如球场、泳池等），也包括静态设施（如空中花园、公园和休憩空间等）。相关绿色建筑指标通常要求规划中的周边设施在建筑开始使用前完工，而且对设施种类的多样性和相对建筑的距离都有严格的规定。此项目的评估鼓励建筑规划选址于高密度、较成熟的发展区域，进一步减少远程交通工具的使用。

生态敏感地带是自然环境和人类社会不可或缺的一部分。农业用地可以有效利用降水生产食物；冲积平原富含营养，是潜在的农耕地和动植物群落栖息地；濒危物种栖息地对生物多样性影响深远；湿地和自然水体是洪涝灾害的缓冲地带，以及碳回收和水循环的核心环节。建筑发展应该避免选择以上所述生态敏感地带，以避免侵害自然环境和造成人身财产损失。例如，在冲积平原上发展建筑，可能受到洪水泛滥和海平面升高的影响，同时减少粮食的产量。因此，绿色建筑提倡选择已开发过的场地，尽量利用已有的基础设施和周边有利条件。如果不得不选择未开发过的土地，要严格遵守相关规定最小化对生态系统的不良影响。在规定生态敏感地带的同时，绿色建筑标准也定义了鼓励发展的场地，如低收入地区（经济萧条导致的空置区域）和历史发展区域（周边地区有着悠久的发展历史，较为成熟的社区）以及污染过的土地（需要进行土壤质量恢复工作，保证不影响人类健康居住）。

八、场地排放指标

场地排放指标用于限制建筑物施工过程和运行期间对周边环境与大气层造成的负面影响，包括光污染、噪声污染、水污染、臭氧层破坏和温室气体排放等。

（一）施工过程的场地排放

建筑施工中不恰当的排放行为可能造成对水环境的污染。挖掘或者钻孔工程产生的泥浆，清洗车轮等压制扬尘措施产生的废物，以及工人食堂和厕所的排放物等都是潜在的污染源。未经处理的施工废水含有大量淤泥和沙石，有可能堵塞下水管道和污染周边自然水体。

因此，承建商在施工开始前应获得有关部门的污水排放许可，并且安装现场的污水沉降、分离和净化处理设施，使得排入下水管网的废水达到相应标准。噪声污染也是施工期间值得注意的问题，施工现场进出的车辆，大型的挖掘、搅拌、打桩和钻井机器等都是潜在的噪声污染源。绿色建筑标准要求在周围敏感建筑前设置规定数量的监测点，通过定时监测，判断是否满足该地区环境噪声水平规定。如果超过规定上限，应采取合理措施降低噪声。常见的措施有：使用液压打桩锤、液压破碎机，线锯切割混凝土，使用手持式破碎机和发电机的隔声罩及大型设备的噪声屏障，以及采取其他临时性噪声阻隔措施等。

施工扬尘污染是空气中悬浮颗粒来源之一，不但能引起呼吸疾病，还会降低能见度污染室外空气。场地排放控制要求定时定点监测场地周边的空气质量（包括温湿度、悬浮颗粒等参数）。如超过规定上限，应采取以下措施减少空气污染：利用水喷雾湿润裸露土壤；覆盖现有颗粒物材料防止扬尘；冲洗离开场地车辆轮胎；工程结束后所有裸露地面迅速做喷草处理（在地面上开挖横沟后迅速喷撒草籽）等。

（二）运行期间的场地排放

室外人工照明不仅可以保证建筑用户的安全和舒适度，还能够提高生产效率和延长使用时间。

合理的室外人工照明设计是安全保障提高、建筑识别、美观视觉效果和导航功能的前提，而较差的室外人工照明设计会对周边建筑用户和自然环境造成光污染。光污染是指溢出场地之外的多余光线的一系列负面影响，如产生天空辉光和眩光、影响夜间自然生态、侵扰周围室内人员休息等。某些野生动物习惯夜间捕食，植物依靠昼夜长短变化调节新陈代谢，迁徙中的候鸟依靠星星的亮光导航。它们都会被过度的室外人工照明误导，甚至伤害，人类自身的生活习惯和健康也会受到影响。好的室外人工照明设计需要结合本地区的相应标准，限制影响周围环境和生物的光照水平。

建筑运行期间的空调系统和保温材料的气体排放是另一个影响大气环境的因素。《蒙特利尔公约》规定了含氯和溴的制冷剂、溶剂、发泡剂、气溶胶推进剂和灭火剂等受控物质的淘汰时间表，各国家或地区的相应法规也对每种材料的使用做出了详细的规定和限制。制冷剂作为建筑空调系统广泛采用的工质，除具有良好的工程热力学性能外，还应该满足无毒性、不可燃稳定性、经济性、润滑性和材料兼容性等方面的要求。实际应用中并不存在理想的制冷剂，其化学成分中氟、氯、溴等元素的含量决定了其臭氧消耗潜能值（ODP）和温室效应潜能值（GWP）。目前，CFC 和 HCFC 类制冷剂基于其高臭氧消耗潜能值，已经在淘汰过程中，而 HFC 类制冷剂需要通过臭氧消耗潜能值和温室效应潜能值综合计算来评估其性能优劣。

冷却塔、空调室外机组和通风系统排风口在建筑运行期间产生的噪声可能会影响到临近的其他建筑使用者或者自然生态群落。在建筑设计和设备选型阶段，要对其在一定距离内的噪声影响进行预评估计算，以保证周边用户的室内噪声环境达到相关标准。

九、室内环境指标

现代社会，人们在室内停留的时间远多于室外，我国香港特别行政区 85% 的人类活动都在室内进行。室内环境品质是绿色建筑标准评估的重点之一。建筑的设计、管理、运行和维护过程都要求保持良好的室内环境，优化利用能源和其他资源。高质量的室内环境不但可以保证用户的健康和舒适度，还可以创造高效安全的工作、居住和生产环境，从而提升建筑的综合价值。室内环境指标包括安全、卫生、声环境、热舒适度、通风效果、人工照明、室内空气质量、自然采光与视觉舒适度等几个主要方面。

（一）安全

有安全保障的环境一直是建筑使用者关注的焦点之一，通常涵盖人身和财产两个方面。即使对于商业和教育等类型建筑，其公共厅堂、楼梯间、厕所等空间的安全问题也很重要。建筑及其室外景观的合理设计辅以充分的安全措施可以防范盗窃等犯罪现象。所需的安全措施取决于建筑的类型和安全等级。常用的安全措施包括：天然和人工屏障，保安及电子监控系统。硬件安全系统（监控录像、安全屏障等）和完善的管理通信系统（保安巡逻等）的结合，可以提高保安的效率和质量。

（二）卫生

建筑内部的疾病传播（如军团病、SARS等）是威胁使用者健康的一大隐患。生物监控系统污染容易通过给排水系统、冷却塔和垃圾储藏传播，因此，定期的检查、维护和清洁门禁系统是全面管理和保障楼宇卫生的必要途径。

自2003年的SARS病毒全面爆发以来，楼宇卫生越来越引起公众关注，有足够证据显示病毒的传播方式之一是通过排水系统。因此，绿色建筑标准应要求确保给排水系统的设计和维护，减少病毒、细菌和异味传播的风险。所有的卫生器具的排水口（包括地漏）都应在连接至共同排水主管之前提供水封存水弯。保持存水弯的水封在高层建筑中是一个难点。空气穿过水封有以下两种情况：管路水压变化导致夹带气泡穿过水封；或者水封部分甚至全部失效。保持水封主要通过人工补给和用户日常排水，如果水封失效被污染或者管路泄漏，病毒、细菌将乘机进入室内。在给排水系统正常运行条件下需要保持一定高度的水封（如25 mm），自吸水型水封，如将盥洗盆排水管接入地漏排水管和水封之间可以省去人工补水工序，但该水封需要防止地漏水回流。

军团病在历史上人类聚居区多次大规模爆发，该病原体不但存在于自然水体和土壤中，也可由建筑循环水体传播。对新建建筑中的空调、通风和水系统做定期监测与维护，可以有效防止军团病一类的病原体扩散和传播。

建筑内的垃圾房储存着大量食物残渣和其他有机废物，如果没有良好的控制处理措施，散发的异味将威胁用户的健康，污染周边环境。装配有净化、过滤和除臭的通风系统可有效处理垃圾房内的异味和有害气体。同时，也可以考虑在垃圾房安装厨余处理机，将有机废物变成二氧化碳、水以及可用于建筑场地内绿化区的肥料。

(三）声环境

建筑声环境包括降低噪声、提高音质和隔绝震动等方面的问题。随着城市化的发展，噪声已经成为现代化生活难以避免的副产品。一定频率和强度的室内噪声会刺激听觉神经，分散注意力甚至引起人体不适，糟糕的声学设计还会影响室内演讲、音乐等的效果。因此，建筑内部所有声音的强度和特性都应被控制在符合不同种类空间要求的范围内。

建筑内部的背景噪声有很多可能的来源，包括室外传入的交通噪声和室内设备运行的噪声等。好的城市规划设计应融合各种减小室外噪声影响的措施。首先从源头着手，采取路面减噪设计，利用非噪声敏感建筑或者设置专门的隔声屏障阻隔噪声源。其次考虑建筑立面、窗户、阳台、空调和通风系统等的设计以进一步减弱噪声传播。即使室外噪声措施已经满足标准，额外的减噪设计也可作为室内隐私和舒适度的多重保障。

混响时间（Reverberation Time）是评估空间内部声音传播质量的主要参数，定义为当室内声场稳定后停止声源的情况下，声能密度减弱 60 dB 所需的时间长度。不同类型的使用空间如教室、住宅、办公室、会议室和其他室内运动娱乐场所对合适的混响时间有各自的要求。办公室和教室通常要求混响时间在 0.6 s 以内；住宅、酒店和公寓在 0.4～0.6 s；而运动场健身房等在 2.0 s 以内。

建筑内部运行的设备在不同工况下可能引起噪声和震动干扰。楼板和墙壁的隔声效果可在设备的减噪隔振方面起关键作用，而通风口和门窗等位置常常是隔声设计的薄弱环节。声音穿透等级（STC）表示建筑间隔（如天花板、地板、隔墙、窗户和外墙等）对空气传播噪声的绝缘效果，其数值越大意味着隔声效果越佳。例如，建筑间隔材料可根据美国试验材料学会（ASTM）标准在 125～4000 Hz 范围内的 16 种频率测量其对声压水平的减弱作用。各地区对不同类型室内空间的背景噪声都有相应的要求，可以通过模拟计算或者实地测量验证其噪声水平是否达标。

（四）热舒适度

大量的理论研究和实验数据表明建筑物内部的热环境可以直接影响使用者的满意程度和工作效率。通常人们很容易将热舒适度与温度联系在一起，但是事实上热舒适度是六种主要因素：房间表面温度、空气温度、湿度、空气流动、人体新陈代谢和衣着共同作用的结果。有效的热舒适设计需要全面考虑以上因素，要求建筑设计师、工程师和使用者的相互配合，更改六个要素中的任何一个都有可能在不改变舒适度的前提下减少能源消耗。例如，给予办公室职员灵活的着装要求，可以在制冷季节设定更高的室内温度或者在供暖季节调低室内温度。如果给予使用者对室内环境一定程度的控制权，可以提高其舒适感和工作效率。

国际室内环境与能源研究中心的多项研究显示，给予用户 3 ℃的室温控制可以提高工作效率 2.7% ～ 7%。

热舒适度的评价指标主要有两个：PMV 和 PPD。PMV 是通过让实验对象在环境可调的房间里对各自舒适程度给予 7 个等级的评分，+3 分表示最热，-3 分表示最冷，0 分表示中立。在 PMV 评分的基础上，PPD 表示在某一室内热环境条件下感到不舒适的用户的百分比。

此外，对于自然通风条件下的热舒适度，ASHRAE 55 有一套基于实验测试的适用模型，它是将室内可接受的设计温度范围与室外气候条件参数相结合的参考标准。有关调查结果显示，空调房间内的用户对室内温度变化的可接受范围较小，倾向于更低更稳定的温度；与之相反，自然通风房间内的人员能够忍受更大范围的温度波动，其温度范围可以超过空调工况下的舒适区域而更加接近室外气候条件。有关用户行为适应性的调查证明，衣着或者室内空气流速的改变只占到自然通风条件下用户热偏好变化因素的一半，另一半来自生理因素。更高层次的感觉控制和更加丰富的自然通风建筑的使用经验可导致更加宽松的可接受温度范围。ASHRAE 55—2004 规定了使用者可以通过开关门窗控制的自然通风室内环境下可以接受的热舒适条件。有能够开关的可控门窗是应用此标准的前提，未经处理的机械通风系统可以作为自然通风的辅助方式，但不可使用传统空调系统。该标准只适用于室内人员处于基本静止状态（新陈代谢效率在 1.0 ～ 1.3 MET）的热舒适度评价。

热舒适度的模拟计算可以采用任何通过 ASHRAE 140 标准认证的软件。软件的输入参数通常要包括建筑围护结构、热物理性质和各种减少太阳辐射得热或者增加通风效率的措施，并非所有房间都要进行热舒适度计算，在实际评估当中，只需要考察那些得热量最大或者最不利于通风的最恶劣的房间。如果这些处于最不利位置的房间可以满足标准要求，则室内热环境整体可视作达标。

（五）通风效果

绿色建筑标准对空调通风效率的要求体现在以下三个方面：自然通风、局部通风和新风控制。空调系统的设计通常要求满足标准规定的室内人员所需新风量。可以用室内二氧化碳浓度检验新风供给量是否充足。除要求达到规定新风量之外,还需要良好的气流组织以确保新风到达人员活动区域。自然通风可以辅助机械通风在允许的室外空气条件下实现室内最小换气,稀释污染物和二氧化碳。局部通风适用于有严重污染的室内空间,如厨房、厕所、打印机房等。新风控制着眼于提供用于维持室内二氧化碳、甲醛、挥发性有机化合物等污染物浓度在设计范围内的足够新风,同时也要求采用合理的气流组织形式实现人员活动区域的有效换气。

大部分新风量和送风方式标准源于 ASHRAE 62.1,该标准不但对新风量做出了要求,更对设备除菌防霉、系统清洗和调试等方面做了详细规定,有关规定在通风指标中应全部予以满足。值得注意的是,ASHRAE 62.1 对于最小新风量的计算是由两部分组成的:人员新风量和单位室内面积新风量。其中人员新风量是根据美国各种类型建筑的平均人员密度推导而来的,因此,在世界其他地区使用前应重新核算,不可盲目套用。

自然通风是结合了围护结构的渗透换气和通过可开启门窗的通风换气用于辅助机械通风的节能措施。自然通风可以稀释室内人员和材料散发的二氧化碳、有害气体(甲醛、氡气等)和异味,降低霉菌滋生的概率。目前,我国香港特别行政区对居住区域的自然通风换气次数要求为 1.5 次 /h,公共区域要求为 0.5 次 /h。而我国内地的绿色建筑评价标准对民用建筑的通风窗地面积比、开窗位置和气流组织分析等方面均提出了相应要求。对流通风是一种有效的自然通风方式,良好的建筑布局,窗口大小、位置和朝向是实现对流通风的必要条件。对于处于建筑群当中的自然通风分析,除考虑以上因素外,还应对室外风环境进行更加精确的模拟计算以确定对流通风的可能性。

对于建筑内部较为集中的空气污染最好采取源头控制的方法。使用辅助全面通风的局部通风系统是实现污染源隔离的有效策略。在商用建筑的打印室、吸烟室,居住建筑的厕所、厨房等空间都应设置局部排风系统。临时的局部排风系统也可以应用于实施局部装修的室内空间,以防止污染物扩散到其他正常使用的区域。局部通风所需的换气次数可以参考 ASHRAE 62.1 或各国家或地区相应标准。

(六)人工照明

当自然采光无法满足要求时,人工照明的辅助必不可少,低质量的照明严重影响工作人员的健康和生产效率。照明设计不仅要考虑光源的性质和提供的亮度，还需要注意光源（灯具）与工作平面的相对位置和使用者的舒适度。另外，美学、安全、社会沟通和情调都是潜在决定照明设计质量的因素。灯具的安装、清洁、更换和日常维护对照明系统的能耗、经济和环境效益有着重大的影响。

照明质量评估主要考察工作平面上光照亮度、均匀度、差异度、眩光指数和显色指数这几个方面。通过采用较高反射度的室内装修材料可以在不增加灯具亮度或数量的情况下提高工作平面上的亮度。光照均匀度由平面上最小亮度与平均亮度之比表示，主要取决于灯具排布的均匀性，而差异度定义为最大亮度与最小亮度的比值。光照过于均匀或者差异过大都会引起视觉不适。眩光是当直射或者反射光源与周围背景亮度产生强烈对比时，人眼无法适应的现象。通过选择合适的灯罩、减少每盏灯的亮度、调整与室内工作台（即观察者）的相对位置等方式都可以有效减弱眩光的不良影响。显色指数是灯具光照显现物体真实颜色的程度，通常要求显色指数达到80以上（范围在0~100，100代表理想的白炽灯光源）。计算机模拟、光通法计算和现场测量都是验证光照质量的有效方法。

（七）室内空气品质

室内空气品质在客观上是由一系列空气成分定义的指标。主观地讲，室内空气品质是人体感应到的空中的刺激性成分。美国暖通与空调工程师协会对可接受的室内空气品质的定义是：经权威组织鉴定，没有任何有害成分超标，同时绝大部分（不小于80%）暴露人群没有表示不满意的空气水准。决定适当空气质量标准的一个关键因素是室内人员的暴露时间。暴露于室内污染物时间长短，从几分钟（如在停车场）到几小时（如在娱乐场所）甚至全部工作时间（如在办公室、教室等），以及人员的活动状态（静坐或者运动）决定了各种污染物的不同的允许上限。

室内污染物可能来自室外通风渗透、建筑围护结构、保温材料、室内装修材料、机电设备、小型电器和室内人员等各个方面。因此，建筑设计选择低放射环保材料和高气密性阻渗透的围护结构。室外新风入口应远离污染源防止新风排风短路，采用高效通风过滤系统稀释室内污染物浓度。

常见的来自室外的污染物有一氧化碳、二氧化氮、臭氧、可吸入悬浮颗粒（RSP如PM 10）等。一氧化碳是一种可以阻碍血液中氧气运输的气体，吸入不同浓度的一氧化碳可导致头痛、恶心和胸闷等症状。氮氧化物可刺激呼吸道和眼睛，主要来自汽车尾气和不完全的燃烧过程。臭氧在大气层中可防护紫外线，但也会刺激眼睛和呼吸系统，除来自室外渗透，臭氧也可产生于室内利用紫外线电离空气的仪器如打印机等。可吸入悬浮颗粒指空气动力学当量直径小于等于 10 mm 的悬浮颗粒。近年来引起国内广泛关注度的 PM 2.5 较可吸入悬浮颗粒直径更小。RSP 引起的健康问题取决于颗粒的形状、大小和化学活性，主要来源于交通机动车尾气排放、工业废气和建筑工地扬尘。室内 RSP 浓度是衡量空调过滤器效率的重要指标，相同用途的室内空间应至少选择一个代表做样本测试，以便验证过滤有效性。

主要来源于室内的污染物包括挥发性有机化合物（VOC）、甲醛（HCHO）等。当室内处于无新风的循环通风的工况下，此类污染源的危害尤其显著。挥发性有机化合物包含上百种物质，可引起从轻微不适到眼睛刺痛、呼吸困难和头痛等不同程度的症状。虽然挥发性有机化合物也可能来自室外，但主要产生于室内装修材料、保温材料和杀虫剂、清洁剂等。

甲醛因其在建筑材料、黏合剂、纺织物和地毯中的广泛存在，被当作一种单独测量的挥发性有机化合物指标。甲醛除刺激人体引起敏感症状外更是一种致癌物质。与 RSP 的测试方法类似，相近用途的室内空间应至少选择一个代表检验甲醛样本。氡气是一种无色无味的放射性气体，人体在一定程度的暴露下有罹患肺癌的风险。大理石和花岗岩是氡气的主要来源，因此选择建筑材料和表面覆盖应充分考虑其氡气放射率指标。

建筑施工过程中在空调系统中残留的有害物质也是室内空气品质的一项隐患。施工过程中的严格管理，辅以完工后及时的清洁和替换工序，可以有效降低施工引起的空气污染。设计者应考虑采用空调系统保护、污染源和传播途径控制、加强清洁维护等措施。施工过程由于水管泄漏、冷凝水、降雨造成的潮湿表面容易滋生细菌，使用吸收性材料（如石膏制品、隔绝材料等）可最小化施工带来的负面影响。绿色建筑标准要求对施工期间的空气质量予以实时监控和报告。

建筑施工和室内装修工程结束，空调系统平衡测试和控制功能校验等步骤完成后，在用户正式入住之前，还应展开冲洗工序。冲洗可以利用现有空调系统，也可采用符合标准通风量和温湿度的临时系统（利用门窗作为临时通风口）。冲洗过程中需要防范气流短路，保证各个区域充分换气且气流均匀。如果使用现有的空调系统，内部的所有临时过滤器都应拆除，现有的过滤介质要及时更换。虽然室外空气随季节变化，但室内温湿度在冲洗过程中应保持在某一恒定的范围内。

（八）自然采光与视觉舒适度

随着人口增长和城市建筑密度逐年增加，室内获得自然光的难度越来越高，所以自然采光和保持室内人员视觉舒适度一直是绿色建筑设计关注的一个重要领域。良好开阔的景观视野可以提高用户的满意程度、注意力和工作效率。

房间的自然采光效果由采光系数（Daylight Factor）决定，采光系数定义为在室内工作平面上的一点，由直接或间接地接收来自假定和已知天空亮度分布的天空漫射光而产生的照度与同一时刻在室外无遮挡水平面上产生的天空漫射光照度之比。采光系数的评估可以采用Radiance一类软件模拟计算，也可用照度计实地测试。房间的自然采光效果取决于以下几点：窗户面积和房间的大小（长度、宽度和高度尺寸）；建筑自身和周边建筑的遮挡；玻璃的可见光透过系数和室内表面的光学性能。自然采光结合感光控制器可以有效减少人工照明的使用时间，有助于建筑节能。位于建筑密度较大区域的新建发展项目受制于场地环境，其低层房间很难达到采光要求，因此，通常只要一定比例的建筑面积达标即视整个项目满足采光指标。

此外，建筑设计可以利用反光板、导光管等装置引导室外光线深入建筑内部空间。在医院或者护理中心，自然景观的放松作用还能有效缓解病人的痛苦、压抑和紧张情绪。室外景观的日间和季节变化也有助于养成健康的生活节奏和人体生物钟。提高视觉舒适度要综合室外景观、建筑朝向、窗户大小和室内布局等多方面设计因素。例如，室内布局应考虑将较高的隔板垂直于窗户放置，而较低和透明的隔板平行于窗户设置，最大程度确保房间内部人员的景观视野，设置中庭也是较好的开拓建筑内区视野的方式。

十、创新设计指标

创新相关指标允许参评项目凭借采用其他指标中未涉及的环保技术或者大大超过所规定的环保效益范围，从而获得额外奖励分数。

采用绿色建筑标准中尚未提及的新技术，并且能够证明该项技术应用在建筑中的量化环境或者社会效益，就可以在创新指标中获得相应的加分。该项技术可以应用于建筑生命周期内的任何阶段，通常包括非传统的建筑设计、营造法式、建筑设备或者运营控制技术等。通过鼓励该项技术的采用，推广至参评的绿色建筑，逐渐达到该技术的市场化，提高行业整体环保效益。

如果采用其他指标中已经提及的技术，但是远超过目前标准中规定的最大环保效果（即最大得分条件），也可以获得额外创新奖励分数。例如，根据绿色建筑节能标准，如果建筑节能45%可以得到该部分满分15分，那么当某建筑因采用大量可再生能源技术达到节能90%时，就可以在创新指标中获得加分。

十一、微气候环境指标

微气候环境指标主要考察建筑规划布局与场地周边既有建筑群落相互影响下的风环境和日照条件。风环境指建筑项目施工前后地面行人高度平面上（1.5~2 m）风向、风速的水平和分布；而日照条件包含周围建筑和项目建筑的相互遮挡以及对辐射传热和自然采光效果的影响，受到限制的自然通风可能会影响建筑周边的微气候环境，造成污染物沉积、局部温度升高的流动停滞区域。另外，特殊地形、地势可能造成局部风速放大，威胁行人的安全并且降低室外活动的舒适感。根据建筑的形态差别，建筑物周边的风速可能较开阔地带增加2~3倍，尤以狭窄走廊处为甚。根据相关研究，当室外风速未超过5 m/s时，过大风速出现的可能性较低，户外活动的人体感觉尚处于舒适范围。室外风环境模拟通常使用计算流体力学（CFD）软件，通过对一定区域内（按照香港特别行政区的规定，通常从场地边界算起到项目建筑群中最高建筑物2倍高度的距离内）的地形和建筑模型划分网格，规定边界条件、初始条件、收敛条件和离散法则，获得较为精确的行人高度平面上各点的瞬时风速和风向。

第三节 绿色建筑的设计标准

一、绿色建筑的节能设计方法

自工业革命以来，人类对石油、煤炭、天然气等传统的化石燃料的需求量大幅度增加。直到1973年，世界爆发了石油危机，对城市发展造成了巨大的负面影响，人们开始意识到化石能源的储存与需求的重要性。近年来，全球的石油价格呈现出快速增长的整体趋势，同时化石燃料的使用造成严重的环境危害，人们为了应对这些问题，开始寻求减低能耗的方法与技术。

我国的能源供给以煤炭和石油为主，而对新能源和可再生的能源的利用量较少。据统计，我国煤炭使用量约占全世界煤炭使用量的30%，可再生能源的使用比例不到1%，严重不合理的能源利用结构给城市的发展带来了巨大的压力，特别是近年来的热岛效应和环境污染日益严重，使得城市发展陷入了一个困境。研究表明，现在的城市发展与建筑舒适度的营造是通过城市能源资源支撑形成的，在发达国家，建筑能耗已占据了国家主要消费能量的40%～50%。我国建筑能耗所占社会商品能源消耗量的比例已从1978年的10%上升到2005年的25%左右，且这一比例仍将继续攀升，据估计，到2020年，建筑能耗将上升到35%。

在绿色建筑中，最困难的是建筑节能。原因在于，建筑运行能耗的高低，与建筑物所在地域气候和太阳辐射、建筑物的类型、平面布局、空间组织和构造选材、建筑节能系统、效率设备选型等均有密切关系。对于建筑师来说，完成一个绿色建筑的设计，既要有节能、节地、节水、节材、减少污染物排放的理念和意识，更要逐步练就节能设计的技巧，并贯穿建筑设计全过程。

（一）太阳能技术的应用

建筑设备负荷大小和运行时间长短决定能耗多寡，所以缩短建筑采暖与空调设备的运行时间是节能的一个有效途径，建筑物处于自然通风运行工况时，采暖与空调能耗为零。通过建筑设计手段，尽可能延长建筑物自然通风运行时间。

现代建筑应向地域传统建筑学习。酷冷气候区的传统建筑，通过利用太阳能、增加固炉气密性，避开冷风面，厚重性墙体长时间处于自然运行的状态。炎热气候区的建筑，利用窗遮阳、立面遮阳、受太阳照射的外墙和屋顶遮阳等设计手段保证建筑水平方向和竖向方向气流通畅——尽可能使建筑物长时间处于自然通风运行状态，空调能耗为零。

太阳能技术是我国目前应用最广泛的节能技术，太阳能技术的研究也是世界关注的焦点。由于全世界的太阳能资源较为丰富，且分布较为广泛，因此，太阳能技术的发展十分迅速，目前太阳能技术已经较为成熟，且技术成果已经广泛地应用于市场，在很多的建筑项目中，太阳能已经成为一种稳定的供应能源。然而在太阳能综合技术的推广应用中，由于经济和技术原因，目前发展较为缓慢。特别地，在既有建筑中，太阳能建筑一体化技术的应用更为局限。

按照太阳能技术在建筑的利用形式划分，可以将建筑分为被动式太阳能建筑和主动式太阳能建筑，从太阳能建筑的历史发展中可以看出，被动式太阳能建筑的概念是伴随着主动式太阳能建筑的概念而产生的。

国家标准《被动式太阳房热工技术条件和测试方法》中对于被动式太阳能建筑也进行了技术性规定，对于被动式太阳能建筑，在冬季，房间的室内基本温度保持在14 ℃期间，太阳能的供暖率必须大于55%。虽然根据不同地域气候的不同来考虑，但这样的要求不均等，尤其是严寒地域的建筑。即使前期建筑设计很完美，但由于建筑本身受到的太阳辐射少，所以要求建筑太阳能的供暖率大于55%是比较困难的。但气候比较炎热的地区，建筑太阳能的采暖率则很容易达到该要求。所以，在尚未设定地区的情况下，仅仅通过太阳能采暖率来评定太阳能房是不合理的，广义上的太阳能建筑指的是"将自然能源如太阳能、风能等转化为可利用的能源（如电能、热能等）"的建筑。狭义的太阳能建筑则指的是"太阳能集热器、风机、泵及管道等储热装置构成循环的强制性太阳能系统，或者通过以上设备和吸收式制冷机组成的太阳能空洞系统"等，这是太阳能主动采暖、制冷技术在建筑上的应用。综上所述，只要是依靠太阳能等主动式设备进行建筑室内供暖、制冷等的建筑都成为主动式太阳能建筑，而建筑中的太阳能系统是不限的。

主动式太阳能建筑和被动式太阳能建筑在供能方式上，区别主要体现在建筑在运营过程中能量的来源不同，而在技术的体现方式上，主动式和被动式的区别主要体现在技术的复杂程度上，被动式太阳能建筑不依赖于机械设备，主要是通过建筑设计上的方法来实现达到室内环境要求的目的，而主动式太阳能建筑主要是通过太阳能替换过去制冷供暖的方式来实现达到室内环境要求的目的。

被动式太阳能系统是指不需要由非太阳能或耗能部件驱动就能运行的太阳能系统，而主动式太阳能系统是指需要由非太阳能或耗能部件（如泵和风机）驱动系统运行的太阳能系统。

考虑耗能方面，被动式太阳能建筑更加倾向于改进建筑的冷热负荷。而主动式太阳能建筑主要是供应建筑的冷热负荷。所以，被动式太阳能建筑基本上改变了建筑室内供暖、采光、制冷等方面的能量供应方式，而主动式太阳能建筑主要是通过额外的太阳能系统来供应建筑所需的能量。如果单从设计的角度来分析，被动式太阳能建筑和传统建筑一样需要在建筑设计手法上（如建筑表现形式、建筑外表面以及建筑结构、建筑采暖、采光系统等）要求建筑设计和结构设计等设计师使用不一样的设计手法，而这些都要求设计师对建筑、结构、环境、暖通等跨学科都有深入的了解，将各个学科的知识加以运用，才能得到最佳的节能理想效果。

所谓的主、被动概念的差别可以理解为两种不同的建筑态度，一种是以积极主动的方式形成人为环境，另一种是在适应环境的同时对其潜能进行灵活应用。主动式太阳能建筑是指通过不间断的供给能源而形成的单纯的人造居住环境，另一种是与自然形成一体，能够切合实际地融合到自然的居住环境。

被动式太阳能建筑的概念意指建筑以基本元素"外形设计、内部空间、结构设计、方位布置"等作为媒介，然后将太阳能加以运用，实现室内满足舒适性的需求。太阳能建筑的种类很多，从太阳能的来源分为四种：直接受益、附加阳光间、集热蓄热墙式和热虹吸式。同时因为能量传播的方式不同，所以也可分为直接传递型、间接传递型和分离传递型。

被动式太阳能建筑一般都定义了对应的太阳能贡献率和节能指标。旧版《被动式太阳房技术条件和热性能测试方法》（GB/T 15405—1994）和新版《被动式太阳房热工技术条件和测试方法》（GB/T 15405—2006）依据不同地域气象的影响因素定义了不同区域被动式太阳能建筑的太阳能贡献率和节能指标。

我国《被动式太阳房热工技术条件和测试方法》规范中规定了被动式太阳能建筑技术，遇到冬季寒冷时节，太阳能房的室内温度保持在14 ℃，太阳能房的太阳能设备的供暖率必须超过40%。太阳能建筑的被动式技术主要是指被动采暖和被动制冷两种方式。太阳能建筑的主动式系统涵盖太阳能供热系统、太阳能光电系统、太阳能空调系统等。主动式太阳能建筑中安装了太阳能转化设备用于光热与光电转化，其中太阳能光热系统主要包括集热器、循环管道、储热系统以及控制器，对于不同的光热转化系统，它们又具有不同的特点。

太阳能建筑的被动式供暖方式定义为直接得热和间接得热两类，而间接式摄取太阳热又涵盖阳光间、集热蓄热墙（Trombe Wall）、温差环流壁等类型。

1. 直接得热

冬季太阳南向照射大面积的玻璃窗，室内的地面、家具和墙壁上吸收大部分太阳能热量，导致温度上升，极少的阳光被反射到其他室内物体表面（包括窗户），然后继续进行阳光的吸收作用、反射作用（或通过窗户表面透出室外）。室内表面吸收的太阳能辐射热，一部分以辐射和对流的方式在内部空间传输，一部分进入蓄热体内，最后慢慢释放出热量，使室内晚上和阴天时温度都能稳定在一定数值。白天外围护结构表面材料吸收热量，夜间当室外和室内温度开始降低时，重质材料中所储存的热量就会释放出来，使室内的温度保持稳定。

太阳墙系统（Solar Wall System）是加拿大康索沃（Conserval）公司与

美国能源部合作开发的新型太阳能采暖通风系统，太阳能板组成的围护结构外壳是一种通透性的硬膜，即空气通过表面直径大约 1 mm 的许多小孔。冬季建筑的太阳墙系统可以穿过空气实现加热到 17～30 ℃ 的效果。到了夜间，太阳墙集热器可以实现采暖，原因是通过覆盖有太阳墙板的建筑外墙的热量损失由于热阻增大而减少。太阳墙集热器同时还可以满足提高室内空气品质的需要，因为全新风是太阳墙系统的主要优势之一。在夏季，太阳墙系统通过温度传感器控制将深夜冷风送入房间储存冷量，有效降低白天室内温度。太阳墙集热器可以设计为建筑立面的一部分；面向市场的太阳墙板可以选择多种颜色来美化建筑外观。

2. 间接得热

阳光间：这种太阳房是直接得热和集热墙技术的混合产物，其基本结构是将阳光间附建在房子南侧，中间用一堵墙把房子与阳光间隔开。实际上一天的所有时间里，室外温度低于附加的阳光间的室内温度。因此，阳光间一方面供给太阳热能给房间，另一方面作为一个降低房间的能量损失的缓冲区，使建筑物与阳光间相邻的部分获得一个温和的环境。由于阳光间直接得到太阳的照射和加热，所以它本身就起着直接受益系统的作用。白天当阳光间内温度大于相邻的房间温度时，通过开门（或窗、墙上的通风孔）将阳光间的热量通过对流传入相邻的房间内。

集热蓄热墙是太阳能热量间接利用方式的一种。这种形式的被动式太阳房由透光玻璃罩和蓄热墙体构成，中间留有空气层，墙体上下部位设有通向室内的风口。日间利用南向集热蓄热墙体吸收穿过玻璃罩的阳光，墙体会吸收并传入一定的热量，同时夹层内空气受热后成为热空气通过风口进入室内。夜间集热蓄热墙体的热量会逐渐传入室内。夜间集热蓄热墙体的外表面涂成黑色或某种深色，以便有效地吸收阳光，防止夜间热量散失，玻璃外侧应设置保温窗帘和保温板，集热蓄热墙体可分为实体式集热蓄热墙、花格式集热蓄热墙、水墙式集热蓄热墙、相变材料集热蓄热墙和快速集热蓄热墙等形式。

温差环流壁：也称热虹吸式或自然循环式。与前几种被动采暖方式不同的是这种采暖系统的集热和蓄热装置是与建筑物分开独立设置的。集热器低于房屋地面，储热器设在集热器上面，形成高差，利用流体的对流循环集蓄热量。白天，太阳集热器中的空气（或水）被加热后，借助温差产生的热虹吸作用通过风道（用水时为水管）上升到上部的岩石储热层，被岩石堆吸热后变冷，再流回集热器的底部，进行下一次循环。夜间，岩石储热器或者通过送风口向采暖房间以对流方式采暖，或者通过辐射向室内散热。该类型太阳能建筑的工质有气、液两种。由于其结构复杂、占用面积，应用受到一定的限制，适用于建在山坡上的房屋。

（二）风能技术的应用

世界上的学者通过对当地的气候特征以及建筑种类进行分析研究，得到了建筑形式对风能发电影响的主要规律，同时研究人员建立了风能强化和集结模型，三德莫顿（Sande Merten）提出了三种空气动力学集中模型，这对风力涡轮机的设计与装配具有重要的意义。按照风力涡轮机的安装位置来看，其主要可以分为扩散型、平流型和流线型三种。此外，英国人德里克泰勒发明了屋顶风力发电系统，基于屋顶风力集聚现象，将风力涡轮机安装在屋顶上，可以提高风力涡轮机的发电效率，同时在城市中也具有一定的使用性。在2001—2002年，荷兰国家能源研发中心通过开展建筑环境风能利用项目，提出了平板型集中式的风力发电模型。之后，随着计算机技术的发展，2003年，三德莫顿通过数值模拟的方法，对空气环境进行了详细计算，从而确定建筑上风力涡轮机的安装位置，这样大大提高了风力涡轮机安装设计效率。2004年，日本学者又通过数值模拟的方法，模拟分析了特殊的建筑流场形式，从而较为科学、全面系统地确定了最佳的风能集聚位置。

而我国对风能发电技术的研究较晚，直到2005年，我国学者田思进才开始提到高层建筑风环境中的"风能扩大现象"，并进行了计算方法推算，并提出了风洞现象和风坝现象，为城市风力发电提出了参考性意见和方案。2008年，鲁宁等采用计算流体力学方法数值分析了建筑周围的风环境，并给出不同坡度下的风能利用水平。

目前，在建筑中可以采用的风力发电技术主要包括两种：一是自然通风和排气系统，这主要适应于各地区环境下风能的被动式利用；二是风力发电，主要是将某一地域上的风力资源转变为其他形式的能源，属于主动式风力资源利用形式。

建筑环境中的风力发电模式，主要包括：①独立式风力发电模式，这种发电模式主要是将风能转化为电能，储存于蓄电池中，然后配送到不同地区的居住区内；②互补性发电模式，采用这种发电模式，可以将风能与太阳能、燃料电池以及柴油机等各种形式的发电装置进行配合使用，从而能够满足建筑的用电量，此时，城市集中电网作为一种供电方式进行补充利用。如果风力发电机在发电较强时，能够将电能输送到电网中，那么可以进行出售。如果风力发电机的发电量不足，那么又可以从电网取电，从而满足居民的使用需求。在这种发电模式中，对蓄电池的要求降低，因此，后期的维修费用相应降低，使得整个过程的成本远远低于独立式风力发电模式。

建筑风环境中的发电科技的三大要素是建筑结构、建筑风场以及风力发电系统。如果要求建筑周边的风能利用率达到最高，那么要求这三大要素一起发挥作用。风力发电技术是一门综合性的跨多学科的技术，其中涉及建筑结构、机电工程、建筑技术、风工程、空气动力学以及建筑环境学等学科。因此，研究风力发电技术必须不仅仅对建筑学科，对其他学科也有着不同寻常的意义。

（三）新能源与绿色建筑

新能源和可再生能源作为专业化名词，是在1978年12月20日联合国第33届大会第148号决议中提出的，专门用来概括常规能源以外的所有能源。所谓常规能源，又称传统能源，是指在现阶段已经大规模生产和广泛使用的能源，主要包括煤炭、石油、天然气和部分生物质能（如薪柴秸秆）等。新能源和可再生能源的这一定义还比较模糊，容易引发争议，需要加以明确，如用作燃料的薪柴属于常规能源，从其可再生性上，又属于可再生能源。

新能源是指以新技术为基础，尚未大规模利用、正在积极研究开发的能源，既包括非化石不可再生能源核能和非常规化石能源，如页岩气、天然气水合物（又称可燃冰）等，又包含除了水能之外的太阳能、风能、生物质能、地热能、地温能、海洋能、氢能等可再生能源。

目前，全球各国现有的关于新能源的研究主要在能源开发方面，旨在解决能耗过大的问题。伴随着各种新能源的开发与利用，人类已经从原始文明社会向农业社会文明和工业社会文明迈进。自工业革命以来，全球人口数量呈现出快速增长的趋势，同时经济总量也在不断增长，但是同样造成了环境污染、全球变暖以及这些问题带来的次生灾害，如酸雨、光化学烟雾以及雾霾等情况，这些污染对人类的生存造成的威胁是毋庸置疑的。在环境污染、能源消耗以及人口增长的大背景下，低碳概念以及生态概念应运而生，这些概念的发展与应用是社会经济和环境变革的结果，将指引人类走上一条生态健康的道路，摒弃20世纪以能源与环境换取经济发展的社会发展模式，选择新世纪技术创新与环境保护，促进经济可持续发展的道路，也就是选择低碳经济发展模式与生活方式，保证人类社会的可持续发展是当今社会的唯一选择，虽然这种理念具有广泛的社会性，但是人们对于如何实现低碳环保还没有一个确切的定义，因此，这一理念涉及管理学、建筑学、环境学、社会学、经济学等多个学科。早在2003年，英国率先提出了低碳经济的概念，并通过《我们能源的未来：创建低碳经济》一书，系统地阐述了低碳经济的课题，产生这一理念还应该追溯到1992年的《联合国气候变化框架公约》和1997年的《京都协议书》。

目前，我国的经济增长模式为高投入推进高增长。过去的30多年的时间，我国的经济增长率一直高于8%，但是，我国经济发展的资金投入占国民生产总值的40%以上，甚至会达到50%。我国的产业结构以重工业为主，重工业在1985年占我国产业结构的55%，虽然经过一系列的变动，但是我国的重工业的比例始终高于50%。因此，从总体上来看，我国的经济发展对能耗的需求量较大。

通过世界上其他国家的发展进程和规律估计，我国将于2020年步入中等收入国家的行列，那么我国城镇人口的数量将会达到6亿。按照1990—2004年中国的城市用能强度来看，城镇居民的人均能源消耗量约为农村居民人均消耗量的2.8倍，按照这15年的发展情况计算，我国城市化发展对钢铁和水泥资源的需求量将会大幅度提升，而我国的钢铁产业和煤炭产业均属于高能耗产业。

在我国城市建设中，对钢铁和水泥资源的需求量较大，而且普遍在国内生产。在2006年，虽然我国的国内生产总值总量占全世界的5.5%，但是钢铁消耗量占全世界的30%以上，水泥使用量占全世界的54%。可以说，我国的经济发展是以资源消耗为代价的，这与可持续发展理念相反。在之后的城市建设中，需要引入可持续发展理念，通过技术手段和设计手法，采用科学的发展模式，减少对资源和能源的依赖性。

相对于常规能源，新能源具有以下优点：①清洁环保，使用中较少或几乎没有损害生态环境的污染物排放；②除核能和非常规化能源之外，其他能源均可以再生，并且储量丰富，分布广泛，可供人类永续利用；③应用灵活，因地制宜，既可以大规模集中式开发，又可以小规模分散式利用。新能源的不足之处在于：①太阳能、风能以及海洋能等可再生能源具有间歇性和随机性，对技术含量的要求比较高，开发利用成本较大；②安全标准较高，如核能（包括核裂变、核聚变）的使用，若工艺设计、操作管理不当，则容易造成灾难性事故，社会负面影响较大。

新能源的各种形式都是直接或者间接地来自太阳或地球内部深处所产生

的热能，其主要功能是用来产热发电或者制作燃料。

二、绿色建筑的节地设计规则

（一）土地的可持续利用

我国的人口数量众多，土地资源紧缺是我国面临的一个难题。土地资源作为一种不可再生资源，为人类的生存和发展提供了基本的物质基础，科学有效地利用土地资源也有利于人类生存生活的发展，国内外实际的城市发展模式表明，超越合理的城市地域开发，将引起城市的无限制发展，从而大大缩小农业用地面积，造成严重的环境污染等问题。在我国，大量的供远大于需的开发建筑面积，影响了城市的正常发展，产生了很多的空城，人们的正常居住标准也得不到满足。

因此，只有保证城市合理的发展规模，才能保证城市以外生态的正常发展。城市中的土地利用结构是指城市中各种性质的土地利用方式所占的比例及其土地利用强度的分布形式，而在我国城市土地利用中，绿化面积比较少，也突出了我国城市用地面积的不科学性与不合理性，近年来，城市建筑水平与速度的飞速提升，将进一步增加我国城市土地结构的不合理性。为了缓解城市中建筑密度过大带来的后果，非常有必要进行地下空间利用，保证城市的可持续发展。

在城市土地资源开发利用中，要遵循可持续发展的理念，其内涵包括以下五个方面。

第一，土地资源的可持续开发利用要满足经济发展的需求。人类的一切生产活动的目的都是经济的发展，然而，经济发展离不开对土地资源这一基础资源的开发利用，尤其是在经济高速发展、城镇化步伐突飞猛进的今天，人们对城市土地资源的渴求日益加剧。但是，如果一味追求经济发展而大肆滥用土地，破坏宝贵的土地资源，以牺牲子孙后代的生存条件为代价，这种发展将不能持久。因此，人们只有对土地资源的利用进行合理规划，变革不合理的土地利用方式，协调土地资源的保护与经济发展之间的冲突矛盾，才能实现经济的可持续健康发展，才能使人类经济发展成果得以传承。

第二，对土地资源的可持续利用不仅仅是指对土地的使用，还涉及对土地资源的开发、管理、保护等多个方面。对于土地的合理开发和使用，主要集中在土地的规划阶段，选择最佳的土地用途和开发方式，在可持续的基础上最大程度地发挥土地的价值；而土地的"治理"是合理拓展土地资源的最有效途径，采取综合手段改善一些不利土地，变废为宝；所谓"保护"是指在发展经济的同时，注重对现有土地资源的保护，坚决摒弃以破坏土地资源为代价的经济发展。只有做到对土地的合理开发、使用、保护，才能得到经济社会的长期可持续发展。

第三，实现土地资源的可持续利用，要注重保持和提高土地资源的生态质量。良好的经济社会发展需要良好的基础，土地资源作为基础资源，其生态质量直接影响着人类的生存发展。两眼紧盯经济效益而对土地资源的破坏尤其是土地污染视而不见是愚蠢的发展模式，是贻害子孙后代的发展模式，短期的财富获得的同时却欠下了难以偿还的账单。土地资源的可持续利用，要求我们爱护珍贵的土地，使用的同时要注重保持原有的生态质量，并努力提高其生态质量，为人类的长期发展留下良好坚实的基础。

第四，当今世界人口众多，可利用土地资源相对匮乏，土地的可持续利用是缓解土地紧张的重要途径。全球陆地面积占地球面积29%，可利用土地面积少之又少，而全球人口超过60亿，人类对土地的争夺进入白热化阶段，不合理开发、过度使用等问题日趋严重，满足当代人使用的同时却使可利用土地越来越少，以致直接影响后代人对土地资源的利用。

只有可持续利用土地，在重视生态和环境质量的基础上最大程度地发挥土地的利用价值，才能有效缓解"人多地少"的紧张局面。

第五，土地资源的可持续利用不仅仅是一个经济问题，它是涉及社会、文化、科学技术等方面的综合性问题，做到土地资源的可持续利用要综合平衡各方面的因素。

上述各因素的共同作用形成了特定历史条件下人们的土地资源利用方式，为了实现土地资源的可持续利用，需对经济、社会、文化、技术等诸因素综合分析评价，保持其中有利于土地资源可持续利用的部分，对不利的部分则通过变革来使其有利于土地资源的可持续利用。此外，土地资源的可持续利用还是一个动态的概念。随着社会历史条件的变化，土地资源可持续利用的内涵及其方式也呈现在一种动态变化的过程中。

可持续发展的兴起很大程度上是由于对环境问题的关注。传统的城市化是与工业化相伴随的一个概念，其附带的产物就是城市化进程中生态环境的恶化，这在很多传统的以工业化来推进城市化进程的国家中几乎是一个共同的观象。因此，强调城市化进程中的生态建设便构成了土地持续利用的重要方面。这里强调的生态建设原则在一定程度上意味着并不仅仅是对生态环境的保护问题，在很大程度意味着通过人类劳动的影响使得生态环境质量保持不变甚至有所提高。

（二）场地设计研究

场地设计是对工程项目所占用地范围内，以城市规划为依据，以工程的全部需求为准则，对整个场地空间进行有序与可行的组合，以期获得最佳经济效益和使用效益。

场地的组成一般包括建筑物、交通设施、室外活动设施、绿化景园设施以及工程设施等。为满足建设项目的需求，达到建设目的，场地设计需要完成对上述内容的总体布局安排，也包括时每一项内容的具体设计。为了合理地处理好场地中所存在的各种问题，形成一个系统整合的设计理念，以获得最佳的综合效益，在此提出了相应的对策。

1. 遵循生态理念

20 世纪 60 年代以后，建筑学者逐渐把对建筑环境的认识放到了一个重要而突出的位置，现代建筑设计逐渐突破建筑本身，而拓展成为对建筑与环境整体的设计，文脉意识也渐渐成为建筑界的普遍共识，为建筑师们所关注，并在设计中进行不同角度的探索，许多建筑大师在经过了国际主义风格和追求个人表现后，转向挖掘现代建筑思想内涵，探索建筑与生态的深层关系。

2. 与周边环境相协调

在场地设计中，自然环境与场地是不可分割的有机整体，建筑与环境的结合、自然与城市的关系、建筑对环境的尊重，越来越为公众所关注。当代建筑的发展，逐渐由个体趋向群体化、综合化、城市化，场地环境、区域环境乃至整体环境的平衡更应该成为建筑工作者所关注和重视的问题，场地周边环境，包括自然环境、空间环境、历史环境、文化环境以及环境地理等，要进行综合分析，方能达到圆满的境地。

3. 强调内部各活动空间布局的合理性

场地中，建筑物与其外部空间呈现一种相互依存、虚实互补的关系。建筑物的平面形式和体量决定着外部空间的形状、比例尺度、层次和序列等，并由此产生不同的空间性质，对使用者的心理和行为产生不同影响。因此，在场地总体布局阶段，建筑空间组织过程中，应当强调场地内部各活动空间的布局合理性，运用有关建筑构图的基本原理，灵活运用轴线、向心、序列、对比等空间构成手法，使平面布局具有良好的条理性和秩序感。

我国生态建设的步伐正在加快，但它仍然是一个具有广泛意义的生态环境词语，其实践意义并不普遍。在已经建成的建筑物周围，生态环境正与基地建设形成人类赖以生存的空间。人们希望通过建筑实践活动积累生态建设经验，目前存在的基地设计只是生态环境设计中的一个尝试，在未来有望做出更系统的设计和环境设计研究，从而为其他领域的生态环境建设提供较为广泛的经验。

（三）城市化的节地设计

从土地的利用结构上来看，在城市发展的不同阶段，土地资源的开发程度也会不同。从城市发展的进程上来看，城市结构的调整也会影响着土地资源的流动分配，进而发生土地资源结构的变动。农业占有较大比例的时期为前工业化阶段，土地利用以农业用地为主，城镇和工矿交通用地占地比例很小。随着工业化的加速发展，农业用地和农业劳动力不断向第二、三产业转移，如果没有新的农业土地资源投产使用，那么农业用地的比例就会迅速下降，相反，城市用地、工业用地以及交通用地的比例就会不断提升。在产业结构变化过程中，农业用地比例下降，就会产生富余劳动力，这些劳动力就会自动地向第二产业和第三产业流动，直到进入工业化时代，这种产业结构的变动才会变缓。随着工业的不断增长，工业用地增长就会放缓，相应的第三产业、居住用地以及交通用地的比例就会增加。在发达国家，包括荷兰、日本、美国等国家，在城市化发展的进程中，就经历过相同的变化趋势。从总体上讲，城市的发展过程中见证着城市土地资源集约化的过程，土地对资本等其他生产性要素的替代作用并不相同，这一现象可以用来解释不同城市化阶段中的许多土地利用现象，如土地的单位用地产值越来越高等。

城市规模对城市土地资源有较大的影响，主要表现在两个方面：首先是城市规模对用地的经济效益有很大的影响；其次是用地效益。城市用地效益可用城市单位土地所产生的经济效益来表示，其总的趋势是大城市的用地效益比中小城市高，即城市用地效益与城市规模呈正相关，就人均建设用地指标而言，总体上来讲，城市化进程中，各级城市的建设用地面积均会呈现上升趋势，都会引起周围农地的非农化过程，但各级城市表现不一。总的来看，大城市人均占地面积的增长速度小于中小城市。

此外，城市的规模对建设用地也有一定的影响。随着城市发展规模的减小，可采用的建设用地面积越大，相应地，各种功能的建筑用地面积越大。

在一定程度上，城市各类用地的弹性系数表明了不同城市规模的用地效率。城市用地的弹性系数越小，说明城市的土地资源较为紧张，其用地效率也就越高。一般地，在我国城市化进程中，各类城市的用地弹性系数具有很大的差异。城市的用地弹性系数与城市人口增长率和城市年用地增长率等因素密切相关。如果城市的土地增长弹性系数为1，表明城市人口增长率与年用地增长率持平，说明城市的人均用地不发生变化。如果系数大于1，则说明城市扩张加快，人均用地面积增加；相反，如果弹性系数小于1，说明城市的用地面积增长率低于城市人口增长率，人均用地面积减少。

第四节 国内外绿色建筑标准的发展与现状

一、国外主要绿色建筑标准发展及现状

（一）美国LEED

LEED是由美国绿色建筑协会（US Green Building Council，USGBC）研发的以市场为导向的另一个从建筑生命周期和整体性能表现出发的绿色建筑评估系统。首个版本LEEDTM 1.0颁布于1998年，用于新建建筑的评估，随后的LEEDTM 2.0于2000年获准执行。早期的LEED标准主要用于新建建筑的评估，在接下来的十年间LEED系统获得迅速发展和国际化，截至2010年发布的LEED 2009，其体系已经相对完整。2014年颁布的LEED V4在LEED 2009的基础上对条文项目种类和标准技术细则都有较大改动，从整体上提高了LEED评审的要求。

LEED评估体系包含新建建筑、室内设计和施工、既有建筑的运行与管理（LEED O+M）和邻舍区域发展（LEED ND）。其中新建建筑已经涵盖多种情况，包括新建和重大改建建筑、核与壳（Core and Shell）建筑、学校、商业建筑、数据中心、仓储和物流中心、健康护理中心、家庭和多家庭低层建筑、多家庭中层建筑等。接下来以新版的新建建筑标准（LEED BD+C）为例，对LEED评估系统进一步分析讲解。

LEED新建建筑评分条例分为以下九类：选址与交通、可持续场地、用水效率、能源与大气、材料与资源、室内环境品质、创新、整体规划与设计、地区优先性。其中地区优先性是LEED独有的为适应不同区域气候条件的评分调整方法。当该建筑所在区域的某种类环境资源对绿色建筑的综合效益更加重要时，在该种类中某些条文的既得分数可以在地区优先性类别中获得额

外加分。LEED 与 BREEAM 不同，不采用复杂的权重系数对每个种类的得分加以调整，根据美国绿色建筑协会的说明，LEED 系统的权重已经通过分配给各个种类的不同分数值来体现。

LEED 认证等级可分为：合格级（Certifled，40～49 分），银级（Silver，50～59 分），金级（Gold，60～79 分），铂金级（Platinum，≥80 分）。在满足参评基本要求的基础上，各个部分条文得分总和即可决定参评项目的认证等级。基本要求包括：参评建筑必须是处于现有土地上的非临时性结构；项目必须有合理的场地或者空间边界和范围；项目建筑面积必须满足最小要求。与其他绿色建筑标准不同，LEED 允许以团体途径和校园途径对处于同一场地的建筑采取特殊评估方法。团体途径旨在将处于同一场地且设计类似的建筑作为一个整体进行认证；而校园途径可使分享同一场地的建筑分别获得各自的认证。LEED 倡导整体性设计和规划，强调把前期探索规划阶段、中期设计和施工阶段以及后期运行、维护和反馈阶段有效结合，将环境可持续发展概念贯穿于建筑的全寿命周期。

LEED 中除核与壳申请流程中存在特殊外，其他所有标准都采取一次性认证。采用 LEED 在线系统（LEED Online）可以从始至终引导项目团队完成全部认证步骤，包括：初始探索阶段（收集项目信息），选择合适的 LEED 体系（依据是建筑的设计、功能和所需施工的规模），检验是否满足基本项目要求（每个参评的项目必须符合的最小要求），建立项目目标（结合项目背景资料制定目标等级），确定项目评估范畴（根据初始探索阶段收集到的资料检查场地周边相关设施，通过土地所有权和最小项目要求等规定项目边界，决定是否采取团体或者校园途径），建立分数计算表（根据确定的等级和项目实际情况讨论确定需要达标的条文和优先级别），继续发现探索（对能耗、用水量等进一步分析计算），持续迭代过程（重复以上研究分析和计算直到获得满意解决方案），分配任务明确责任（对项目团队成员分工，决定每个成员负责的条文和相关资料的收集验证），提供连续一致的证明材料（有规律地在设计和施工过程的各个阶段收集材料并确保目标达成），检验证明材料的准确性并予以正式提交（提交评审前的最后内部检查）。

根据美国绿色建筑协会 2014 年公布的项目排行榜，除美国本土之外，中国已经成为项目认证总数排名第二的国家。仅 2013 年，我国就有 29 个通过铂金级认证的项目和 281 个金级认证的项目。

（二）英国 BREEAM

BREEAM 由英国建筑研究所（Building Research Establishment，BRE）开发，是所有绿色建筑标准的始祖，起源于20世纪90年代初。其第一个版本是1993年发行的针对办公建筑的评价标准，接下来的第二版本发行于1998年，扩大了参评建筑类型，包含办公、工业、商业和教育等建筑。其后每隔数年 BREEAM 都会审核并推出修订的新版本，如2005年的新建建筑标准、2010年的数据中心标准、2012年的住宅改造标准和2014年的新建非住宅标准等。经过多年发展，BREEAM 在国内和国际上享有较高声誉并且在德国、荷兰、挪威、西班牙、瑞典以及澳大利亚都有其经过改编的本土化应用版本，同时也吸引了一些国家和地区将其作为参照，发展自己的绿色建筑体系，如澳大利亚的绿星（Green Star）和中国香港特别行政区的香港绿建环评标准。

截至2014年，全球范围内有跨越60多个国家的190万余项目参与了 BREEAM 评估，其中超过42.5万个建筑已经通过认证，达到优秀等级以上的项目有2500余个，在欧洲绿色建筑市场中占有率高达80%，接受培训的绿色建筑专业人才累计14000位。

BREEAM 系统具有应用最广泛、第三方认证、自愿性、可信性、全面性以及以客户为中心等特点，是全球首次提出建筑生命周期碳排放概念的标准。在不断全球化和本土化的过程当中，BREEAM 已经形成社区、新建非住宅、新建住宅、住宅改造和运营五个主要体系。另外，2015年相继推出了基础建设和非住宅改造。

2014版新建非住宅标准中的所有评分项目条文分为管理、健康和舒适、能源、交通、水、材料、废物、土地使用和生态、污染和创新几大类。其中创新项目作为对新技术应用的额外奖励，需由评估师根据情况申请相关分数，再通过英国建筑研究所审核确认。每个种类都有不同的总分数和权重系数。权重系数由每组条文类别对建筑环境效益的潜在影响大小决定，主要通过总结相关领域专业意见的统计数据获得。

评估体系的认证等级分为：通过、好、非常好、优秀和卓越五个等级。通过等级只是比当地的建筑环境的法例规范稍微严格了一些，而最高的卓越等级代表最杰出的建筑设计，是行业的领先水平和区域的标志。为保证建筑性能不低于环境法规的基本要求，每个等级的实现都需要预先满足六个重要类别（能源、水、管理、废物、土地使用和材料）中的某些最小前提条件。将每个种类所得分数占最大可得分数的比例乘以该类别的权重系数后，再相加求和即得到最终总分数（满分为110）。创新类别占到总分数比率接近10%，对评估结果的影响至关重要。

BREEAM新建非住宅标准的评估程序包括：设计预评估（项目规划和设计纲要阶段）、设计阶段评审、暂定认证（设计）、施工阶段评审和最终认证（竣工后）。其中暂定认证是针对设计阶段的模拟计算和提交证明材料的预认证，鼓励项目在施工前充分做好绿色建筑的设计和规划。相比之下，改建建筑和建筑运营的评估则没有中间的暂定认证，实行一次性评估。

BREEAM在全球化的发展过程中注重根据当地的自然、气候环境和人口密度等因素，通过科学完善的体系重新计算并调整评估条文种类的权重系数。2014年，英国建筑研究所与清华大学签署战略合作协议，共同研究建筑环境技术和标准。如果中国的绿色建筑标识与BREEAM系统互认成功，中国当地的法规标准就可以用来实施BREEAM的本地化评估和重塑权重体系，同时BREEAM的相关研究和应用成果也可推动中国绿色建筑的发展和国际化。

（三）日本CASBEE

自1994年《环境基本法》颁布以来，日本建筑界致力于减少生命周期内环境负荷的各种研究。2002年，由日本绿色建筑协会、日本可持续建筑财团和其他分机构共同设计了第一部用于办公建筑的CASBEE标准。接下来，新建建筑、既有建筑和改造建筑标准分别于2003年、2004年和2005年问世。经过多年发展，CASBEE已经形成了包括各种建筑类型的新建、既有和改造建筑，从独立住宅到城市区域发展标准的评估系统。目前CASBEE发展的最新成果是2010年的新建建筑标准。CASBEE是针对日本以及亚洲地区的自然气候条件知人口密度等因素制定的，曾经作为原型开发了用于2008年北京奥运会的绿色奥运建筑评价标准。

根据CASBEE官方统计，在2008—2014年间，参与独立式住宅评估的项目有111个，其中达到S级别的有92个，A级别的有16个，B+级别的有3个。

CASBEE目前包含独立式住宅、新建建筑、既有建筑、改建建筑、热岛效应和城市区域发展六大标准系列。其中，新建建筑标准又分为临时性建筑、普通新建建筑简化版和地方政府建筑；而城市区域发展标准分为城市区域和建筑以及城市区域发展简化版。新建建筑标准覆盖了大部分现有建筑类型，包括各种居住和非居住类建筑。其中居住类建筑涵盖酒店、公寓（不含独立式住宅）和护理中心；非居住类建筑有办公楼、学校、商业建筑、餐厅、门厅（含礼堂、健身房、电影院等）、工业建筑（如工程建筑、车库、仓库、计算机房）等。其中，新建建筑标准涵盖了预设计、执行设计以及施工和竣工阶段。日本评估系统与英美标准的关键分别在于加之于条例种类之上的另一个结构层次。贯彻所有CASBEE标准的另一个层次是指建筑环境负荷和建筑环境质量，以及由这两参数计算而得的建筑环境效率（BEE）指标。其中建筑环境负荷在实际评估条文中减少了建筑环境负荷效率的体现。建筑环境质量主要涉及三个方面：室内环境、室内负荷性能和室外场地环境。相应地，建筑环境负荷减少也由三个方面组成：能源、资源与材料、场外环境。以上每个条文种类都有各自的权重系数，每个种类或者子类别的权重系数相加一定等于1，所有系数都是通过层次分析法（AHP）统计，以建筑设计师、开发商、运营商为对象的调查问卷得到的。种类内每个条文项目的分数都按照1～5分成五个等级。其中，1表示相关法规的要求水准，3表示普通建筑所能达到的水准，5表示性能优秀的建筑水准。对于建筑环境质量的条文，得分越高则所提供的环境越符合可持续发展理念，而对于环境负荷，分数越高意味着环境负荷减少越明显。

  CASBEE 2008版本开始引入生命周期二氧化碳排放的指标。生命周期二氧化碳排放指标计入建筑从施工、运行到拆除阶段的所有碳排放，与英国建筑研究所指标共同构成可持续建筑的衡量标杆。2009年以来，日本政府设定了在2020年实现较1990年减排20%的目标。2010版的CASBEE新建建筑标准为实现这一目标和推进低碳减排理念，提倡提高能源使用效率，采用生态环保材料延长建筑寿命，利用可再生能源以及采取非现场的碳补偿和购买绿色电力等方案，并且明确了二氧化碳排放指标与1～5颗绿星相对应的评估体系。二氧化碳排放值与满足节能法规标准的参考建筑碳排放量的比值与星级的对应情况如下：比值>100%为非节能建筑，授予一颗绿星；比值≤100%为达到当前节能标准的建筑，授予两颗绿星；比值≤80%相当于运行阶段节能达到30%的建筑，授予三颗绿星；比值≤60%相当于运行阶段节能50%的建筑，授予四颗绿星；比值≤30%为相当于运行阶段零能耗建筑，授予五颗绿星。

  2014年，CASBEE成功认证了首个海外项目，位于天津的泰达MSD H2低碳示范建筑。整幢大楼采用了从雨水收集利用到太阳能光伏发电、热水和地源热泵系统等在内的多种低碳技术，并通过内部结构、双层幕墙、可再生能源、电器与照明系统、给排水与暖通等多方面的建筑及工程设计创造节能、舒适的建筑室内环境。该项目不仅探索了新型建筑材料和系统的可行性，还试图将低碳环保设计融入智能、新颖的建筑表现形式中，是一个极具代表性的科技示范项目。除CASBEE外，该建筑还获得了BREEEAM、LEED和中国绿色建筑标识三星级认证。

二、国内主要绿色建筑标准发展及现状

自1992年参加巴西里约热内卢联合国环境与发展大会以来，我国政府相继颁布了若干相关纲要、导则和法规，大力推动绿色建筑的发展。2004年9月建设部启动"全国绿色建筑创新奖"，标志着国内开始进入绿色建筑全面发展阶段。紧接着，2005年召开的首届国际智能与绿色建筑技术研讨会暨技术与产品展览会（其后每年举办一次）公布了"全国绿色建筑创新奖"获奖单位。2006年建设部正式颁布了《绿色建筑评价标准》；同年3月，科技部和建设部签署了"绿色建筑科技行动"合作协议，为绿色建筑产业化奠定基础。随后，建设部于2007年又推出了《绿色建筑评价技术细则（试行）》和《绿色建筑标识管理办法》，进一步完善了我国特色的绿色建筑评估体系。2008年一系列推动绿色建筑评价标识和示范工程的措施展开，中国城市科学研究会节能与绿色建筑专业委员会正式成立。2009年我国政府出台《关于积极应对气候变化的决议》，并于哥本哈根气候变化会议召开前制定了到2020年国内二氧化碳排放总量比2005年下降40%～45%的中长期规划。2009—2010年间，绿色建筑评估体系进一步完善，先后启动了《绿色工业建筑评价标准》和《绿色办公建筑评价标准》编写工作。2011—2012年，参与绿色建筑评价标识的项目数量迅速增长，财政部、住房和城乡建设部发布《关于加快推动我国绿色建筑发展的实施意见》。2013年3月住房和城乡建设部出台《"十二五"绿色建筑和绿色生态城区发展规划》，明确了新建绿色建筑面积要求、绿色生态城区示范建设数量要求，以及既有建筑节能改造要求等。2013年6月，《既有建筑改造绿色评价标准》编制工作正式开始。同年年底，《绿色保障性住房技术导则（试行）》版发布，以提高政府投资或主导的保证性住房的安全性、健康性和舒适性为目的，全面提升保障性住房的建设质量和品质。2014年，新版《绿色建筑评价标准》《绿色办公建筑评价标准》和自评估软件iCodes、《绿色工业建筑评价标准》相继出台或开始实施，从而推动国内绿色建筑产业进入新一轮高速发展阶段。

"十二五"期间，全国累计新建绿色建筑面积超过10亿m^2，完成既有居住建筑供热计量及节能改造面积9.9亿m^2。完成公共建筑节能改造面积

4450万 m²。稳步推广绿色建材，对建材工业绿色制造、钢结构和木结构建筑推广等重点任务做出部署，启动了绿色建材评价标识工作。在经济奖励政策上，对于获得绿色建筑标识二星级和三星级的建筑分别按照45元/m²和80元/m²给予补贴，而对于生态城区建设，资金补助基准为5000万元。据统计，2015年，我国内地新建建筑中取得绿色建筑标识数量排名前三位的省市分别是江苏省、广东省和上海市。

上海市早在2005年就开始了低碳城区的生态实践，先后有嘉定新城、崇明陈家镇等一批以低碳生态理念为目标的城区发展项目诞生。2014年上海市政府办公厅制定《上海市绿色建筑发展三年行动计划（2014—2016年）》，要求新建民用建筑原则上全部按照绿色建筑标识一星级或以上标准建设。其中超过一定面积的大型公共建筑和国家机关办公建筑需按照二星级或以上标准设计施工，并规定八个低碳发展实践区和六大重点功能区内的新建民用建筑中，达到二星级或以上标准的绿色建筑应占同期新建民用建筑总面积的50%以上。广东省、江苏省和国内其他地区也有各自相应的地方绿色建筑和财政补贴规范。

我国香港特别行政区作为一个高密度的现代化城市，能源与环境问题也促进了一系列地方法规的出台。为促进香港绿建环评标准（BEAM Plus）的推广普及，香港屋宇署先后出台了多项有关条例。PNAP APP-151优化建筑设计缔造可持续建筑环境条例规定，如果新建建筑项目在向屋宇署申请图纸批核时，同时提交香港绿建环评标准的暂定认证结果，并且于入住许可签发日期起18个月内提交最终认证结果，则授予该项目高达10%的楼宇建筑面积宽免（该部分面积仅可用于提供环保、舒适性设施和非强制性非必要机房或设备）。PNAP APP-130规定，对于改造整栋旧工业大厦或其他类型建筑用作办公室的方案，如果因周边环境导致设计无法达到自然采光和通风的相关法例规定，若能在香港绿色建筑议会（HKGBC）授予的香港绿建环评标准认证中就"能源使用"和"室内环境质素"两大类别中达到40%水平，仍可考虑批准按香港建筑宽免面积中的规定进行项目施工。PNAP APP-152规定，某些建筑因长度和体积方面有特殊要求（如基建、交通、体育文化和娱乐设施等）而无法满足楼宇间距规定时，如果能够在满足香港绿建环评标准认证中建筑微气候条例对室外空气流通评估（使用风洞法或CFD模拟计算）要求的基础上，再通过人行区域风速增大影响证明或缓解热岛效应措施中的任意一条，就认为该建筑符合法例规定。

香港特别行政区除官方机构之外，非政府组织香港绿色建筑议会也发起了倡导节能减排的HK3030运动。香港特别行政区建筑耗电量常年居高不下，占地区全部用电总量的90%以上（根据机电工程署2013年的能源统计），相当于该地区60%的二氧化碳排放。

HK3030运动的终极目标是在2030年之前将香港特别行政区年用电量降低到2005年基准的30%。香港特别行政区人口在2030年预计达到830万，实现60%的减排目标要依靠"技术创新应用"（占48%）和"改变使用者行为模式"（占12%）双管齐下。HK3030运动包含三大战略支柱：既有建筑、新建建筑和公众环保意识，总计提出28项建议。其中的4项建议对实现该运动目标起到关键作用：加大公众教育力度，从认知转向实践；建立能耗指标公众数据平台，允许建筑之间能耗比较（平台建设已经展开，2018年已完善所有建筑类型的数据库）；加大对高能耗建筑的财政补贴（如加大对能耗监测设备的投入）；强化建筑面积宽免条件（如根据不同的香港绿建环评标准等级给予不同比例的宽免：授予铂金级绿色建筑15%面积宽免，金级10%，银级8%，铜级或者无级别的建筑5%）。

我国内地和香港特别行政区的绿色建筑发展迅速，成果显著，但也面临一些问题。原建设部副部长仇保兴表示，中国绿色建筑面临一些问题，如高成本、绿色技术实施不理想、绿色物业管理脱节、少数常用绿色建筑技术由于存在缺陷并未运行等。要解决这些问题，必须实现专家评审机构尽责到位、政府监管到位、社会监督到位、补贴机制到位、绿色物业运行维护服务到位等"五个到位"，严把绿色建筑质量关。除加强管理外，技术革新和降低成本是解决面临问题的另一种途径。绿色建筑并不一定要堆砌使用大量尖端的新技术，某些适应地区气候、环境和人口等因素的传统建筑结构中也蕴含着低碳环保的精髓，如黄土高原的窑洞和云南一带的竹楼。

（一）香港绿建环评标准介绍

香港绿建环评标准的初始版本由香港绿色建筑议会和建筑环保评估协会于1996年推出，当时的名称为HK-BEAM，初始版本仅适用于新建和既有的办公建筑。接下来的十几年间，HK-BEAM在建筑界、学术界和环保组织的推动下迅速发展，分别于1999年、2003年、2005年、2009年和2012年经历过五次主要改动，目前的最新版本为香港绿建环评标准1.2版。2013年香港绿建环评标准内版作为针对室内设计与施工的标准正式开始运行，该标准采用了与新建和既有建筑不同的评估条文种类与简化条文准则。未来几年之内，既有建筑的重要更新版本（考虑采用分种类评估和逐步评估代替目前的一次性评估方案）以及邻舍区域发展的评估标准还将陆续出台。

2010—2015年，香港绿色建筑议会已经有30余位注册评审专家，2400多位绿建专才（绿色建筑评估师），超过611个注册项目，其中7个项目已经获得最终认证。已经注册的项目当中以住宅为主，有264个，占总数的43%；排在第二位的是商业建筑，占项目总数的17%。611个注册项目中有217个已经获得暂定或者最终等级认证，评定为金级的项目有56个，占总数约25%。其中未获得任何等级的项目为58个，占总数的27%。

目前，香港绿建环评标准系统包括新建建筑、既有建筑以及室内设计和施工三套标准。其中新建建筑标准同时适用于新建和重要改建建筑，重要改建的定义是当楼宇的主要结构或者大部分（50%）的设备系统被更改或替换的情况。新建建筑认证的有效期为5年，过期后如未有重要改建，则应适用于既有建筑的评估，之前未经过认证的建筑如果具备三年以上的运营记录，也可以申请参评既有建筑。既有建筑评估主要针对建筑当前的管理运营状况和性能，有效期也是5年。室内设计和施工的标准针对的是楼宇内部某一非住宅使用空间（设备和服务设施等特殊用途空间除外，如游泳池、冷库、车库、服务器房等）的装修和改造过程的评价，其认证有效期和前两个标准一样都是5年，但如果空间使用者（租客）提前结束合约，则认证即时失效。根据香港绿色建筑议会的最新议程，既有建筑的标准正处于修订当中，考虑采用更加灵活的评估步骤和认证方法，如改变一次性评估为逐步评估，将不同条文种类拆分开来认证等。关于绿色社区，即邻舍区域发展（Neighborhood Development）的标准也已经在编制当中。

香港绿建环评标准新建建筑和既有建筑评分条文均分为六大类：场地方面（Site Aspects）、材料方面（Materials Sspects）、能源使用（Energy Use）、水源使用（Water Use）、室内环境质量（Indoor Environmental Quality）、创新与其他（Innovations and Additions）。与BREEAM系统类似，香港绿建环评标准的每个条文种类（除创新与其他外）都有各自的权重系数用于调整所得分数。新建和既有建筑因所考察侧重点不同，而采用了不同的权重系数分配。室内设计和施工标准因其评估对象为建筑内部某一租客的装修空间，而设置了不同的条文种类，主要由绿色建筑属性（Green Building Attributes）、管理（Management）、材料方面、能源使用、水源使用、室内环境质量和创新七方面组成。除条文种类数量增加和内容变化外，每个种类不再有权重系数，与LEED类似，每个种类的权重由其最大可得分数决定。

新建和既有建筑的分数计算方法与BREEAM系统类似，每个种类得分的百分比乘以权重系数再相加求和就是总得分比率。总得分比率以及重要的评估种类（场地、能源使用、室内环境品质和创新四方面）的得分比率共同决定了最终的评价等级：铂金级、金级、银级、铜级、未获等级。这里的未获等级是指一个参评项目满足了各个评估条文种类里的所有前提条件（Prerequisites），但没能够达到铜级要求的情况。室内设计和施工标准采用同样的等级分配方式，但算分时只将所得分数相加。由于室内设计评估偏重于不同的环境因素，所以除总分外参考的重要评估种类（材料、能源使用和室内环境质量）也不同于其他两套标准。另外，室内设计和施工标准的所有评估条文适用于全部规定的建筑类型，因此对于任何参评建筑可获得分数都是一致的，这一点不同于新建和改建标准，前两者允许根据实际情况减少参评的条文数量。

香港绿建环评标准新建建筑的评估分两个阶段，允许参评建筑在设计阶段完成后施工阶段开始前获得暂定等级评估（Provisional Certification），通过设置暂定评估有利于项目团队在早期规划好将要采用的技术和施工方法，及时判断不足之处和寻求改进，以便更加有效地实现最终的目标等级认证。在每个评审阶段，项目团队都有两次根据评审委员会意见重新提交材料的机会，即在收到评审结果之后，项目申请团队如果不同意专家审查结果，可以有两次申诉机会。第一次申诉将由建筑环保评估协会处理，第二次申诉由香港绿色建筑议会给予最终裁决。相比新建建筑，其他两套标准目前都实行一次性评估认证，但是对于既有建筑的非重大改造情况，也可以在改造完成前申请暂定评估。

香港绿建环评标准近年来发展迅速，已认证的建筑面积超过1400万m^2，其中住宅单位超过5万个，按照人均标准计算已经是世界上覆盖最广泛的标准之一。除我国香港特别行政区外，在我国内地也有多个铂金级认证项目，其中有著名的北京环球金融中心、上海恒基名人商业大厦等。北京的环球金融中心总建筑面积为197766 m^2，位于北京市三环中路交通枢纽区域。其周边各类生活服务设施齐全，属于中央商业区核心地段。该项目采用多项绿色环保设计，分别获得了香港绿建环评标准和LEED的铂金级认证。上海恒基名人商业大厦位于上海市交通和基础设施同样方便的外滩，该建筑也获得了香港绿建环评标准的铂金级认证。

（二）我国绿色建筑评价标识

不同国家和地区的绿色建筑标准通常由非政府组织编写，采取自愿参与的实施原则。然而，我国的绿色建筑评价标识系统的各套标准则由住房和城乡建设部编写，并且与其他地方建设主管部门协同开展评审工作，属于政府组织性的行为。全球采用的绿色建筑评估体系可分为三类：英国的 BREEAM 及其衍生系统，美国的 LEED 及其衍生系统，以及日本相对独立的评估体系 CASBEE。我国绿色建筑体系的发展可以追溯到 2006 年，当时国内尚处于绿色建筑概念和技术的起步阶段，为便于推广普及，绿色建筑评价标准编委会选择了结构简单、清晰，便于操作的初代 LEED 作为框架，制定了以措施性条文为主的列表式评价系统。经过 3 年的实践，该系统不断调整评估准确性和适应性，增加对建筑的综合效益分析，于 2008 年正式开启绿色建筑评价标识的注册和评审程序。接下来的 5 年间，参与评估项目不断增加，各地方政府也按照住房和城乡建设部的框架编写了当地的绿色建筑标准，于是一套更加完善的评估标准《绿色建筑评价标准》应运而生。最新的评价标准扩展了适用建筑的类型，完善了评估条文的种类，调整了重点条文的评分方法，更加适应当前的绿色建筑发展现状，并且有利于未来的系统优化和推广。

2008—2015 年间，全国已认证项目总计 3979 个。其中，设计标识项目 3775 项，占总数的 94.9%；运行标识项目 204 项，占总数的 5.1%。从 2008 年的 10 个项目开始，增加到 2015 年的 1441 个，但绝大部分参评项目均为设计标识，运营标识认证的项目只有 53 个，占当年总认证项目比例不足 4%。从建筑的实际环境效益着眼，未来的绿色建筑发展政策应鼓励运营标识的推广。已认证的绿色建筑多集中在经济较发达的直辖市、省会和东部沿海城市，而西北部地区虽然占了大部分国土面积，却因人烟稀少，绿色建筑的认证数量为全国最低。按照省份排名，江苏省和广东省的绿色建筑认证数量高居榜首；如果按照城市排名统计，上海市拔得头筹。

目前，我国绿色建筑标识的标准体系主要包括《绿色建筑评价标准》《绿色工业建筑评价标准》《绿色办公建筑评价标准》《绿色商店建筑评价标准》《既有建筑绿色改造评价标准》《绿色医院建筑评价标准》。大部分参评建筑都是根据《绿色建筑评价标准》进行的，分为设计标识和运行标识两种认证，设计标识在建筑工程施工图设计文件审查通过后进行，运行标识应在建筑竣工验收合格并投入使用一年后进行。

《绿色建筑评价标准》的评分条例分为以下八大种类：节地与室外环境、节能与能源利用、节水与水资源利用、节材与材料资源利用、室内环境质量、施工管理、运营管理、提高与创新。如果仅参与设计标识评估，那么施工管理和运营管理有关的分数皆为"不参评"。除创新类别以外的其他七大建筑环境指标都有各自的权重系数用于调整所得分数。

《绿色建筑评价标准》(除"提高与创新"外)的七类指标满分均为100分，每类指标的得分按照参评建筑该类别实际得分数值占总参评分数值的比例乘以100计算而得。每类指标得分与该种类权重系数乘积求和后再附加创新类别的分数就是该评估项目的总得分。总分数分别达到50分、60分和80分，且七类指标每类得分不少于40分时，建筑评估等级分为一星级、二星级和三星级。特别需要注意的是，虽然每类条文中的控制项没有分数，但属于满足认证等级的前提必要条件。

评价标识的申请流程包括以下七个主要步骤：申报单位提出申请和缴纳注册费；申报单位在线填写申报系统；绿色建筑评价标识管理机构开展形式审查；专业评价人员对通过形式审查的项目开展专业评价；评审专家在专业评价的基础上进行评审；绿色建筑评价标识管理机构在网上公示通过评审的项目；住房和城乡建设部公布获得标识的项目。评价绿色建筑时，应依据因地制宜的原则，结合建筑所在地域的气候、资源、自然环境、经济和文化等特点进行评估。参评建筑除应符合本标准外，还需要满足国家法律法规和相关标准，以实现经济效益、社会效益和环境效益的统一。评价方法应涵盖建筑全寿命周期内的技术和经济效益分析，须合理确定建筑规模、选择技术、设备和材料。

我国的绿色建筑标识不仅在内地发展迅速，近年来也开始在香港特别行政区建立分会开展项目评估。中国绿色建筑与节能（香港）委员会是经中国科学技术协会批准，民政部登记注册的中国城市科学研究会的分支机构，是研究适合我国国情的绿色建筑与建筑节能的理论技术集成系统，协助政府推动我国绿色建筑发展的学术团体。中国绿色建筑与节能（香港）委员会是属中国绿色建筑与节能专业委员会的香港特别行政区分会，于2010年5月15日在香港成立。该会遵循中国城市科学研究会绿色建筑与节能专业委员会章程，主要任务是辅助绿色建筑产业化发展，积极应用我国绿色建筑评价标识，利用香港学术资源的优势开展绿色建筑的相关研究，搭建与国内外绿色建筑沟通的平台。针对香港的区域性改编标准《绿色建筑评价标准（香港版）》于2010年底正式发行。

我国绿色建筑标识的评审证明材料中要求提交的增量成本计算和增量效益计算，是其他绿色建筑标准中没有涉及的指标。增量成本在这里的定义是，绿色建筑在满足当前法定要求设计建造水平的基准成本之上增加的额外投入。在产生附加成本的同时，绿色建筑也会带来超越单纯经济价值的增量收益，包括比常规建筑在运营生命周期中节省的能源费用，业主及开发商可能获得的政府奖励资助，企业员工在绿色建筑内的生产力提升，企业建立的形象和品牌价值以及绿色建筑对宏观经济带来的收益。

通过比较由55个认证项目统计而得的市场调研成本与申报成本，可以发现平均申报成本一般高于市场调研成本，一星级和二星级住宅建筑的差别尤其明显。市场调查的成本是根据三家以上供应商的询价平均值得到的，与申报价格的差异主要来自建设申报单位对增量成本概念理解的不统一或者特别设备的选用（如项目选用进口的高价设备，或者供应商提供的特别优惠）。总体来讲，获得星级越高的项目其增量成本水平越高，但个别项目有一定幅度变化。增量成本较早年的调查整体下降幅度明显，这表明绿色建筑设计的知识技术水平、市场供应和成本控制日益成熟。一星级建筑增量成本几乎为零，可以考虑全面强制新建建筑达到该星级标准。从技术角度分析，绿色建筑增量成本最主要来源为节能与能源利用的相关技术，其中可再生能源技术由于部分应用（如光伏系统、地热利用系统等）成本较高，选择普遍性较小，是未来绿色建筑发展的主要挑战之一。

第四章　绿色建筑与建筑节能

当前，我国建筑能销量所占比例逐年增加，但建筑节能水平却远远落后于发达国家。同时，从国际上看，能源储量不断减少、能源需求持续增加，经济和社会发展难以达到平衡。建筑节能已成为牵涉人类前途和全球全局、影响深远的大事。为此，人们必须充分意识到建筑节能的重要性和紧迫性，树立正确的建筑节能理念，形成新的系统观、经济观、价值观、资源观、生产观、消费观、发展观、文明观、道德观、效益观，使其成为正确实施建筑节能的指南。

第一节　建筑节能的理念

一、低碳发展理念

低碳发展是指以低能耗、低污染、低排放为基础的发展模式，其实质是能源高效利用、开发清洁能源、追求绿色国内生产总值，核心是能源技术创新、制度创新和人类生存发展观念的根本性转变。

（一）低碳发展的重要意义

1. 低碳发展是科学发展的必然选择

低碳发展是我国实现科学发展、和谐发展、绿色发展、低代价发展的迫切要求和战略选择。其既促进节能减排，又推进生态建设，实现经济社会可持续发展，同时与国家正在开展的建设资源节约型、环境优美型社会在本质上是一致的，与国家宏观政策是吻合的。

实行低碳发展，确保能源安全，是有效控制温室气体排放、应对国际金融危机冲击的根本途径，更是着眼全球新一轮发展机遇、抢占低碳发展先机，实现我国现代化发展目标的战略选择。

实行低碳发展,是对传统经济发展模式的巨大挑战,也是大力发展循环经济,积极推进绿色经济,建设生态文明的重要载体。可以加强与发达国家的交流与合作,引进国外先进的科学技术和管理办法,创造更多国际合作机会,加快低碳技术的研发步伐。

我国实行低碳发展,不仅是应对全球气候变暖、体现大国责任的举措,也是解决能源瓶颈,消除环境污染,提升产业结构的一大契机。展望未来,低碳发展必将渗透到我国工农业生产和社会生活的各个领域,促进生产生活方式的深刻转变。

纵观发达国家低碳发展行动,我国应找到自己的低碳发展之路,技术创新和制度创新是关键因素,政府主导和企业参与是实施的主要形式。

2. 低碳发展是行业转型升级的指南

我国产业结构不合理,第一、第二、第三产业之间的比重仍然停留在1:5:4的状态,经济的主体是第二产业,钢铁、煤炭、电力、陶瓷、水泥等是主要的生产部门,这些产业具有明显的高碳特征。因此,要大力推进传统产业优化升级,实现由粗放加工向精加工转变,由低端产品向高端产品转变,由分散发展向集中发展转变,努力使传统产业在优化调整中增强对经济增长的拉动作用,在扩大内需中实现整体水平的提升。

随着经济的增长,发展受到的约束由资源约束转向资金约束,经济发展已进入从传统资源性走向低碳发展时代,转型是必然选择。

低碳发展既是后危机时代的产物,也是中国可持续发展的机遇。资源依赖与发展阶段有关,所以我国经济发展模式、对自然资源索取的方式及人们生活的习惯和思维方式,都需要革命性转变。

在企业转型过程中,低碳发展需要增加成本是一定的,但需要以辩证的角度看待问题,经济学中的边际收益递减原理说明,以资源作为投入要素,单位资源投入对实际产出的效用是不断递减的。我们应从政策、技术自主研发等各方面来提升综合效益。面对我国工业化和城镇化加速的现实,用高新技术改造钢铁、水泥等传统工业,优化产业结构,发展高新技术产业和现代服务业尤为重要。建筑门窗幕墙也是如此,在未来发展中,我们不仅要"中国制造",更应关注"中国创造"。

发展新能源是低碳发展的一个重要环节。近年来,我国在可再生能源和清洁能源发电方面取得了令人瞩目的成就。目前,我国已成为全球光伏发电的第一生产大国。对于我国新能源来讲，不但要保持价格优势，还应培养质量、产业链优势。

3. 低碳发展是人类社会文明的又一次重大进步

人类社会发展至今，经历了农业文明、工业文明，当今，一个新的重大进步，将对社会文明发展产生深远影响的就是低碳发展。

随着全球人口和经济规模的不断扩张，能源使用带来的环境问题及其诱因不断地为人们所认识，不仅是废水、固体废物、废气排放等带来的危害，更为严重的是大气中二氧化碳浓度升高将导致全球气候发生灾难性变化。低碳发展将有利于解决常规环境污染问题和应对气候变化。当今世界，发展以太阳能、风能、生物质能为代表的新能源已经刻不容缓，低碳发展已成为国际社会的共识，正在成为新一轮国际经济的增长点和竞争焦点。据统计，全球环保产品和服务的市场需求达1.3万亿美元。

目前，低碳发展已引起国家层面的关注，相关研究和探索不断深入，低碳实践形势喜人，低碳发展氛围越来越浓。

从国际动向看，全球温室气体减排正由科学共识转变为实际行动，全球经济向低碳转型的大趋势逐渐明晰。英国2003年发布白皮书《我们能源的未来：创建低碳经济》；2009年7月发布《低碳转型计划》，确定到2020年，40%的电力将来自低碳领域，包括31%来自风能、潮汐能，8%来自核能，投资达1000亿英镑。日本1979年就颁布了《节能法》。2008年，日本提出将用能源与环境高新技术引领全球，把日本打造成世界上第一个低碳社会，并于2009年8月发布了《建设低碳社会研究开发战略》。2009年6月，美国众议院通过了《清洁能源与安全法案》，设置了美国主要碳排放源的排放总额限制，相对于2005年的排放水平，到2020年削减17%，到2050年削减83%。奥巴马政府推出的近8000亿美元的绿色经济复兴计划，旨在将刺激经济增长和增加就业岗位的短期政策与美国的持久繁荣结合起来，其"黏合剂"就是以优先发展清洁能源为内容的绿色能源战略。

（二）建筑是低碳发展的重要领域

从全世界来看，欧盟、美国、日本都已将建筑业列入低碳发展、绿色经济的重点。统计数据表明，世界上40%的二氧化碳排放量是由建筑能耗引起的。美国于2008年动员法国、英国、德国等国家倡议成立了可持续建筑联盟。2009年，英国政府发布了节约低能耗低碳资源的建筑，要在2050年实现零碳排放，通过设计绿色节能建筑，强调采用整体系统的设计方法，即从建筑选址、建筑形态、保温隔热、窗户节能、系统节能与照明控制等方面，整体考虑建筑设计方案。法国于2007年10月提出了环保倡议的环境政策，为解决环境问题和促进可持续发展建立了一个长期政策。环保倡议的核心是强调建筑节能的重要性和潜力，以可再生能源的利用和绿色建筑为主导，为建筑业在降低能源消耗、提高可再生能源应用、控制噪声和室内空气质量方面制定了宏伟目标，即所有新建建筑在2012年前能耗不高于50 kWh/($m^2 \cdot a$)，2020年前既有建筑能耗降低38%，2020年前可再生能源在总的能源消耗中比例上升到23%。德国从2006年2月开始实行新的建筑节能规范，其核心思想是控制城乡建筑围护结构，如外墙、外窗等，从而使建筑围护结构的最低隔热保温对建筑物能耗量达到严格有效的控制。

我国在2009年向全世界承诺，到2020年单位国内生产总值所排放的二氧化碳要比2005年下降40%～45%，这个要求是相当高的。自20世纪90年代以来，我国颁布了一系列重要的建筑节能政策，明确提出了建筑节能要首先抓居住建筑，其次抓公共建筑（从空调旅游宾馆开始），最后是工业建筑；要从新建建筑开始，接着是既有建筑和危旧建筑的改造；要从北方采暖区开始，然后发展到中部夏热冬冷区，并扩展到南方炎热区；要从几个工作基础较好的城市开始，再发展到一般城市和城镇，然后逐步扩展到广大农村。更为重要的是，政府主管部门认识到供热计量对实现北方地区建筑节能的重要性，提出了对集中供暖的民用建筑设计安装热表及有关调节设备并按表计量收费的要求。近年来，《民用建筑节能条例》《公共机构节能条例》及有关建筑节能标准和政策的实施，将我国建筑节能工作提到了一个从未有过的高度，大大加速了我国建筑节能减排工作的开展。

二、绿色建筑理念

（一）绿色建筑的评定

绿色建筑评定是对建筑产品生产和使用全过程绿色要素的综合评价。绿色建筑包括三要素：一是保护环境，减少污染；二是节约资源；三是提供健康舒适的空间。因此，绿色建筑的评价包括三大要素。一是对建筑物环境污染程度的评价，简称环评，分为室外环境评价和室内环境评价。二是资源节约评价，简称"四节"评价。①节能评价，包括电、油、燃气等常规能源节约的评价；自然能源利用，如太阳能、沼气能、地能、风能、水能、垃圾能等的评价。②节地评价，即节约用地评价。③节材评价，特别是对不可再生材料的节约、再生资源材料的利用和绿色材料（环保材料）利用的评价。④节水评价，现有水节约、自然水利用、污水回收处理的评价。三是人性化的空间评价，主要是对满足人们需求情况和生活的评价。绿色建筑要为人们提供健康、适用、高效的使用空间，因此，要对采光度、自然温湿度、调控能力、空气变化频率等进行评价。

（二）建筑产品的绿色化构筑

绿色建筑遵循"循环经济"理念，从"大量建设、大量消耗、大量废弃"的粗放建设模式到"高效益、高效率、低消耗、环保型"的绿色施工，将规划、设计、材料、施工、物业、弃物处置作为统一整体，将建筑能源开发、建筑材料开发、建筑水源开发、建筑用地开发与相应的消耗控制结合起来，将智能建筑、建筑垃圾转化利用列入绿色建筑范畴，实现人与自然的协调发展。这是当今人类社会研究建设和发展的重大课题。

绿色建筑与智能建筑既有相同点，又有相似点，还有不同点。二者核心内容相同，均为人们营造健康舒适的工作、生活环境。二者属性相似，均运用科技手段、先进技术。但二者目的不同，绿色建筑以追求天人合一的和谐环境为目的；智能建筑以追求高效节能为目的。高效节能是构建天人合一的和谐环境的基础，天人合一的和谐环境是高效节能的体现，因此，绿色建筑与智能建筑是相辅相成的。

建筑产品绿色化主要体现在以下几方面。

①建筑规划绿色化：建筑规划是建筑产品绿色化构筑的龙头。推进绿色建筑，必须抓住建筑规划绿色化这个龙头，充分认识建筑规划绿色化含义，了解建筑规划绿色化作用，掌握建筑规划绿色化应遵循的原则，明确建筑规划绿色化编制要点，实施建筑规划绿色化管理，推进绿色建筑发展。

②建筑设计绿色化：建筑设计是建筑全寿命周期中最重要的阶段之一，它主导了后续建筑中对环境的影响和资源消耗。要实现建筑设计绿色化，首先要深刻研究绿色建筑内涵、建筑设计绿色化的本质，其次明确建筑设计绿色化的基本原理及建筑设计绿色化的作用，为绿色建筑发展提供可靠依据。

③建筑材料绿色化：绿色建筑材料开发与应用研究是推进建筑产品绿色化的基础，必须深刻理解绿色建筑材料含义、绿色建筑材料效应，展望绿色建筑材料发展、绿色建材开发与应用技术、评价方法等。

④建筑施工绿色化：建筑施工绿色化是关于绿色建造过程符合绿色建筑要素的基本程序。建筑施工绿色化研究的主要内容是正确定位建筑施工绿色

化含义、建筑施工绿色化作用、建筑施工绿色化管理、建筑施工绿色化评价等，从而推进绿色建筑健康发展。

⑤物业管理绿色化：2005年，首届国际绿色建筑会议提出绿色建筑学说，物业管理绿色化是绿色建筑的一个重要组成部分，属世界性前瞻课题，也是当今世界各国建筑物业管理人员所追求的热门课题。绿色物业管理的基本要素特点主要是满足绿色建筑基本要素特点，包括三个方面：一是保护环境、减少污染，这是物业管理的重要任务；二是节约资源；三是提供健康舒适的居住环境。

（三）建筑能源开发与耗用控制

建筑是能源耗用的重点，实施对建筑能源开发与耗用控制的意义十分重大，需要深入研究建筑能源开发与耗用的基本含义，充分认识建筑能源开发与耗用控制的作用，掌握建筑能源开发的基本途径和建筑能源耗用控制的基本技术及推进建筑能源开发与耗用控制的主要措施，从而更好地推进建筑能源开发与耗用控制进程，实现建筑产品绿色化。

建筑产品从规划编制、建筑设计、建筑材料生产、建筑工程施工到建筑产品使用均要耗用能源，因此，需要重点研究建筑产品建造和使用过程中的新能源开发利用和常规能源耗用控制。

建筑能源开发与耗用控制是我国发展经济的重要组成部分，经济增长和城镇化建设与能源消耗和供应矛盾越来越突出，常规能源节约、新能源开发、再生能源利用是未来资源发展的一项战略方针，建筑节能是实施绿色建筑的重要环节，只有真正做到建筑节能，才能更好地实现绿色建筑，保持经济发展的可持续性。

三、生态建筑理念

（一）生态建筑学的研究对象与独特性

1. 生态建筑学的研究对象

生态建筑学研究的是符合生态系统中建筑的理论和实践，其研究对象是建筑与相关的各级人工生态系统及其关系，试图谋求二者的协调统一。

生态建筑学认为，人类的外在环境已不再是过去的自然生态系统，它是一种复合人工生态系统，由三个子系统构成，即自然—社会—经济复合系统。生态建筑学运用生态学的知识和原理，结合这一复合生态系统的特点和属性，探讨合理规划设计人工环境，创造整体有序、协调共生的良性生态环境，为人类的生存和发展提供美好的栖境。简言之，生态建筑学研究的就是建筑活动与自然—社会—经济复合系统关联的理论和实践。

2. 生态建筑学的独特性

首先生态建筑学的独特性表现在其知识源泉上。它试图结合生态学与建筑学的知识和经验、思想和方法来形成新的学科。其次生态建筑学的独特性表现在其方法上，这种方法按照康德的说法去理解，既是一种综合判断，表示学科的知识内容得到了扩展，也是一种分析判断，表示学科的知识内容得到了新的诠释。因此，生态建筑学并不只是泛泛而论的所谓生态视野中的建筑学，也不只是简而化之的生态建筑或建筑生态，因为生态建筑只是其研究中的一个分支，而且迄今没有确切含义，而建筑生态同样也只是生态建筑学研究中的一个维度和侧面，无法充分地表达生态建筑学所蕴有的内涵。

此外，生态建筑学与目前流行的绿色建筑学、可持续建筑学也有所不同。主要的区别在于后两者的名称主要是社会思潮在建筑学中的直接延伸。从目前看，生态建筑学与绿色建筑学及可持续建筑学的研究大同小异，但是从长远看，严实的理论基础将使它们产生分化。生态建筑学与进化建筑学、有机建筑学、仿生建筑学之间也存在着不尽相同的地方。从广义角度而言，后三者正是生态建筑学中的不同组成部分，因为进化、有机、仿生本身就是生态学研究中重要而又有争议的观点。

（二）生态建筑实践

1. 生态建筑设计

建筑师和规划人员重视生态环境，提倡创作要对社会负责，生态设计思想也并不是一种全新的观念，迄今为止已取得一系列阶段性成果，从近代的自然生态保护，20世纪60年代的"自维持"和减少污染，到70年代的可再生能源、节能或回收利用，80年代的全球环保和智能建筑，再到90年代早期的建材内含能量和全寿命周期分析，直至当代的生态问题还包括人类心理、文化多元性及解决贫困等更深层次的内容，生态建筑设计的内涵和外延正日趋扩大，并试图协调人与建筑、人与自然、人与生物及人与人之间各方面的关系。生态建筑设计应遵循以下原则。

（1）经济高效原则

经济高效原则指高效利用空间资源，力求建筑低成本和低能耗，概括起来包含两方面内容：节约化和集约化。

为应对人口激增、资源衰减的形势，在所有人类活动领域内采取节约和有效利用资源的措施十分必要。建筑环境是人类活动对资源影响最为显著的领域之一，世界上约1/6的净水供应给建筑，建筑业要消耗全球40%的材料和近50%的能量，在美国，建筑生产、运行就占据了约50%的国家财富。作为资源消耗大户的建筑业采取节约高效措施是全球资源节约的重要一环，也符合生态设计经济目标的要求。

（2）环境优先原则

尊重自然是生态建筑设计的基本准则。建筑师要调整自己的心态，以谦逊的姿态处理自己作品与环境的关系。生态设计的环境优先原则从实际操作层面来看，包含两方面内容：人工环境的因地制宜和减少外部资源输入。

（3）健康无害原则

健康无害是生态建筑设计另一重要原则，其关注的范围已突破以人的需求为基准的传统模式，还包括了对地球生态、场地环境生态质量的考虑。

（4）多元共存原则

该原则主要反映生态建筑设计的文化观。生态建筑作为实现可持续发展的具体措施之一，有责任为延续地方文化、实现全球文化多样性做贡献。其手段包括：传统街区、乡土部落特色的保护和继承；适宜的传统和地方建造技术的延续；利用地方建材表达地区特色；吸引当地居民参与设计、建设；创造多样化的人口结构、生活方式，保持社区活力等。

生态设计并不是很新的思维，从人们认识南向开窗获得舒适温度开始就已存在。真正让人们感到有新意的是将这种绿色方式作为一个整体运用到设计中去，考虑如何建造一个有利于维持与自然平衡关系的建筑。尽管我们周围的许多建筑都包含生态化特征，却很少有建筑真正从整体观念去把握它。

受社会、经济、政治、宗教、价值观及技术发展水平诸方面因素影响，世界各地建筑师目前在探寻建筑生态化道路中所选择的方法不尽相同，严格意义上讲，其中多数作品并不能称作生态建筑，只是从不同侧面和不同手段出发考虑了相应的生态对策。到底什么样的建筑才算生态建筑，迄今为止，国际上并无统一标准，较为客观的看法是，在相对固定的基本原则下，评估项目和指标的选择根据各地具体背景而定，不追求全球一致。

以上四项生态建筑设计原则，在实际工作中应视作一个整体考虑，直接的表现就是技术合成。建筑设计的思路和措施起码在以上原则的某方面或某几方面有所反映,而其他方面又无重大缺陷,才有可能产生生态建筑。同时,为有效推广这一营建方式,可以像智能建筑和住宅性能评估那样进行分级,如根据建设目标、技术状况、资金条件等设立基本型或提高型标准,鼓励分阶段渐进式发展。

2. 生态建筑技术

生态建筑技术成果的重要价值是为人们从事生态建筑的营造和生态技术的应用提供了一个科学坐标和判断标准。目前,在有关生态建筑的理论研究与实践中存在的最大问题就是对生态建筑缺乏正确的认识和评判标准。人们常常将使用了一些绿色建材的建筑称为生态建筑,或者将采用了某种保温隔热措施的建筑以及利用太阳能(光电池发电或热水器)技术的建筑称为生态建筑,造成这些认识性错误的原因就是对生态建筑概念缺乏科学界定。生态建筑既然是一门系统性科学,对其理解和判断就必须要用系统化方法。根据生态建筑的系统框架,判断建筑物是否为生态型的核心应是建筑物是否经过物流、能流、信息流这3个生态子系统的技术整合,是否将人的需求、自然与气候条件、社会经济与技术条件纳入生态建筑技术设计中,所采用的技术方法是否坚持了技术整合原则和适宜技术原则,具体如下。

①生态建筑技术是保障可持续发展的重要手段。
②生态建筑技术应考虑因地制宜的适用技术。
③生态建筑技术应不断创新,朝着科学化与绿色建筑的标准迈进。

只有建立科学的生态建筑观念,运用各种正确的生态建筑技术手段,才能够创造出优秀的生态建筑作品,实现社会可持续发展和保护环境的目标,为我们的子孙后代留下一个美丽地球。

3. 生态建筑学的拓展——建筑仿生学

建筑仿生是一个老课题,也是一种最新的科研趋向,越来越引起人们的注意,因为人类文化从蒙昧时代进入文明时代,就是在模仿自然和适应自然规律的基础上不断发展起来的,直到近现代时期,特别是飞机和潜水艇的发明也都是仿生的科研成果,人们从飞鸟和鱼类的特性中获得启发,取得了史无前例的新成就。建筑同样如此,古代从巢居、穴居到各类建筑的出现,无不留下了模仿自然的痕迹。但是,随着工业化的高速发展,人类的文明发生了异化,反过来破坏了自己的生存环境,也使自己的创作囿困于僵化的机器制品,束缚了创造性,这就是为什么在近几十年来人类开始重新重视仿生学的原因。

在建筑领域方面，仿生的倾向在近几十年也在不断发展，其研究意义既是为了应用类比的方法从自然界中吸取灵感进行创新，也是为了与自然生态环境相协调，保持生态平衡。自然界是人类最好的老师，人们无时无刻不在从自然界中获得启发而进行有益的创造。仿生并不是单纯地模仿照抄，它是吸收动物、植物的生长机理及一切自然生态的规律，结合建筑的自身特点而适应新环境的一种创作方法，它无疑是最具有生命力的，也是可持续发展的保证。

总之，建筑仿生可以是多方面的，也可以是综合性的。如能成功应用仿生原理就可能创造出新颖和适应环境生态的建筑形式，同时建筑学仿生也暗示着人们必须遵循和注意许多自然界的规律，应该注意环境生态、经济效益与形式新颖的有机结合，仿生创新更需要学习和发挥新科技的特点，做到这一点，建筑师必须善于应用类推的方法，从自然界中观察吸收一切有用的因素作为创作灵感，同时学习生物科学的机理并结合现代建筑技术来为建筑创新服务。建筑仿生学是新时代的一种潮流，今后也仍然会成为建筑创新的源泉和保证环境生态平衡的重要手段。

四、太阳能建筑应用理念

（一）太阳能光电建筑应用趋势

太阳能光电建筑发展经历了从认识其重要意义和作用到形成推进其发展的政策方针；从技术研发到建立示范工程；从农村用电到市政设施；从单纯的光伏发电到与建筑围护结构形成有机结合等几个发展变化阶段。认识研究这些发展过程，将有助于我们更好地把握其发展方向。

1. 从认识到政策

认识是思想层面，政策是操作层面。太阳能作为可再生资源，既是清洁能源，也是节约能源，更是社会可持续发展的重要内容，战略意义重大。为了促进可再生能源的开发利用，改善能源结构，保障能源安全，我国出台了一系列法律、法规和技术政策，其中，最早的高技术研究计划，又称为"863计划"；第2个称为"973计划"；第3个是为了实施国家的能源战略计划，2006年我国正式颁布《可再生能源法》；第4个是产业规划，包括上海的室外屋顶计划，北京的路灯计划，以及沙漠电站工程等。2009年，财政部与住房和城乡建设部连续下发了3个文件：首先，下发了《关于加快推进太阳能光电建筑应用的实施意见》（财建〔2009〕128号），明确了当前需要支持开展光电建筑应用和示范,实施太阳能屋顶计划的要求,以及相应的财政扶持政策;其次,下发了《关于印发〈太阳能光电建筑应用财政部补助资金管理暂行办法〉的通知》(财建〔2009〕129号),明确了具体的资金补助办法;最后,财政部办公厅与住房和城乡建设部办公厅共同下发《关于印发太阳能光电建筑应用示范项目申报指南的通知》(财办建〔2009〕34号)。这3个文件的颁布和实施,在全国影响很大,震动很大,充分地调动了业主和建设单位的积极性,调动了太阳能光电工程企业的积极性,随着示范工程的增加,极大地推动了太阳能光电建筑的应用。

2. 从研发到示范

目前,太阳能光电建筑应用技术已经从研发进入示范推广,也就是说,太阳能光电建筑的推广已进入政策性实施阶段。现在,几乎所有大中型城市都开始建设各种各样的示范工程。

3. 从农村到城市

太阳能的开发利用最早开始于农村,特别是在山区,要送上电,需要建高压线,由于太长太远,没办法,就只能用太阳能发电。随着我国国民经济高速发展,大量不可再生能源被消耗的同时,也造成了环境的严重污染。为响应党中央、国务院节能减排的号召,各大城市都在大力推行太阳城计划、屋顶发电计划,城市的路灯照明、信号照明、大屏幕、广告等市政工程纷纷利用太阳能发电,如北京机场T3航站楼的路边,可以看到很多太阳能电池板,它就是通过转化光能为路灯提供电力。

4. 从附加到一体化

以前,我们将多晶硅、单晶硅、薄膜构件等太阳能光电材料附加到建筑物上,现在是将光伏发电和建筑围护结构融为一体即光电建筑一体化,可以说,出现了新型建筑结构,像钢结构、幕墙结构,现在将太阳能光电技术和建筑融合在一起,形成了这样的新型结构,形成了一个有机结合体。

5. 全球范围的竞争与合作

全球范围的竞争与合作是全世界经济社会发展的必然趋势,随着经济全球化和产业国际化的不断发展而更加深入。为了实现能源和环境的可持续发展,世界各国都将光伏发电作为发电的重点。目前,世界光伏发电市场主要在德国、日本、美国,这些国家走在了光伏发电领域的前列,这与政府政策引导、目标引导、财政补贴、税收优惠、出口鼓励等方面的作用是分不开的。以美国为例，美国能源部门提出了推动可再生能源发展计划，包括风力发电、太阳能发电等，其中，太阳能光伏发电到 2012 年占美国发电装机总容量的 15%，与此同时，国际能源署对太阳能光伏发电进行了预测，到 2020 年，世界上光伏发电要占总发电量的 2%，到 2042 年光伏发电要占总发电量的 20%～28%。因此，光伏发电在全球范围内的发展是必然趋势。

我国经过这几年的努力，多晶硅技术迅速提高，硅产量迅速扩大，据统计，2008 年我国硅产量达到 5000 t，2012 年达到 113 万 t；国内企业成长较快，如洛阳中硅、徐州中能，两家企业的多晶硅千吨级生产线开始投入生产，目前经济效益、社会效益都比较良好。

我国光电电池的产量在 2007 年首次超过了德国和日本，居世界第一位；2008 年的产量继续提高，达到了 200 万 kW，占全球产量的比例由 2002 年的 1.07% 增加到 2008 年的 30%，目前我国光电电池的产量已超过占全球产量的 50%，占据半壁江山。从这些统计数据可以看出，我国在太阳能光电材料的生产上有着一定优势。

目前，在纽约、伦敦、新加坡、中国香港及国内证券市场上市的光电产品组件生产企业已达 10 多家，总市值超过 200 亿美元。

（二）太阳能光电建筑应用的技术创新

由于起步较晚，我国对太阳能光电技术的研究和应用还不够成熟，与国外先进技术相比还有一定差距。但是，在这个新科技、新知识以幂指数上涨的知识爆炸时代，只要我们加强创新——原始创新、集成创新、引进消化吸收再创新，一定能够赶上和超过先行者。

1. 光电建筑应用领域的系列化研究创新

光电建筑一体化研究，是综合技术的研究，因为光电建筑本身涉及建筑产业链中的诸多技术，它们有机结合、紧密联系，其中包括材料技术、结构技术、光电构件技术。另外，过去钢结构主要用于标准厂房、标准中小学校用房及房地产开发，现在我们提出工业房地产开发，就是在某个集中地区实施工业标准厂房建设，钢结构、幕墙，都要大力推广太阳能光电建筑。

2. 光电技术与建筑结构技术一体化的集成创新

光伏发电技术和建筑结构技术是两种不同的技术，光伏构件有光伏构件的特点，建筑构件有建筑构件的特点，这两个技术如何有机结合，形成一个有机结合的整体，有不少技术难题需要思考和研究，这就要求我们创新第 2 代、第 3 代，力争做到光电技术与建筑结构技术一体化的集成创新。

3. 光电工程与建筑外维护结构的维护技术创新

光伏发电组件和建筑外维护结构结合后的维护是个大问题，现在用的硅片、硅胶技术及薄膜技术可维持 20 年左右，以后会发生衰减，衰减后怎么办？还有光电建筑的防雷电问题，如果雷电打在光电组件上，会出现什么结果？像北京的沙尘暴、大雾发生时，空气中的离子作用在多晶硅上，结果又会如何？硅胶本身有个衰减过程，需要及时更换，如果高层光电组件出现结构胶硬化，怎么处理？还有如果是光电建筑，光电多晶硅受火烤会怎样，如何抵抗火灾？这些问题都是不容忽视的大问题，需要我们认真研究，加强技术研发。

4. 光电建筑应用集约化制作和施工的工艺创新

建筑有半成品、成品材料制作过程，制作完成后要现场安装和施工，最终形成建筑物，现在，加上光电建筑材料、光电技术应用，新的问题就会出现。如何进行集约化生产、安装（包括施工工艺、吊装技术）。以吊装技术为例，大跨度结构吊装，包括轻钢结构、空间结构，都不是简单的问题，还有整体吊装等，在建筑制作安装施工过程中，如何实现新型工业化生产，实现安装施工高效益、高效率，本身就是新课题，加上光电技术，更是新课题中的新课题，需要进行集约化研究施工工艺和施工工法，以适应光电建筑一体化的需要。

（三）太阳能光电建筑应用的管理创新

1. 开展光电建筑应用的管理和技术培训

光电技术要靠人做，要充分发挥"产、学、研"一体化的作用，要加强光电建筑应用能力的建设，要加强管理，做好相关技术的培训工作，提高技术成熟度，使我国的光电建筑一体化真正做到又好又快，向前发展。

2. 建立健全光电建筑应用法规及标准体系

光电建筑应用是 21 世纪出现的新技术，相应法规及标准体系还不完善，包括《建筑法》《建设工程安全生产管理条例》在内的一些法律、法规，过去在制定时均未考虑到光电建筑应用。为了更好地推广光电建筑应用，有必要逐步建立健全光电建筑应用法规及标准体系，促使光电建筑应用的市场秩序逐步规范，做到有法可依、执法必严、违法必究，使光电建筑应用标准成为建筑工程设计、施工及验收的依据。尽管我国经过多年的改革开放，市场经济发展状况良好，但是市场中仍存在种种混乱现象，不平等、不正当竞争依然存在，如果管理不到位，法规及标准体系不健全，对新技术的应用、推广来说，依然会造很成大的阻碍。

3. 鼓励实施"走出去"战略及国际合作与交流

过去我国最早的光电产品，大部分销往国外，国内应用较少，现在国内应用逐渐增多，当然，国外市场也较乐观，所以要鼓励建筑业及光电建筑应用技术、服务和工程建设走向世界市场。现在世界市场有了一批先驱者，也有了一定的经验和教训，即使在国际市场失败了，也是宝贵财富。我国应制定相应的国际合作战略，加强与国际同行间的交流，将国外的先进技术引进来消化吸收再创新。

4. 鼓励表彰对光电建筑应用有突出贡献的人员和工程

近几年，党中央对建立创新型国家做出贡献的科学家给予表彰。在光电建筑应用领域，也要表彰有突出贡献的专家、企业，树立有影响力的品牌，要在我国树立新技术标杆、榜样，起到示范、推动作用。

5. 建立健全光电建筑应用的监督检查和工程验收的技术经济政策

工程检查验收是非常关键的，20世纪70年代的建筑验收就像老中医看病，采取传统的望、闻、问、切的方法，而现在看病要扫描、要断层拍片等。在监督检查上，仅靠仪表考量、靠肉眼观察质量好不好是不行的，要在监督上下功夫，尤其是在光电技术和建筑结构技术一体化后，如何进行检查，用什么仪器、什么方法、什么手段，都需要创新，如焊接，可以用探伤仪检查，再如光电组件的使用寿命、发电量等，这些都需要我们去研究创新，以保证技术的可靠性、工艺的可靠性，保证材料寿命质量。

第二节 建筑能源利用

一、建筑能源介绍

2010年，中国首次超越美国成为最大能源消耗经济体国家。从2006年起美国新建建筑规模开始下滑，2010年比2006年同比减少55%，但同期的中国则迈开了高速建设的步伐，中国以及其他地区经济的快速发展带来的是建筑面积的日益增长，舒适的建筑内外部环境也成为人们对高品质生活的追求。但是，这一切都是以非常可观的能源消耗为代价的，建筑日益成长为能耗大户，全社会总能源的20%～40%需要用于建筑，并且建筑能耗比例仍在攀升。根据美国能源部的统计数据，美国建筑能耗占总能耗的比例2000年为38%，2010年已达41%，预计在2030年将达到42%，巨量的能源消耗也意味着大量的二氧化碳排放。我国的二氧化碳排放始终保持着较高的增长率，2008—2010年的增长率高达21%。为了完成哥本哈根全球气候变化大会上承诺的2020年单位国内生产总值二氧化碳排放比2005年下降40%～45%的目标，国务院已经连续多次制定了不同的减排要求，其中2014—2015年单位国内生产总值二氧化碳排放量每年下降3.9%。但实际效果距离目标还相对遥远。为此，国家对建筑节能降耗的呼声越来越高，绿色建筑的相关标准、政策法规应运而生。

住房和城乡建设部先后发布了《"十二五"建筑节能专项规划》（2012年）、《绿色建筑行动方案》（2013年）、《住房城乡建设事业"十三五"规划纲要》（2016年）等专项规划和行动方案，针对新建建筑落实强制性标准和既有建筑的节能改造提出了明确的发展目标和要求。绿色建筑可以有效降低建筑能耗，进而大幅减少二氧化碳排放，部分绿色建筑甚至实现了零二氧化碳排放的目标。

建筑能耗是指建筑物在建造和运行过程中所消耗的能量。建造能耗包括建筑材料、构配件以及设备的生产、运输、施工和安装所消耗的能量；运行能耗包括建筑使用期间的空气调节、照明、电器和热水等所消耗的能量。建造能耗一般仅占总能耗的10%，基本不会超过20%，且该部分可归类于绿色建筑的节材与材料资源部分。因此，绿色建筑的核心是节能与能源利用，建筑节能的重点是有效降低建筑运行过程中的能耗。在绿色建筑的评价标准中，不管是设计评价还是运行评价，节能与能源利用所占的项目与比重都是最大的，节能与能源高效利用的前提是要了解建筑能源的利用方式及能耗，包括建筑用能的类别和其分项用途。确定建筑能耗主要有两种方式：建筑设计阶段的能耗模拟和建筑运行阶段的能耗分项计量统计。

（一）建筑设计阶段的能耗模拟

能耗模拟是在建筑设计阶段，根据设计的建设围护结构和建筑使用方式，对每小时、每月、每年的建筑能耗进行模拟计算和预测分析。代表性的软件有美国能源部的DOE-2、Energy Plus，我国香港特别行政区的HK-BEAM，我国内地的 DeST 等。此外，还可以利用瞬时系统模拟程序（TRNSYS）等软件对建筑暖通空调系统进行优化设计，降低运行能耗。建筑能耗模拟已成为绿色建筑设计的必要程序。需要注意的是，因为气候、使用条件等原因，模拟出的能耗通常与实际能耗会存在一定的误差。

（二）建筑运行阶段的能耗分项计量统计

能耗分项计量统计可以提供建筑各项能耗的准确数据，一般通过专业的能耗监测系统来实现。美国很早就开展了建筑能耗监测，而我国直到2008年起才通过导则、标准和法规明确规定公共结构建筑应实施分项计量，且主要对象是国家机关办公建筑和大型公共建筑。建筑能耗分项计量数据能帮助业主进行建筑能耗使用情况统计、量化能耗数据、掌握能耗动态信息、找出节能降耗着手点、对比节能效果差异等，还可以帮助政府利用能耗量化考核指标及能源按量收费等经济指标杠杆效应，达到整体节能的目的。

在电力、燃气、煤油产品三大燃料类别中，建筑所用的主要燃料类别为电力和燃气，煤油产品则很少使用。迫于节能减排的压力，燃煤和燃油锅炉在很多城市已经被禁止使用。建筑用能的最终用途，一般分为空气调节、照明、动力和其他特殊用电等。不同国家或地区对建筑能耗的划分统计也不尽相同。例如，我国香港特别行政区把商业及住宅建筑能耗细分为空气调节、照明、热水及冷冻、办公室设备、煮食和其他空气调节，始终占据了建筑能源利用的大头。自从1905年美国开利公司发明空调以来，炎热和高湿的气候就再也不是人们生活的噩梦，身处湿热的夏季仍可自如享受惬意的凉爽。大自然已再无法对人类的室内环境造成影响，人们开始追求对室内舒适度的完全控制，恒温恒湿，连新风量都要通过机械通风来控制。各种商业和公共建筑中，对空气质量的要求也在逐年上升，从而新风负荷也成为建筑冷负荷不可忽视的部分，部分建筑新风负荷甚至已经达到空调能耗的一半以上。设计师对建筑美观和独特造型的追求逐渐抛弃了以往厚重的围护结构追求大开窗、全幕墙设计以及钢架型结构、轻型设计，导致了建筑冷热负荷的大幅增加。所有这些因素使得空气调节能耗逐年上升，如今已经占据了整个建筑能耗相当大的部分。根据建筑类别及其所处地区的不同，空气调节能耗占据建筑能耗的比例已达到20%～60%。我国香港特别行政区2012年商业和住宅建筑的能耗分别占到总能耗的25%和34%，而美国2010年的数据则是39.6%和39.4%。

二、我国及美国的建筑能源利用

我国是建筑大国，城市发展促使的建筑面积逐年增长是建筑能耗逐年上升的根本原因。2001—2014 年，全国村镇总建筑面积由 338 亿 m^2 增长到 605 亿 m^2，同时，建设能源消费总量由 2001 年的约 3 亿 t 标准煤增长到 2014 年的 8.14 t 标准煤，增长 2.63 倍，位居全球第二位。我国建筑规模仍处于急剧扩张之中，预计到 2020 年底，全国房屋建筑面积将达到 686 亿 m^2。

关于我国建筑能源利用的现状，曾有评价"建筑能源消费水平低、能源浪费严重、用能效率不高、能耗增长潜力大"，即建筑能源利用总量和效率都有很大的提升空间。

美国建筑能耗为 39 万亿 Btu，占美国总一次能源能耗的 41%，其中，住宅能耗占建筑能耗的 54%，商业建筑能耗占 46%。而同期工业和交通能耗则仅为总能耗的 30% 和 29%。根据美国能源情报署的统计和预测，在过去的 30 年中，美国建筑总能耗增长了 48%，之后的 20 年将会维持平稳增长。

美国建筑中能耗最大的四个用途是采暖、制冷、热水和照明，占建筑一次能源总能耗的 70%。其他最终用途（如电子设备、冷冻、通风、煮食）等占据了其余 30% 的能耗。

住宅建筑的末端能耗中，采暖和制冷的空调能耗占 53.9%。而在商业建筑中，空调能耗包括采暖、制冷和通风，共占建筑末端总能耗的 42.8%。同时，商业建筑的照明能耗也要比住宅建筑能耗高 7.7%。

三、能源利用与节能技术分析

建筑能耗在国家能源消耗中占据着绝对重要的地位。建筑能耗分析不但为建筑节能提供方向和动力，同时也是绿色建筑设计的要求。

绿色建筑中，节能与能源利用主要包括三个方面：降低建筑能耗负荷、提高系统用能效率、使用可再生能源。如果说以往建筑能源利用的目标是节能减排，那么近期对建筑能源利用的要求则更进一步是（近）零能耗。

目前，国际上对零能耗建筑有三种理解，分别是净零能耗建筑、近零能耗建筑和迈向零能耗建筑，这些理解的主要区别源于对零能耗目标的期待。但不管是何种零能耗建筑或零碳建筑，都是实现节能降耗减排的目标。不少国家或地区已根据自身发展实际，制定了零能耗建筑中长期发展规划。例如，欧洲要求在 2020 年所有新建建筑全部为零能耗建筑。中国建筑科学研究院正在制订中国的零能耗建筑规划，计划在 2030 年实现新建住宅建筑达到零能耗。要最大程度地实现建筑节能，达到（近）零能耗建筑的目标，主要有四个途径。

①被动式节能技术，降低建筑冷热负荷，是建筑节能甚至是零能耗建筑的基础。

②高性能建筑能源系统，主要是主动式节能技术的利用，是实现建筑节能的重要途径。

③可再生能源的建筑一体化设计，是实现零能耗建筑的关键。

④零能耗运行策略，是实现零能耗建筑的保障。

再优秀的设计，如果无法得到有效运行也难以达到目标。如果要系统性提高建筑整体用能效率，实现（近）零能耗建筑，则这四个途径的顺序不能任意颠倒。不采用被动式节能技术，即使能源系统效率再高，也难以实现有效节能；而即使全部能量都使用可再生能源，但不采用节能措施，也不能称为绿色建筑，因为它会造成不必要的能源浪费。

第三节 主动式节能技术

一、主动式节能技术概述

绿色建筑的节能体现在两个方面：降低建筑能耗负荷和提高系统用能效率。降低建筑能耗负荷主要通过被动式节能技术来降低空调负荷、通风负荷、热水、照明需求等，从源头上减少建筑能耗；而提高系统用能效率则体现在如下两个方面。

①合理选用高能效设备，即通过设备来节能。

②能源的合理利用，即通过管理来节能。提高系统用能效率是实现绿色建筑（近）零能耗的保障。

二、高能效建筑能源设备与系统

对建筑能源终端利用的分析已经表明，采暖、制冷、照明以及通风和热水，构成了建筑能耗的主要部分。虽然被动式节能技术已经可以大幅降低这部分能耗的需求，但很难全部抵消。因此，降低这部分的能耗对建筑节能有着重要的意义。

照明系统节能技术主要通过采用绿色照明设备及亮度控制系统来实现。绿色照明设备包括节能灯（如紧凑型荧光灯等）、LED灯等。节能灯的能耗为白炽灯的30%，LED灯的能耗则仅为荧光灯的25%。2012年起我国已全面禁止 100 W 及以上的白炽灯，而从 2016 年起也将逐步淘汰会对环境造成污染的节能灯。亮度控制系统也是照明系统节能的关键，多级亮度调节及间隔照明都可以大幅降低照明系统能耗。

中央空调是公共建筑最常采用的室内温湿度和通风控制设备，也是建筑节能的重点监控对象。建筑节能法规和标准对建筑设备的能效比的要求正在不断提高。以美国为例，新版的 ASHRAE Standard 90.1—2013 对大部分空调设备的能效比进行了更严格的限制。下面对几种较为高效的空气调节节能技术进行探讨。

（一）变风量空调系统

变风量空调（Variable Air Volume，VAV）系统是目前较为流行的全空气空调系统。与定风量系统的送风量恒定送风温度变化不同的是，变风量空调系统送风温度恒定但送风量根据室内负荷自动进行调节。变风量空调系统区别于其他空调系统的主要优势是节能，这主要来源于两个方面。①因为空调系统全年大部分时间部分负荷运行，而变风量空调系统通过改变送风量来调节室温，因此可以大幅度减少风机能耗。而定风量系统即使负荷降低，风机的能耗也仍是 100% 的状态。研究发现，变风量空调系统定静压控制可节能 30% 以上，变静压控制可节能 60% 以上。②在过渡季节可以部分使用或者全部使用新风作为冷源，可大幅减少系统能耗。

变风量空调系统的末端基本有 5 种形式，即节流阀节流型、风机动力型、双风道型、旁通型和诱导型。其中双风道型投资高、控制复杂，旁通型节能潜力有限，较少采用。目前使用较多的是节流阀节流型和风机动力型，如北美多采用串联风机型加冷冻水大温差设计，北欧倾向于诱导型，另外，诱导型也多用于医院病房等要求较高的场合。

变风量空调系统按周边供热方式有变风量再热周边系统、变温度定风量周边系统等多种形式，可根据建筑类型和初投资进行选择。

（二）独立新风系统

独立新风系统（Dedicated Outdoor Air System，DOAS）一般由新风系统、制冷末端和冷水系统等组成。独立新风系统中，将新风独立处理到合适的温度和湿度，由新风承担室内全部湿负荷和部分或全部的显热负荷，其余的显热负荷由室内的末端制冷设备来承担，从而实现精确的室内热环境控制和调节。

独立新风系统通过减少冷源浪费和空气处理能耗来节能。由于除湿任务由除湿系统承担，显热系统的冷水温度可由常规冷凝除湿空调系统中的7℃提高到18℃左右，为使用天然冷源提供了条件，即使采用机械制冷，高制冷温度也使得冷水机组的制热能效比（COP）大幅提高，减少了冷源的浪费。

此外，独立新风系统的除湿与降温过程相互独立，可以满足不同房间热湿比不断变化的要求，克服了常规空调系统中难以同时满足温、湿度参数的要求，避免了室内温度过高（或过低）的现象。并且，由于室内相对湿度可以一直维持在60%以下，较高的室温就可以满足舒适度要求，既降低了运行能耗，还减少了由于室内外温差过大造成的热冲击对健康的影响。

此外，独立新风系统因为除湿在外部完成，室内无凝结水出现，无须凝结水盘和凝结水管路，同时也除去了霉菌等细菌的滋生环境，改善了室内空气品质。

（三）溶液除湿技术

除湿负荷是湿热地区建筑空调负荷的重要部分，可以占到建筑空调负荷的20%～40%。除湿技术一般有冷冻除湿、转轮除湿和溶液除湿三种，多配合独立新风系统或辐射供冷技术使用。冷冻除湿需要较低的冷冻水温度，一般为7℃或以下，需要低温制冷机技术且机组能效较低；转轮除湿需要高温热源来再生且无法进行热回收，效率较低；溶液除湿利用溶液除湿剂来吸收空气中的水蒸气。溶液除湿一般由除湿器、再生器和热交换器等设备组成。溶液除湿可以避免冷冻除湿造成的冷水机组效率降低、再热等缺点。溶液除湿可以使空调冷冻水温度可由原来的7℃左右提高到16℃以上，提升冷水机组能效比30%以上。但溶液除湿也有溶液再生效率低和溶液损耗及管道腐蚀的缺点。溶液再生效率低可以采用太阳能、工厂或冷水机组等的废热、燃气轮机等的余热、热泵等来降低溶液再生能耗，溶液损耗可以使用内冷型溶液除湿器降低溶液的流速和流量来解决。

（四）变频技术

变频技术严格来说只是一种节能技术，而不是设备，却是近年来逐渐得到青睐的有效方式。中央空调的主要功能是通过大量的风机和水泵来实现的，占据了空调系统20%～50%的能耗。在空调部分负荷运行时，其流量也应随负荷变化而变化。传统方式是改变系统的阻力，即利用阀门来调节流量，这种方式显然是不经济的，因为这是以牺牲阻力能耗的方式来适用末端负荷要求。因此，这种改变系统阻力的方式正在被改变系统动力的方式取代，包括多台并联、变台数调节和变速调节。变频技术通过改变风机或水泵的电动机频率调整电动机转速达到流量调节的目的，是其中最为高效的方式。根据功率与转速的关系，风机和水泵的流量与转速成正比，而功率却与转速的三次方成正比。当流量减少10%时，节电率可以达到27.1%；流量减少30%时，节电率可以达到65.7%。

（五）变冷媒流量多联系统

变冷媒流量多联（Variable Refrigerant Volume，VRV）系统多见于分体式空调，因其高能效比受到了较多的关注。变冷媒流量多联系统采用冷媒直接蒸发式制冷方式，通过冷媒的直接蒸发或直接凝缩实现制冷或制热，冷量和热量传递到室内只有一次热交换。变冷媒流量多联系统具有设计安装方便、布置灵活多变、建筑空间小、使用方便、可靠性高、运行费用低、不需机房、具有无水系统等优点，是日本大金工业株式会社主推的技术。因为现在变冷媒流量多联系统是大金的注册商标，因此，业界也用变冷媒流量多联系统区分同类系统。

（六）辐射供暖供冷技术

辐射供暖供冷技术是一种节能效果较好的空调技术。早期的辐射供暖供冷技术主要用于地板辐射供暖，且应用非常普遍，遍布南北。但目前已不再局限地板辐射供暖，顶棚、墙面辐射供暖供冷技术都已得到应用。而地板辐射制冷由于会产生地面结露现象，目前在国内尚未大面积推广。

辐射供暖供冷系统主要通过布置在地板、墙壁或天花板上的管网以辐射散热方式将热量或冷量传递到室内。因为不需要风机和对流换热，无吹风感，这种静态热交换模式可以达到与自然环境类似的效果，人体会感到非常自然、舒适。这种系统具有室内温度分布均匀、舒适、节能、易计量、维护方便等优点。

辐射供暖供冷系统具有很好的节能效果。在辐射换热的条件下，人体的实感温度会比室内空气温度低1.6 ℃左右。因此，采用辐射供暖供冷系统的室内设计温度在夏季约高1.6 ℃，冬季约低1.6 ℃，可以降低冷热负荷5%～10%。辐射制冷具有冷效应快、受热缓慢的特点，围护结构和室内设备表面吸收辐射冷量，形成天然冷体，可以平缓和转移冷负荷的峰值出现时间。辐射供暖供冷系统可以使用较高温度的冷冻水，提高制冷机的制热能效比，减少运行能耗与设备初投资。此外，采暖使用时供水水温较低，一般不超过60 ℃，所以可直接或间接利用工业余热、太阳能、天然温泉水或其他低温能源，最大程度地减少能耗。在我国，辐射供暖供冷系统多与壁挂式燃气炉配合使用。

然而，辐射供暖供冷系统应结合除湿系统或新风系统进行设计；否则，会造成房间屋顶、墙壁和地面的结露现象。此外，除湿只能单纯解决地面或天花板不结露现象，如果室内的空气不流通，墙面和家具局部温度低于空气的露点温度，就会因局部结露而产生墙面和家具发霉的现象，这种发霉现象在冬季采暖和夏季制冷时都会发生。

（七）热泵技术

热泵技术可以冬季供暖，也可以夏季制冷，是一种高效的空调技术。常用的热泵技术主要有空气源热泵、水源热泵和地源热泵等，其主要区别是热源及热交换器布置不同。

其中，地源热泵通过埋于土壤内部的封闭环路（土壤换热器）中流动循环的载冷剂实现与土壤的热交换。由于地下环境温度较稳定，始终在较适宜的范围（10～20℃）内变化，土壤热泵系统的制冷系数与制热系数都要比空气源热泵系统高20%～40%。并且，土壤热泵系统全年制冷量与制热量输出（能力）比较稳定，避免了空气源热泵存在的除霜损失。

热泵技术为楼宇、别墅以及单户住宅等用户提供了一种高效的采暖和制冷方式选择。

（八）高效供暖和热水系统

对采暖和热水系统，因为涉及不同的燃料，习惯上使用一次能源效率评价性能，从一次能源到建筑终端能源的转换传输过程中，能源损失很大。作为燃料，天然气的一次能源效率要远远大于电能，因此应该避免直接用电供暖。燃煤锅炉不但效率低下，且严重污染环境，现在已经在城镇建筑中禁止使用。

（九）冷热电联产

热电联产或者更进一步的冷热电联产（Combined Cold, Heat and Power, CCHP）技术是能源利用的理想模式。冷热电联产对不同品位的热能进行梯级利用，温变较高的高品位热能用来发电，而温度较低的低品位热能被用来供热或者制冷。目前与冷热电联产相关的制冷技术主要是溴化锂吸收式制冷，也可以与最新的溶液除湿技术结合来除湿和制冷。

大型冷热电联产适用于区域供暖，目前已在我国北方地区得到广泛应用，但一般以热电联产为主。小型冷热电联产可通过近年来逐渐流行的小型或微型燃气轮机来实现。小微型燃气轮机目前已在社区、医院、学校、办公楼、公寓楼等得到应用。在设计工况条件下，能源总利用效率可达85%，节能率可达14%，特别是在夏季制冷和用电峰值时段（也是天然气负荷低谷期）效果明显。例如，荷兰普滕（Putten）市一总容量为 1.6×10^6 L 的公共游泳池采用一台 30 kW 的微型燃气轮机热电联产，总能源利用效率达到了96%。

高效的能源系统虽然能效较高，但选用不当则未必节能。能源系统的选用应根据当地气候条件、建筑类型综合考虑。以下就几个比较典型的系统选用不当的案例进行探讨。

中央空调用于公共建筑多数能取得较好的节能效果，特别是对空调需求较为一致的建筑。这些建筑对室内状态的要求基本一致、运行时间也比较统一时，则能获得中央空调的高效率。但是，对于部分建筑，其房间利用率低、人员分布或作息时间不一致，使用中央空调则可能造成极大的浪费，如部分空置率较高的办公大楼或公寓。这类建筑使用分散式空调时，其空调能耗可能仅为中央空调能耗的10%～20%。

随着人们对环境舒适度要求的提高，以前基本不供暖的长江以南地区也开始对建筑的采暖提出了要求。部分地区开始采用北方地区的区域供暖或集中供暖模式，造成实际能耗增机3～5倍。然而，南方地区的采暖负荷并不像北方地区那么稳定和强烈，并且管网系统要额外消耗很大的循环水泵电耗，选用集中供暖时会造成较大的能源浪费。在我国长江以南地区应优先发展基于热泵的局部可调的分散供暖方式，是一种节能优先的最佳选择。

由此可见，高效的设备虽然高效，但却有其地域及建筑类型的适用性。在选择建筑设备时，应对当地自然条件、建筑用途、居民习惯等因素进行综合考虑，不应一味地选用所谓的高效技术。

三、建筑能源管理系统与优化运行策略

高效的建筑能源设备并不能保证建筑的低能耗。这听起来不可思议，却是现实。美国再得 LEED 认证的绿色建筑中，70%的建筑实际运行能耗反而高于同功能的一般建筑。要达到最快、最明显的节能效果，不单是应用安装节能灯具、电动机变频、节水卫浴等设备节能手段，更需要有一套完善的能源管理系统来管理能源。这样的建筑一般又称智能建筑。

（一）绿色建筑的心脏：能源管理系统

建筑能源管理系统可以对建筑供水、配电、照明、空调等系统进行监控、

计量和监理。建筑能源管理系统一般是借由楼宇自控系统（BAS）来实现的。它可以根据预先编排的顺序对电力、照明、空调等设备进行最优化的管理。例如，可以根据室内外环境变化与设定值对冷水机组、新风系统、遮阳系统、照明系统的状态进行监控和调节，依靠遍布建筑的传感器和计量装置保证设备的合适运作，以最少的能量消耗维持良好的室内环境，达到节能的目的。

遍布建筑的能源管理系统的监控和计量装置可便捷地实现分户冷热量计量和收费。改变过去集中供冷或集中供暖按面积分摊收费的做法，可以引入科学的分户热量（冷量）计量和合理的收费手段，多用多付、少用少付，避免了"不用白不用"的思想，也可避免暖气过热开空调合理现象，达到较好的节能效果。就中央空调一项而言，一般可实现节能15%～20%，有的甚至能够达到节能25%～30%。而这些都需要依靠能源控制系统的实现。

除了基本的能耗监控和计量功能外，优秀的建筑能源管理系统一般都带有负荷预测控制和系统优化功能，可以在设备与设备之间、系统与系统之间进行权衡和优化，系统优化的方面有以下几项。

1. 室温回设

在房间无人使用时自动调整温控器的设定温度。一般能源管理系统都是按建筑运行时间进行室温回设，但有些系统可以通过室内的二氧化碳传感器来感应人的存在并进行智能设定。

2. 负荷预测功能

负荷预测功能赋予了智能能源管理系统更好的智能性。能源管理系统可以根据建筑的蓄热特性和室内外温度变化，确定最佳启动时间。这样不但可以保障在第二天上班时室内的舒适度刚好符合要求，还可以有效地抑制峰值负荷，节约能源。此外，部分能源控制系统还可以进行设备模型的在线辨识和故障诊断，及时发现设备故障。

能源管理系统用得好才能起到明显的节能效果。然而，根据调查，国内智能建筑中真正达到节能目标的还不到10%，80%以上的智能建筑能源管理系统仅作为设备状态监视和自动控制使用，把一个优秀的能源管理系统变成了一个"呆傻"的能耗监测系统，造成投资的极大浪费和能源的损失。

3. 冷冻水温度和流量控制

能源管理系统可以根据负荷的变化对空调系统的供水温度和流量进行调节，使用变化的供水温度和流量减少了冷水机组的过度运行。冷量控制方式是比温度控制方式最合理和节能的控制方式，它更有利于制冷机组在高效率区域运行而节能。

4. 空调与自然通风模式转换控制

能源管理系统可以根据室内外环境，在空调与自然通风之间自动切换。在室外温度低于某一设定值（如 13 ℃）时，可直接将室外新风作为回风；在室外温度达到 24 ℃时，可直接将室外新风送入室内。在夜间，还可以通过自然通风或机械通风的方式降低室内的热负荷。目的都是最大化地利用自然界的能量。

（二）以节能为目标的室内舒适度标准

现代化建筑倾向于选择高科技的设备、提供高品质的室内环境以提升室内舒适度。室内舒适度的因素一般包括室内温度、湿度、亮度、新风量等。建筑使用模式、运行方式、舒适度要求也即服务水平在很大程度上影响了建筑运行能耗。欧美国家以及我国一些高档建筑的室内舒适度的要求较高，即便是采用被动式节能技术的低能耗建筑，其实际运行能耗也较高。

以采暖为例，我国供暖温度设定值一般为 18～20 ℃，而欧洲多为 18～22 ℃。通过适当地增加衣物而不是室内温度，显然更能减少能源的消耗。对于制冷来说，除了部分湿热地区外，室内温度设定值一般推荐为 25.5 ℃。但现实是，多数房间的温度设定都是 24℃以下，在我国香港特别行政区甚至低至 18 ℃。除了室内送风不均的原因外，更多的是不同人对温度的感受不同。

此外，高档建筑对新风量、采光等都呈现出更高的要求。以新风量为例，人均新风量的增长可能会导致空调负荷的成倍增长。

这种偏离节能推荐值的温度设定，以及对室内舒适度的高标准，对建筑能耗的增加有着直接的影响，而这些设定是建筑能源管理系统力所不及的。从节能的角度来看，舒服就好才应该是我们对室内温湿度设定、通风和采光要求的标准。

为了限制节能建筑能效高但不节能的现象，我国已制定《民用建筑能耗标准》（GB/T 51161—2016），并即将实施。在这个标准中，规定对各类新建民用建筑，必须满足建筑的能耗约束值，这也将促使人们对节能建筑从高能耗向低能耗的转变。

此外，良好的用能习惯，如随手关水、不开无人灯、防止（水、电、气）跑冒漏、限制空调制冷（热）上下限温度等节能习惯也是公认的行之有效的主动式节能措施。

第四节　被动式节能技术

一、被动式节能技术概述

被动式节能是近年来非常流行的一种建筑设计方法与理念。它主要指不依赖于机械电气设备，而是利用建筑本身构造减少冷热负荷，注重利用自然能量和能量回收，从而降低建筑能耗的节能技术。具体来说，被动式节能技术在建筑规划设计中，通过对建筑朝向和布局的合理布置、建筑围护结构的保温隔热技术、遮阳的设置而降低建筑采暖、空调和通风等能耗。目前，一般把自然通风以及用于强化自然通风效果的辅助机械设备（如泵、风机和能量回收设备等）归类于被动式节能技术。

被动式节能技术虽然包含许多新的技术，但它并不是一个新的概念。中国传统建筑一般都非常巧妙地利用了高效的围护结构、自然通风、自然采光等被动式节能技术来实现节能的目的。例如，我国典型的徽派建筑、岭南建筑等，建筑天井小、四周阁楼围合，建筑自身构成一个烟筒效应的通风口，在带走室内热气的同时，室外凉风可从建筑阴影区底部进入，形成自然的通风廊道散热。又如，我国北方的土筑瓦房，土层厚、保温隔热好，并且采用三角形拱顶结构，有充分的容纳热气的空间，质朴的设计却实现了高效的节能结果。此外，北方地区的窑洞还可充分利用土壤层与室外的温差，自然而然地实现了冬暖夏凉的效果，除了采光受限外，可称得上是最早的低能耗建筑。

被动式节能技术的流行是因为人们对自然环境的关注，以及碳排放的压力，不断增长的建筑能耗使得节能减排的压力也在不断增长。举例来说，清华大学20世纪九十年代修建的教学楼，每平方米耗电大于 30 kW·h，而21世纪初新建的教学楼，每平方米能耗涨到了 60 kW·h。这些因素都使得节能技术，特别是被动式节能技术日益受到重视和流行，传统建筑的一些设计理念又逐渐回归。

被动式节能技术的利用可以使得建筑的冷热负荷大幅降低。在寒冷地区，通过高效的保温措施，并充分利用太阳、家电及热回收装置等带来的热能，不需要主动热源的供给，就能使房本身保持一个舒适的温度，消耗的能源非常少。现在，这种基于被动式节能技术建造的建筑被称为被动式节能屋或被动式房屋。它不仅适用于住宅，还适用于办公建筑、学校、幼儿园、超市等。

被动式房屋的概念最早由瑞典隆德大学教授和德国被动式房屋研究所的沃尔夫·菲斯特博士于1988年提出。成立于1996年的德国被动式房屋研究所致力于推广和规范被动式房屋的标准。截至2010年，仅在德国就有13000多座鼓动式节能屋投入使用，2012年全世界有37000座被动式房屋。这些被动式房屋不但有独栋房屋，还有公寓、学校、办公楼、游泳馆等。特别是多层建筑，更能体现它的优势。例如，位于因斯布鲁克（Innsbruck）的能容纳354个住户的Lodenareal项目是世界上最大的被动式建筑。

被动式节能技术应用于不同气候条件时，其基本方式是一致的，特别是保温、窗户和遮阳的设计，但不能直接复制应用，应根据不同地区的气候条件予以调整和优化。在寒冷地区建筑的主要需求是采暖，因此人们更关心墙体厚度、保温层厚度、采光的设计。而在夏热冬暖地区建筑的主要需求是制冷、除湿，因此遮阳、通风以及热回收才是建筑设计关注的重点。被动式房屋起源于欧洲寒冷地区，在我国多样化的气候条件中应用时，可以借鉴但不能照搬。

被动式节能技术的方式多样，总体来说，有以下几种分类。

①外围护结构节能技术。

②节能窗技术。

③遮阳。

④采光技术。

⑤通风技术和设备。

⑥建筑热质与相变材料。

⑦被动式采暖技术。

下面就典型的被动式节能技术进行介绍。

（一）外围护结构节能技术

建筑围护结构，包括墙体、窗、屋顶、地基、热质量、遮阳等，将室内外环境隔离开来，是决定室内环境质量的重要因素。寒冷和严寒地区冬季采暖负荷高，炎热地区夏季制冷负荷高。这些冷热负荷大部分是由于建筑外围护结构与外界环境的热交换造成的。有效的围护结构可以形成良好的保温隔热系统，从而大幅降低建筑的冷热负荷，进而降低建筑能耗。香港理工大学陈国泰教授的研究表明，设计良好的外围护结构可以降低湿热地区高层公寓楼36.8%的峰值负荷，可节能31.4%。低能耗建筑的一个显著的特点就是具备高效的保温隔热系统。因此，降低建筑空调能耗的重点是提高建筑围护结构的热力学性能，降低传热系数，提高气密性，从而减少热损失。

下面对主要的围护结构节能技术及其最新进展进行介绍。

1. 建筑外墙保温技术

满足建筑节能50%的节能外墙，其构造主要有四种：单一材料节能外墙、外墙内保温系统、夹芯保温外墙、外墙外保温系统。

单一材料节能外墙仅限于用保温砂浆砌筑的加气混凝土砌块和煤矸石多孔砖等少数几种材料，且墙体厚度较大，在窗口等热桥部位还需要做保温处理，局限性较大，用量较小；外墙内保温系统则面临热桥问题难以解决、占用室内空间较多、保温层及内粉饰层易开裂、不便于二次装修等许多缺点；夹芯保温外墙最大的优点是内外粉饰均不受影响，且造价较低，但这种做法施工比较麻烦、不易拉结、安全性较差、不易保证工程质量且因保温层不连续，存在较严重的热桥问题、结露问题。

目前比较流行的是外墙外保温系统。外墙外保温系统设置在建筑物外墙外侧，由界面层、保温层、抗裂防护层和饰面层（面蘸或涂料）构成，对建筑物能起到冬季保温、夏季隔热和装饰保护的效果。保温层通常通过黏结或机械方式固定到基底上。外墙外保温系统使用寿命较长，平均为30年，有的甚至达到40年。

外墙外保温系统通常以膨胀聚苯板为保温材料，采用专用胶黏剂粘贴和机械锚固方式将保温材料固定在墙体外表面上，聚合物抹面胶浆做保护层，以耐碱玻纤网格布为增强层，外饰面为涂料或其他装饰材料而形成。保温材料也可以是XPS、PU等其他材料。

外墙外保温系统是欧美发达国家市场占有率最高的一种节能技术，适用地区和范围非常一致，包括寒冷地区、夏热冬冷地区和夏热冬暖地区的采暖建筑、空调建筑、民用建筑、工业建筑、新建筑、旧建筑、低层及高层建筑等均可采用。外墙外保温系统有许多优点：可以避免产生热桥；基层墙体在内侧，蓄热好，可减小室温波动，舒适感较好；减少夏季太阳辐射热的影响，使建筑物内冬暖夏凉；可提高外墙内表面温度，即使室内的空气温度有所降低，也能得到舒适的热环境；可使内部的实墙免受室外温差的影响及风霜雨雪的侵蚀，从而减轻墙体裂缝、变形、破损，以延长墙体的使用寿命；不会影响室内装修，并可以与室内装修同时进行；适用于旧房改造，施工时不会影响住户的生活，同时可以使旧房外貌大为改观。

外墙外保温系统选用的保温材料，对保温层厚度、施工工序、工期和造价等有很大的影响。外墙外保温系统的保温材料的种类很多，常用的有膨胀聚苯板（EPS板）、挤塑聚苯板（XPS板）、聚苯颗粒浆料、聚氨酯硬泡体、矿棉、玻璃棉、泡沫玻璃、纤维素和木质保温隔热材料等，从保温材料的技术性能来看，各种性能都较好的材料是聚氨酯硬泡体和挤塑聚苯板。但从技术成熟度及应用来看，膨胀聚苯板则是目前使用最广泛的绝热材料，已占据德国82%以上的市场，在我国也有较为广泛的应用。

膨胀聚苯板是用含低沸点液体发泡剂的可发性聚苯乙烯珠粒经加热预发泡后，在模具中加热成形的。它具有自重轻特性和极低的导热系数。膨胀聚苯板的吸水率比挤塑聚苯板偏高，容易吸水，这是该材料的一个缺点。膨胀聚苯板的吸水率对其热传导性的影响明显，随着吸水量的增大，导热系数也增大，保温效果随之变差，在使用时要特别注意。

除了膨胀聚苯板等常用的保温隔热材料外，还有许多新型的绝热材料被研发应用，效果优异的材料主要包括气凝胶保温材料、真空保温材料等。

气凝胶保温材料是绝热性能非常优异的一种轻质纳米多孔材料，它具有极小的密度和极低的导热系数，非常薄的材料即可达到非常好的绝热效果。气凝胶是由胶体粒子相互聚集构成的，一般呈链状或串珠状结构，直径为 $2 \sim 50$ cm，其内部孔隙率在80%以上，最高可达99%。从形态上说，典型的二氧化硅气凝胶可以制成颗粒、块状或者板状材料。气凝胶密度为 $0.05 \sim 0.29$ mg/cm^3，是世界上最轻的固体，被誉为"固体的烟"。气凝胶常温下的传热系数低至 0.015 W/(m·K)，是目前已知绝热性能最好的固体材料。但由于气凝胶制备较为复杂且强度不高，因此一般与其他材料结合加工成板材等复合绝热材料。目前国内外已有多家公司制作出以气凝胶为填充物、聚酯纤维等材料作为内芯的隔热板材，如美国波士顿Cabet公司，日本Dynax公司，国内的纳诺科技、长沙星纳气凝胶有限公司等。气凝胶保温材料集超级隔热、耐高温、不燃、耐火焰烧穿、超疏水、隔音减震、环保、低密度、绝缘等性能于一体，非常适合于建筑节能墙体材料。

真空保温材料通常采用微孔硅酸作为支撑，硅酸表面包裹一层薄膜，多借助滑道或黏合剂进行固定。真空保温材料的传热系数为 $0.007 \sim 0.009$ W/(m·K)，其保温性能优于传统的保温材料10倍，2 cm的真空保温层的保温效果相当于20 cm膨胀聚苯板的保温效果。但真空保温材料极易受损，且需要进行现场质量控制，相对于传统保温材料费用较高。

保温材料的厚度是随着节能意识的提高以及对保温层作用的了解而逐渐增加的。例如，德国法规对保温层厚度的规定，从1980年的4 cm，逐渐提高到 6 cm、8 cm，直到现在的 10 cm。研究发现，保温层厚度为 20 cm 时，经济性能比达到最佳，因此，在德国，新建低能耗住宅外墙保温层厚度都在 19～20 cm，而被动式房屋中，如果采用膨胀聚苯板，外墙保温层厚度一般为 24～30 cm。但应注意的是，保温层厚度的确定与保温材料的选择有关。例如，选用挤塑聚苯板时，因为挤塑聚苯板的导热系数比膨胀聚苯板小，所以厚度可适当降低。另外，保温层也不是越厚越好，保温层越厚，其表面变形越大，对外粉饰产生裂缝的影响也越大，故保温层的厚度不宜过大。保温层的厚度以满足节能设计的标准为宜。

2. 屋顶和地面

建筑围护结构中，屋顶是受太阳辐射和其他环境影响最大的部分，也是建筑得热的主要部分。特别是对于大面积屋顶的建筑，如展览馆、音乐厅、运动馆等。因此，要提高建筑综合热性能，就必须重视屋顶的热性能表现。低能耗建筑对屋顶的传热系数的限制也在不断加强。例如，英国对新建建筑屋顶传热系数的要求从 1985 年的不大于 0.35 W/（m^2·K）变为现在的不大于 0.25 W/（m^2·K）。典型的屋顶绝热系统由屋面、隔热层和反射层组成。

反射层通过反射阳光而减少对太阳辐射的吸收，进而降低建筑的热负荷。反射层一般为铝箔等材料或涂料，其性能一般用太阳反射率（SR）和红外辐射率来表示。增大太阳反射率或红外辐射率可以降低屋顶温度。传统屋顶的太阳反射率一般仅为 0.05～0.25，而带有反射层的屋顶的太阳反射率可以达到 0.6，甚至更高。例如，白色弹性涂层或铝涂层可以把太阳反射率提高到 0.5，甚至更高。对部分产品来说，太阳反射率的增加还与涂层厚度有关。试验发现，带反射涂层的屋顶，其最高屋顶温度可以降低 33～42℃；对于单层商业或工业建筑，高太阳反射率的屋顶可以降低制冷负荷 5%～40%，峰值负荷 5%～10%。

屋面保温隔热材料一般分为两类：一是板材型材料，如挤塑聚苯板、膨胀聚苯板、硬泡聚氨酯板、玻璃纤维、岩棉板；二是现场浇注型材料，如现场喷涂硬泡聚氨酯整体防水屋面。研究表明，使用挤塑聚苯板或硬泡聚氨酯板作为绝热层的屋顶能比不使用绝热层的同类屋顶减少 50% 以上的热负荷。保温隔热材料的厚度可根据节能标准进行设计。被动式房屋一般要求保温隔热材料的厚度为 24～30 cm。

除了屋顶绝热系统外，还有很多优秀的被动式节能技术可以应用于绿色建筑的屋顶中来降低建筑热负荷，如通风屋顶、拱顶、绿色屋顶、蒸发冷却屋顶、光伏屋顶等。通风屋顶一般是由双层板构成的一个允许空气流动的通道，这个空气通道可以降低通过屋顶向室内的传热。通风可以是被动式的，利用烟囱效应来实现空气的流动；也可以是主动式的，通过风机来驱动空气的流动。通风屋顶多见于热带地区，更适用于拥有较高且宽阔的屋顶的建筑。在寒冷的冬季，则建议关闭空气通道，或仅保留非常少的通风以排除少量的凝结水。

拱顶适用于炎热和干燥地区，如中东地区的传统建筑。通过对拱形屋顶和平屋顶热性能研究发现，拱形屋顶可以在白天有效地反射太阳直射辐射，也可以在夜晚更快速地散热。在应用拱顶的建筑中，75%的热分层出现在拱形区域，从而使得建筑下部的空间相对凉爽。

绿色屋顶更符合绿色建筑的概念。绿色屋顶是在屋顶全部或部分种植植被，一般由防水膜、生长介质（水或土）以及植被组成，也会包含有防水层、排水和灌溉装置。绿色屋顶不仅能反射太阳光，还可以作为屋顶额外的隔热层。与传统屋顶的对比发现，传统屋顶吸收了86%的太阳辐射，仅反射10%；而绿色屋顶仅吸收39%，反射却达到23%。绿色屋顶更适用于没有良好保温隔热的建筑，它可以提高建筑的隔热，但不能取代屋顶隔热层。绿色屋顶的附加载荷一般为1200～1500 N/m^2，这对多数建筑来说不会造成影响。

蒸发冷却屋顶利用水的蒸发潜热来冷却屋顶，适用于炎热地区。它利用屋顶的浅水池或在屋顶覆盖湿麻布袋，在夏季可以降低15～20 ℃的室温。

光伏屋顶在屋顶覆盖光伏组件，不但可以降低对太阳辐射的吸收，增强对屋顶的保护，还可以在白天产生可观的电力。

地面在建筑围护结构中的作用略小，但对于体型系数较大的建筑，地面传热也是建筑得热和热损失的一个重要影响因素。为获得较好的保温效果，被动式房屋要求地面保温层厚度应大于25 cm。

3. 无热桥设计

建筑围护结构中的一些部位，在室内外温差的作用下，可形成热流相对密集、内表面温度较低的区域。这些部位成为传热较多的桥梁，故称为热桥（Heat Bridge），有时又称冷桥（Cold Bridge）。所谓热桥效应，即热传导的物理效应，由于楼层和墙角处有混凝土圈梁和构造柱，而混凝土材料比起砌墙材料有较好的热传导性（混凝土材料的导热系数是普通砖块导热系数的2～4倍），同时由于室内通风不畅，秋末冬初室内外温差较大，冷热空气频繁接触，墙体保温层导热不均匀，产生热桥效应，造成房屋内墙结露、发霉，甚至滴水。热桥效应是由于没有处理好热传导（保温）而引起的。热桥效应在砖混结构的建筑中出现较多。常见的热桥包括外墙周边的钢筋混凝土抗震柱、圈梁、门窗过梁、钢筋混凝土或钢框架梁、柱，钢筋混凝土或金属屋面板中的边肋或小肋，以及金属玻璃窗幕墙中和金属窗中的金属框与框料等。无热桥建筑结构可避免上述现象的发生。

要使建筑保温隔热系统发挥良好的作用，除了保温材料和厚度的选择外，加强关键节点的设计与施工，避免热桥非常重要。实现无热桥要求建筑物必须无疏漏地包裹在保温层里，避免穿透保温隔热平面的构件，避免结构件外突的建筑部件。阳台最好能处理成自承重移前的构件，采用预安装结构等，可将热桥最小化。

4. 良好的气密性

低能耗建筑应有良好的气密性。部分建筑无法做到很好的密封，使建筑内部与外界有太多的空气交换，从而大大增加了冷热负荷。

要形成良好的密封，建筑围护结构关键部位（如窗洞口、空调支架与栏板、穿墙预埋件、屋顶连接处、建筑物阴阳角包角等）应采用相应的密封材料和配件隔绝传热，确保保温系统的完整性。主要的密封方法包括玻璃纤维密封、闭孔喷涂泡沫密封、开孔泡沫密封等。

（二）节能窗技术

窗户是建筑保温、隔热、隔音的薄弱环节。为了增大采光面积或体现设计风格，建筑物的窗户面积越来越大，更有全玻璃的幕墙建筑。33%～40%建筑围护结构热损失从窗户"悄然流失"，是建筑节能的重中之重。因此窗户是节能的重点并单独列为一种被动式节能技术。窗户既是能源得失的敏感部位，又关系到建筑采光、通风、隔声、立面造型。这就对窗户的节能技术提出了更高的要求，其节能处理主要是改善材料的保温隔热性能和改进窗户构造并提供窗户的密闭性能。

评价窗户热性能的主要参数是传热系数。为解决大面积玻璃造成的热量散失问题，目前节能标准中对窗户传热系数的要求也越来越高。在欧洲，除了西班牙的 3.1 W/($m^2 \cdot K$)和法国的 2.6 W/($m^2 \cdot K$)外，其他国家的窗户传热系数都在 2.0 W/($m^2 \cdot K$)以下。特别是北欧地区，窗户传热系数全部在 1.5 W/($m^2 \cdot K$)以下。被动式房屋标准中，更是要求窗户传热系数不大于 0.8 W/($m^2 \cdot K$)。而在我国，北京的限制是 2.0 W/($m^2 \cdot K$)，东北地区的是 1.5 W/（m² · K）。

因此，各种中空玻璃、镀膜玻璃、低辐射玻璃、三层玻璃保温窗等逐渐成为市场主流。

节能效果非常显著的三层玻璃保温窗在欧美地区开始流行，采用三玻两腔结构（双暖边、充氩气或氪气），窗框体通常采用高效的发泡芯材保温多腔框架，具有超强的保温性能。玻璃传热系数一般为 0.7 W/（m² · K），窗框传热系数达到 0.7 W/（m² · K），窗户的传热系数可低至 0.8 W/（m² · K）。当然，三层玻璃内腔填充氩气的节能窗造价较高，在国内的推广还有难度。

三层玻璃保温窗不仅能减少热量损失，而且还能增加舒适度。当室外温度为 0～10 ℃，室内为 20 ℃时，若采用双层玻璃保温窗，则窗户内侧玻璃的温度约为 8 ℃；若采用三层玻璃保温窗，则窗户内侧玻璃的温度可高达 17 ℃，在靠窗区域不会觉得寒冷，舒适度大为提升。

除了窗户本身节能外，窗户的安装方式及安装位置、窗户的密封对于提高窗户的气密性都有很大的作用。被动式房屋窗户是安装在外墙外保温的中部，即窗框外侧凸出外墙一部分，窗框外侧落在木质支架上，同时借助于角钢或小钢板固定，整个窗户被嵌入保温层约 1/3 的厚度。窗户密封采用防水材料，如建筑用连接铝或者合适的丁基胶带，胶带可用灰浆嵌入安装，外部密封可采用压缩、浸渍和敞孔的密封条，如人工树脂阻燃的聚氨酯泡沫材料。

（三）遮阳

在夏热地区，建筑遮阳或许是成本最小且最为立竿见影的被动式节能技术。在低能耗建筑等节能建筑标准中，一般会对通过窗户进入室内的太阳光得热进行限制。遮阳对降低建筑能耗，提高室内居住舒适度有显著的效果，遮阳的种类主要有窗口、屋面、墙面、绿化遮阳等形式，其中窗口无疑是最重要的。窗户作为室内采光的主要通道，同时也是建筑得热的主要途径。因此，在需要制冷的季节，需要对建筑，特别是窗户进行遮阳，以减少建筑得热和冷负荷。

针对不同朝向和太阳高度角可以选择水平遮阳、竖直遮阳或者挡板式遮阳等三种方式。水平遮阳适用于窗口朝南及其附近朝向的窗户。竖直遮阳适用于窗口朝北及北偏东、偏西朝向的窗户。例如，在建筑西立面中的西晒问题，由于太阳高度角偏低，水平遮阳的阻挡有限，垂直遮阳可以很好地解决。挡板式遮阳适用于窗口朝东、西及其附近朝向的窗户，但此种遮阳方式遮挡了视线和风，通常需要做成百叶式或活动式的挡板。

以上三种遮阳都可以做成外遮阳、中置遮阳和内遮阳三种形式。外遮阳的最大优势是在遮挡太阳直射光的同时也把太阳直接辐射阻隔在外，遮阳效果优于中置遮阳和内遮阳。

建筑外遮阳可以是固定的，也可以是活动的。固定的建筑遮阳结构如遮阳板、屋檐等。活动式外遮阳如百叶、活动挡板、卷帘窗等。相对来说，活动式外遮阳调节效果更优。传统单层或多层建筑多依靠屋檐或挑檐的设计，涵盖遮阳的功能，现代建筑多采用遮阳板、百叶等方式实现外遮阳。优秀的外遮阳应具备遮阳隔热、透光透景、通风透气等特点。

外遮阳卷帘是一种有效的外遮阳措施，完全放下的卷帘能遮挡几乎所有的太阳辐射；此外卷帘与窗户玻璃之间保持适当距离时，还可以利用烟囱效应带走卷帘上的热量，减少热量向室内传递。百叶帘既可以升降，也可以调节角度，在遮阳和采光、通风之间达到了平衡，因而在办公楼宇及民用住宅上得到了很大的应用。导光百叶和挡板式外遮阳，不但起到遮阳的效果，还可以将部分阳光倾斜角度后导入室内的天花板上，补充自然采光，是一种非常有创意的设计。值得注意的是，外遮阳在建筑立面上非常明显，设计不好便会影响美感，而且还有造价的压力，还有可能在强风中变成安全隐患。

内遮阳时，太阳辐射穿过玻璃，使室内窗帘自身受热升温，这部分热量实际上已经进入室内使室内的温度升高，因此遮阳效果较差。内遮阳一般是在外遮阳不能满足需求时的替代做法，窗帘、百叶都是常见的内遮阳方式。对于现代建筑，内遮阳安装、维护方便，对建筑外观无影响，因此使用较多。此外，使用者对内遮阳方式更容易接近和控制，可以根据自己的喜好调整内遮阳板、帘，来提高舒适度。

玻璃自遮阳利用窗户玻璃自身的遮阳性能，阻断部分阳光进入室内。遮阳性能好的玻璃常见的有吸热玻璃、热反射玻璃、低辐射玻璃，以及近年来得到应用的热致变色和电致变色玻璃等。

吸热玻璃可以将入射到玻璃30%～40%的太阳辐射转化为热能被玻璃吸收，再以对流和辐射的形式把热能散发出去。热反射玻璃在玻璃表面形成一层热反射镀层玻璃。热反射玻璃的热反射率高，同样条件下，6 mm 浮法玻璃的总反射热仅为16%，吸热玻璃为40%，而热反射玻璃可高达61%。热致变色玻璃可以根据环境温度对红外光透过率进行自动调控，在夏天阻挡红外光进入室内，从而可以实现冬暖夏凉的效果。热致变色玻璃主要利用的是二氧化钒的可逆相变特性。电致变色玻璃可以在电场作用下调节光吸收透过率，可选择性地吸收或反射外界的热辐射和内部的热扩散，不但能减少建筑能耗,同时能起到改善自然光照程度、防窥的目的。这几种玻璃的遮阳系数低,具有良好的效果。值得注意的是,吸热玻璃和热反射玻璃对采光有不同程度的影响,而低辐射玻璃的透光性能良好。此外,利用玻璃自遮阳时,需要关闭窗户,从而影响房间的自然通风,使滞留在室内的部分热量无法散发出去。因此,玻璃自遮阳必须配合必要的遮阳产品,取长补短。

多孔墙面(Porous Wall)是一种非常有效的建筑外墙遮阳技术。这样的外遮阳不但可以做到不影响立面效果,同时还便于通风。多孔墙面不是高新技术,早在伊朗、印度等很多干热和湿热地区的传统建筑中出现。

此外,建筑可以通过合理选择朝向,处理好建筑立面,进行被动式的遮阳或自遮阳,通过建筑构件本身,特别是窗户部分的缩紧形成阴影,形成自遮阳;或是利用建筑互相造影形成建筑互遮阳。例如,宁波诺丁汉大学可持续能源技术研究中心大楼的设计,扭曲的形体可以形成建筑自遮阳。但是,自遮阳在设计时,应避免对冬季的采暖造成影响。

(四)采光技术

低能耗建筑的设计应在可能的前提下,充分利用自然光。设计良好的采光系统可以减少室内照明的需求,甚至可以在白天部分时段完全关掉照明。采光不但能减少照明能耗,还可以提高室内舒适度。建筑采光可分为被动式采光和主动式采光。被动式采光技术主要指利用不同类型的窗户进行采光,而主动式采光则是利用集光、传光和散光等装置将自然光传送到需要照明的部位。虽然主动式采光有"主动式"的称呼,但因为它基本不消耗能量而节约了照明能耗,所以在本章中仍把它归类于被动式节能技术。下面从节能的角度讨论采光技术。

1. 被动式自然采光

开窗或开口是最常用的自然采光方式,根据采光位置一般有侧窗采光、天窗采光、混合采光三类。从节能的角度来考虑,建筑的自然采光不应是独立的窗户及开口,而应该是与室内舒适度和节能等因素一起构成的建筑采光系统。例如,尽管大开窗甚至是落地窗可以让更多的阳光进入室内,同时也可能增大夏季的冷负荷或加快冬季室内热量的流失。

自然采光建筑设计的一个基本的要点是优化建筑空间布局。以下是一些非常实用的采光建筑设计原则。

(1)高侧窗或天窗采光

位于较高位置的开窗、天窗等设计都可以使得自然光获得更大的进深。

普通单侧窗的位置较低，光线分布不均匀，近窗处亮，远窗处暗，使房间进深受到限制，并且易形成直接眩光。而高侧窗采光的室内照度均匀度要远优于普通单侧窗。

（2）增大建筑的周边区域面积

在单侧窗采光条件下，光线在室内的传播是有距离限制的，因此，限制室内南北方向的纵深、增大室内周边自然采光的面积，可以让尽可能多的光线进入室内。双侧窗采光可以起到弥补房间纵深的作用。

（3）利用遮光板提升室内亮度

遮光板可以把阳光反射到天花板上，然后通过反射和散射让更多的阳光进入室内更深的空间。遮光板可以是水平的或带有一定的角度或弧度，一般置于视线以上的开窗上。可调节遮光板可以根据太阳位置对角度进行调节而让更多的阳光进入室内。遮光板多与置于同等高度的外遮阳装置共同使用。

（4）根据建筑朝向采取合适的采光措施

例如，前面提到的遮光板在南向的开窗非常有效，但对于东向或西向的开窗效果就大打折扣。

美国国家可再生能源实验室大楼是一个非常好的采光建筑范例，它利用了以上原则使得自然光可以得到最大化利用，整个办公区域在白天大部分时间仅用自然采光即可满足需要。

高效的采光系统是让更多的可见光进入室内，而不是更多的热量。窗户大小以满足采光要求为限，大开窗在增加室内亮度的同时也会在夏季带来不必要的得热或是在冬季造成不必要的热损失。这可以通过高效绝热玻璃来实现。窗户玻璃应采用普通透明玻璃或淡色低辐射镀膜玻璃的中空玻璃，不建议采用可见光透过率低的深色镀膜玻璃或着色玻璃。最新的技术是采用热致变色玻璃和电致变色玻璃，在较强的太阳辐射时将玻璃变成深色，以减少得热。

2. 主动式采光

在很多建筑中，往往无法安装窗户以提供自然采光，如地下室、车库、走廊等，或自然采光的强度不足以满足室内光舒适度的要求，如进深较大的房间。主动式采光系统可以在一定程度上满足这些场合的采光需求。它利用机械设备来增强对日光的收集，并将其传输到需要的地方。主动式采光系统又称导光系统，主要包括导光管系统、光纤导光系统等，它们的主要区别是光传输的介质不同。

导光系统主要由集光、传输和漫射三部分构成，它利用集光器把室外的自然光线导入系统内，再经特殊制作的导光管或光纤传输和强化后由系统底部的漫射装置把自然光均匀高效地照射到室内。导光管可以是直管或弯管，导光管内壁会镀有多层反光膜以确保光线传输的高效和稳定，其全反射率达到99.7%，传输距离达20 m或更长。光纤导光系统主要利用两层折射率不同的玻璃组成的光导纤维来传输光。光导纤维内层为直径几微米至几十微米的内芯玻璃，外层玻璃直径0.1～0.2 mm，且内芯玻璃的折射率约比外层玻璃大1%。根据光的折射和全反射原理，当光线射到内芯和外层界面的角度大于产生全反射的临界角时，光线透不过界面而是全部反射。光线在界面经过无数次的全反射，以锯齿状路线在内芯向前传播，最后传至纤维的另一端。

（五）通风技术和设备

建筑群的设计应通过建筑物的布局使建筑之间在夏季形成良好的自然通风，以降低室内的热负荷。建筑群采用周边式布局形式时，则不利于形成自然通风。一种较好的做法是把低层建筑置于夏季主导风向的迎风面，多层建筑置于中间，高层建筑布置在最后面；否则，高层建筑的底层应局部架空并组织好建筑群间的自然通风。

低能耗建筑宜采用自然通风。在春秋季或热负荷较小时，宜利用自然通风来降低室内的热负荷，达到制冷要求。机械通风的风机每年会消耗大量的能量，自然通风还可以大幅度减小机械通风风机的能耗。

《绿色建筑评价标准》中，对自然通风做了强制性规定，要求住宅建筑居住空间能自然通风，通风开口面积不小于该房间地板面积的1/20；公共建筑外窗可开启面积不小于外窗总面积的30%，透明幕墙应具有可开启部分或设有通风换气装置。此外，房屋的平面布局宜有利于形成穿堂风，房屋的通风设计宜满足烟囱效应。

在需要制冷或供热的季节，因为无法使用自然通风，为了满足人员对新风的需求和空气交换卫生方面的要求，必须使用机械通风系统。机械通风系统不但能够提供足量的新风，还可以确保室内水蒸气排出室外，保持室内湿度适中，避免水蒸气破坏建筑构件，产生结露，可以排出有害物质和异味，保证室内空气质量。此时，为了减少排风的能量损耗，需要使用带热回收的排风和送风系统。在夏季，热回收送风系统利用排气的冷量对新风进行冷却；在冬季则利用排气的余热对新风进行加热。热回收效率与热回收装置的热交换效率有关。热回收装置包括叉流板式热交换器、逆流式热交换器、转轮式热交换器，其热交换效率都在75%以上。

低能耗建筑的采暖方式以被动式为主，兼具优化主动式采暖系统。被动式采暖的建筑本身起到了热量收集和蓄热的作用。通过建筑朝向，周围环境布置，建筑材料选择和建筑平、立面构造等多方面的设计，建筑物在冬季能最大程度地利用太阳能采暖而夏季又不至于过热。被动式采暖主要有窗户和墙体采暖两种方式。

通过窗户的直接得热可以满足建筑的部分热负荷。窗户作为集热器，而建筑本身提供蓄热。要增加通过窗户的直接得热需要加大房间向阳立面的窗，如做成落地式大玻璃窗或增设高侧窗，让阳光直接进到室内加热房间。这样的窗户需要配有保温窗帘或保温窗扇板，以防止夜间或太阳辐照较低时从窗户向外的热损失。同时，窗户应有较高的密封性。

集热蓄热墙把热量收集和蓄热集于一身，同样可满足建筑的部分热负荷。集热蓄热墙利用阳光照射到外面有玻璃罩的深色蓄热墙体上，加热玻璃和厚墙外表面之间的夹层空气，通过热压作用使空气流入室内向室内供热。室内的空气可以通过房间底部的通风口进入该夹层空间，被加热的空气则通过顶部的开口返回到室内。墙体的热量可以通过对流和辐射方式传递到室内。集热蓄热墙非常适用于我国北方太阳能资源丰富、昼夜温差比较大的地区，如西藏、新疆等，可大幅减少这些地区的采暖能耗。

美国国家可再生能源实验室利用了一种太阳能集热器加热新风技术来实现被动式采暖。通风管道入口安装有外置的带孔黑色金雷板构成的太阳能集热器。在冬季需要采暖时，冷空气流进太阳能集热器而被加热变成热空气送入建筑内部。与集热蓄热墙的原理比较类似。

采用被动式采暖技术的前提是建筑的密封性较高。对于外围护结构传热系数小于0.15 W/（$m^2·K$）的被动式房屋，当采暖负荷低于10 W/m^2时，通过带有热回收装置的新风系统加热新风以及建筑自身得热，即可以维持室内温度在20 ℃以上，不再需要常规的采暖。在夏季也足以抵抗太阳辐射不传到室内。

（六）建筑热质与相变材料

建筑热质是建筑中具有较大比热的材料，包括外墙、隔墙、天花板、地板、家具等能储存热量并随后释放的材料。热质可以通过热量的吸收和释放来缓解室内温度的快速变化，对冷热负荷起到削峰填谷的作用。要使热质的蓄热起到较好的节能效果，日温差应大于10 ℃。这种被动式节能技术特别适用于办公室等白天使用、夜晚通风冷却的建筑。较大的热质可以降低建筑的峰值负荷，从而可以使用较小的空气调节系统系统，减少设备的初始投资和运行费用。

相变材料蓄热技术利用相变材料储存并释放热量来降低建筑的冷热负荷。相变材料的作用和热质比较类似，但单位体积的相变材料的蓄热能力要远远大于建筑热质。

二、被动式节能建筑范例

被动式节能技术的基本原则就是能效。它的理念是在低耗能的条件下，得到极为舒适的生活环境。杰出的保温墙体、创新的门窗技术、高效的建筑通风、电器节能都是解决能效的基础。

（一）美国可再生能源实验室零能耗办公楼

美国国家可再生能源实验室零能耗办公楼位于科罗拉多州的戈尔登郊区，于2010年6月完工。其建筑面积为20600 m^2，属于单体建筑。该建筑旨在作为一个净能耗未来的蓝图，以推动建筑行业追求低能耗和净能耗。该建筑获得了LEED铂金级认证，被美国建筑师协会环境委员会评为2011年十大绿色建筑之一。

该建筑根据当地的气候、场地、生态进行设计，是对灵活、高性能工作场所渴求的直接回应，采用了许多被动式节能设计的综合策略。

该建筑外墙采用预筑混凝土隔热板，可以提供较大的热质，从而缓解室内温度变化，建筑的地板提升了0.3 m，下部的空隙用于电气系统走线和独立新风系统的管道。在建筑地板的抬升区采用混凝土构成的迷宫设计。迷宫可以储存热能，然后通过地板送风系统为建筑提供被动式供暖。

该建筑的窗户采用了多项被动式节能技术。东向窗户采用了热致变色玻璃，可减少冬季的热传递。南向窗户上半部分采用了百叶窗，可以把夏季高入射角的直射光变成30°向上的光投射到屋顶上，避免阳光直射进入建筑内部。南面窗户的下半部分采用了外遮阳和自动/手动调节窗户。外遮阳可以反射阳光并对下半部分的窗户进行遮挡。西向的窗户采用了电致变色玻璃，在傍晚的时候可以变色以减少得热或热损失。自动/手动调节窗户可以调节窗户的开闭以促进自然通风。

该建筑设计最大程度地利用自然光照明。每个办公位的最大高度为0.76 m，距离最近窗户的距离都小于9 m，从而所有的办公位都可采用自然光照明。建筑的办公区采用开放式吊顶把散射光引入建筑中心。另外，内墙的高反射涂料也可以最大化地利用自然光照明。

建筑在非空调季节充分利用自动/手动调节窗户来实现自然通风。在空调季节则关闭窗户采用独立新风系统送风，新风管道入口安装有外置的太阳能空气集热器。在冬季需要采暖时，冷空气流进带孔的黑色金属板集热器而被加热，热空气被吸进，布置在迷宫中的通风管道送入建筑内部，实现被动式供暖。

（二）中国建筑科学研究院近零能耗示范楼

中国建筑科学研究院近零能耗示范楼地上4层，建筑面积4025 m^2，于2014年7月正式落成并交付使用，是中美清洁能源联合研究中心在我国寒冷气候区的唯一示范工程。示范建筑集成展示了28项世界前沿的建筑节能和绿色建筑技术，可以达到全年空调、采暖和照明能耗低于25 kW·h/m^2，冬季不使用化石能源供热，夏季供冷能耗降低50%，建筑照明能耗降低75%的能耗控制指标。

项目设计原则为"被动优先，主动优化，经济实用"。其被动式设计体现在降低建筑体型系数、采用高性能围护结构体系及无热桥设计、保障气密性等方面。

示范楼围护结构采用超薄真空绝热板，将无机保温芯材与高阻隔薄膜通过抽真空封装技术复合而成，防火等级达到A级，传热系数0.004 W/(m^2·K)。外墙综合传热系数不高于0.20 W/(m^2·K)。示范楼采用三玻铝包木外窗，内设中置电动百叶遮阳系统，传热系数不高于1.0 W/(m^2·K)，遮阳系数小于0.2。四密封结构的外窗，在空气阻隔胶带和涂层的综合作用下，大幅提高门窗气密、水密及保温性能。中置遮阳系统可根据室外和室内环境变化，自动升降百叶及调节遮阳角度。示范楼还建有屋顶花园（绿色屋顶）和垂直绿化，不但美观，而且能有效降低建筑能耗。

在以上的示范建筑中，不仅使用了低成本的被动式节能技术，也使用了一些新的高科技技术。需要注意的是，被动式节能技术不应是高科技和高价材料的堆砌，而是要充分利用当地的资源和建筑传统，使其可以让公众消费得起，真正得到推广普及的技术。

第五章　绿色建筑与新能源技术

随着技术的发展，能源的消耗呈现快速增长的趋势。19世纪后半叶，人类从以木料为主要能源过渡到煤炭；20世纪中期，进入石油时代，人均耗能量与经济因素直接相关，气候、人口密度、工业类型等因素也起着重要作用。在全球面临能源危机的形势下，理清当前的能源资源状况，才能够把握将来的能源发展趋势。

第一节　绿色建筑与可再生能源

一、全球能源资源概况

（一）能源分类

能源资源是指为人类提供能量的天然物质。它既包括煤、石油、天然气、水等传统能源，也包括太阳能、风能、生物质能、地热能、海洋能、核能等新能源。能源资源是一种综合的自然资源。

能源有各种不同的分类方式。根据人类开发利用历史的长短，可分为常规能源和新能源；根据能源消耗后是否可恢复供应的性质，可分为不可再生能源和可再生能源；根据是否经过转换利用，可分为一次能源和二次能源。一次能源是从自然界直接取得可直接利用的能源，如传统的化石燃料（如原煤、原油），也包括一些可再生能源（如水能、风能、太阳能等）。二次能源是指由一次能源经过加工转换以后得到的能源，如电力、蒸汽、汽油、柴油、酒精、沼气等。

从上面的分类可见，各种分类方法有所交叉。以可再生能源为例，它属于一次能源，除上述的水能、风能、太阳能之外，还包括生物质能、地热能和海洋能。新能源相对于常规能源，定义为新近发现和开发利用的，相关技术可能尚未成熟而有待研究发展的能源，如核能、油页岩等。油页岩属于非常规油气资源，因储量丰富和开发利用的可行性而被列为 21 世纪非常重要的替代能源，它与石油、天然气、煤一样都是不可再生的化石能源，可再生能源中除了水电之外基本都属于新能源。近年来，规模最大的新能源供应当属非常规油气资源，非常规油气资源开发主要出现在高度竞争的北美能源行业。按照英国石油公司（BP）2014 年世界能源统计年鉴，如果把十年前尚不存在的燃料定义为"新燃料"，那么各种"新燃料"的总和，包括各种可再生能源，在 2013 年度的全球一次能源生产增长中的比重高达 81%。

（二）能源储量

根据上述趋势我们可以看到，虽然新能源、"新燃料"在近年的全球能源供应中比重增长最快，但石油、煤炭、天然气仍然是世界上最重要的能源，迄今为止三者之和仍超过一次能源供应总额的 80%。如果将天然气凝析油、天然气液体产品（NGL）的储量数据计算在内，并加上原油储量，那么石油是地球上储量最丰富的常规能源。

（三）能源消费

进入 21 世纪的第二个十年，在全球经济增长放缓的背景下，全球能源消费增速总的来说呈下降形势。如 2012 年，全球一次能源消费增长 1.8%，远低于过去十年 2.6% 的平均增速，2013 年全球一次能源消费增长 2.3%，仍低于过去十年 2.5% 的平均增速，从区域来看，除了个别区域如 2012 年的非洲、2013 年的北美地区，其他地区的一次能源消费增速也低于历史平均水平。2013 年，石油仍是全球主导燃料，占全球能源消耗的 32.9%，但石油的市场份额自 2000 年后连续下滑，达到 50 年来的最低值。全球能源消费的净增长主要来自新兴经济体，中国保持了最大的能源消费净增量。欧盟及日本的能源消费量跌至近 20 年来的最低值。

2013 年世界石油产量增长仅为 0.6%，即 55 万桶/日，低于全球石油消费增幅的一半，虽然新兴经济体贡献了净增长，美国仍然是石油消费和生产的最大增长国。2013 年全球石油消费增长 1.4%，即 140 万桶/日，与历史平均值持平。中国自 1999 年以来成为全球石油消费的最大增量国，但这一地位在 2013 年被美国取代。2014 年迄今为止，由于美国需求的增长幅度减小及中国需求的进一步放缓，全球石油需求增长减速。

同样，2013 年世界天然气产量增长 1.1%，远低于过去十年 2.5% 的平均生产增长率。其中美国保持了世界主要生产国的地位，俄罗斯和中国的天然气共同达到最大的生产增量，天然气消费方面，2013年增长率为1.4%，低于历史平均值2.6%，最大消费增量国为中国和美国，占81%的全球消费增长量。天然气已占据23.7%的一次能源消费总量。

2013年全球煤炭产量增长仅为0.8%，中国达到其自2000以来的最小生产增长率，仅为1.2%。近年来煤炭消费增长趋缓，连续低于过去十年的平均水平，如2013的增长率为3%，低于过去十年3.9%的平均水平，但煤炭仍是消费增速最快的化石燃料。非经合组织国家的煤炭消费增长3.7%，低于历史平均水平，仍占据全球增长的89%。尽管中国煤炭消费增长绝对值为2008年来最低，但仍占全球煤炭消费增长的67%。煤炭在全球一次能源消费中所占比重为30.1%，达到了1970年以来的最高水平。

全球核能发电量在日本福岛核电站事故后经历了连年下降，2013年重回增长态势，但仅为0.9%，核能发电增长主要出现在美国、中国和加拿大。日本仍处于下降趋势，下降率为18.6%，自2010年以来已减少了95%的核电。总体上，核电在能源消费中的比重降到1984年以来的最小值，仅占全球能源消费的4.4%。

2013年全球水力发电量增长2.9%，低于历史平均水平，以中国和印度为主，亚太地区占78%的全球水电增长量。水力发电量占全球能源消费的6.7%，也是有史以来的最高份额。2013年可再生能源在发电和交通方面持续增长，在全球能源消费中所占比例从十年前的0.8%升至2.7%。用于发电的可再生能源增长16.3%，其发电量占全球发电总量的5.3%，而占全球能源消费量的2.2%，相当于水电的1/3。中国贡献了可再生能源利用的最大增量，美国次之。风力发电(+20.7%)再次占全球可再生能源发电量增长的一半以上，太阳能发电增长更为迅速(+33%)，但其基数较小。全球生物燃料生产增长6.1%，低于历史平均水平，巴西和美国为生物燃料的最主要生产国。

（四）能源价格

市场经济的能源价格受供求关系的影响，而供求关系中的供或求的变化都可以导致能源价格的突然变化。能源危机（通常涉及石油、电力或其他自然资源）是指因为能源供应短缺、价格上涨而影响经济。例如，电力生产价格的上涨导致生产成本的增加；石油产品价格的上涨增加了交通工具的使用成本，降低了消费者的信心。但是在有些情况下，危机可能是市场的流通不畅而导致，如一些经济学家认为价格控制在1973年的能源危机加剧状况中起了重要作用。因此，合理运用能源的价格政策可促进生产，鼓励节约，使能源尽可能地获得充分、合理、有效的利用。

煤炭价格连续两年在所有地区都下滑，其余能源价格除北美地区外，在其他地区均呈上升态势。布伦特原油作为国际原油价格基准，其年均价格自 2009 年来节节攀升，直到 2014 年才略有放缓，但基本保持着最高纪录——连续三年在每桶 100 美元以上。美国石油产量自 2011 年以来持续走高，使得美国西得克萨斯轻质原油比布伦特原油的价格要高，且近三年的价差尤为显著。

天然气价格连年波动，2012 年，欧洲和亚洲的天然气价格有所上涨，但北美的天然气产量的增长使得其价格下跌，2013 年，天然气价格在北美和英国上涨，但其余地区均下跌。总体情况类似于世界原油价格，北美天然气价格仍明显低于世界其他地方，尽管这一差距在缩小。

（五）能源和碳排放

人类活动导致了温室气体的排放，其中最主要的来源是能源消耗，另外一小部分来源于农业（主要为家畜和作物栽培中产生的甲烷和水，以及非能源消耗的工业过程中产生的氟化物气体和一氧化二氮）。也就是说，以燃料燃烧产生二氧化碳为主的能源消耗排放，占据了全球温室气体人为排放来源近 70% 的份额。

全球经济的不断增长导致了能源需求的不断增加，2012 年全球一次能源总供应是 1971 年的两倍多，主要依赖于化石燃料的增长。可以看到化石燃料仍是占据世界能源供应的主导地位。尽管非化石能源（如核能和水能）也在逐渐增长，但相对来说在过去 40 多年，化石燃料占世界能源供应的比重几乎不变，在 2012 年达到了 82% 的全球一次能源供应量。

二、可再生能源的利用

为满足全球经济发展的需要，无论从发展的可持续性，还是地缘政治对能源安全的影响等因素来看，开发和利用可再生能源成为一种必然趋势。虽然 2008 年经济危机后的全球经济尚未走出衰退的阴影，但可再生能源仍保持了高速发展态势，特别是太阳能和风力发电。发展可再生能源已经逐步成为国际社会的一项长期战略，可再生能源市场规模在逐步扩大。

（一）发展可再生能源的必要性

当今全球能源生产和消费模式是不可持续的，一是化石能源终将耗竭，二是引起的环境变化将不可逆转。

美国地球物理学家哈伯特在20世纪中叶发现矿产资源的"钟形曲线"规律，提出石油等资源的峰值理论，即化石燃料作为可耗竭资源，世界各地的产量都会有一个最高点，过了这个峰值点后，该地区的化石燃料资源产量将不可避免地下降，哈伯特对美国石油产量的预测是，到20世纪70年代早期达到峰值，显然这个预测不符合事实。虽然对哈伯特理论的科学性存在不同看法，但至少从目前的能源数据统计上看，化石燃料可探明储量在近年来都呈现增长趋势，仅以过去的十年而论，石油和天然气在全球的探明储量分别增加27%和19%，其产量增幅分别为11%和29%，煤炭在亚太地区的产量在近十年中急剧上升。鉴于研究方法及工具的不同，峰值时间的预测存在争议，故目前的问题不再是化石能源产量是否存在峰值，而是何时到达峰值的问题。随着能源需求量的增大，产量提高，化石能源终究会走向稀缺并耗竭，并且随着价格上涨，人们不得不减少对可耗竭能源的需求，促进节能和替代能源的发展。

此外，工业革命以来，化石能源的广泛使用，特别是煤炭和石油在能源结构中的比重极高，带来了严重的负面效应，主要包括环境污染和全球气候变化。20世纪五六十年代，烟尘、二氧化硫笼罩在工业大城市的上空，导致许多人患上呼吸系统疾病；20世纪70年代，汽车排出的尾气，未完全燃烧的汽油及其所含的铅具有更大毒性；大型热电站的发展又引发了"热污染"等新问题。使用化石能源排放了大量的温室气体，造成全球气温上升和气候变化，导致了各种极端天气、冰川消融、海平面上升和物种灭绝等的发生。

气候科学家观察到，大气中的二氧化碳体积浓度在工业革命前相当稳定，但在那之后的几个世纪中，该浓度一直在显著上升。甲烷和一氧化二氮的水平也显著增长。联合国政府间气候变化专门委员会（IPCC）是由世界气象组织（WMO）和联合国环境规划署（UNEP）于1988年联合建立的联合国政府间机构，是国际上公认的气候变化科学评估组织。IPCC第五次评估报告（2013年）指出，温室气体浓度增高所带来的影响可能不是立刻显现的，其浓度的稳定是由气候系统、生态系统和社会经济系统相互影响、相互作用决定的。即使大气中二氧化碳浓度稳定后，人类活动产生的全球变暖和海平面上升也将持续数个世纪，因为气候变化过程和反馈对应于这样的时间尺度，可以说相对于人类生命周期，气候系统中的某些改变是不可逆转的。

鉴于二氧化碳在大气中漫长的生命周期，欲将温室气体的浓度值稳定于任何一种水平，都需要从目前的水平上大大削减全球二氧化碳的排放量。联合国气候变化框架公约（UNFCCC）提供了一种模式，由各国政府间合作，共同应对气候变化带来的挑战。该公约的最终目标是将温室气体浓度稳定到一个水平上以阻止人类活动被干扰并危及气候系统。公约缔约方进一步认识到，为了将全球平均温度的提高控制在工业化前水平之上的 2 ℃以内，必须做到更大幅度地削减温室气体的全球排放量。这就是当今世界向低碳型发展的必要性。

传统观念认为，工业化国家排放了绝大多数的温室气体。但近年来，发展中国家的排放比重超过了工业化国家，并持续迅速上升。发展低碳型社会需要全球所有国家的共同努力，将工业化国家能源供应低碳化，将发展中国家纳入低碳发展的轨道。环境的恶化和气候的变化已成为全球各个国家亟待解决的问题，而开发和利用可再生能源是解决这些问题的重要途径。自 20 世纪中叶，一些国家（如法国、俄罗斯）为了减少对化石能源的依赖，重视核能的开发利用，根据国际能源署（IEA）和国际原子能机构（IAEA）的统计资料，至 2012 年底，全球核能发电量达到总发电量的 10.9%。

尽管核能资源较为丰富，体积小，能量高，发电成本低，污染小，但历史上由于人为因素或自然灾害导致放射性物质大量泄漏的事故，给生态环境和人类造成了毁灭性的灾难，并且使核工业遭到沉重打击。1986 年苏联切尔诺贝利核泄漏事件曾一度使欧盟全面停止新建核电站，后来迫于能源紧张形势，部分国家才重新启动核能利用。2011 年日本发生 9.0 级地震，由地震引发的福岛核电站事故再次引起全球的广泛关注，一时间反核呼声高涨，次年全球核能发电量下降 6.9%，日本核能发电量下降 89%，占全球降幅的 82%。2012 年核能发电占全球能源消费的 4.5%，2013 年这一比例继续下降至 4.4%，连创 1984 年以来的最低比例。在这种局面下，开发和利用可再生能源显得更为需要与迫切。

化石能源的枯竭、核能利用的不安全性都说明了能源供应应该是多样化的。能源供应的多样性，主要涉及能源资源种类的多样性、进口来源的多样性和过境运输的多样性，这是保障能源安全的最直接方式。能源资源在全球分布的不均匀性、稀缺性和化石能源的不可再生性决定了能源的地缘属性。对于能源资源匮乏或种类不平衡、依赖进口的国家来说，具有受制于他国的政治风险，其能源安全与地缘政治紧密联系，面对严峻的能源地缘政治形势，许多国家和地区采取了一些战略措施，如欧盟，加强成员国之间的合作，创建共同能源市场。当然，更重要的措施是发展可再生能源。发展各种可再生能源对于增加能源供应多样性、增加能源供应体系的安全性具有重要的作用。

自然界提供了丰富的、多种多样的可再生能源，为人类社会持续稳定的发展奠定了物质基础。长久以来，由于技术条件的限制，可再生能源的利用受到诸多限制，但随着技术的进步，政府激励政策的出台，可再生能源的开发和利用将逐步成为绿色能源的支柱。

（二）可再生能源的种类

可再生能源是能源体系的重要组成部分，在地球上分布广、开发潜力大、环境影响小，相对于人类生命周期来说可再生利用，因此有利于人与自然的和谐发展。

1. 风能

风力发电在各种可再生能源中技术最为成熟、产业发展最快，经济性最优。陆上风机已经能够适应复杂气候和地理环境，海上风机（离岸风机）也逐渐向深海发展。

受全球经济危机的影响，2013 年新增装机容量 3529 万 kW，不及前四年每年的新增装机容量，结束了自 1996 年以来连续增长的态势。但截至 2013 年底，全球累计装机容量已超过 3.18 亿 kW。全球 87 个国家和地区拥有商业化的风力发电项目。中国和美国累计装机容量遥遥领先，分别达到 9141 万 kW 和 6109 万 kW。欧盟 28 国累计装机容量达到 1.17 亿 kW。

世界风电大国仍主要集中在亚洲和欧美地区，但近年来其他国家的风电装机容量也在不断上升，所占全球比例也在逐年上升。欧盟除了整体装机容量居于世界之首外，在离岸风电的装机容量上也占据绝对优势比例。随着风电技术的发展，风电机组单机容量和风轮直径持续增大。在土地资源普遍紧张的情况下，陆上大功率风机具有占地面积更小、安装数量更少、维护效率更高等优势。在风力涡轮形式上，水平轴风电机组是大型机组的主流机型，几乎占有市场的全部份额。垂直轴风电机组由于风能转换效率偏低，结构动力学特性复杂和启动停机控制上的问题，尚未得到市场认可和推广，但垂直轴风电机组具备一些水平轴机组没有的优势，学术界一直在对其进行研究和开发。另外，随着电子技术的进步，在兆瓦级风电机组中已广泛应用叶片变桨距技术和发电机变速恒频技术。在德国新安装的风电机组中，直驱变速恒频风电机组占有率近半，这种无齿轮箱的机组能大大减少运行故障和维护成本，在中国也得到了应用。此外，利用高空中的风力发电的空中风力涡轮机已经在一些前沿科研机构中研制。

小型（<100 kW）风机产业也在继续成熟，全球数百家制造商拓展了经销商网络，并提高了风机认证的重要性。独立的小型风机的使用越来越多，

应用范围包括国防、农村电气化、水泵、电池充电、电信和其他远程利用。离网和微网应用在发展中国家比较流行。虽然许多国家已经在使用一些小型风机,但主要装机容量仍集中在中国和美国,据估计,至 2012 年底两个国家的容量分别是 274 MW 和 216 MW。

现存风电场的更新改造近年来也在不断发展。在提高电网兼容性、减少噪声和鸟类死亡率的同时,在实现技术改进和提高产量的愿望的驱动下,用更少、更大、更高、更有效、更可靠的风机替换老旧风机。政府激励机制的出台也是驱使风场改造的因素。

为保证风能利用行业的良好发展,风电大国在管理上各有不同的政策措施。中国对风电的管理进入细化管理阶段,2011 年中国政府出台了 18 项行业技术标准,加强风机的质量管理,明确并网技术规范;同年国家能源局出台了《风电开发建设管理暂行办法》;风电产业被列入"十二五"能源发展规划。美国大部分州实行强制配额政策,对电力销售商所销售电力的可再生能源发电比例做出明确规定,积极推动美国风电产业的发展。德国累计装机容量排名世界第三,保持欧洲地区的领先地位。2011 年,德国政府决定在十年后关停所有核电站,修订了《可再生能源法》,制定了各阶段的电力消费来自可再生能源的百分比,尤其对离岸风电装机容量给出具体目标。

2. 太阳能

太阳能的利用分为太阳能光伏发电(PV)、聚光太阳能热发电(CSP)、太阳能热利用三个主要方面。此外,太阳能光热混合利用系统也得到了研究和发展。

(1)太阳能光伏发电

近年来,在世界主要消费市场的带动下,太阳能光伏发电市场和产业规模持续扩大,光伏发电的技术水平也在不断提高,市场经济性进一步改善,但行业竞争也更加激烈,同时各个国家也不同程度地削减了产业补贴力度。2013 年太阳能光伏发电市场新增装机容量大于 39 GW,超过当年风电的新增容量,累计容量已达 139 GW。而中国创造了一个 12.9 GW 的全年新增装机的纪录,占了近 1/3 的全球新增装机份额,日本和美国分列新增容量的第二、第三位。在一些国家,特别是欧洲,光伏发电已起到实质性的作用。而日渐降低的生产和安装价格开拓了新的光伏发电市场,从非洲、中东到亚洲和拉丁美洲,随着光伏系统数量和规模的增大,商业利益持续增长。在持续了两年的低迷过程中,由于产能过剩导致了光伏组件价格的下降,许多组件制造企业出现了利润的负增长，虽然在 2013 年光伏产业开始回暖，但市场前景仍极具挑战性，特别是在欧洲。随着生产成本继续下降，太阳能电池效率也逐渐提高，光伏模块价格稳定，部分生产商开始扩大生产能力以适应市场需求的提高。

太阳能光伏电池的技术水平不断提高。晶体硅太阳能电池占据市场最大份额，一直在 80% 以上。未来的技术进步主要体现在新型硅材料研发制造、电池制造工艺和生产装备技术的改进、硅片加工技术提高等方面。预计 2020 年商业化单晶硅电池组件效率有望达到 23%，2030 年有望达到 25%，商业化多晶硅电池组件效率也将有不同程度的提高。

由于晶体硅制造业的标准化、合理化以及较低的硅价格，2010 年以来太阳能薄膜电池制造商面临着巨大的挑战，一些公司因此破产或者退出行业，薄膜电池市场占有率在近五年呈下降趋势。未来薄膜电池技术发展将主要依赖于电池制造工艺的进步、集成效率的提高、生产规模的提升等。

2009 年科学家发现，钙钛矿型光吸收剂的特性将在光伏领域表现出良好的前景，有关钙钛矿型太阳能电池的研究已在部分科研机构中进行。在 2012 年和 2013 年期间，钙钛矿型材料效能得到了显著的提高，尽管这些技术在进入市场前仍需克服巨大的挑战，但在高性能而廉价的太阳能电池发展方向上又前进了一步。

光伏系统组件中，为了更好地实现对电网管理的支持，太阳能逆变器的产品设计越来越复杂。而降低光伏系统成本的需要也对逆变器等平衡系统的技术提出了更高的要求，意味着逆变器制造商将承受更大的降价压力。

（2）聚光太阳能热发电

聚光太阳能热发电又称聚焦型太阳能热发电，是集热式的太阳能发电系统。它使用反射镜或透镜，利用光学原理将大面积的阳光汇聚到一个相对细小的集光区中，集中的太阳能转化为热能，热能通过热机（通常是蒸汽涡轮发动机）做功驱动发电机，从而产生电力。

自 20 世纪 70 年代欧洲共同体委员会开始对太阳能热发电进行可行性研究以来，20 世纪 80 年代初意大利首先建成了兆瓦级塔式电站，接下来的十年美国也有数十座太阳能热发电站投入商业化运行。随后直至 21 世纪初，欧洲一些国家启动的太阳能热发电激励政策重新带动了太阳能热发电市场的复苏。截至 2013 年底，全球已经建成投入使用的太阳能热发电装机容量达到 3425 MW，当年新增装机容量接近 900 MW，西班牙和美国继续保持全球市场绝对主导地位。聚光太阳能热发电市场在亚洲、拉美、非洲和中东地区继续发展，2013年新增装机国有阿联酋、印度、中国、阿尔及利亚、埃及、摩洛哥、澳大利亚和泰国，南非也是活跃的市场，科威特为一个50 MW的聚光太阳能热发电厂启动了招标程序。沙特阿拉伯宣布，计划至2023年在超过50 GW的可再生能源项目中，25 GW将来自聚光太阳能热发电项目。全球市场正在加速向日照强烈、高直射区域的发展中国家扩张。

现有及新增发电设施中，以抛物槽技术为主，塔式中央接收器技术所占比例也在增长，菲涅尔抛物面天线技术依然处于初始发展阶段。由于系统效率随温度升高，实践经验表明大规模发电厂具有成本降低的倾向，因此许多在建的发电厂规模越来越大。另外，通过完善设计，改进制造和施工技术，聚光太阳能热发电的成本也将不断降低。在聚光太阳能热发电系统中设置热能存储装置，能在太阳能不足时将储存的热能释放出来以满足发电需求，这种储热系统对太阳能热发电站连续、稳定的发电发挥着重要作用。

聚光太阳能热发电的另一个技术发展趋势是混合发电，以及在煤、天然气和地热发电的工厂中用于提高蒸汽产量。美国国家能源部可再生能源实验室（NREL）等对聚光太阳能与地热或天然气的集成发电系统进行了研究；澳大利亚的一个在建的44 MW太阳能工程，预计在建成运营时，将能够辅助现有的以燃煤为基础的蒸汽发电系统。

另外，聚光太阳能热发电技术仍然面临着来自太阳能光伏发电技术和环境问题的强大竞争与挑战。太阳能光伏发电成本的降低所带来的巨大竞争导致了许多聚光太阳能热发电厂的关闭。2018年在美国，有几个CSP发电厂被延期或转换为太阳能光伏发电，甚至倒闭。但设置热能存储装置的CSP系统，由于能提高系统发电效率、稳定性和可靠性并且降低发电成本，仍然具有一定的竞争力。特别是对作为储热装置中的合成油、融熔盐等的研究，开发了一系列替代产品，如三元盐、石墨存储、陶瓷存储。西班牙Gemasolar发电厂的热能存储系统能连续36天不间断发电，显示了这种系统的潜力。沙特阿拉伯和智利等新兴市场已经对热能存储系统进行强制规定。

（3）太阳能热利用

太阳能热利用技术是应用最成熟、最广泛的可再生能源技术之一，主要应用于水的加热、建筑物的供暖与制冷、工农业的热能供应等领域。

近年来太阳能热利用的发展十分迅速。国际能源署的太阳能制热和制冷部2014年度报告，来自58个国家约占全球95%的太阳能热利用市场的数据表明，2012年新增太阳能热装机容量52.7 GW，相当于新增集热器安装面积7530万 m^2。至2012年底，这58个国家的太阳能热利用运行的装机容量为 269.3 GW，相当于集热总面积 3.847 亿 m²，仅次于风电的装机容量。另据 21 世纪可再能源政策网络（REN 21）的统计数据，2013 年底全球太阳能热装机容量已达 326 GW。

世界最主要的装机容量在中国，为 180.4 GW；其次为欧洲，为 42.8 GW，两者共占据了全球 83% 的份额。

在人均拥有太阳能热水集热器方面，地中海岛国塞浦路斯仍保持领先地位，每千人拥有 548 kW，其次为奥地利，中国每千人拥有 134 kW，位列第九，可见太阳能利用上的差距，以及太阳能利用对于岛国的重要性。

太阳能热水集热器有很多分类方法，根据不同的集热方法可分为非聚焦型集热器和聚焦型集热器；根据不同的结构可分为平板型集热器、真空管集热器；根据不同的工作温度范围可以分为低温集热器、中温集热器和高温集热器。此外，区别于上述以水或其他液体做热媒的集热器，以空气为热媒的称为空气集热器。

平板型集热器承压性能好，适用于强制循环的热水系统；真空管集热器性价比高，适用于户式分散的小系统，常用自然循环方式；还有一种无盖板的平板型集热器，结构简单，造价低，属于低温集热器，适用于游泳池热水系统。至 2012 年底全球累计运行的各类集热器中，真空管集热器仍为市场主力，接近全球 2/3 的比例，平板型集热器约占 1/4，其余为少数的无盖板盲平板型集热器和空气集热器。从全球范围看，三种集热器产品有明显的地区分布，中国 90% 以上的系统采用真空管集热器，欧洲 90% 以上的系统采用平板集热器，美国和澳大利亚以无盖板集热器为主。

另外，按照太阳能热水系统的循环方式不同，可分为自然循环系统和强制循环系统，国防上又称为虹吸式太阳能热水系统和水泵太阳能热水系统。根据国际能源署太阳能制热和制冷部的统计，全球的太阳能热水系统 3/4 为自然循环系统，其余 1/4 为强制循环系统；在 2012 年新增的系统中，89% 的系统属于自然循环系统，这也是由自然循环系统为主导的中国市场决定的。一般来说，国际上自然循环系统多用于温暖地带，诸如非洲、拉丁美洲、南欧和地中海地区，与中国采用真空管集热器为主的情况不同，这些地区的自然循环系统大多结合平板型集热器。这两种太阳能热水系统大多数用于家用热水，通常能满足 40%～80% 的需求量。另外，适用于宾馆、学校、住宅或其他大型公共建筑群的大型热水系统，成为太阳能热利用的发展趋势，这种系统往往提供生活热水供应以及室内供暖，在欧洲中部国家较为普遍。

近年来世界上出现越来越多的兆瓦级规模太阳能热利用系统。截至

2013年6月的统计显示，最大系统在南美的智利，装机容量为32 MW，采用了39300 m² 的平板型集热器和4000 m³ 的佬热器，预计年输出热量51.8 GW·h，能够满足当地铜矿提炼生产用热需求的85%。另外，丹麦也将兆瓦级太阳能热利用系统用于区域集中供热，沙特阿拉伯将大规模太阳能热利用系统与集中供热网络相连，以提供一个大学校园的采暖和生活热水。加拿大、美国、新加坡、中国还有许多欧洲国家也建立了类似的大规模太阳能热利用系统以满足生活或工业生产需求。目前主要的工业应用包括食品加工、烹饪和纺织品制造。这些不同的应用以及不同的生产工艺要求不同的供热温度，需要采用不同的集热器，包括从空气集热器（50 ℃以下）、平板或真空管非聚焦型集热器（200 ℃以下）到聚焦型的抛物线槽式、蝶式和线性菲涅尔式集热器（最高可达400 ℃）。

太阳能热利用系统可结合各种备用热源，其中与地源热泵或空气源热泵结合的混合系统在欧洲越来越受欢迎；结合生物质热源的区域，供热系统也有所发展，欧洲国家尤其对这些混合系统的市场兴趣浓厚。至2014年初，已有超过130个太阳能热泵混合型强制循环系统用于提供生活热水和采暖，这些系统主要来自80个以上的生产企业（主要在欧洲）。还有大约来自12个国家的30个生产商在制造各种各样的光伏光热混合型太阳能集热器，用于同时满足电力和热能的需求。

太阳能制冷、空调是太阳能的另一种热利用方式，常见的有利用光热转换驱动的吸收式制冷和吸附式制冷系统，还有较少应用的太阳能蒸汽喷射制冷系统和热机驱动压缩式制冷系统。另外，利用太阳能光电转换产生的电能驱动的常规压缩式制冷系统成本较高，应用尚未得到推广。太阳能在除湿空调中的应用是通过太阳能集热器提供除湿溶液或除湿转轮再生的热量，与制冷系统相对独立，但能使整个系统合理分担潜热和显热负荷，提高整个系统的节能潜力。

太阳能制冷系统的成本在不断下降，2007—2012年下降了45%～55%。2013年以来太阳能制冷机组更丰富和多样化，行业标准也在完善。至少两家欧洲企业开发了制冷量5 kW以下的小型机组。

2004—2013年，太阳能制冷市场显示出不断增长的趋势，增长率在2007—2008年达到32%，却在2012—2013年降为11%。到2013年底，全球约有1050个安装运行的太阳能制冷系统，包括不同规模和不同的形式，其中80%的系统在欧洲，尤其是在西班牙、德国和意大利。大多数系统采用了平板型和真空管集热器，相比之下，印度、澳大利亚和土耳其的一些系统采用了聚焦型集热器驱动的吸收式制冷。

总的来说，集中供热网络、太阳能空调和太阳能工业用热工艺目前仅占全球太阳能热利用容量的1%。此外，太阳能在水处理和海水淡化方面存在大量未被开发的潜力，这些方面的研究和市场空白有待填补。

3. 地热能

地热资源是指能够为人类经济开发和利用的地热能、地热流体及其有用组分，包括浅层地热能和地心热。浅层地热能主要来自太阳辐射，蕴藏在地表至深度数百米范围内岩土、地下水和地表水中，温度一般低于25℃，通过热泵技术可将这种低品位的能源提取加以利用，可供建筑物内的空气调节。而地心热是来自地球内部的一种资源，主要是由一些地球内部半衰期很长的放射性元素如U238、Th232和K40衰变产生的热能，传到地表，一般来说温变高，可直接利用或用于发电，分布于地热田或深度数千米以下的岩体中。虽然世界地热资源蕴藏量大且分布很广，但精确判断地热总资源量却不容易，因为该资源绝大部分深藏于地表之下，且随着开发和鉴定地热技术的创新和成本的降低，新的资源和容量将不断被发现。

地热能利用包括直接热利用、地源热泵利用和地热发电三个方面。地心热利用一方面是地热流体的利用，即地热流体的发电（温度 >130℃）或直接热利用（温度≤130℃）。另一方面在于利用深度3～10 km热岩体中巨大的地热能潜力，可采用增强型地热系统（EGS）发电。增强型地热系统发电潜力大小主要取决于钻探可达深度上的热储存量，恢复因子和允许温降。国际能源署的地热实施协议执行委员会年度报告中估计，全球每年平均地热能利用的30%为直接热利用。国际能源署还预估，到2050年，装机容量大约为200 GW（一半来自地热流体发电、一半来自增强型地热系统发电）。地热电厂每年将产生大约1400 TW·h的电量，占全球发电量的3.5%，并减少了每年 7.6×10^8 t的二氧化碳的排放量。在直接热利用方面，到2050年，将达到每年1600 TW·h，约占计划热能需求量的3.9%。

由于数据统计来源和国家不同，来自21世纪可再生能源政策网络的报告和国际能源署地热实施协议执行委员会的估计有所不同。根据《可再生能源2014全球现状报告》，2013年地热能利用共计约有167 TW·h（不含地源热泵的输出），其中约有76 TW·h为发电输出，其余91 TW·h为直接热能利用。一些地热厂既发电，又将地热输出用于各种供热。2013年的净增地热发电装机容量约465 MW，增速达4%。全球总容量达到12 GW。

地热直接利用不包括热泵,而是指直接利用地热供热和冷却,最主要的方式是采暖、生活热水供应、泳池供热、生产工艺热、水产养殖和工业烘干。地热直接利用的国家集中在少数拥有良好地热资源的国家,如冰岛。另外,日本、土耳其和意大利也盛行利用地热的温泉浴。中国仍然是地热直接利用量最大的国家,从 2009 年的 13 TW·h 到 2011 年的 45 TW·h,占世界产量的 20%～50%。在欧洲近年来很多领域都在努力提升地热直接利用,特别是浴疗领域,如温泉、游泳池等。

地源热泵的利用在许多国家快速增长,2013 年累计装机容量达到约 91 GW。热泵是通过外部能源(电力或热能)的驱动,使用制冷/热泵循环将热能从冷源/热源向目标进行转移,冷热源可以是蓄存低品位热能的土地、空气或水体(如湖泊、河流或海洋)中的一种。地源热泵以土壤作为冷热源,为住宅、商业和工业应用提供冷暖空调和生活热水。依据热泵自身的内在效率和其外部的操作条件,可以提供数倍于驱动热泵能耗的能量。一个现代电力驱动的热泵的典型输出输入比例为 4∶1,即热泵提供的能量为其消耗的能量的 4 倍,这也被称为制热能效比 4。增加的能量被认为是热泵输出的可再生部分,即以能效比 4 运行的热泵的可再生部分在最终能源的基础上占到 75%。然而,在一次能源的基础上可再生的比例所占份额要低一些。例如,由热电厂的电力驱动的热泵,按发电效率 40% 计,4/(1/0.4)=1.6,为最终消耗的一次能源的 1.6 倍。因此,对于电力驱动的热泵,整体效率和可再生成分依赖于发电效率与产生电力的一次能源种类(可再生能源、化石燃料或核能)。如果一次能源全部来自可再生能源,那么热泵的输出也全部为可再生的。

2009 年,欧盟委员会针对热泵输出设定了标准计算方法,用以计算可再生能源部分的输出量。这个算法既考虑了热泵本身的运行效率(须考虑性能系数的季节性变化),又参照了整个欧盟一次能源输入电力生产的平均效率。此方法计算出的最终能源净输出将会超出用于驱动热泵的一次能源量。2013 年 3 月,欧盟委员会颁布了其他适用规则,包括针对各种热泵的特定气候的平均等效满负荷运行小时数和季节性性能因子的默认值,最终确定了电力驱动型热泵的默认值最小为能效比 2.5。

全球热泵市场、装机容量和输出量的数据很零散并且范围有限。《可再生能源 2014 全球现状报告》提供了全球 2013 年地源热泵累计装机容量,并且给出了输出量的预计值,通常欧洲的调查数据更新较为及时,其他地区的更新滞后。但欧洲的热泵系统以空气源热泵为主,占据市场的绝大部分。截至2008年，欧洲热泵市场稳步增长，但2011年的几年已表现出相对停滞状态，实际上发生了整体的收缩。由于空气源热泵的效率和经济性不断提高，在新建建筑中，热泵正在由地源型向空气源型转变，地源热泵对大型和超大型建筑物更具吸引力，但在单户住宅中的应用有限。总的来说，热泵已经在欧洲供热系统安装中达到了一个相对稳定的15%的份额。

热泵最显著的趋势是用于互补混合系统，这将集成多种能源资源（如热泵与光热或生物质）用于多种热利用。区域供热工程对大型热泵的使用也越来越广泛。

4. 生物质能

生物质是指植物和动物（包括有生命的或已死亡的）以及这些有机体产生的废物和有机体所在的社会产生的废物。生物质能是太阳能以化学能形式储存在生物中的一种能量形式，它直接或间接地来源于植物的光合作用，是以生物质为载体的能量。简单地说，生物质能就是生物质中储存的化学能。化石燃料可以说是包含了远古时代植物的生物质能，但它们不是新近产生的生物质，当然属于不可再生的。所以，所谓的生物质能、生物质、生物燃料（从生物质制取的燃料）是不包括化石燃料的。生物质能也是唯一可再生的碳源，是目前应用广泛的可再生能源。生物质能除了可再生性、低污染性，还具有广泛分布性和可制取生物质燃料的特点。生物燃料有液态的，如乙醇、生物柴油、各种植物油；还有气态的，如甲烷；以及固态的，如木片和木炭。

人类利用生物质能具有悠久的历史，如传统的炊事、照明、供暖等。用作能源的生物质总量中约有60%属于传统生物质，包括薪材（部分转变为木炭）、农作物剩余物和动物粪便。这些生物质由手工收集，通常会被直接燃烧或通过低效炉灶用于烹饪和取暖，有些也会用于照明，特别是在发展中国家，属于分布式可再生能源。其余的生物质被用作现代生物能源。现代生物质能源是由多种生物质资源生产而成的多样能源载体，这些生物质能源包括有机废弃物、以能源为目的种植的作物和藻类，它们能提供一系列有用的能源服务，如照明、通信、取暖、制冷、热电联产和交通服务。固体、液体或气体的生物质能源在未来可用于存储化学能源，调节并入小型电网或现有大电网的风能和太阳能系统所发出的电量。

随着技术的发展，生物质能的利用方式逐渐发展，它在可再生能源中的地位也日益重要，在未来清洁能源中，生物质能发电将作为主要的可再生能源资源，发展潜力大。2013年，生物质能约占全球一次能源供应的10%，约为 55.6 EJ（1 EJ=10^{18} J）。

生物质能源的主要市场是多样的，根据燃料种类的不同而变化。现代生物质的使用正在迅速蔓延，并在一些国家的能源需求中占据了很大的份额。例如，在瑞典、芬兰、拉脱维亚和爱沙尼亚的终端使用份额超过了25%。

用作能源的生物质主要是固体形态的，包括燃料木炭、木材、农作物剩余物（主要用于传统取暖和烹饪）、城市有机固体废物MSW、木材颗粒和木屑。木材颗粒和木屑燃料、生物柴油和乙醇已经在国际贸易中进行了大量的交易。此外，一些生物甲烷（沼气）正在通过燃气网在欧洲进行交易。固体生物质也在进行着区域性和跨国界的大量非正式贸易。

燃烧固体、液体和气体生物质燃料可以提供较高温度的热能（200～400℃），用于工业、区域供热方案和农业生产，而较低温度热能（<100℃）可用于烘干、家用或工业热水、建筑供暖。2013年，大约有3 GW的新增生物质供热容量，全球总量累计约为296 GW。目前，生物质能是供热方面使用最广泛的可再生能源，约90%的热能来自现代的可再生能源，而固体生物质是最主要的燃料来源。欧洲是世界上最大的现代生物质供热地区，并且大部分是由区域供热网络生产的，欧盟是木材颗粒最大的消费区，最大的市场份额来自住宅取暖。生物质在小型设备上的应用也与日俱增，截至2013年，欧洲小型生物质锅炉总量约800万台，年销售量约30万台。用于热能生产的生物质的使用在北美也开始增加，特别是美国东北部，包括木材颗粒燃料。

沼气越来越多地用于热力生产。在发达国家，沼气主要用于热电联产项目。2012年，欧洲生产的沼气主要在现场使用或在当地交易。大多数用于燃烧，产生了110 TJ的热量和44.5 GW·h的电力。用于交通运输的为生物甲烷，生物甲烷是由沼气除去二氧化碳和硫化氢后产生的，它可以输入天然气管网中。亚洲和非洲有一大批沼气大型工厂正在运行，其中包括许多提供工业生产用热的项目。小型家庭规模沼气池产生的沼气可直接燃烧用于烹饪，主要应用于发展中国家（包括中国、印度、尼泊尔和卢旺达）。

《可再生能源2014全球现状报告》统计，截至2013年底，全球生物质发电新增容量5 GW，总运行容量达到88 GW。假设平均利用率超过50%，2013年全球发电量中的405 TW·h来自生物质能。美国的生物质能发电量最高，其次为德国、中国和巴西。其他生物质能发电排名较前的国家包括印度、英国、意大利和瑞典。在美国生物质能发电中，固体生物质提供了2/3的燃料，其余来自垃圾填埋气（16%）、有机垃圾（12%）和其他废弃物（6%）。

参与全球交易的木材颗粒大部分用于发电。在欧盟，虽然木材颗粒大多用于住宅供暖，但是进口木材颗粒用来发电的需求已经越来越大。欧洲沼气发电也在快速增长，截至 2012 年底，运行中的沼气电厂已超过 13800 个（年增加约 1400 个），总装机容量 7.5 GW。在生物质能发电需求的驱动下，老旧和闲置的燃煤电厂的翻新以及向 100% 生物质能发电的转换成为一个趋势。将化石燃料电厂向可以与不同份额的固体生物质或沼气/垃圾填埋气等燃料混燃的电厂转换的案例在逐渐增加。截至 2013 年，约有 230 家燃烧商品煤和天然气的电厂和热电联产工厂已经进行了改造，主要分布在欧洲、美国、亚洲、澳大利亚和其他一些地区。以部分替代性木屑和其他生物质为燃料的生物质能发电改造，虽然减少了对煤炭的依赖，但随着生物质份额的增加，输出功率也将降低，这在一定程度上限制了生物质能发电的进一步发展。

2013 年，全球生物燃料消耗量和生产量增加了 7%，总量达 1166 亿 L，全球燃料乙醇产量增加了约 5%，达到 872 亿 L，生物柴油的产量也上涨了 11%，达到 263 亿 L。加氢精制植物油（HVO）继续增加，但基数较低。北美仍为乙醇生产和消耗的重要地区，其次为拉丁美洲。欧洲再次占有生物柴油生产和消耗的最大份额。在亚洲，乙醇和生物柴油的产量继续快速增长。

全球乙醇产量由美国和巴西统治，位于全球前两位，占全球总产量的 87%。近几年，欧盟已经成为最大的区域生物柴油生产者，约占全球份额的 40%，但美国和巴西的生物柴油产量也在快速增长中。中国生物柴油的需求部分来自税收和贸易优惠的驱动。

尽管全球生物燃料的产量增加，但其市场仍面临着挑战，包括对可持续发展的关注，车辆效率提高导致的运输燃料需求的降低，以及以电力和压缩天然气为燃料的车辆的增加。

以生物甲烷作为运输燃料日益增加。以瑞典为例，已有十几个城市的公交车完全使用生物甲烷，超过 60% 的生物甲烷来自当地工厂，并且在 2012 年末和 2013 年开设了更多的加油站。而在挪威，坎比（CAmbi）公司为当地巴士提供液化甲烷作为燃料。

5. 海洋能

海洋能指依附在海水中的可再生能源，海洋通过各种物理过程接收、储存和散发能量，这些能量以潮汐、波浪、温度差、盐度梯度、海流等形式存在于海洋之中。故海洋能包括潮汐能、潮流能、波浪能、温差能、盐差能、海底地热能等。其中，潮汐能、波浪能是较早引起人类关注并加以开发的海洋能。

虽然海洋能蕴藏量丰富，但其利用还处在一个相当初始的阶段，可以类比于 20 世纪 80 年代初期的风电产业。目前许多海洋能发电工程的设计标准化程度低，到 2013 年底，全球商业化海洋能装机容量约为 527 MW，几乎全部来自潮汐能和波浪能。最大的装机容量为韩国的 254 MW 的西华（Sihwa）电厂和法国北部 240 MW 的潮汐能设施兰斯（Rance）电厂。其余小规模的项目在美国和葡萄牙运行。但许多国家或地区政府继续支持海洋能研究和发展，如一些大型项目在 2013—2014 年获得英国政府批准，预计今后几年开始建设。

潮流能和温差能发电技术也不断取得进展，目前处于示范项目阶段，有望成为下一个海洋能商业化应用领域。盐差能、海底地热能等还处于理论研究或试验阶段。根据欧洲海洋能协会 2010 年发布的《欧洲 2010—2050 年海洋能路线图》，欧洲海洋能发电的装机容量到 2020 年可达 3600 MW，占欧盟 28 国电力需求的 0.3%；到 2050 年可达 190 GW，占欧盟 28 国电力需求的 15%。

潮汐发电的工作原理和一般水力发电原理相近，可利用成熟的水力涡轮发电机。潮流发电装置包括水平轴、垂直轴等多种形式，水平轴形式逐渐成为主流。由于海水密度是空气的 800 多倍，故潮流发电场占地面积仅为相同装机容量风电场的 1/200。波浪能发电技术趋于多样化，发电装置主要分为五种类型：振荡水柱式、摆式、振荡浮子式、筏式、收缩坡道式。单机 100 kW，总体转换效率不低于 25%，整机无故障运行时间不低于 2000 h 的波浪能发电机是"十三五"重点发展的海洋能技术之一。

由于海洋热能转换在热带海域的复杂性，并与海水淡化有密切关系，近 30 年来吸引了国际社会的研发兴趣，美国、日本、荷兰、法国、英国、印度都在研究设计 10～100 MW 级的温差能电站。除了盐差能、海底地热能尚处于理论研究和探索阶段，海藻生物质能也是新近开拓的海洋能应用领域。

总体来说，海洋能技术开发成本仍然较高。目前世界上共有近 30 个沿海国家在开发。英国在海洋能开发技术上世界领先，美国、韩国、日本、加拿大、挪威、澳大利亚和丹麦也正在积极从事相关研究和开发，并建成了一些代表性项目。中国在 20 世纪 80 年代独立研发建造的江厦潮汐能实验电站，容量 3.9 MW，暂居世界第四。

6. 水电

水电是目前技术最成熟、最具市场竞争力的清洁能源。目前全球有 159

个国家建有水电站，水电总装机容量为 1000 GW，其他可再生能源的总装机容量仅为 560 GW。2013 年的全球水电发电量约为 3750 TW·h，约为同期其他可再生能源发电量的 3 倍，占全球能源消费的 6.7%，保持了近年来的最高份额。同时，2013 年水电占全球电力消费的 16% 左右，高于风电、核电等其他非化石能源发电量。

抽水蓄能的方式使水电可调节利用，解决了输出的不稳定性和需求负荷之间的矛盾，和风能及太阳能类似，这些输出不稳定的可再生能源有助于调节电网峰值负荷和峰值功率的价格，故扩大抽水蓄能容量越来越受到重视。2013 年中国和欧洲的抽水蓄能容量得到进一步扩大。中国纯抽水蓄能容量增加了 1.2 GW，总量达到了 21.5 GW，而同时全球总量达到了 135~140 GW。抽水蓄能发展的另一个方向是其将越来越多地用于平衡各种其他资源的变化。例如，日本的 26 GW 抽水蓄能容量主要用于跟踪支持核电的基本负荷。

尽管如此，全世界未开发的水电资源蕴藏量仍然巨大，特别是在非洲、亚洲和拉丁美洲，国际能源署预计，到 2050 年全球水电装机容量将达到现在的 2 倍，约 2000 GW，并将年发电量 7000 TW·h；抽水蓄能容量将是目前水平的 3~5 倍。

水电开发重点已由发达国家转向发展中国家及新兴经济体。中国是水电装机容量最大的国家，2013 年达到 260 GW，超过全球总量的 1/4。其次是巴西，在 2013 年底达到 86 GW。加上加拿大和美国的水电，四国的水电发电总和约占全球水电发电量的一半。

能源和淡水供应的双重安全需求驱使了水电项目跨领域、跨越国家和地区的合作。许多国家间有跨边界传输水电的项目，如埃塞俄比亚和肯尼亚之间的东电高速路，加拿大马尼托巴水电厂向美国北达科他风电场提供 250 MW 电力用于平衡和补充电力。这一趋势显示了水电和其他能源的联用，以及补充输出不稳定的可再生能源系统的潜力。

水电行业正在攻克更大容量的项目，制造商正在创造单机容量的新纪录（每台 ≥ 800 MW）。同时，致力于减少水库容量和开发多机运行的河道项目，为适应这一趋势，开发出可变流量的涡轮机，以适应不同的流量。此外，减少水电产业对环境的破坏和影响的努力也在进行中，美国电力研究所（EPRI）承担了鱼类友好型水电基础设施的研究，旨在开发鱼类友好型水轮机，能使鱼类通过它时所受损伤最小，同时收集鱼类在通过引水通道和压力通道时的行为信息。

综上所述，世界可再生能源的资源潜力巨大，但由于成本和技术因素的限制，其利用率还很低。水能、生物质能的应用技术相对成熟；风能、地热能、太阳能得益于政策的支持，近年来迅猛发展；海洋能特别是其中的温差能和盐差能等尚处于研发和考察阶段，离大规模商业化应用还有一段距离。

三、可再生能源在绿色建筑中的应用

我国的《可再生能源法》明确规定："可再生能源，是指风能、太阳能、水能、生物质能、地热能、海洋能等非化石能源。"可再生能源基本上直接或间接来自太阳能，具有清洁、高效、环保、节能特点。有效开发利用可再生能源，促进可再生能源在建筑中的应用，对于增加能源供给、优化能源结构、促进能源互补、提高能源利用效率、保障能源安全、保护和改善生态环境具有重要作用，也是建设资源节约型、环境友好型社会和实现社会可持续发展的迫切需要。

目前，与建筑紧密结合的可再生能源应用技术包括：空调采暖系统可再生能源技术、生活热水系统可再生能源技术和建筑供电系统可再生能源技术等。

（一）空调采暖系统可再生能源应用

1. 太阳能空调采暖

（1）太阳能空调技术

①太阳能空调技术的原理和组成。太阳能空调系统是一种利用太阳能实现空气调节和制冷采暖的系统。太阳能作为一种辐射能，不含有任何化学物质，是最洁净、最可靠的能源。利用太阳能作为能源的空调，其优势在于太阳能辐射越是强烈，环境温度越高，太阳能空调越能满足空调环境的制冷要求。同时，除循环用电能外，不需要其他电能输入，城市大气温度的热岛效应远小于普遍使用的电能驱动空调系统。

太阳能光热技术利用包括低温、中温、高温3个层级。低温利用（<100 ℃）包括太阳能热水器、太阳能温室等；中温利用（100～500 ℃）包括太阳能空调等；高温利用（>500 ℃）主要用于太阳能热发电。我国的太阳能光热产业很大程度上依然停留在低温的热水阶段，在太阳能中、高温利用领域仍然存在着巨大的发展潜力，但面临的现状同样也是各个行业面临的共同难题——核心技术的缺乏。

从理论上讲，太阳能空调的实现有两种方式：一是先实现光—电转换，再用电力驱动常规压缩式制冷机进行制冷;二是利用太阳的热能驱动进行制冷。对于前者,由于大功率太阳能发电技术的价格昂贵,目前实用性较差。因此,太阳能空调技术一般指热能驱动的空调技术。当然,广义上的太阳能空调技术也包括地热驱动和地下冷源空调技术。

目前,太阳能制冷的方法有多种,如压缩式制冷、蒸汽喷射式制冷、吸收式制冷等。由于技术、成本等原因,太阳能空调一般采用吸收式和吸附式制冷技术。我国目前公开报道的太阳能空调应用示范项目有20～30个,吸收式太阳能空调应用始于1987年,吸附式始于2004年。吸收式制冷技术是利用吸收剂的吸收和蒸发特性进行制冷的技术,根据吸收剂的不同,分为氨—水吸收式制冷和溴化锂—水吸收式制冷两种。吸附式制冷技术是利用固体吸附剂对制冷剂的吸附作用来制冷,常用的有分子筛—水、活性炭—甲醇吸附式制冷。两种制冷技术均不采用氟利昂,可以避免对臭氧层的破坏作用,对环境保护具有特别的意义,并且二者采用较低等级的能源,在节能和环保方面有着光明的前景。另外,吸附式制冷系统运行费用低(或无运行费用)、无运动部件、使用寿命长、无噪声,尤其适合在航空航天等特殊领域广泛应用。实践证明,采用热管式真空管集热器与溴化锂吸收式制冷机相结合的太阳能空调技术方案是成功的,为太阳能热利用技术开辟了一个新的应用领域。

吸附式制冷系统可以实现夏季制冷、冬季采暖、全年提供生活热水等多项功能,主要由热管式真空管集热器、溴化锂吸收式制冷机、储热水箱、储冷水箱、生活用热水箱、循环水泵、冷却塔、风机盘管、辅助热源等组成。在夏季,水由自来水管经过滤器进入储水箱,水位达到上限时,自动控制器关闭电磁阀门,水泵驱动水循环流动,将集热管的热量传递到水箱中。当热水温度达到一定值(正常情况下能达到90 ℃左右)时,从储水箱流进吸收式制冷机提供热媒水。从吸收式制冷机流出并已降温的热水流回储水箱,再由太阳能集热器加热成高温热水;从吸收式制冷机产生的冷媒水流到空调箱(或风机盘管),以达到制冷的目的。当太阳能不足以提供高温的热媒水时,可以另外启动辅助加热装置(电加热或微型燃油、燃气锅炉加热)。在冬季,太阳能集热器加热的热水进入储水箱,当热水温度达到一定值时,从储水箱直接向空调箱(或风机盘管)提供热水,以达到供热采暖的目的。当太阳能不能满足要求时,也可由辅助系统补充热量。在非空调采暖季节,只要将太阳能集热器加热的热水直接通向生活热水储水箱中的换热器,通过换热器就可将储水箱中的冷水逐渐加热以供使用。

②太阳能空调系统的优点。第一,太阳能空调的季节适应性好,也就是

说，系统制冷能力随着太阳辐射能的增加而增大，而这正好符合夏季人们对空调的迫切要求。第二，传统的压缩式制冷机以氟利昂为介质，它对大气层有极大的破坏作用，而太阳能空调系统的制冷机以无毒、无害的纯天然制冷工质水或溴化锂为介质，对保护环境十分有利。第三，太阳能空调系统可以将夏季制冷、冬季采暖和其他季节提供热水结合起来，显著地提高了太阳能空调系统的利用率和经济性。第四，采用太阳能空调供热综合系统，每年可节省大量常规能源耗费，有显著的经济、社会和环境效益。

③推广运用中需解决的问题。在太阳能空调系统的推广运用中，应注意以下问题。第一，太阳能空调开始进入实用化阶段，希望使用太阳能空调的用户不断增加，但是目前已经实现商品化的产品大都是大型的溴化锂制冷机，只适用于单位的中央空调。对此，空调制冷界正在积极研究开发各种小型的溴化锂或氨—水吸收式制冷机，以便与太阳集热器配套逐步进入家庭。第二，太阳能空调可以无偿利用太阳能资源，但是由于自然条件下的太阳辐照度不高，集热器采光面积与空调建筑面积的配比受到限制，目前只适用于层数不多的建筑。对此，需要加紧研制可产生水蒸气的真空管集热器，以便与蒸气型吸收式制冷机结合，进一步提高集热器与空调建筑面积的配比。第三，太阳能空调可以大大减少常规能源的消耗，大幅度降低运行费用，但是目前系统的初投资仍然偏高，只适用于有限的富裕用户。为此，需要坚持不懈地降低现有真空管集热器的成本，使越来越多的单位和家庭具有使用太阳能空调的经济承受能力。第四，太阳能空调系统在弱阳光或者无阳光场合不能高效连续制冷，系统实际运行工况不稳定，各参数及变负荷运作较难把握，而且管路设计较复杂，改造方案较难实施，另外还需考虑吸收式制冷机的防腐和管道的保温处理等问题。

（2）太阳能采暖技术

①太阳能采暖技术的原理和分类。太阳能采暖系统是指以太阳能作为采暖系统的热源，利用太阳能集热器将太阳能转换成热能，供给建筑物冬季采暖和全年其他用热的系统。

太阳能采暖一般分为被动式和主动式两种方式。被动式太阳能采暖通过建筑的朝向和周围环境的合理布置，内部空间和外部形体的巧妙处理，以及建筑材料和结构构造的恰当选择，使建筑物在冬季能充分收集、存储和分配太阳辐射热。主动式太阳能采暖系统主要由太阳能集热系统、蓄热系统、末端供热采暖系统、自动控制系统和其他能源辅助加热、换热设备集合构成，与被动式太阳能采暖系统相比，其供热工况更加稳定，但同时投资费用也增大，系统更加复杂。随着经济和社会的发展，主动式太阳能采暖开始大规模应用。

太阳能供热采暖系统也可以从不同的角度进行以下 4 种分类。

第一，按太阳能集热器类型，可分为液体集热器太阳能供热采暖系统和空气集热器太阳能供热采暖系统。前者太阳能集热器回路中循环的传热介质为液体；后者太阳能集热器回路中循环的传热介质为空气。

第二，按太阳能集热系统运行方式，可分为直接式太阳能供热采暖系统和间接式太阳能供热采暖系统。前者是指由太阳能集热器加热的热水或空气直接用于采暖的系统；后者是指由太阳能集热器加热的传热介质，通过换热器对水进行加热，然后再将热水用于采暖。

第三，按蓄热系统蓄热能力，可分为短期蓄热太阳能供热采暖系统和季节蓄热太阳能供热采暖系统。前者蓄热时间为一天或数天，其目的是调整一天内或阴雨天的热量供给与热负荷之间的不平衡；后者蓄热时间为数月，其目的是调整跨季度的热量供给与热负荷之间的不平衡。

第四，按末端供热采暖系统类型，可分为低温热水地面辐射板采暖系统、水—空气处理设备采暖系统、散热器采暖系统和热风采暖系统等。

虽然我国太阳能热水器应用已经相当广泛，但太阳能采暖工程应用处于起步阶段，目前已建成若干单体建筑太阳能供热采暖试点工程，如北京清华阳光能源开发有限公司和北京桑普公司的办公楼，北京平谷新农村建设项目的玻璃台村农民住宅，以及拉萨火车站等。太阳能区域供热采暖工程（小区热力站）则还没有应用实践。

近年的太阳能采暖建设项目中，比较集中和有代表性的是北京周边郊区新民居的太阳能采暖工程。由于农村住宅相对分散，密度低，不宜采用投资大、维护水平高的集中供暖模式，而传统的燃煤取暖方式又存在效率低、污染环境、费用较高等问题，在农村推广安全环保、运行费用低的太阳能采暖系统符合新农村建设的客观要求。太阳能采暖所需的集热面积远大于太阳能热水系统，安装需求较大，对于高层建筑或居住密度较大的城区存在安装建设条件不足的问题，限制了应用，而农村住宅一般建筑容积率较低，没有明显遮挡，具备建设太阳能采暖项目的良好条件。

②太阳能采暖技术的特点。太阳能采暖系统与常规能源采暖系统的主要区别在于，它以太阳能集热器作为热源，替代或部分替代以煤、石油、天然气、电力等作为能源的锅炉。太阳能集热器获取太阳能辐射能转换的热量，通过末端供热系统送至室内进行采暖，过剩的热量储存在储热水箱内。当太阳能

集热器收集的热量小于采暖负荷时,由储存的热量来补充,若储存的热量不足时,则由备用的辅助热源提供。太阳能采暖系统与常规能源采暖系统相比,有以下4个特点。

第一,系统运行温度低。由于太阳能集热器的效率随运行温度升高而降低,因而应尽可能降低太阳能集热器的运行温度,即尽可能降低太阳能采暖系统的供热水温度。如果采用地板辐射采暖系统或顶棚辐射板采暖系统,则集热器的运行温度在30～38℃即可;而如果采用普通散热器采暖系统,则集热器的运行温度必须达到60～70℃以上,应使用真空管集热器。

第二,有储存热量的设备。由于照射到地面的太阳辐射能受气候和时间支配,不仅有季节之差,一天之内的太阳辐照度也是不同的,因而太阳能不能成为连续、稳定的能源。因此,如果建筑物要满足连续采暖的需求,系统中就必须有储存热量的设备。对于液体集热器太阳能采暖系统,储存热量的设备可采用储热水箱;对于空气集热器太阳能采暖系统,储存热量的设备可采用岩石堆积床。

第三,与辅助热源配套使用。由于太阳能经常不能满足采暖所需要的全部热量,在气候变化大而储存热量又很有限时,特别是在阴雨雪天和夜间几乎没有或根本没有日照的情况下,太阳能都不能成为独立的能源。因此,要满足各种气候条件下的采暖需求,辅助热源是不可缺少的。太阳能采暖系统的辅助热源可采用电力、燃气、燃油和生物质能等。

第四,适合在节能建筑中应用。由于地面上单位面积能够接收到的太阳辐射能是有限的,若要满足建筑物的采暖需求且达到一定的太阳能保证率,就必须安装足够多的太阳能集热器。如果建筑围护结构的保温水平太低,门窗的气密性又太差,那么在有限的建筑围护结构面积上(包括屋面、墙面和阳台)将不足以安装所需的太阳能集热器面积,因此,太阳能采暖只适合在节能建筑中应用。

③太阳能采暖技术存在的问题。

第一,太阳能采暖系统与太阳能热水器相比存在以下3方面的差异:采暖负荷在不同月份变化很大,热水负荷四季差别较小;系统供回水温差差异较大;太阳能与采暖负荷存在明显矛盾。

太阳能辐照强度高的月份(3～10月)不需要采暖,白天采暖负荷较夜晚低,因此,在采暖系统设计中不能简单把热水系统放大,必须考虑辅助能源、太阳能保证率、系统的防冻、系统的过热和换热水箱的设计等方面的问题。

第二，太阳能供热采暖系统的设计大多仍然停留在简单估算的水平上，没有成熟、成套的设计方法或软件，在单位面积供暖负荷、当地太阳能辐照强度、水箱体积的确定等设计参数的选择上，都没有一个精确的计算方法，不同设计人员给出的设计参数相差很大。

第三，目前，太阳能供热采暖系统的设计思路是依据相关规定，即先粗略估计房间的热负荷，然后设计系统，最后再对整个采暖系统进行节能性、经济性分析。显然，这样的设计思路无法在满足热用户舒适度要求的基础上实现建筑节能最大化。国内外工程实例中，很少注重室内环境舒适度要求，也很少对室内热环境进行实地测试，未对采暖效果做出评估。

第四，很多安装太阳能供热采暖系统的建筑为非节能建筑，造成系统运行效率不高，经济性很差，增加了系统的初投资，使太阳能供热采暖系统完全不能发挥应有的节能效益。

第五，冬、夏热量平衡问题，太阳能供热采暖系统中夏季产生的热水远大于实际消耗量，这使得太阳能集热系统不得不采取闷晒、遮挡等方法来减少太阳得热，造成非采暖季太阳能利用率过低和因系统过热而产生安全隐患等问题。因此，解决冬、夏热量平衡问题成为太阳能采暖系统发展的重要技术问题。

第六，太阳能与建筑一体化问题，国内外工程实例中，太阳能供热采暖系统的设计很少重视与建筑的结合，这种分离的状态不但影响了建筑的美观还影响到建筑结构承重等。

总之，太阳能供热采暖系统的最大技术"瓶颈"在于其经济性和稳定性的问题。因此，如果能解决这两个问题，太阳能供热采暖系统将会成为新能源利用的典型。

2. 空气源热泵空调采暖

（1）空气源热泵冷热水机组的原理、组成及发展概况

空气源热泵冷热水机组是一种由制冷压缩机、空气制冷机换热器、水/制冷机换热器、节流机构、四通换向阀等设备与附件及控制系统组成的可制备冷、热水的设备。它利用大气环境为热源，采用热泵原理，通过少量的电能输出，实现低位热能向高位热能转移。空气源热泵冷热水机组作为空调冷热源，担负着一机两用的角色：夏季作为冷源，冬季作为热源。因此，在热泵选型时就要同时考虑其制冷和制热性能，使所选用的空气源热泵冷热水机组的制冷量、制热量，既要满足夏季室内空调冷负荷又要满足冬季室内空调

热负荷。一般情况下，按夏季负荷选定的热泵能满足冬季负荷要求，可不另设辅助加热器，热泵系统的全年能耗低于水冷机组加锅炉的空调系统，采用热泵的工程应充分考虑其制冷与供热特点，应充分注意其噪声和振动的影响及相应措施。

20世纪80年代中期，空气源热泵冷水机组大多采用半封闭往复式多机头压缩机。由于调节灵活和压缩机性能及换热器性能的改善，机组的性能不断提高。20世纪80年代中末期，螺杆式压缩机的技术进步使得压缩式零部件进一步减少（为活塞式的1/10），结构简单，无进排气阀，噪声低，可无级调节，压缩比大而对容积效率影响不大，特别适用于气候偏寒地区的空气源热泵和采用冰蓄冷的装置。因此，空气源热泵冷热水机组越来越多地采用螺杆式压缩机，目前螺杆式压缩机大多采用R-22为冷媒，可延续到2030年才会被禁用。其价格比其他代替冷媒要便宜得多。目前，使用R-22的螺杆式压缩机的制冷量范围为140～3600 kW。

（2）空气源热泵冷热水机组的分类及其特点

空气源热泵冷热水机组的种类，从热输配对象可分为空气/水、空气/空气两种类型；从容量可分为小型（7 kW以下）、中型、大型（70 kW）；从压缩机类型可分为涡旋式、转子式、活塞式、螺杆式、离心式；从功能可分为一般功能的、热回收型的、冰蓄冷型的空气源热泵冷热水机组；从驱动方式可分为燃气直接驱动和电力驱动。

空气源热泵冷热水机组有以下10个特点。

①空调系统冷热源合一，且置于建筑物屋面，不需要设专门的冷冻机房、锅炉房，也省去了烟囱和冷却水管道所占有的建筑空间。对于城市寸土寸金繁华地段的建筑，或无条件设锅炉房的建筑，空气源热泵冷热水机组无疑是一个比较合适的选择。

②无冷却水系统，进而无冷却水系统动力消耗，无冷却水损耗。空调系统如采用水冷式冷水机组，自来水的损失不仅有蒸发损失、漂水损失，还有排污损失、冬季防冻排水损失、夏季启用时的系统冲洗损失、化学清洗稀释损失等，所有这些损失总和折合冷却水循环水量的2%～5%，根据不同性质的冷水机组，折合单位制冷量的损耗量为2～4 t/（100 Rt·h），这是一个比较可观的数量。另外，相当一部分工程在部分负荷情况下冷却水循环水量保持不变，或根据主机运行台数，只做相应的台数调节。

③由于无锅炉、无相应的燃料供应系统，无烟气、无冷却水，所以系统安全、卫生、简洁。对于暖通专业来说，锅炉房最有可能存在安全隐患，另外，

冷却水污染形成菌感染的病例已有不少报道，从安全卫生的角度，空气源热泵冷热水机组具有明显优势。

④系统设备少而集中，操作、维护管理简单方便。一些小型系统可以做到通过室内风机盘管的启停控制空气源热泵冷热水机组的开关。

⑤单机容量 3～400 RT，规格齐全，工程适应性强，利于系统细化划分，可分层、分块、分用户单元独立设置系统等。

⑥夏天运行制热能效比较水冷机组低，耗电较多，冬季运行节省能源消耗。对于冬冷夏热城市的一般建筑而言，空气源热泵冷热水机组的全年能耗低于水冷机组加锅炉的空调系统，但按目前的能源价格，空气源热泵冷热水机组的全年运行费用高于水冷机组加锅炉的费用。

⑦造价较高，作为空调系统的冷热源方面的设备投资，空气源热泵冷热水机组造价较高，比水冷机组加锅炉的方案的系统综合造价贵 20%～30%，如只算冷热源设备，热泵的价格为水冷机加锅炉的 1.5～1.7 倍。

⑧空气源热泵冷热水机组常年暴露在室外，运行条件比水冷机组加锅炉的差，其使用寿命也相应比水冷机组加锅炉的短。

⑨空气源热泵冷热水机组的噪声较大，对环境及相邻房间有一定影响。该机组通常直接置于裙楼或顶层屋面，隔振隔声的效果较差，直接影响到相邻房间及周围一些房间的使用。如果位置设置合理并采取有效的隔振隔声措施位，其噪声的影响可以基本消除。

⑩空气源热泵冷热水机组的性能随室外气候变化明显，室外空气温度高于 40～45 ℃或低于 –10～15 ℃时，机组不能正常工作。

3. 地源热泵空调采暖

（1）地源热泵空调系统的原理、组成及发展概况

1）地源热泵空调系统工作原理

地源热泵空调系统是以岩土体、地下水或地表水为低温热源，由水源热泵机组、地热能交换系统、建筑物内系统组成的供热空调系统。地源热泵是利用水与地能（地下水、岩土或地表水）进行冷热交换作为热泵的冷热源，冬季把地能中的热量"取"出来，供给室内采暖，此时地能为"热源"；夏季把室内热量"取"出来，释放到地下水、土壤或地表水中，此时地能为"冷源"。但现在人们习惯上把土壤源热泵叫地源热泵，把地表水、地下水、海水、污水源热泵叫水源热泵。总之，只要是以岩土体、地下水或地表水为低温热源，由水源热泵机组、地热能交换系统、建筑物内系统组成的供热空调系统，

统称为地源热泵系统。

2）地源热泵空调系统组成

地源热泵空调系统主要分3部分：室外地能换热系统、水源热泵机组和建筑物采暖或空调末端系统。

3）我国地源热泵市场发展概况

仅就目前市场来看，全国地源热泵市场销售额已超过80亿元，并以每年20%以上的速度增长。同时，地源热泵系统的初装费也大幅度下降，由最初的每建筑平方米400～450元降低到目前的220～320元，公众对地源热泵的认知度也有了很大提高。

据统计，截至2011年3月，我国应用浅层地温能供暖制冷的建筑项目2236个，地源热泵供暖面积达1.4亿m^2，80%的项目集中在北京、天津、河北、辽宁、河南、山东等地区。在北京，利用浅层地温能供暖制冷的建筑约有3000万m^2，沈阳则已超过6000万m^2。

据初步估算，全国287个地级以上城市每年浅层地温能资源量相当于95亿t标准煤，在现有技术条件下，可利用热量相当于每年3.5亿t标准煤。如果能有效开发利用，扣除开发利用的电能消耗，每年可节约标准煤2.5亿t。全国12个主要地热盆地地热资源储量折合8530亿t标准煤，全国2562处温泉排放热量相当于每年452万t标准煤，在现有技术条件下，每年可利用热量相当于6.4亿t标准煤，可减少排放二氧化碳13亿t。我国大陆3000～10000 m深处干热岩资源相当于$8.6×10^7$亿t标准煤，是我国目前年度能源消耗总量的26万倍，潜力巨大。正是看到地热能的巨大前景，国土资源部门也在积极推进地热能的开发利用。

据估计，2020年全国利用浅层地热能的供暖和制冷面积将达到2亿m^2，2030年为4亿m^2，2050年将达到10亿m^2。

（2）地源热泵空调系统分类

在地源热泵空调系统中，水循环是载体，是沟通室外地能换热系统与水源热泵机组的中介与桥梁，而室外地能换热系统的不同导致了地源热泵空调系统分类的不同。根据地热能交换系统形式不同，地源热泵空调系统分为地埋管地源热泵空调系统、地下水地源热泵空调系统和地表水地源热泵空调系统。

在地源热泵推广初期，地下水地源热泵在地源热泵项目中所占比例最大，这主要是由于地下水地源热泵投资小，施工相对简单，但有关部门对地下水的使用审批越来越严格，并且地下水的回水不能得到有效回灌，地下水地源热泵的应用基本受到禁止。

1）地埋管地源热泵空调

①地埋管地源热泵空调系统就是以岩土体为释热和吸热对象，将地埋管换热器埋在地下，传热介质（水或加防冻液的水）在管内循环，通过竖直或水平地埋管换热器与岩土体进行热交换的地热能交换系统。

以岩土体作为冷热源，随处可得，而且蓄热能力强。岩土体作为热泵的低温冷热源，具有全年温度波动小、相对稳定的优点。夏季的岩土体温度低于室外空气温度，冬季的岩土体温度高于室外空气温度，与空气源热泵相比，效率更高。

地埋管地源热泵机组与一般的热泵运行方式不同。无论空调系统是处于供冷还是供热状态，一直是在制冷模式下运行。空调系统冷、热模式的转变是通过连接在机组外部的循环水路在机组蒸发器和冷凝器之间的切换来实现的。即夏季空调冷水循环回路与机组蒸发器连通，外部冷却水源接机组冷凝器；冬季空调热水循环回路切换至与机组冷凝器连通，外部供热水源切换至与机组蒸发器连通。因此，地埋管地源热泵空调系统的工作原理与通常的热泵机组不同，从整个地源热泵空调系统全年运行结果看，实现了冬季供热、夏季供冷，冬季将低位热能送至室内供暖的目的。供冷、供暖功能的转换通过机组外部水路的切换来实现。仅从地埋管地源热泵机组自身全年运行模式看，机组一直在制冷模式下运行，只是冬、夏运行工况有所不同。

②地埋管地源热泵空调系统可分为水平地埋管地源热泵空调系统和竖直地埋管地源热泵空调系统。

在实际工程中，采用水平式还是垂直式地埋管及垂直式地埋管的深度取多少，取决于场地大小、当地岩土类型及挖掘成本。如场地足够大且无坚硬岩石，则水平式较经济。当场地面积有限时则应采用垂直式地埋管，很多情况下这是唯一选择。

③地埋管地源热泵空调系统的特点如下。第一，土壤温度全年波动小且数值相对稳定，季节性能系数具有恒温热泵热源的特性，这种温度特性使得地埋管地源热泵空调系统比传统的空调系统的运行效率要高40%～60%，节能效果明显。第二，土壤具有较好的蓄能作用。夏季从室内释放到土壤中的热量，可以补偿冬季从土壤中取出的热量。第三，在室外空气温度处于极端情况时，对能源需求量处于高峰期。由于土壤对地面空气温度波动有衰减和延迟作用，可以保证较高蒸发温度与较低冷凝温度，供热和制冷能力得到提高，而无须辅助热源和冷源，节能效果明显。第四，运行费用低。据世界

环保组织估计，设计安装良好的地埋管地源热泵空调系统平均来说，可以节约用户30%～40%的空调运行费用。

2）地下水地源热泵空调系统

①地下水地源热泵空调系统的原理及分类。地下水地源热泵空调系统的低位热源为地下水，冬季从生产井提供的地下水中吸热，提高品位后，对建筑物供暖，取热后的地下水通过回灌井回到地下，同时蓄存一部分冷量，供夏季使用。夏季抽取地下水作为热泵机组的冷却水源，吸热后回灌到地下，将热量转移到地下，供冬季使用。如果地下水温度较低，则可以直接利用地下水冷却或者预冷。

以地下水为热源或冷源的水源热泵有两种形式，一是开式环路，二是闭式环路。所谓开式系统就是通过潜水泵将抽取的地下水直接送入热泵机，这种形式的系统管路连接简单，初投资低，但由于地下水含杂质较多，当热泵机组采用板式换热器时，设备容易堵塞。另外，由于地下水所含的成分较复杂，易对管路及设备产生腐蚀和结垢。因此，在使用开式系统时，应采取相应的措施。所谓闭式系统就是通过一个板式换热器将地下水和建筑物内的水系统隔绝开来。

②地下水地源热泵空调系统的特点。地下水的温度比较稳定，一般比当地的年平均气温高出1～2℃。由于地下水温度较恒定，地下水地源热泵空调系统运行更稳定可靠，但必须以丰富和稳定的地下水资源作为先决条件。地下水作为冷源，在我国已经有较长的历史，中华人民共和国成立之初在北京、上海，地下水是空调系统的主要冷源。由于地下水地源热泵空调系统比较简单，投资少，运行也较简单，往往成为地源热泵空调系统的首选。我国较早实施的地源热泵空调系统中，大部分是地下水地源热泵空调系统。

地下水属于一种地质资源，如果大量使用地下水地源热泵空调系统，无论地下水的回灌可靠程度如何，都将会引发严重的后果。地下水大量开采引起的地面沉降、地裂缝、地面塌陷等地质问题日渐显著。而且地下水地源热泵的地下水回路如果密封不严格，会导致外界的空气与地下水接触，导致地下水氧化。地下水氧化会产生一系列的水文地质问题，如地质化学变化、地质生物变化。另外，地下水回路材料防腐处理不严格，地下水经过系统后，水质也会受到一定影响。

有关部门已对地下水的使用做了明确规定，因此，应用该系统时要更为谨慎。尽管地下水地源热泵在我国发展迅速，但应用中存在的问题依然很突出。其中对当地地下水流量错误判定而造成工程失败的就不少。还有地下水的回灌问题，也使一些工程无法达到有关部门的要求而致工程失败。地下水地源空调系统的地下水井工程，应该由当地的水文地质部门来承担，才能保证地下水地源热泵空调系统的顺利完成，只有保证系统长期稳定地运行，才能达到节能、环保的目的。

3）地表水（淡水、污水、海水）地源热泵空调系统

地表水地源热泵空调系统是地源热泵空调系统的一种系统形式。它是利用地球表面水源如河流、湖泊或水池中的低温低位热能资源，并采用热泵原理，通过少量的高位电能输入，实现低位热能向高位热能转移的一种技术。

地表水水源包括江水、湖水、海水、水库水、工业废水、污水处理厂排放的达到国家排放标准的废水、热电厂冷却水等。根据不同的地表水水源，地表水地源热泵空调系统可分为淡水源热泵空调系统、污水源热泵空调系统及海水源热泵空调系统。

地表水进行热交换的地热能交换系统，根据传热介质是否与大气相通，分为开式地表水换热系统和闭式地表水换热系统，因此，地表水地源热泵空调系统分为开式系统和闭式系统两种形式。将封闭的换热管按照特定的排列方法放入具有一定深度的地表水体中，传热介质通过换热管管壁与地表水进行热交换的系统，称为闭式系统。闭式系统将地表水与管路内的循环水相隔离，保证了地表水的水质不影响管路系统，防止了管路系统的阻塞，也省掉了额外的地表水水质处理过程。但换热管外表面可能会因为水质状况产生不同程度的污垢沉积，影响换热效率。地表水在循环泵的驱动下，经处理直接流经水源热泵机组或通过中间换热器进行热交换的系统，称为开式系统。其中地表水经处理后直接流经水源热泵机组的称为开式直接连接系统；地表水通过中间换热器进行热交换的系统称为开式间接连接系统。开式直接连接系统适用于地表水水质较好的工程，并需要进行除砂、除藻、除悬浮物等处理。

①淡水源热泵空调系统：以江水、湖水、水库水等地表水体作为低位热源的地表水系统称为淡水源热泵空调系统。同样，淡水源热泵空调系统也分开式系统和闭式系统。

开式系统的最大缺点是热泵机组的脏堵与腐蚀问题，同时，地表水易受污染。地表水中泥沙、水藻等杂质含量高，水表面直接与空气接触，水体含氧量较高，腐蚀性强，如果将地表水直接供应到每台热泵机组进行换热，则容易导致热泵机组使用寿命的降低，换热器结垢而性能下降，严重时还会导致管路阻塞，因此不宜将地表水直接供应到每台热泵机组换热。

与开式地表水地源热泵空调系统比较，闭式地表水地源热泵空调系统有以下3方面的优点。

第一，在热泵机组换热器内的循环介质为干净的水或防冻液，机组脏堵的可能性很小。

第二，水循环系统能耗更低（开式系统要克服水到热泵机组的静水高度）。

第三，闭式系统应用范围则更加广泛，当冬季水温较低时，为了防止机组换热盘管内循环液冻结，须采用闭式系统，当水温在5 ℃以下时，环路内可以采用防冻液。

开式地表水地源热泵空调系统的费用是地源热泵空调系统中最低的，闭式系统也比地埋管地源热泵的费用要低。但地表水地源热泵的利用受到水源位置、水源容量和水质的限制，同时还必须预先考虑热泵与水体换热对水体中生态环境的影响。

目前，淡水源热泵空调系统在部分地区也得到了工程应用，系统形式大部分为直接连接或间接连接的开式系统。例如，贵阳花溪宾馆采用的地表水（花溪河水）地源热泵空调系统（总负荷为1953 kW），浙江建德月亮湾大酒店采用千岛湖下游的新安江水作为冷热源为4万 m^2 的酒店供冷供热，湖南湘潭市利用中心地区的人工湖水（6.5万 m^2）建成的水源热泵空调系统，采用开式连接，设计热负荷6953 kW等。同时，闭式系统也在少数工程项目中进行了尝试，如南京青龙山生态园的湖水源热泵空调系统，南京工程学院图书信息中心闭式湖水源热泵空调系统。

②污水源热泵空调系统：以城市污水为热泵低位热源的系统，称为污水源热泵空调系统。城市污水是一种蕴涵丰富低位热能的可再生热能资源。中国、日本，特别是北欧的一些国家已经得到一定程度的应用。污水源热泵空调技术是以城市污水为建筑供热源和排热解决建筑物冬季供暖、夏季供冷和全年热水供应的重要技术。污水源热泵空调系统具有明显的节能减排效果，是城市污水资源化开发利用的新思路和有效途径。

城市污水来源广泛，汇流面积大，污水源水流量具有小时变化规律明确、日流量相对稳定等特点，随着城市规模的扩大而呈逐年递增的趋势等特点。将水源热泵技术与城市污水结合回收污水中的热能，不仅是城市污水资源化的新方法，扩大了城市污水利用范围，而且拓展了城市污水治理效益，同时，也为可再生能源的应用和发展拓展了新的空间，为建筑节能提供了一条新的途径。

根据污水与热泵的换热是否直接进行，城市污水源热泵空调系统可分为直接利用和间接利用两种系统。直接式污水源热泵空调系统没有间接换热带来的热量损失，水源利用温差大，系统效率高。污水进入热泵机组前需选配自清洗过滤装置。由于污水的腐蚀、结垢特性，热泵机组蒸发器、冷凝器均需进行专门的防腐、防垢、防堵塞设计并需配置专门的自清洗系统。间接式污水源热泵空调系统通过换热器间接提取污水中的热量，换热器需要根据污水的水质进行相应的防腐、防垢、防堵塞设计，污水进入换热器前需配置相应的自清洗过滤系统，采用板式换热器的间接式污水源热泵空调系统对自清洗过滤系统的要求更高。间接式污水源热泵空调系统的热泵机组选型简单，热泵机组的效率、项目投资更容易控制。

污水源热泵空调系统由污水取水系统、污水能量采集系统、中介水系统、热泵机组、末端设备组成，与其他水源热泵空调系统的显著不同是其独特的污水能量采集系统。

③海水源热泵空调系统：海水源热泵空调系统主要包括海水循环系统、热泵系统及末端空调系统3部分，其中，海水循环部分由取水构筑物、海水引入管道、海水泵站及海水排出管道组成。

目前，已经投入使用的有青岛奥林匹克帆船中心（建筑面积8000 m^2），星海湾商务区海水源热泵集中供热制冷工程，供热制冷面积200万 m^2，大连小平岛海水源热泵区域供热供冷工程，供热供冷总面积137万 m^2，大连大窑湾港区热泵工程，充分利用海水源热泵技术解决港区办公楼供热制冷问题，供热制冷面积1万 m^2。

（二）生活热水系统可再生能源应用

1. 太阳能热水系统技术

（1）太阳能热水系统原理、组成及发展概况

①太阳能热水系统原理。太阳能是太阳内部或者表面的黑子连续不断地核聚变反应过程产生的能量。尽管太阳辐射到地球大气层的能量仅为其总辐射能量的二十二亿分之一，但地球从太阳获得的能量已达173000 TW，也就是说太阳每秒钟照射到地球上的能量就相当于500万 t 煤产生的能量。当电力、煤炭、石油等不可再生能源频频告急，能源问题日益成为制约国际社会经济发展的瓶颈时，越来越多的国家开始实行"阳光计划"，开发太阳能资源，寻求经济发展的新动力。

太阳能具有分散性，到达地球表面的太阳辐射的总量尽管很大，但太阳辐射的能流密度很低。平均说来，北回归线附近，夏季在天气较为晴朗的情

况下，正午时太阳辐射的辐照强度最大，在垂直于太阳光方向上接收到的太阳能平均有1000 W左右；若按全年日夜平均，则只有200 W左右。而在冬季大致只有一半，阴天一般只有1/5左右，这样的能流密度是很低的。因此，在利用太阳能时，想要得到一定的热能，往往需要面积相当大的一套收集和转换设备，造价较高。

②太阳能热水系统组成。太阳能热水系统通常包括太阳能集热器、保温储水箱、连接管路、控制中心、泵、支架和必要时配合使用的辅助能源。

其一，太阳能集热器。太阳能集热器的主要作用是让光能转变成热能，其功能相当于电热水器中的电加热管。与电热水器、燃气热水器不同的是，太阳能集热器利用的是太阳的辐射热量，故而加热时间只能在有太阳照射的白昼，因此，有时需要辅助加热，如锅炉、电加热等。

目前，我国市场上普及的是全玻璃太阳能集热真空管，结构分为外管、内管、选择性吸收涂层、吸气剂、不锈钢卡子、真空夹层等部分。而国外成熟的集热器都是平板集热器，平板集热器具有使用寿命长、稳定性高、可回收的优点，但是较真空管集热器成本稍高，国内生产的很多价格低廉的平板集热器性能欠缺。总的看来，平板集热器在太阳能行业的发展势不可当，现在很多设计单位已意识到这个问题。

太阳能集热器采用串、并联的方式布置，放在光照充足的位置，一般是安装在楼顶，也有安排在建筑侧面或者阳台位置，用水量按每人每天40～60 L来计算。

其二，保温储水箱。与电热水器的保温水箱一样，保温储水箱是储存热水的容器，一般采用不锈钢内胆，因为太阳能热水器只能白天工作，而人们一般在晚上才使用热水，因此，必须通过保温储水箱把集热器在白天产出的热水储存起来，保温储水箱的容积是每天晚上用热水量的总和。水箱中一般要设计电加热系统。

太阳能热水器的保温储水箱由内胆、保温层、水箱外壳3部分组成。水箱内胆是储存热水的重要部分，其所用材料的强度和耐腐性至关重要。市场上有不锈钢、搪瓷等材质。保温层保温材料的好坏直接关系着热效率和晚间清晨热水能否使用，在寒冷的东北尤其重要。目前，较好的保温方式是进口聚氨酯整体自动化发泡工艺保温，70～80 mm厚，外壳一般为彩钢板、镀铝锌板或不锈钢板。保温储水箱要求保温效果好，耐腐蚀，水质清洁，使用寿命在20年以上。

其三，连接管路。连接管路是将热水从集热器输送到保温储水箱、将冷水从保温储水箱输送到集热器的通道，使整套系统形成一个闭合的环路。设计合理、连接正确的循环管道对太阳能系统是否能达到最佳工作状态至关重要。热水管道必须做保温处理。管道必须有很高的质量，保证有 10 年以上的使用寿命。

其四，控制中心。太阳能热水系统与普通太阳能热水器的区别就是控制中心。作为一个系统，控制中心负责整个系统的监控、运行、调节等功能，现在的技术已经可以通过互联网远程控制太阳能热水系统的正常运行。太阳能热水系统控制中心主要由电脑软件、变电箱及循环泵组成。

③太阳能热水系统技术发展概况。太阳能集热器是太阳能热水系统中的关键核心设备。目前，太阳能热水利用的技术日趋成熟，太阳热水器行业经过 20 年的发展，取得了大批科技成果，并形成了产业化生产。根据国家太阳能利用方案中长期发展目标，到 2020 年，太阳能热水器总集热面积将达到 3 亿 m^2，替代约 5000 万 t 标准煤。

（2）太阳能热水系统的分类及特点

国际标准 ISO 9459 对太阳能热水系统提出了科学的分类方法，即按照太阳能热水系统的 7 个特征进行分类，其中每个特征又都分为 2～3 种类型，从而构成了一个严谨的太阳能热水系统分类体系。太阳能热水系统的分类，如表 5-1 所示。

表 5-1　太阳能热水系统分类

特征	类型		
	A	B	C
1	太阳能单独系统	太阳能预热系统	太阳能带辅助能源系统
2	直接系统	间接系统	—
3	敞开系统	开口系统	封闭系统
4	充满系统	回流系统	排放系统
5	自然循环系统	强制循环系统	—
6	循环系统	直流系统	—
7	分体式系统	紧凑式系统	整体式系统

①第 1 特征表示系统中太阳能与其他能源的关系。其一，太阳能单独系统——没有任何辅助能源的太阳能热水系统；其二，太阳能预热系统——在水进入任何其他类型加热器之前，对水进行预热的太阳能热水系统；其三，太阳能带辅助能源系统——联合使用太阳能和辅助能源，并可不依赖于太阳能而提供所需热能的太阳能热水系统。

②第2特征表示集热器内传热工质是否为用户消费的热水。其一，直接系统——最终被用户消费或循环流至用户的热水直接流经集热器，该系统亦称为单循环系统或单回路系统；其二，间接系统——传热工质不是最终被用户消费或循环流至用户的热水，而是流经集热器，该系统亦称为双循环系统或双回路系统。

③第3特征表示系统传热工质与大气接触的情况。其一，敞开系统——传热工质与大气有大面积接触的系统，其接触面主要在蓄热装置的敞开面；其二，开口系统——传热工质与大气的接触仅限于补给箱和膨胀箱的自由表面或排气管开口的系统；其三，封闭系统——传热工质与大气完全隔离的系统。

④第4特征表示传热工质在集热器内的状况。其一，充满系统——在集热器内始终充满传热工质的系统；其二，回流系统——作为正常工作循环的一部分，传热工质在泵停止、运行时由集热器流入蓄热装置，而在泵重新开启时又流入集热器的系统；其三，排放系统——为了达到防冻的目的，水可以从集热器排出而不再利用的系统。

⑤第5特征表示系统循环的种类。其一，自然循环系统——仅仅利用传热工质的密度变化，实现集热器和蓄热装置（或换热器）之间进行循环的系统，亦称为热虹吸系统；其二，强制循环系统——利用泵迫使传热工质通过集热器进行循环的系统，亦称为强迫循环系统或机械循环系统。

⑥第6特征表示系统的运行方式。其一，循环系统——运行期间，传热工质在集热器和蓄热装置之间进行循环的系统；其二，直流系统——有待加热的传热工质一次流过集热器后，进入蓄热装置（储水箱）或进入使用辅助能源加热设备的系统，有时亦称为定温防水系统。

⑦第7特征表示系统中集热器与储水箱的相对位置。其一，分体式系统——储水箱和集热器之间分开一定距离安装的系统；其二，紧凑式系统——将储水箱直接安装在集热器相邻位置上的系统，通常亦称为紧凑式太阳能热水器；其三，整体式系统——将集热器作为储水箱的系统，通常亦称为闷晒式太阳能热水器。

当然，除按系统的特征进行分类之外，还有其他一些常用的分类方法，如按太阳能集热器的类型可分为平板太阳能热水系统、真空管太阳能热水系统、U形管太阳能热水系统和热管太阳能热水系统。根据用户对热水供应的需求，按照储水箱的容积，可分为：家用太阳能热水系统——储水箱容积小于 0.6 m³ 的太阳能热水系统，通常亦称为家用太阳能热水器；公用太阳能热水系统——储水箱容积大于等于 0.6 m³ 的太阳能热水系统，通常亦称为太阳能热水系统。根据热水的供应范围可分为集中供热水系统、集中-分散供热水系统及分散供热水系统。集中供热水系统、集中-分散供热水系统及分散供热水系统的优缺点比较如表 5-2 所示。

表 5-2　3 种太阳能热水系统优缺点比较

系统类型	优点	缺点
集中供热水系统	①共用一套系统，集热资源共享，热效率高； ②可灵活布局，实现与建筑相协调； ③运行可靠，维修率低； ④造价较低	①需分户计量、热水收费管理较麻烦； ②为保证供水质量，造成供水成本增高； ③故障维修时相互间有影响
集中、分散供热水系统	①共用集热器，各户独立使用储水箱，分户辅助加热； ②无热水收费问题； ③可灵活布局，实现与建筑相协调	①室内需要安装热水箱； ②安装比较复杂，价格较高； ③产权归属不明确，物业、维护等造成物业与业主间发生纠纷
分散供热水系统	①安装管路短，节水效果好； ②产权独立，无物业管理、收费等难题； ③系统独立，互不影响	①室内需要安装热水箱； ②初投资高，太阳能、热水资源无法共享，综合利用率低； ③太阳能热水系统不易与建筑相协调； ④分布点多，维修频率高

（3）太阳能热水系统工程的关键技术

国内太阳能热水系统应用较晚，目前尚处于起步阶段。虽然太阳能的安装面积和制造能力居于全球之最，但技术含量普遍较低，产品质量良莠不齐。产品的集热效率与使用寿命远低于国外同类产品。而且由于国家没有相应的准入制度，致使各生产厂家对太阳能集热器的生产规格、尺寸和安装位置等不尽相同，与建筑的结合方式差异较大。虽然近年来随着各省市陆续出台了相应的太阳能系统设计图集，但在实践上仍然有一定差距，主要表现为很多的太阳能热水工程由太阳能生产厂家自行设计、安装，在系统优化、参数设置、运行控制、现场施工等诸多方面差异较大，致使太阳能热水系统的应用推广受到一定影响。

国内太阳能应用多以小型家用太阳能热水器为主，随着太阳能建筑一体化的应用推广，全国各地不断建成数量不少的太阳能热水系统样板示范工程。其建筑形式涵盖了低层、多层、高层等建筑形式。目前太阳能热水工程应用范围多限于中低温领域，在工业领域应用较少。

①关键技术 1——太阳能热水系统的选型。如前所述，太阳能热水系统主要分 3 种类型：集中-分散集热——集中储热辅热的集中热水供应系统；

集中集热——分散储热辅热的集中分散热水供应系统；分散集热——分散辅热的分散热水供应系统。

集中供热水系统尤其适宜在公共建筑中应用，并可以和大型常规能源集中供热系统结合。此系统适用于低层、多层、小高层和高层等住宅建筑的宾馆、浴池、学校等。当运用于住宅建筑时，存在后期运行收费问题。

集中-分散供热水系统可用于低层、多层、小高层和高层等住宅建筑的宾馆公用建筑。

分散供热水系统多用于住宅建筑。

关于辅助能源的类型，在燃油、气、电等常规能源中，从目前的设备成本和燃料成本看，燃气辅助为第一选择，其设备投资不高，运行费用最低。

②关键技术2——集热器形式的选用。目前，太阳能热水工程中通常采用平板太阳能集热器、全玻璃真空管集热器、U形管式真空管集热器、热管式真空管集热器和直流式真空管集热器5种。在工程中应用较多的是非承压全玻璃真空管集热器，其特点是价格低廉，低温生活热水制热效率较高，市场上也得到大面积应用，受到用户的广泛好评。承压集热器（U形管集热器、热管集热器、平板集热器）在很多示范工程和项目中得到了应用，其集热效率、稳定性、安全性都较高。在要求较高的热水项目和采暖工程中得到了一定程度的推广与应用。

针对不同类型的集热器，其耐压、效率、抗冻等方面存在较大差异，我们选用太阳能集热器时，应综合考虑所在地区的太阳能应用条件、集热器的各项性能指标及太阳能热水系统的类型、经济效益等指标，合理选用。

③关键技术3——集热面积的确定。太阳能集热器的集热面积是确定系统设计供热能力的关键参数，也是确定太阳能热水系统初期，投资估算和正常运行的重要因素。集热器面积取值的规范不一，没有明确界定集热面积的国标规定。一般集热面积根据《民用建筑太阳能热水系统应用技术标准》（GB 50364—2018）确定。目前，可由经验公式和推荐选用值两种方法确定，这两种方法的取值均来源于现有国内集热器的集热性能和使用经验。太阳能集热面积的计算方法可参见《家用太阳能热水系统技术条件》（GB 19141—2011）规定的计算方法。

市场上真空管集热器的集热面积多以厂家规定的出厂集热面积为准，该集热器面积多参照行业惯例规定或根据经验制定，这给系统设计中集热面积的规范计量带来了不利影响。

系统设计中的集热面积多依据估算和经验值核对来确定，而没有进行详细的模拟和分析，以确定最佳集热面积。由于气象条件不同和集热器热性能差异及相关经验数据的缺乏，在进行大型太阳能系统设计时，必须进行细致深入的计算机模拟分析及实地调研，甚至进行一些小型实验，以确定合适的集热面积。太阳能热水系统的模拟分析可采用 TRNSYS 软件进行。

④关键技术 4——集热器的布置。在太阳能热水系统的设计中，集热器一般采用串联和并联相结合的连接方式，在设计中必须充分保证并联系统的水力平衡，保证系统达到集热器要求的设计流量，避免造成某些集热器内的流速过低即小于设计流量，辐照条件好的情况下导致集热器温度急剧升高，而造成集热器内的水汽化，从而破坏了集热系统的正常运行。

目前的系统设计中，由于缺乏集热器性能的相关数据，相关集热器的设计流量选取《民用建筑太阳能热水系统应用技术标准》中推荐的在无集热器性能参数条件下的推荐值 0.015 ～ 0.02 L/（s·m^2），这是在高流速系统中的推荐值。使用该值设计系统集热器的进出口温差约在 10 ℃。该设计值不利于水箱内水温分层。

在设计中推荐采用低流速系统设计，集热器环路设计的每平方米集热面积对应的设计流量为 0.005 L/s，保证集热器进出口温差在 25 ℃左右。这样设计的好处在于可以优化水箱的分层效果，降低集热器的进口温度，提高系统运行效率；同时有利于降低系统造价，从而降低集热管路的尺寸及循环水泵的耗电量，以此降低系统的初期投资与运行费用。

⑤关键技术 5——系统控制。太阳能热水系统运行方式主要有定温循环、温差循环、定温 - 温差循环 3 种常用方式。

定温循环是指集热系统的温度达到设定值时，上水电磁阀打开上水，集热系统中的热水通过落差流入储热系统中。一般用于小型的自然循环加热系统，由于没有泵等外部动力的强迫运行，较多采用定温放水的运行方式。

温差循环是指集热系统与储热系统的温差到达设定值时，循环泵进行循环，将集热系统中的热水循环至储热系统中，周而复始，从而不断加热储热装置中的水。此方式多用于间接循环系统中。

定温 - 温差循环是指集热系统的温度达到设定值时，上水电磁阀打开上水，集热系统中的热水通过落差流入储热系统中，直至储热系统的水满，上水电磁阀关闭，此时启动温差循环，即当集热系统与储热系统的温差达到设定值时，循环泵启动进行循环，周而复始，从而使储热装置中的水升至更高的温度。此运行方式适用于大型集中供应热水系统。

集热系统的运行方式决定着系统的辅助能源、动力的消耗量，对于整个系统来说也是至关重要的。在保证末端用户舒适性的同时，选择不同的运行方式使系统的运行符合用户的用热水规律，做到系统合理运行，使系统的消耗最小化。

2. 空气源热泵系统技术

空气源热泵热水机组自20世纪40年代发明至今，其技术已日趋完善，空气源热泵热水机组是当今世界上最节能的供热水设备之一，它是利用在空气中吸取热量的技术，制取55～60℃（最高可达65℃）的高品质生活热水。

（1）空气源热泵热水机原理、组成及发展概况

①空气源热泵热水机原理。空气源热泵热水机是利用电力驱动的蒸气压缩循环从环境中吸取热量，将热量用于制备生活和采暖热水的热泵装置。其包括两大类机型：空气源热泵热水器和空气源热泵热水机组。

空气源热泵热水器是利用电力驱动的蒸气压缩循环从大气环境中吸取热量，在一个容器内将水加热的固定式器具，可以长期或临时储存热水，并装有控制或限制水温的装置，其制热量小于10 kW。空气源热泵热水器分为整体式和分体式。整体式热泵系统与保温储水箱共同装配在一个模块内，现场安装时，热泵系统与水箱之间无须额外的管路进行连接。分体式热泵系统与保温储水箱未装配在一个模块内，现场安装时，热泵系统与水箱之间须额外的管路进行连接。

空气源热泵热水机组是利用电力驱动的蒸气压缩循环从大气环境中吸取热量，通过水泵及循环管路与另外配套的保温储水箱连接，将水箱中的水循环加热。其制热量范围在10～100 kW。

空气源热泵热水器（机组）是运用逆卡诺循环原理，通过热泵做功使热媒（冷媒）产生物理相变（液态—气态—液态），利用往复循环相变过程中不间断吸热与放热的特性，由吸热装置（蒸发器）吸取低温热源空气中的热量，通过专用热水交换器（冷凝器）向冷水中不断放热，使水逐渐升温，达到制热水的目的。制热过程中的电热能量转换效率最高可达450%以上。热泵只需要消耗一小部分的电能满足空气压缩机和风机等设备做功，就可将处于低温环境空气中的热量转移到高温环境下的热水。制取的热水通过水循环系统送给用户作为热水供应或利用风机盘管进行采暖。

空气源热泵热水器以空气作为冷热源，空气具有取之不尽、用之不竭的特点，是目前被热泵采用的最广泛的低温冷热源。但空气作为冷热源的不足之处在于以下几点。

第一，与液体和固体相比，空气的热容小，温度变化快、波动幅度大。

第二，当室内热负荷最大时，空气的温度最低，室内冷负荷最大时，空气的温度最高，空气的冷热源能力与用户的需求相矛盾，导致热泵系统的运行效率降低。

第三，冬季，空气中含有水蒸气，当温度较低时，水蒸气会在蒸发器表面凝结和结霜，造成流动阻力和传热热阻增大，因此，必须定时除霜，消耗额外的能源。

②空气源热泵热水机的组成。空气源热泵热水机由热泵主机、保温储水箱、自控箱、循环水泵及相关管道附件组成。热泵主机一般由压缩机、冷凝器、储液罐、过滤器、膨胀阀、蒸发器等部件组成。其工作过程如下。

第一，处于低压液态循环的工质（如氟利昂R22及R134a）经过蒸发器，在蒸发器中工质吸热蒸发，此时工质从低温热源处吸收热量变成低温、低压蒸汽进入压缩机。

第二，工质经过压缩机压缩升温后，变成高温、高压的蒸汽排出压缩机。

第三，蒸汽进入冷凝器，在冷凝器中将从蒸发器中吸取的热量和压缩机功耗所产生的那部分热量传递给冷水，使其温度升高，工质经过冷凝器放热后变成液态。

第四，高压液体经过膨胀阀节流降压后，变成低压液体，低压液态工质再次进入蒸发器，依此不断循环工作。整个过程就像是热量搬运一样将低温热源中的热量连续不断地搬运至高温热源（水）中。

③空气源热泵热水机发展概况。有数据显示，2007年热水器市场的销售总量达到1250万台，主要市场份额被燃气、电及太阳能热水器瓜分，而空气源热泵热水器产品在我国整个家用热水器市场上所占份额不到1%。

但是，随着政府在政策方面的倾斜及引导，空气源热泵热水器已经有了值得骄傲的市场记录。中国空气源热泵产业联盟提供的资料显示，从2002年不到1000万元的国内市场销售额，到2009年销售总量达20亿元，国内空气源热泵热水器保持了每年150%～200%的高速增长，国内生产空气源热泵热水器的厂家也由2002年的不到5家发展至目前的460家左右。

中国空气源热泵产业联盟以及中国家用电器研究院发布的《2009中国空气源热泵产业发展报告》显示，空气源热泵热水器将迎来井喷式的发展，市场规模在未来2～3年有机会赶上甚至超过太阳能热水器。初步预计，空气源热泵热水器5年后的市场容量将达到100亿元。

（2）空气源热泵热水器的分类及特点

1）空气源热泵热水器的分类

按照制热方式的不同，可以将空气源热泵热水器分为循环式空气源热泵热水器和直热式空气源热泵热水器。

①循环式空气源热泵热水器应用逆卡诺循环原理，通过热泵系统吸取空气中的能量并转移到水中，使初始冷水流过热泵热水器内部的热交换器循环加热以达到用户设定温度，进入保温储水箱储存，以供用户使用。该系统可以将水箱中的水加热并储存，在使用的时候能够大量快速地提供热水，因此，可采用小容量的热泵机组，即采用低功率的加热方式。由于流过热泵机组的水流量较大，系统需要的水箱体积相对较大，水箱内的水温从低温逐渐升高，热泵机组的进出水温温差比较小，为 5～7℃。通常，根据热水使用量和使用高峰期时间的长短设计水箱的体积与热泵的容量。

循环式空气源热泵热水器系统一直在监测水箱内水温，一旦水箱内温度达不到要求，如新的冷水补入、水箱内水温降低了、热水系统回水、水箱自然散热等，热泵机组会自动启动进行再热，直到水箱内水温重新到达设定值。水箱内水温达到设定值后，热泵机组自动停机。伴随着加热时间的进行，水箱水温逐渐升高，压缩机的冷凝温度逐渐升高，压缩机的排气压力也逐渐升高，机组的电流逐渐升高，耗电量增大，机组制冷能效比逐渐减小。

循环式空气源热泵热水器由于机组本身的先天不足，决定了它存在着一定的问题。循环式空气源热泵热水器补水直接补到保温储水箱中，再通过机组循环加热使水温达到使用要求，这就造成机组刚开启时，水箱水温很低，随着机组的运行水温逐渐升高，直到水温达到使用要求，从而增加了客户使用前等待的时间。它的进水温度不断改变，压缩机的排气温度和排气压力也不停地在变，势必会对压缩机造成冲击，特别是水箱对高温热水进行循环加热的时候，对压缩机冲击很大。因为冷媒没有充分冷却，系统长期处于高压状态，压缩机克服系统压力所消耗的电能比较多，压缩机的使用寿命会缩短。当出现用水量比较集中时，水箱水位迅速下降，为保证水位要求，自来水迅速补进水箱，与水箱中的高温水混合，使得水箱水温迅速下降，导致了客户使用过程中水温越来越低的状况，影响使用的舒适性。

②直热式空气源热泵热水器应用逆卡诺循环原理，通过热泵系统，吸取空气中的能量并转移到水中，使初始冷水（如 20℃）流过热泵热水器内部的热交换器一次就达到用户设定温度（如 55℃），然后储存在水箱内，水箱内的水温恒定不变。低温自来水直接吸收高温冷媒的热量，使冷媒得到充

分冷却，系统高压压力降低，压缩机克服系统压力所消耗的电能就比较少，机组运行效率高。

相比于循环式空气源热泵热水器，直热式空气源热泵热水器有其使用时的优势，由于被加热的水是一次性就被加热到设定的热水温度，对于用户来说用水舒适性得到可靠的保证，不会因为在用水过程中水温变化影响用水的舒适性。直热式系统的进出水温度是恒定的，所以压缩机的排气压力是不变的，伴随着加热时间的进行，热泵机组内压缩机的冷凝温度恒定，压缩机的排气压力恒定，机组的电流恒定不变，机组的耗电量恒定，能效比恒定不变。与循环式相比，直热式热泵水箱温度波动小，热水随时供应，机组始终保持稳定运行状态，能有效地延长压缩机使用寿命，施工更简单，成本更低。

现在的空气能市场，大多数采用循环式热泵，但仍有部分企业坚持发展直热式热泵，并且在这方面取得了很大突破。空气能热水器的整个系统是由热泵主机、水箱、电磁阀、循环泵和管网构成，无论直热式还是循环式，其工作原理都大同小异。区别在水系统这一块，水系统工作情况的不同，直接决定了直热式和循环式的不同，继而影响到整体的运行效果。

首先，从结构上看，直热式热泵冷水直接进主机，因为自来水本身有压力，故无须水泵，而循环式热泵冷水进水箱，整箱水进行循环，故需水泵且水泵功率较大，系统费电。在实际安装过程中，为了保证用户迅速使用热水且热水温度波动较小，循环式热泵往往需要再加辅助水箱，两个水箱之间又需水泵，系统更复杂更费电。

其次，从系统运行工况上看，当进水温度低于45 ℃时，直热式与循环式热泵具有相似的工况和能效；当进水温度高于45 ℃时，二者工况则完全不同。直热式机组进水温度低而出水温度高，两者通常在15～60 ℃。而循环式机组最初工作时，进水温度也可能是15 ℃，但随着一次次的循环，进水温度不断提高，随着温度的递增，循环式热水机组对应的冷凝温度也迅速增加。直热式的高温冷媒从压缩机排除后，总是和15 ℃的水进行热交换，交换的结果是冷媒的温度降低为40 ℃；而循环式则不同，循环式的高温冷媒一开始也和15 ℃的水进行热交换，但随着做功，发生热交换的水温越来越高，冷媒的热交换效率出现下降，特别是水温升高到50 ℃时，对应的冷凝温度高达75 ℃，冷媒经过热交换后温度仍然很高，最少也有60 ℃，冷媒放热值明显不够。由此可知当出水温度不高的时候，如在45 ℃以下，循环式和直热式具有相似的工况及能效。而当水温升高到45 ℃以上，循环式热泵的压缩机的工作温度与压力都在不断提高，压缩机的工作条件随着水温的不断提高开始变得非常恶劣。在实际的工程案例中，除了一些恒温池热水之类需求温度不高于45 ℃的工程外，大部分的工程40%运转时间是在高温水区（48～60 ℃），这样系统长期处于高冷凝温度工况下，压缩机排气温度过高使得压缩机面临更多的耗功，润滑发热油更容易碳化，机组效率、安全性和使用寿命也大幅度下降。而直热式热泵的压缩机在基本恒定的压力和温度下工作，压缩机的工况也稳定，在短短的5～10 min之内，通过一个恒定的冷媒进出温度，压缩机即达到一个稳定的运行负荷，然后可以长时间运行。再者低温自来水直接吸收高温冷媒的热量，冷媒能得到充分冷却，系统高压压力降低，压缩机克服系统压力所消耗的电能比较少，从而延长了压缩机的使用寿命，也减少了高压保护的频率和压缩机爆缸事故的隐患。所以从工作原理和工作状况看，直热式能很好地保护压缩机，提高化霜效率。

最后，从出水温度来看，因为循环式热泵系统是将整箱水不停地进行循环加温，故出水温度不稳定，用户使用起来忽冷忽热；而直热式热泵出水温度恒定，不存在上述问题。

直热式热泵因其对压缩机的保护得力，能效更高，出水温度恒定，应比循环式热泵更有应用前景，但大多数企业在生产中都选用了循环式热泵，主要有以下几个因素。

首先，多数热泵生产厂家，都是从空调生产企业转型而来，这类企业最大的问题就是习惯以做空调的思维来做热泵，这是整个热泵行业存在的诸多技术问题的总根源。

其次，直热式热泵技术含量高，而多数厂家对水系统知之甚少，缺乏研究，根本无能力做好直热式热泵。

最后，直热式热泵的生产成本较循环式更高，在空气能原理未真正被用户了解之前，价格因素会影响销量。

与循环式热泵热水器相比，直热式热泵最大的问题就是出水量不够。直热式热泵系统，通常是通过控制水的流量来提高水温，从而使水温一步到位，而出水量的问题，完全可以通过水流控制阀调节水系统，做到在相同的时间内，生产出相同温度的等量热水。

综上所述，直热式热泵热水器在工作时能够解决热泵最核心的技术难题，是未来空气源热泵热水技术发展的方向。随着实践的增多，相信业内人士会越来越多地认识到直热式热泵热水器的优势，从而修正自己的技术发展方向。

2）空气源热泵热水器的特点

空气源热泵热水器的效率高，运行费用低，是电锅炉的1/4～1/3，而且可以大大降低供电负荷，节约电力增容费，与燃气燃油锅炉比较，无须相应的燃料供应系统，因此无须燃料输送费用和管理费用。设备紧凑，操作、维护简单，无须人工管理费用。机组安装在室外，如裙楼或顶层屋面、敞开的阳台等处，无须设立专门的设备房，不占用有效的建筑面积，节省土建投资。运行可靠，使用寿命长。外壳采用镜面不锈钢，高雅美观，经久耐用，不易生锈。空气源热泵热水热水器加热时间短，水电完全分离，无触电危险。无废烟、废气排出，因而无中毒危险。同时也克服了太阳能热水器阴雨天不能工作的缺点。空气源热泵热水热水器的初期投资是煤气、天然气、电热水器的 3～5 倍，但由于它特殊的节能效果，一般会在一年半以内通过节能方式将成本收回，锅炉等其他供热方式一般使用寿命只有 5 年，而热泵热水器的使用寿命可长达 15 年。

与太阳能热水器相比，空气源热泵热水器有以下 5 方面的特点。

其一，适用范围广，产品适用温度范围在 −10～40 ℃，并且一年四季全天候使用，不受阴、雨、雪等恶劣天气和冬季夜晚的影响，都可正常使用。

其二，可连续加热，与传统太阳能热水器储水式相比，空气源热泵热水器可连续加热，持续不断供热水，满足用户需求。

其三，运行成本低，与常规太阳能相比，在春、夏、秋季阳光较好时，运行费用高于太阳能，但在阴雨天和夜晚，热效率远远高于太阳能的电辅助加热。

其四，适用性强，任意位置安装，解决了太阳能只能安装在顶层的不足，而且建筑朝向没有影响。

其五，安装方便，空气源热泵热水器占地空间很小，外形与空调室外机相似，可直接与保温储水箱或供暖管网连接，适合于大中城市的高层建筑，对于大型中央供热系统是最好的选择。

与锅炉相比，空气源热泵热水器有以下 5 方面的特点。

其一，热效率高，产品热效率全年平均在 300% 以上，而锅炉的热效率不会超过 100%。

其二，运行费用低，与燃油、燃气锅炉比，全年平均可节约 70% 的能源，加上电价的走低和燃料价格的上涨，运行费用低的优点日益突出。

其三，环保，空气源热泵产品无任何燃烧排放物，是较好的环保型产品。

其四，运行安全，与燃料锅炉相比，运行绝对安全，而且全自动控制，无须人员值守，可节省人员成本。

其五，模块式安装，便于增添设备，产品采用多台机组并联的安装模式，当用户用水量增大时，可随时增添设备。

（3）空气源热泵热水器的技术缺点

空气源热泵热水器的技术缺点如下。

①压缩机易烧坏。目前市面上的热泵热水器普遍采用循环式加热系统，该系统日益暴露出技术缺陷，即在高温高压工况下运行，容易使压缩机老化、碳化，加之系统润滑效果不好，压缩机易被烧坏。

②换热器和套管换热器易结垢断裂。热泵热水器的出水温度通常可达到50～60℃，在这个温度范围内水是最易结垢的，如果不能定期清洗换热器，对于板式换热器而言，就会胀破，对于套管式换热器而言，其内管会破裂，从而导致整个热泵热水机组失去功能。

③外观问题。空气源热泵热水器目前主要的弊病之一是体积硕大，不适应国情，空气源热泵热水器一般可分为一体式和分体式两种，由于城市家庭卫生间普遍较小，因此不管是哪种类型，其庞大的身躯还是让消费者望而却步。

④结霜问题。区域性特征明显，因其对外界环境温度依赖过大，正常工作环境温度在-5～40℃，故基本适用于华东、华南等长江以南地区，广东、福建、浙江、湖南、江西、云南等省份空气源热泵热水器发展比较良好，而在还没有真正的技术解决结霜等造成产品运行困难的问题之前，广大的北方则基本无人敢企及。

（三）建筑供电系统可再生能源应用

随着全球常规能源的紧张和环境污染的加剧，太阳能被用在供热、空调、制冷及发电等越来越多的领域。太阳能光伏发电具有安全可靠、清洁卫生、无噪声、无污染、建设周期短、维护简单等特点，被广泛地应用于城市照明等领域。近年来，随着对建筑节能要求的提高，太阳能光伏发电系统与建筑一体化已成为应用光伏发电的发展方向。

1.太阳能光伏发电系统的组成、原理和发展概况

（1）太阳能光伏发电系统的组成

太阳能光伏发电系统是利用太阳能电池的光伏效应将太阳光辐射能直接转换成电能的一种新型发电系统。一套基本的光伏发电系统一般由太阳能电池板、太阳能控制器、逆变器和蓄电池（组）构成。

太阳能电池板是太阳能光伏发电系统中的核心部分，其作用是将太阳能直接转换成电能，供负载使用或存储于蓄电池内备用。太阳能控制器的基本作用是为蓄电池提供最佳的充电电流和电压，快速、平稳、高效地为蓄电池

充电，并在充电过程中减少损耗、尽量延长蓄电池的使用寿命。同时保护蓄电池，避免过充电和过放电现象的发生。如果用户使用的是直流负载，通过太阳能控制器可以为负载提供稳定的直流电（由于天气的原因，太阳能电池阵列发出的直流电的电压和电流不是很稳定）。逆变器的作用就是将太阳能电池阵列和蓄电池提供的低压直流电逆变成220 V交流电，供给交流负载使用。蓄电池（组）的作用是将太阳能阵列发出的直流电直接储存起来，负载使用。在光伏发电系统中，蓄电池（组）处于浮充放电状态，当日照量大时，除了供给负载用电外，还对蓄电池充电；当日照量小时，这部分储存的能量将逐步放出。

（2）太阳能光伏发电系统工作原理

白天，在光照条件下，太阳电池组件产生一定的电动势，通过组件的串、并联形成太阳能电池阵列，阵列电压达到系统输入电压的要求，再通过充放电控制器对蓄电池进行充电，将由光能转换而来的电能储存起来。晚上，蓄电池组为逆变器提供输入电，通过逆变器的作用，将直流电转换成交流电，输送到配电柜，由配电柜的切换作用进行供电。蓄电池组的放电情况由控制器进行控制，保证蓄电池的正常使用。光伏电站系统还应有限荷保护和防雷装置，以保护系统设备的过负载运行及免遭雷击，维护系统设备的安全使用，实现太阳能—电能—化学能—电能—光能的转换。

（3）太阳能光伏发电系统发展概况

太阳能光伏发电并网系统在建筑中的应用已有许多实例。例如，英国诺丁汉大学的可持续发展楼和2000年悉尼奥运会的运动场馆等均使用太阳能光伏发电技术。但是，由于太阳能光伏发电系统的投资费用和光伏电价格较高（并网系统价格为6美元/W，发电成本为0.25美元/（kW·h），因此，在民用建筑上大规模应用太阳能光伏发电系统的项目目前主要由政府资助。我国政府投资的太阳能光伏发电项目有上海"十万个太阳能屋顶计划"，此项目分两期已完成。第一期2006—2010年，完成光伏屋顶1万套，每套3 kW，装机容量3万 kW，年发电量3300万 kW·h；第二期2011—2015年，完成光伏屋顶9万套，每套3 kW，装机容量27万 kW，年发电量2.97亿 kW·h。总投资105.3亿元，费用部分由政府负担。

太阳能光伏发电并网系统在我国的发展尚处于起步阶段。目前，正在逐渐将光伏发电与建筑相结合，建设绿色环保型建筑。如深圳国际园林花卉博览园，在综合展馆、花卉展馆、管理中心、南区游客服务中心和北区东山坡都安装了太阳能光伏电站，电站总容量达1 MW，并网光伏电站的年发电能力约为100万kW·h，采用超过4000个单晶硅及多晶硅光伏组件并装配了24个容量从2.5~90 kW不等的逆变器，在最大程度发挥效能的同时将能量损失降至最低。为了遵循"绿色奥运"的理念，我国在2008年奥运会场馆中采用太阳能光伏发电系统。例如，国家体育场、国家游泳中心都采用了国际最先进的光伏发电并网系统进行太阳能光电利用。

我国光伏产业在满足国内市场需求和提高边远无电地区人民的生活水平及特殊工业应用中发挥了重要作用。但是，与发达国家相比还存在相当大的差距。首先，我国生产规模比较小，自动化水平比较低；其次，专用原材料国产化程度也不高。因此，我国光伏产业在国内外市场上仍面临着非常严峻的考验。

2. 太阳能光伏发电系统的分类及特点

根据光伏系统的应用形式、应用规模和负载的类型，可将太阳能光伏发电系统分为以下7种类型：小型太阳能供电系统、简单直流系统、大型太阳能供电系统、交流/直流供电系统、并网系统、混合供电系统、并网混合系统。根据不同场合的需要，太阳能光伏发电系统一般分为独立供电的光伏发电系统、并网光伏发电系统、混合型光伏发电系统3种。

（1）独立供电的光伏发电系统

整个独立供电的光伏发电系统由太阳能电池板、蓄电池、控制器、逆变器组成。太阳能电池板作为系统中的核心部分，其作用是将太阳能直接转换为直流形式的电能，一般只在白天有太阳光照的情况下输出能量。根据负载的需要，系统一般选用铅酸蓄电池作为储能环节，当发电量大于负载时，太阳能电池通过充电器对蓄电池充电；当发电量不足时，太阳能电池和蓄电池同时对负载供电。控制器一般由充电电路、放电电路和最大功率点跟踪控制器组成。逆变器的作用是将直流电转换为与交流负载同相的交流电。

（2）并网光伏发电系统

光伏发电系统直接与电连接，其中，逆变器起很重要的作用，要求具有与电网连接的功能。目前，常用的并网光伏发电系统具有两种结构形式，其不同之处在于是否带有蓄电池作为储能环节。带有蓄电池储能环节的并网光伏发电系统称为可调度式并网光伏发电系统，此系统中逆变器配有主开关和重要负载开关，使得系统具有不间断电源的作用，这对于一些重要负荷甚至某些家庭用户来说具有重要意义；此外，该系统还可以充当功率调节器的作用，稳定电网电压、抵消有害的高次谐波分量，从而提高电能质量。不带有蓄电池储能环节的并网光伏发电系统称为不可调度式并网光伏发电系统，在此系统中，并网逆变器将太阳能电池板产生的直流电能转化为和电网电压同频、同相的交流电能，当主电网断电时，系统自动停止向电网供电。当有日照照射、光伏发电系统所产生的交流电能超过负载所需时，多余的部分将送往电网。夜间当负载所需电能超过光伏发电系统产生的交流电能时，电网自动向负载补充电能。

（3）混合型光伏发电系统

混合型光伏发电系统区别于以上两个系统之处是，增加了一台备用发电机组，当光伏阵列发电不足或蓄电池储量不足时，可以启动备用发电机组，它既可以直接给交流负载供电，又可以经整流器后给蓄电池充电，所以称为混合型光伏发电系统。

3. 太阳能光伏发电系统在建筑中的应用前景

我国的太阳能资源比较丰富，且分布范围较广，太阳能光伏发电的发展潜力巨大。将太阳能光伏发电系统与建筑相结合，提供建筑物自身用电需求，实现建筑物零能耗，可大大地改变我国建筑物高能耗的现状。目前，我国政府已把太阳光伏发电列入《中国21世纪议程》，这必将推动我国光伏发电技术的应用和发展，扩大光伏发电在建筑中的应用规模。

太阳能光伏发电是一种无污染、零排放的清洁能源，也是一种技术日趋成熟并接近规模应用的能源。随着建筑光伏组件的开发和价格的不断下降，太阳能光伏发电技术将广泛应用于我国公共与民用建筑，光伏并网发电必将成为太阳能光伏发电主流之一。

第二节　绿色建筑与生物质能技术

一、生物质能概述

地球上的生物质能是很丰富的，每年全世界年产生物质约1725亿t，其蕴藏的能量相当于当前能源总消耗量的10～20倍。利用生物化学和热化学可以把生物质转换成气体、固体、液体燃料。生物质是一种数量巨大的可再生能源，就其能量而言，生物质是仅次于煤炭、石油、天然气而位居第4位的能源。生物质能的转换和利用具有缓解能源短缺现状和保护环境的双重效果，因而受到人们的极大重视。

（一）生物质能的分类

生物质能依据来源不同可分为林业资源、农业资源、畜禽粪便、城市固体废物以及生活污水和工业有机废水五大类。

1. 林业资源

林业生物质能是指森林生长和林业生产过程中提供的生物质能源，包括薪炭林，在森林抚育和间伐作业中的零散木材、残留的树枝、叶和木屑等；木材采运和加工过程中的枝丫、锯末、木屑、梢头树皮板皮和截头等；林业副产品的废弃物果壳和果核等。我国的林业生物质能相当于3亿t标准煤。

2. 农业资源

农业生物质能是指农作物，包括能源植物及农业生产过程中的废弃物，如农作物收获过程中残留在农田的作物秸秆（玉米秸秆、高粱秸秆、麦秸、稻草、豆秸和棉秆等）；农业产品加工过程的废弃物，如稻壳、秕壳等。

①富含类似石油成分的能源植物。这类植物合成的分子结构类似于石油烃类，如烷烃、环烷烃等。富含烃类的植物是植物能源的最佳来源，生产成本低，利用率高。目前已发现并受到能源专家赏识的有续随子、绿玉树、西谷椰子、西蒙得木、巴西橡胶树等。巴西橡胶树分泌的乳汁与石油成分相似，每株树年产量40 L。我国海南省特产的油楠树树干含有一种淡棕色可燃性油质液体，只在树干上钻个洞，就会流出液体，可直接用作燃料油。

②富含高糖、高淀粉和纤维素等碳水化合物的能源植物。利用这些植物所得到的最终产品是乙醇。这些植物种类多、分布广泛，如木薯、马铃薯、菊芋、甜菜以及禾本科的甘蔗、高粱、玉米等作物是生产乙醇的好原料。

③富含油脂的能源植物。这类植物既是人类食物的重要组成部分，又是工业非常广泛的原料。经加工是制备生物柴油的有效途径。世界上富含油脂的植物达上万种，我国有近千种，有的含油率很高，如桂北木姜子种子含油率达64.4%，樟科的黄脉均樟种子含油率高达67.2%。苍耳子分布在华北、东北、西北等地，其种子含油率为15%～25%，资源丰富，仅陕西省年产量就达1.35万t。水花生、水浮莲、水葫芦等高等淡水植物也有很大的产油潜力。

④用于薪炭的能源植物。这类植物主要提供柴薪和木炭，如杨柳科、桃金娘科、银合欢属等。较好的薪炭树种有加拿大杨、意大利杨、美国梧桐等。我国的薪炭树种有紫穗槐、沙枣、旱柳、泡桐等。

3. 畜禽粪便

其是畜禽及人类代谢排出的粪尿的总称。它是其他生物质（主要是粮食农作物秸秆和牧草等）的转化形式。据统计，目前我国畜禽粪便资源总量 8.51 亿 t，折合标准煤 7837 万 t，其中牛粪 5.78 亿 t，折合 4890 万 t 标准煤，猪粪 2.59 亿 t，折合 2230 万 t 标准煤，鸡粪 0.14 亿 t，折合 717 万 t 标准煤。

沼气就是由生物质能转换成的一种可燃性气体，通常呈蓝色火焰，是一种清洁能源，可供农家烧火做饭、照明及实行综合利用。

4. 城市固体废物

城市固体废物主要由城镇居民生活垃圾、商业垃圾、服务业垃圾和建筑业垃圾等固体废物构成。1995 年统计，我国城市生活垃圾每年生产量为 645 亿 t。

5. 生活污水和工业有机废水

生活污水主要由城镇居民生活、商业服务的各种排水组成，如冷却水、洗浴排水、盥洗排水、洗衣服排水、厨房排水、粪便污水等。工业有机废水主要是酒精、酿酒、制糖、食品、制药、造纸及屠宰等行业生产过程排出的废水，其中富含有机物。

（二）生物质能的特点

1. 可再生性

生物质能属于可再生能源，它是可持续发展的能源，被称为新能源、清洁能源或永久性能源。生物质能通过光合作用可以再生，它与风能、水能、太阳能、地热能、海洋能、氢能等同属于可再生能源，资源丰富，可保证能源的永久性利用。

2. 低污染性

生物质的硫含量、氮含量低，燃烧过程中生成的三氧化硫、三氧化氮较少；生物质作为燃料时，由于它排出的二氧化碳量相当它在生长时需要的二氧化碳，因而对大气的二氧化碳净排放量近似于零，可有效地减轻温室效应。

3. 分布广泛

无论城市或农村、山林、水域普遍都分布有生物质能。缺乏煤炭的地区可以充分利用生物质能。

4. 生物质燃料总量丰富

生物质能是世界第四大能源，仅次于煤炭、石油和天然气。据生物科学家统计，地球每年生产1000亿～1250亿t生物质；海洋每年生产500亿t生物质。生物质能的年产量远远超过全世界能源总需求量，相当于目前世界总耗能的10倍。我国可开发为能源的生物质资源2010年达3亿t。随着农业、林业的发展，特别薪炭林的推广，生物质能将越来越多。

（三）生物质能转换技术

生物质能包括木材、森林工业废弃物、农作物秸秆、人畜粪便、水生植物、油料植物、城市工业有机废弃物等物质内部的能量。科学家们已经和正在忙于研制一些方法与设备，从这些物质中获取燃料，使其变废为宝，以解决能源危机。利用现代技术，将生物质转换为能量的方法有直接燃烧，也可以用化学法和热化学法转换为气体、液体、固体燃料。生物质能的转换技术概括起来有如下三类。

1. 直接燃烧

这是生物质能应用最广泛最简单的转换技术，可以直接获得能量。而燃料热值的多少首先与有机物种类不同有直接关系，其次与空气的供给量直接相关。有机物氧化越充分，产生的热量就越多。不过，这种直接燃烧的生物质能转换率很低，普通炉灶一般不超过20%，隆德改建的节能灶可以提高到30%。

2. 化学转换技术

该技术就是生物质通过化学方法转换为燃料物质的技术。目前有三种可行的方法，即气化法、热解法和有机溶剂提取法。

气化法是指将固体有机物燃料在高温下与汽化剂作用产生气体燃料的方法，因气化液的不同可产生不同的气体燃料。

热解法是指将有机质隔绝空气后加热分解，得到固体和液体燃料的方法。

有机溶剂提取法是指将植物体干燥切碎，再用丙酮、苯等化学溶剂在通蒸汽的条件下进行分离提取。

3. 生物转换技术

该技术是指生物质能通过微生物发酵转换为液体或气体燃料的技术。目前沼气建设是将人畜粪便、作物秸秆等有机物在建造成相对密闭的沼气池中，在适宜温度和厌氧条件下，经沼气细菌的发酵方法获取气体燃料。一般糖分、淀粉谷类种子都可经微生物发酵产生酒精。利用这些原料在 28～30 ℃的恒温条件下发酵 36～72 h，可以转换成含 8%～12%的乙醇的发酵酿液，经蒸馏后就可得到纯度 96%的酒精。用甜高粱秸秆和玉米秸秆制取乙醇技术也具有一定发展前景。

总之，从长远来看，生物质能这种绿色能源的开发利用，已经成为能源利用中的重要课题，在 21 世纪将在能源行列中占有一席之地。

（四）生物质能产业现状

煤炭作为矿物燃料属四大化石（不再生）能源之一，它燃烧释放了占全球 1/3 的碳，是造成全球气候变暖的元凶之一。在中国 75%的电力源自煤炭，煤变油更会加快煤炭的枯竭速度。而生物质能是一种再生能源，可以再造可持续发展。

世界环境与发展委员会在《我们共同的未来》中指出可持续发展的概念："在满足当代人需要的同时，不损害人类后代满足其自身需要和发展的能力。"也就是说在开发利用当代人对能源需求时，不能吃当代人饭，砸了子孙后代人的碗。

自 20 世纪以来，欧美发达国家将发展生物质产业作为一项重大的国家战略推进，纷纷投入巨额资金进行生物质能的研发。美国计划到 2020 年由生物燃油取代全国燃料消费量的 10%，生物质产品取代化石产品的 25%；欧盟委员会提出到 2020 年运输燃料的 20%将用燃料乙醇等生物质燃料代替；瑞典到 2020 年全部能源消耗的 30%源自生物质能。目前，一些国家的生物质能消费已占其总能源消费中相当高的比例，如瑞典为 16.5%，芬兰为 20.4%，巴西为 23.4%。

那么，中国为何发展生物质能呢？因为在中国，一是石油进口依存度达 43%；二是二氧化硫和二氧化碳的排放量分别居全球第一、第二位；三是"三农"问题亟待解决。所以发展生物质能产业是解决中国石油短缺、环境污染和"三农"问题的战略举措。

从资源方面看：一是我国发展生物质能产业既不与农业争粮，又不争地；二是我国人多地少，发展生物质能产业要以粮食类植物为原料，粮食为原料仅起到粮食生产调节器的作用。从人类的长远利益出发，利用秸秆类木质纤维素不影响正常粮食和饲料生产，并有充足的资源保障。

我国生物质能产业现状。生物质能技术研究主要集中在固体生物质燃料

(生物质成型燃料、生物质直接发电供热)、液体生物燃料(燃料乙醇、生物柴油)、气体生物质燃料(沼气、生物车用甲烷、生物制氢),以及替代石油基产品的生物基乙烯乙醇衍生物等。已经市场化的产品主要是生物发电(供热、沼气和车用甲烷、燃料乙醇),美国2004年产量为1016万t,进口42万t及乙醇下游产品、生物柴油(2004年欧洲产量为224万t)及相关化工产品等。

1. 固体生物质燃料

生物质可通过机械手段压缩为成型燃料,从而提高能量密度。成型燃料的能量利用率显著提高,其效能可提高40%。由于燃料完全,烟气中基本上不含如未燃烧的一氧化碳等有害气体。实践证明,生物质成型燃料技术成熟,市场广泛,可以取代煤炭、石油和天然气,用于家庭炊事、取暖、集中供热、工业锅炉等。据悉瑞典在1990年集中供热的90%使用原油,2005年瑞典颗粒燃料人均占有量为130 kg。

我国近年来开发了生物质成型技术,目前正在北京怀柔的一个村庄进行玉米秸秆制颗粒燃料与供热示范。2010年成型燃料达到500多万t/年,可替代标准煤250多万t/年;预计2020年成型燃料将达到5000多万t/年,可替代2500多万t标准煤。

2. 液体生物质燃料——生物柴油

以植物油、垃圾油为原料,经化学反应器的作用产生甲醇和甘油,再提炼成生物柴油。我国的生物柴油制取采用的是常规酸、碱催化技术,产品多为脂肪酸甲酯出售;目前正在进行的新的生产技术,如高压醇解技术、酶催化技术等。正在建设年产3000 t、高压酸解生产生物柴油的示范装置;非食用油是生产生物柴油的理想原料。预计2020年,生物柴油生产能力为300万t/年,替代原油428万t/年。

3. 气体生物质燃料——沼气

以有机废弃物为原料,在相对密闭的沼气池中,通过在高温和厌氧条件下,经微生物发酵产生燃料——沼气,用于炊事、照明、洗澡等,其副产品可制成固体和液体肥料。

目前我国约有2200多万座户用沼气池,年产沼气9900 m^3;大型畜禽养殖场和工业废水沼气工程2400多座,生活废水净化沼气池14万处,沼气年总利用量达90亿 m^3,为近8000万农村人口提供了优质生活燃料。

到 2020 年，我国将形成 1000 MW 发电能力，替代 210 万 t 标准煤；年生产 37 亿 m² 车用甲烷，替代 570 万 t 原油。

（五）生物质能源化利用及硫循环

生物质能源化利用可以在一定程度上减少由于燃煤而带来的硫污染问题，同时还可有效地处理农村秸秆废弃物，能够取得能源利用和环境保护的双重效果。

硫在自然界中的循环是影响全球生态平衡及气候变化的重要因素之一，一方面它为生物体的生长提供合成氨基酸和蛋白质所需要的硫元素，另一方面燃料燃烧所释放出的硫又导致了自然环境的变化。自然界中有 50%～60% 的硫来自化石燃料的燃烧，其中煤炭燃烧所释放出的硫又占据了 2/3 以上，达到 1857 万 t/年。有效控制煤炭燃烧所造成的硫排放是减少大气硫污染的重要措施。生物质秸秆作为硫含量低、储量大的可再生燃料资源，是人类生活用能的主要来源之一，用生物质燃料代替部分煤炭进行工业化应用在很大程度上减少了人为活动对环境造成的污染，尤其是在化石能源日趋短缺的今天，使用可再生能源逐步替代化石能源是社会发展和人类生存的必然。

1. 自然界中的硫循环

自然界中的硫循环，可归结为陆地循环和海洋循环两种，二者之间进行着能量交换。由于人为因素对海洋环境的影响很小，因而陆地循环成为影响全球环境变化的主要因素。在陆地循环中，土壤圈以汇集和来源的双重身份存在，化石能源仅以来源的身份存在，而陆地植物在作为来源的同时还是陆地系统最大的汇集——森林、草木、农作物。因此，植物的生长过程是影响陆地硫循环的主要因素。

2. 生物质秸秆生长过程对硫的吸收

硫作为作物细胞合成及生长过程必不可少的基本元素，在自然界中，通过植物本身的吸附和吸收作用，从土壤和空气中吸取多肽硫转化为有机态硫后，储存在植物体内，从而起净化空气和维持土壤酸碱平衡的作用。

总之，生物质秸秆的能源化利用对缓解我国能源短缺状况，控制大气污染具有明显的作用，同时在一定程度上解决了农村大量秸秆废弃物所带来的生态环境问题。

因此，生物质能源化利用技术是我国能源与环境实现可持续发展的重要途径。

（六）梦想成真的"绿色油田"

"绿色油田"是人们对燃料酒精（乙醇）的赞誉之词，这是因为这种燃料来源于绿色植物。从各种生物质中获取燃料，建造人类历史上梦幻般的"绿色油田"这一宏伟蓝图，到了21世纪已经不是梦，而是逐步实现了的事实。各种草类、木片、秸秆、粮食、甘蔗、水果以及其他许多含纤维素的原料，都可以提取酒精。酒精作为燃料，对环境的污染比汽油、柴油小得多；生产成本与汽油差不多；用20%的酒精和汽油混合，用于汽车发动机，不必改装，具有独特的优点。

其实，早在第二次世界大战时期，"木材酒精"作为液体燃料就供应汽车使用了。随着现代生物技术的发展，酶制剂工业不断扩展，许多国家不断采用淀粉酶代替麦曲和液体曲。用酶法糖化液生产酒精，其发酵率高于93%，大大提高了出酒率。目前国外发酵生产酒精的淀粉出酒率一般约为56.3%。

木薯是在热带和亚热带地区生长的耐瘠薄高产作物，淀粉含量>30%，7 t鲜薯或2.8 t干薯可生产1 t燃料乙醇；我国木薯（鲜）产量约为1200万t/年，广西是高产区，产量为800万t/年。通过提高单产（1～2 t）和利用荒地，可具备500万t/年乙醇的原料供应能力。

甜高粱是耐盐碱、耐瘠薄高产作物，我国北部18省种植。甜高粱茎秆中含可发酵糖高达18%～22%，可以采用固体或液体发酵生产乙醇；若利用上述18个省的2670万hm²（1 hm²=10000 m²）荒地的20%，则可以生产乙醇2000万t/年。2009—2012年，以甜高粱为主要原料生产的乙醇达500万t/年，可替代714万t原油。

世界各国酒精工业的生产各具特色。因为，应用哪种纤维素提取燃料酒精，依据不同国家的资源情况而定。如瑞典、挪威、芬兰等国森林面积大，造纸业发达，就采用亚硫酸盐浆废液发酵生产酒精；而像巴西、古巴等国盛产甘蔗，他们则全都用甘蔗做原料制造酒精。

瑞典非常重视"绿色油田"的开发使用，每年种植大量速生树，即人造"绿色油田"，主要种植白杨树、柳树，以这些树木为原料制造甲醇、乙醇及燃油。经测算，1 km²的树林每年可以生产15 km³木材，这些木材可以生产的燃料相当于2万t原油。他们还种植大片"能源"森林，专供生物质发电之用。

巴西已经在全国普遍使用燃料酒精和由60%的酒精、33%的甲醇、7%

的汽油混合液体燃料作为汽车用燃料,并已取得很大的成绩。从生物质中获取燃料,建造人工"绿色油田"是解决能源紧缺的一条重要途径。

(七)生物质能的开发利用

伴随经济的发展,世界范围内的能源出现了紧张的局势,并伴有严重的环境污染,在这样的情况下,可再生的清洁能源的开发利用,不但能有效减少环境污染问题,也将会缓解能源危机。我国的生物质能利用技术起步比较晚,不过也取得了一些科研成果,主要有沼气技术、生物质固化成型技术、生物质气化技术、生物质柴油技术等。

新能源是指在传统能源以外的各种能源形式。其形式都是间接或者直接来自太阳或地球内部所产生的能量。其中包括太阳能、地热能、水能、风能、海洋能、生物质能等。我国对于太阳能、风能、水能等新能源的开发利用比较早,尤其是对水能发电技术的应用现在已经相当普遍。

1. 生物质能开发利用的背景和特点

生物质能开发利用是在 21 世纪经济全球化进程中,世界常规能源瓶颈阻击的背景下,能源开发利用遇到机遇和挑战、开发利用生物质能对农村经济社会发展的影响的前提下,站在现实需求和可能需求的角度,对生物质能开发利用。

早在 20 世纪七八十年代,由于全球能源危机,各国不得不努力寻找其他可替代能源。由此,对生物质能材料利用的研究都十分重视。在不同国度生物质能的开发利用,已成为农业可持续发展的战略方向。

德国于 1993 年成立了生物质材料和生物质能研究中心,专门研究、开发、促进和协调全国生物质能作物的种植、开发以及新技术、新工艺的推广等。在沼气发酵技术方面也取得了新的进展,2005 年农户拥有 800 个沼气设备。

2003 年法国耕地面积 1180 万 hm^2,其中种植能源植物 90 万 hm^2,占 7.6%,种植最多的能源植物是油菜籽,其次是淀粉类植物、糖类植物。法国《可再生能源法》的实施是对生物质能开发利用的进一步推动,通过挖掘能源植物种植潜力,农业对全国能源做出了巨大贡献。

2. 国内外能源植物的开发利用

绿色植物通过光合作用将太阳能转化为化学能而储存在生物质内部,这种生物质能实际上是太阳能的一种存在形式。所以广义的能源植物几乎可以包括所有植物。植物的生物质能是一种广为人类利用的能源,其使用量仅次于煤炭、石油和天然气而居于世界能源消耗总量的第四位。但以目前的技术水平，还不能将所有植物都用于能源开发。因此，一般意义上讲，能源植物通常是指那些利用光能效率高，具有合成较高还原性烃的能力，可产生接近石油成分和可替代石油使用的产品的植物以及富含油脂、糖类、淀粉类、纤维素等的植物。

（1）国外能源植物的开发利用概况

国际上能源植物的研究始于20世纪50年代末60年代初，发展于70年代，自80年代以来得到迅速发展。1986年美国加利福尼亚大学诺贝尔奖获得者卡尔文博士在加利福尼亚大面积地成功引种了具有极高开发价值的续随子和绿玉树等树种，每公顷可收获120~140桶石油，并做了工业应用的可行性分析研究，提出营造"石油人工林"，开创了人工种植石油植物的先河。至此在全球迅速掀起了一股开发研究能源植物的热潮，许多国家都制订了相应的开发研究计划。如日本的"阳光计划"、印度的"绿色能源工程"、美国的"能源农场"和巴西的"酒精能源计划"等。随着更多的"柴油树""酒精树"和"蜡树"等植物的发现及栽培技术的不断成熟，世界各地纷纷建立了"石油植物园""能源林场"等，栽种一些产生近似石油燃料的植物。英国、法国、日本、巴西、俄罗斯等国也相继开展了石油植物的研究与应用，借助基因工程技术培育新树种，采用更先进的栽培技术来提高产量。

目前，美国已种植有100多万hm^2的石油速生林，并建立了三角叶杨、桤木、黑槐、桉树等石油植物研究基地；菲律宾有1.2万hm^2的银合欢树，6年后可收1000万桶石油；日本则建立了50000 m^2的石油植物试验场，种植15万株石油植物，年产石油100多桶；瑞士"绿色能源计划"打算用10年时间种植10万hm^2石油植物，解决全国一年50%的石油需求量；泰国利用椰子油制作的汽车燃料加油站，在泰国中部巴蜀府开始营业，成为世界上第一个椰子油加油站；巴西是乙醇燃料开发应用最有特色的国家，实施了世界上规模最大的"乙醇种植计划"，2004年巴西的乙醇产量达146亿L，乙醇消费量超过122亿L，目前巴西乙醇产量占世界总产量的44%，出口量的6%；美国通过采用基因工程技术，对木质纤维素进行了成功的乙醇转化，从1980—2000年的20年内，美国的燃料乙醇生产量由6624亿L增加到617亿L。

此外，还陆续发现了一些很有前景的能源植物资源。南美洲北部有一种本土植物苦配巴，主要生长在巴西亚马逊流域的密林和丛林中，树很高大，有粗大的树干和光滑的表皮，只要在树干上钻一个孔，就能流出金黄色的油状树液，每株成年树每年能产油 10～15 kg，成分非常接近柴油。阿联酋大学的瑟林姆教授等发现了一种名叫"霍霍巴"的植物——希蒙得木，生长在美洲沙漠或半沙漠地区，种子含油率达 44%～58%，其油在国际上被誉为"液体黄金""绿色石油"，广泛用于航空、航天、机械、化工等领域。产于澳大利亚的古巴树（又称柴油树），每棵成年树每年可获得 25 L 燃料油，且这种油可直接用于柴油机。油棕榈树也是一种石油树，3 年后开花结果，每公顷可年产油 1 万 kg。柳枝稷是美国草原地区用于水土保持或作为牛饲料的乡土植物，自从发现它可被用来生产乙醇后，美国联邦政府认为这种植物具有成为能源作物的潜力并加紧了对这种植物的研究。澳大利亚北部生长的两种多年生野草——桉叶藤和牛角瓜，其茎、叶含碳氢化合物，可以用于提取石油。这些野草生长速度极快，每周长 30 cm，每年可以收割几次。生长于美国加利福尼亚州的黄鼠草，每公顷可生产 1 L 燃料油，如果人工种植，草和油的产量还能提高，每公顷生长的草料可提炼出 6 t 石油。日本科学家最近发现一种芳草类芒属植物——象草，1 hm^2 平均每年可收获 12 t 生物石油，比现有的任何能源植物都高产，且所产生的能源相当于用油菜籽制作的生物柴油的 2 倍，但其投入不及种植油菜的 1/3，因此是一种理想的石油植物。

（2）国内能源植物的开发利用概况

我国是贫油大国，也是世界能源消费大国。1993 年我国由石油净出口国变为净进口国，石油进口量逐年上升，目前对石油进口依赖度已超过 1/3。我国对能源植物的研究及开发利用起步较晚，与欧美发达国家相比还存在很大差距。但我国植物资源丰富，早在 1982 年就分析了 1581 份植物样品，收集了 974 种植物，并编著了《中国油脂植物》《四川油脂植物》，选择出了一些高含油量的植物，如乌桕、小桐子油楠、四合木、五角枫等。已查明我国油料植物为 151 科、697 属、1554 种，种子含油量在 40% 以上的植物有 154 种。新近调查表明，我国能够规模化利用的生物质燃料油木本植物有 10 种，这 10 种植物均蕴藏着巨大的潜力，具有广阔的发展前景。

我国对能源植物的利用虽处于初级阶段，但生物柴油产业得到了国务院领导与国家发展和改革委员会、科技部等政府部门的高度重视和支持，并已列入国家计划。"七五"期间，四川省林业科学研究院等单位利用野生小桐子（麻疯树的果实）提取生物柴油获得了成功，中科院"八五"重点项目"燃料油植物的研究与应用技术"完成了金沙江流域燃料油植物资源的调查研究，建立了小桐子栽培示范区。湖南省在此期间完成了光皮树制取甲酯燃料油的工艺及其燃烧特性的研究，"九五"期间根据《新能源和可再生能源发展纲要》的框架，在中央有关部委和地方制订的计划中，优先项目是：对全国绿色能源植物资源进行普查，为制定长期研究开发提供科学依据，运用遗传工程和杂交育种技术，培育生产迅速、出油率高、更新周期短的新品种，进行能源植物燃料的基础研究和开发研究，包括能源植物燃烧特性、提炼工艺及综合利用和开发。

中国工程院有关负责人介绍，中国"十五"计划发展纲要提出发展各种石油替代品，将生物与现代化农业、能源与资源环境等项目列入国家"863"计划，把大力发展生物液体燃料确定为国家产业发展方向。据了解，"十一五"期间，我国规划生物柴油原料林基地建设规模83.91万 hm^2，原料林全部进入结实期后，将形成年产生物柴油125万多吨的原料供应能力。目前，已有一些颇具实力的企业和国外大型能源企业，进入麻疯树生物柴油这一领域，在各地筹建起有相当规模的生物柴油生产企业，预计未来全国麻疯树种植面积至少可达200万 hm^2，显示了良好的资源开发利用前景。

国内对能源植物产品研究与开发主要集中在生物柴油和乙醇燃料上。生物柴油的研究内容涉及油脂植物的分布、选择、培育、遗传改良及加工工艺和设备等。用于生产生物柴油的主要原料有油菜籽、大豆、小桐子、黄连木、油楠等。小桐子含油率40%～60%，是生物柴油的理想原料。海南正和生物能源公司、四川古杉油脂化工公司和福建新能源发展公司都已开发出拥有自主知识产权的技术，并相继建成了规模近万吨级的生物柴油生产厂。德国鲁奇化工股份有限公司、贵州省发改委、贵州金桐福生物柴油产业有限公司就中德合作贵州小油桐生物柴油示范项目签订了合作协议。用于生物燃料乙醇加工的原材料主要有甜高粱、木薯、甘蔗等。其中甜高粱具有耐涝、耐旱、耐盐碱、适应性强等特点，成为当前世界各国关注的一种能源作物。我国种植的沈农甜杂2号甜高粱，收获后每公顷可提取401 L酒精。此外，我国自2000年开始启动陈粮转化燃料乙醇计划，目前已年产百万吨燃料乙醇，在吉林、黑龙江、河南、安徽等省普遍推广燃料乙醇—汽油混合燃料。秸秆酶解发酵燃料乙醇新技术已经试验成功，山东泽生生物科技有限公司建成了年产3000 t秸秆酶解发酵燃料乙醇产业化示范工程。

3. 生物质能的生产技术

（1）生物柴油生产方法

生物柴油的生产方法主要有化学法、生物酶法、超临界法等。

化学法：国际上生产生物柴油主要采用化学法，即在一定温度下，将动植物油脂与低碳醇在酸或碱催化作用下，进行酯交换反应，生成相应的脂肪酸酯，再经洗涤干燥即得生物柴油甲醇或乙醇。生产设备与一般制油设备相同，生产过程中副产10%左右的甘油。但化学法生产工艺复杂，醇必须过量；油脂原料中的水和游离脂肪酸会严重影响生物柴油得率及质量；产品纯化复杂，酯化产物难于回收，成本高；后续工艺必须有相应的回收装置，能耗高，副产物甘油回收率低。使用酸碱催化对设备和管线的腐蚀严重，而且使用酸碱催化剂产生大量的废水，废碱（酸）液排放容易对环境造成二次污染等。

生物酶法：针对化学法生产生物柴油存在的问题，人们开始研究用生物酶法合成生物柴油，即利用脂肪酶进行转酯化反应，制备相应的脂肪酸甲酯及乙酯。生物酶法合成生物柴油对设备要求较低，反应条件温和、醇用量小、无污染排放。需以大豆油为原料，采用固定化酶的工艺，酶用量为油的30%，甲醇与大豆油摩尔比为12：1，反应温度40℃，反应10 h生物柴油得率为92%。酶成本高、保存时间短，使得生物酶法制备生物柴油的工业化仍不能普及。

此外，还有些问题是制约生物酶法工业化生产生物柴油的瓶颈，如脂肪酶能够有效地对长链脂肪醇进行酯化或转酯化，而对短链脂肪醇转化率较低（如甲醇或乙醇一般仅为40%～60%）；短链脂肪醇对酶有一定的毒性，酶易失活；副产物甘油难以回收，不但对产物形成抑制，而且甘油对酶也有毒性。

超临界法：当温度超过其临界温度时，气态和液态将无法区分，于是物质处于一种施加任何压力都不会凝聚的流动状态。超临界流体密度接近于液体，黏度接近于气体，而导热率和扩散系数则介于气体和液体之间，所以能够并导致提取与反应同时进行。超临界法能够获得快速的化学反应和很高的转化率。国外研究人员发现用超临界甲醇的方法可以使油菜籽油在4 min内转化成生物柴油，转化率大于95%。但反应需要高温高压，对设备的要求非常严格，在大规模生产前还需要大量的研究工作。

（2）生物乙醇生产情况

生物乙醇的生产是以自然界广泛存在的纤维素、淀粉等大分子物质为原料，利用物理化学途径和生物途径将其转化为乙醇的一种工艺，生产过程包括原料收集和处理、糖酵解和乙醇发酵、乙醇回收等主要部分。发酵法生产燃料酒精的原料来源很多，主要分为糖质原料、淀粉质原料和纤维素类物质原料，其中以糖质原料发酵酒精的技术最为成熟，成本最低。木质纤维原料要先经过预处理再酶解发酵，其中氨法爆破（Ammonia Fiber Explosion，

AFEX）技术，被认为是最有前景的预处理方法。随着耐高温、耐高糖、耐高酒精的酵母的选育和低物流加工工艺，以及发酵分离耦合技术的完善，工业发酵酒精的成本还将越来越低。

4. 生物柴油的开发利用

生物柴油是指植物油与甲醇进行酯交换制造的脂肪酸甲酯，是一种洁净的生物燃料，也称之为"再生燃油"。目前，巴西正在大力推广生物柴油生产，以减少石油进口。美国能源部正在集资发展生物质能，2010年美国生物质能的使用量比以往增加了2倍，生物柴油也被列为生物质能之一。

现今，生物油不仅作为食用油使用，而且还作为许多化工产品、化妆品和工业产品的原材料，以及用于生产润滑油和生物柴油。我国已研究开发利用的生物柴油主要有菜籽油生物柴油、大豆油生物柴油、亚麻油生物柴油、花生油生物柴油、棕榈油生物柴油、橡胶油生物柴油、小桐子油生物柴油、餐饮业废油生物柴油。

目前，国际上对生物柴油的开发形势看好，而制造生物柴油的途径主要有三条：一是利用食用油生产生物柴油；二是利用甘蔗渣发酵生产生物柴油；三是利用"工程微藻"生产生物柴油。

法国全国各地有1800个生物柴油站，可提供倒装的和散装的柴油，平均不到2 km的距离就有一个生物柴油加油站。

日本每年的食用油消费量为200万t，产生的废食用油达40万t，为生产生物柴油提供了原料。借助酶法即脂酶进行酯交换反应，混在反应物中的游离脂肪酸和水对酶的催化效应无影响。反应液静置后，脂肪酸甲酯即可与甘油分离，从而可获取较为纯净的生物柴油。利用此种方法生产生物柴油有几点值得注意并有待研究解决：①不使用有机溶剂就达不到高酯交换率；②反应系统中的甲醇达到一定量时，脂酶就失活；③反应时间比较长；④一般来说，酶的价格较高。

为了提高生物柴油生产效率，采用酶固定化技术，并在反应过程中分段添加甲醇，更有利于提高生物柴油的生产效率。这种固定化酶（脂酶）是来自一种假丝酵母，由它与载体一起制成反应柱用于柴油生产，控制温度30 ℃，转化率达95%。这种脂酶连续使用100天仍不失活。反应液经过几次反应柱后，将反应物静置，并把甘油分离出去，即可直接将其用作生物柴油。

除植物油酶法生产生物柴油外，也有报道利用甘蔗渣为原料发酵生产优质生物柴油，据称1 t甘蔗渣的能量与1桶石油相当（每桶等于31.5加仑，每加仑等于3.7853 L)。如加拿大一家技术公司正在将这一成果转化为生产力，已建立每天6桶生物柴油的装置，以甘蔗渣为原料生产生物柴油，并计划扩建成每天25 t工业规模的生产装置。利用"工程微藻"生产生物柴油是柴油生产一项值得注意的新动向。所谓"工程微藻"即通过基因工程技术建构的微藻，为生物柴油生产开辟了一条新的技术途径。美国国家可更新能源实验室（NREL）通过现代生物技术建成"工程微藻"，即硅藻类的一种"工程小环藻"，在实验室条件下可使脂质含量增加到60%以上（一般自然状态下微藻的脂质含量为5%～20%），户外生产也可增加到40%以上。这是由于乙酰辅酶A羧化酶（ACC）基因在微藻细胞中的高效表达，在控制脂质累积水平方面起到了重要作用。目前正在研究合适的分子载体，使ACC基因在细菌、酵母和植物中充分表达，还将进一步修饰ACC。

上述生物柴油制造方法——酯交换法，所生产的生物柴油应该称为脂肪酸甲酯，和石化柴油的主要成分有本质区别，而真正的生物柴油应该和石化柴油的主要成分是一致的，都是长链烷烃。如人造金刚石的成分和结构与天然金刚石就是一致的。目前重庆有个专利技术生产的生物柴油就能够达到国家轻柴油标准（GB 252—2000），生产过程中伴随有一定比例的汽油产生，却没有甘油这种副产物产生。

总之，生物柴油是目前城乡使用较为普遍的燃料，通过生物途径生产生物柴油是扩大生物资源利用的一条最经济的途径，是生物能源的开发方向之一。能源生物技术必将得到发展，"无污染生物柴油"也必将得到更广泛的应用。

生物柴油生产原料和生产工艺如下。

（1）生产原料

生物柴油是由植物油或动物脂肪酸甲酯组成的一种可替代柴油燃料。目前，大多数生物柴油是由大豆油（菜籽油、棕榈油等）、甲醇（乙醇、异丙醇）和一种碱性催化剂生产而成的。然而还有大多数的不易被人类食用的废弃油脂也能够转化为生物柴油。处理这些废油脂的问题是它们通常含有大量的游离脂肪酸，而不能用碱性催化剂转化为生物柴油。这些游离脂肪酸同碱性催化剂反应生成皂，抑制了生物柴油、甘油和洗涤水的分离。开发合适的工艺是，用酸性催化剂预处理这些高游离脂肪酸原料使其不能形成皂物质，该工艺能够从多品种原料，包括这些高游离脂肪酸原料生产生物柴油，可以先用酸性催化剂预处理高游离脂肪酸原料，然后用碱性催化剂进行转酯化反应。工艺过程包括从大豆油、黄色脂（9%游离脂肪酸）和褐色脂（40%游离脂肪酸）生产生物柴油。

对于甲基酯作为替代生物柴油燃料的研究已经进行了很多年，在最近几年间该工作随着生物柴油广泛宣传而得到了更深的了解。以前生物柴油的生产都是基于以大豆油、菜籽油、棕榈油等精炼油为原料来制取脂肪酸甲酯。然而，高价的食品级精炼油因成本因素限制了其用于柴油发动机。降低原料的成本对于长期推广生物柴油的商业应用前景是非常必需的。降低该燃料成本的一种方式是使用废油脂和工业用动物脂这些廉价的原料。目前，工业用动物脂和餐饮废油是作为动物饲料和制造皂及其他工业使用出售的。如果游离脂肪酸小于15%称为是黄色脂，在夏季，动物脂的游离脂肪酸可能会超过30%。随着季节的变化，在较高的环境温度下会加速动物尸体的腐败。这些低质的脂肪可以混合低游离脂肪酸作为黄色脂出售，或者直接降价作为褐色脂。

餐饮废油和工业动物脂相对于食品级大豆油来说成本是非常低的。这些废脂由于含有较高的游离脂肪酸，在使用碱性催化剂时易形成皂类物质而不能直接转化为生物柴油。在生产过程中皂能阻止生物柴油从甘油中的分离。改进的工艺是利用酸性催化剂处理使不能形成皂，酸性催化剂对于甘二酯转化为生物柴油的作用是很慢的。然而，酸性催化剂对于游离脂肪酸转化为酯的作用表现非常明显。所以，对于处理废油脂生产生物柴油必须先用酸性催化剂预处理工艺使游离脂肪酸转化为酯，然后通过碱性催化剂将甘三酯转酯化反应。酸催化工艺的不利之处是游离脂肪酸同醇反应产生水，这抑制了游离脂肪酸的酯化和甘油的转酯化反应，可以在酯化反应后对物料进行脱醇、脱水处理。

（2）生产工艺

生产工艺由预处理单元和酯交换反应单元两个单元组成。预处理单元是为了降低废油脂的游离脂肪酸小于1%；转酯化单元为主单元。当使用较低游离脂肪酸原料时，如精炼豆油，仅使用主单元就足够了。当使用高游离脂肪酸原料时，在进入主反应单元之前必须通过预处理单元。

①预处理单元。高游离脂肪酸原料（黄色脂或褐色脂）储存在带加热、搅拌、锥底的储罐内。动物脂原料罐使用加热器保持温度，以防止凝固。通过循环泵搅拌，用过滤器从黄色或褐色脂中除去不溶性物质如肉和骨的碎屑。将准备好的醇同酸性催化剂的溶液用泵加到反应器中。该过程的搅拌是通过泵打循环来实现的，预处理过程的混合物温度通过安装在循环回路上的加热器保持。

当游离脂肪酸同醇反应生成酯的时候，产物中会生成水。必须从预处理后的物料中将水分离出来，因为它会抑制以后的反应进行。当第一步预处理达到稳定状态后，将反应物转到不锈钢沉降罐中。该罐用于将甲醇—水混合物从原料中分离出来。经过一定的停留时间后，甲醇和水上升到罐的上部，在那里它们作为一单相除去。安装在罐上的液位控制器控制螺线管上的阀门将甲醇-水排入废料罐中。对于第二次预处理过程，是用泵将原料从第一次预处理沉降罐打回到预处理反应罐并且加入甲醇-酸混合物。用泵在一定温度下循环混合物，然后泵送该混合物到不锈钢沉降罐中进行第二次沉降过程。这时原料中的游离脂肪酸已经被降到了1%以下。用泵将预处理后的原料从第二次预处理沉降罐中打入主反应罐中。

②转酯化单元（主）。大豆油在室温下储存在锥底罐中。如果是大豆油用于转酯化反应，则使用泵输送大豆油到主反应器中。如果是预处理后的高游离脂肪酸原料用于转酯化反应，则用泵将预处理后的物料从第二步沉降罐中转入。转酯化反应发生在带有搅拌器的不锈钢反应釜中，用泵将甲醇加入反应器中。同时将准备好的醇与催化剂的混合溶液加入反应器中。反应物搅拌一定时间，然后将该混合物转入分离罐中进行甘油分离和酯洗涤。相分离后用泵将甘油转入粗甘油储存罐中，随后进行甘油的精制、脱醇、水蒸发回收利用。

在除去甘油后，洗涤酯除去残留的催化剂和皂。为了得到更好的洗涤效果，需要使用软化水和水加热器来处理洗涤水。在反应釜的顶部安装了四个喷头以使洗涤水能够雾化并均匀分布在酯的表面。洗涤水设定在一定的温度。温水比冷水在从酯中除去皂和游离甘油效果更为理想。用泵循环洗涤水，将洗涤废水排出并将反应后的酯经干燥后送到储罐中。将从高游离脂肪酸原料和植物油制得的生物柴油的储罐分开。用泵输送成品生物柴油到装置外部的储罐和装桶。当输送到外部储罐时用过滤器将酯进行过滤。

（3）工艺操作和分析

豆油制备生物柴油，该工艺是在主反应器中室温下将氢氧化钾溶解到甲醇中。配料量为181.2 kg大豆油、39.4 kg甲醇和1.8 kg氢氧化钾。室温下将大豆油加入反应罐中，并且混合搅拌。每间隔1 h将该混合物样品取出，用AOCS法测定酯小样中的总甘油值。从测定数据可以得到，在4 h后反应基本上完成。然而反应终点时的总甘油值依然很高。对于燃料级生物柴油总甘油值需要小于0.24%。其原因是反应釜的搅拌程度不够。经过改进后，总甘油值低于了要求的值。

尽管一级反应能够生产到低甘油值的燃料，但是增加二级转酯化反应能够用于降低生物柴油过高的总甘油值,并且能够保证最终产品具有稳定的低甘油值水平。当发现生物柴油的生产不能得到总游离甘油指标时,将生物柴油再次同新鲜甲醇-氢氧化钾溶液反应。在经过第二步转酯化反应后,生物柴油的总甘油值很容易达到0.24%的指标,但是当油中所含的磷量较高时,磷会破坏催化剂和降低酯收率。

5. 沼气的开发利用

在21世纪的前十年,沼气的开发利用达到显著的效果源于沼气的电能和热能属于最佳选择的再生能源。能够对垃圾、生物质和食物残渣以及人畜粪便进行无害化处理的沼气设备,以及沼气技术在农村受到极大欢迎。堪称是解决"三农"问题的最佳方案。在大多数畜养农户中使用沼气设备,可以将大量的有机废弃物(一头500 kg的牛一天产生45 kg有机肥)转化成电能和热能以及高质量的经济肥料,可替代石化肥料,减少温室气体排放。农户可通过沼气设备、沼气池建造计划项目从国家及地方政府那里得到补贴。因沼气而获得农户经营规模的要在5～15个大家畜单位以上,一个大家畜(一头牛)单位为500 kg标准牛。

我国对沼气的开发利用从20世纪80年代开始,在农村建设户用沼气池,生产沼气燃料,解决农村燃料问题,"九五"期间实施农村能源综合项目建设,包括以沼气为纽带的"三位一体"即"沼气池、暖棚圈舍、厕所"和"四位一体"即"沼气池、暖棚圈舍、厕所、蔬菜大棚"。"十五""十一五"期间有"六小公益"项目和农村沼气国债项目的"一池三改"沼气工程及联户沼气工程,以及养殖场大中型沼气工程建设。国家在农村实施的"生态家园富民计划"即以沼气建设为核心的农业基础建设大大促进了农村生产环境的改善,生活方式的转变,生活质量的提高,真正达到了使农户实现"家居温暖化、环境清洁化、庭院经济高效化、农业生产无害化"的目的,形成了农户基本生活、生产单元内部的生态良性循环,取得了改善环境、增加农民收入的目的。

二、生物质能的行业分析

(一)国际生物质能行业发展状况分析

1. 美国生物质能产业发展迅速

目前世界各国都在加快研发生物质能,美国是全球最大的能源消费国,历届政府都高度重视可再生能源和节能工作，其能源政策一直保持了较好的稳定性和连续性，从而极大地促进了美国可再生能源和节能技术的进步。2005年以来"产、学、研"各界人士和普通民众热情支持生物质能产业，使这个领域的科技取得了突破，引起了整个国民经济的巨大转变，现已超过巴西成为世界上生物质能产业最为发达的国家。

美国自20世纪70年代后期开始加强可再生能源和节能工作，制定了许多经济激励政策，从而促进了可再生能源和节能技术的发展。

1992年美国公布《能源政策法》，规定了生产低税和市场补助两项优惠。2000年，美国农业农村部和能源部共同提出了生物质能研究与开发计划，并成立了生物质研发技术顾问委员会。

2002年5月2日，美国众议院通过的法案批准拨款500万美元，计划从2003—2007年拨款1400万美元，以支持生物质研究。

2002年10月，生物质研发技术顾问委员会又按照两部长的要求，提交了《美国生物质能和生物产品远景规划》，设定了一直到2020年的研发路线和远景目标，争取到那时有10%的交通燃料、5%工业和各类设施所需要的热电、18%的化学品和材料来自国产物品。

2003年1月，美国出台了生物质技术路线图，这是生物质计划的具体实施方案。下半年出台了《能源战略计划》，确定了未来25年内的核心任务和战略目标，提出了具体目标和措施。2005年4月，由美国能源部能源效率和可再生能源局、生物质计划办公室发起，美国橡树岭国家实验室（ORNL）完成的一份《作为生物能源和生物制品产业给料的生物质能：每年10亿t供给量的技术可行性》报告，概述了美国政府将用10亿t的生物质能来替代30%的交通领域石油消费。生物质能占美国能量供给的3%，已经超过水力电能，成为国内最大的可再生能源来源。

2005年乙醇的产量为每年34亿加仑，但若按照报告中的计划实施，则每年产量将达到800亿加仑。2001年乙醇产量占美国运输燃料消费总量的0.5%。事实上基于多种原因，2030年生物质能将占美国能源的15%。

2005年8月美国国会通过综合能源法，规定可再生能源需求从2006年40亿加仑/年（占汽油总量的2.8%）增加到2012年75亿加仑/年，此后保持2012年可再生能源与全部汽油的比例。在可再生能源燃料标准要求下，美国近50%的汽油将需要调和乙醇，典型调入量为10%。

美国生物质能方面处于世界领先地位。

（1）电方面

1979 年美国就开采了生物质燃料直接燃烧发电，生物质能发电总装机容量超过 10000 MW，单机容量 10～25 MW。2010 年美国新增 1100 万 kW 的生物质发电装置。有 250 多座生物质发电站提供了 6.5 万个工作岗位。

（2）燃料乙醇方面

美国是仅次于巴西的燃料乙醇大国，2001 年乙醇产量翻了一番，2006 年，乙醇约占美国汽油消费总量的 5%，乙醇掺烧比例通常为 10%，添加乙醇的混合汽油占全国汽油供应总量的 46%。

2007 年乙醇的产量为 64 亿加仑，是 2000 年的 5 倍。据美国可再生能源协会统计，截至 2006 年年底，美国共有 111 个乙醇生产厂，生产能力 1600 万 t。另有 76 个厂和 300 个分别处于建设与筹划中。

2009 年，乙醇产量达 3490 万 t。如果在建和筹划中的厂家全部投产，则乙醇生产能力将达 9800 万 t。据美国农业农村部统计，美国用于乙醇生产的玉米 2006 年为 21.5 亿蒲式耳（1 蒲式耳 =36.4 L，占玉米总产量的 20%），2009 年为 40 亿蒲式耳。2007 年美国玉米种植面积 9050 万英亩（1 英亩 = 4047 m^2），比上年增长 7830 万英亩，增长 15%，为 1994 年以来的最高水平。

（3）生物柴油方面

根据美国能源部统计数据，2003 年美国生物柴油产量接近 7000 万 L，而美国生物柴油专业组的数据显示，2003 年的生物柴油产量为 2000 万加仑，约合 7570 万 L，2004 年生物柴油产量达到 2500 万加仑，约合 94625 万 L。据美国生物柴油委员会的数据，目前，美国生物柴油厂的年生产力为 27 亿加仑，有 180 个生物柴油厂分布在 40 个州。

2007 年 12 月 19 日，美国签署了今后 15 年能源政策的美国能源安全自主法案，法案要求美国国内增加生物柴油使用比例，明确规定到 2020 年美国的生物柴油使用量要占石油燃油的 20%，达到 360 亿加仑（等于 1313 亿 kg），其中生物柴油的使用量 2010 年要达到 10 亿加仑（等于 38 亿 kg）。

2. 英国建造世界上最大的生物质能发电厂

全球最大的清洁能源发电厂目前在英国开始建造。这个电厂的计划发电能力为 350 MW，将使用可再生能源——木屑作为发电燃料，投入使用后可为广大区域内的用户提供绿色电力，这有助于英国可再生能源政策的成功推广，从而降低二氧化碳排放。英国能源大臣约翰·赫顿指出："这将是世界上最大的生物质能发电厂，其所产生的电量可为威尔士 50% 的家庭提供充足的清洁电力。"这个项目将 8 个主要的可再生能源项目连接起来,也是实现英国首相提出的低碳经济目标的另一重要步骤。该项目斥资 4 亿英镑,发电厂建在威尔士南部塔尔波特港废弃的海港上,而且可在预期 25 年的使用年限内全年 365 天,24 h 连续进行低负荷供电。

3. 日本生物质能产业发展现状

日本能源生产重视发展速生柳树栽培产业。日本北海道下川町正致力于木质生物量利用的先期开发,如通过栽培速生柳树获得乙醇原料以及进行"木材气化"过程中产生的副产品焦油的燃料研究等。具体措施主要有以下几项。

(1) 促进生物质燃料增产,高度关注速生柳树

日本经济产业省和农林水产业省发表了以大幅度增加国产生物燃料生产为目标的"技术革新计划",提出了扩大不与粮食竞争的纤维素类燃料(草本类、木质类等能源植物)的利用,将蔗茅属等多年生草本和木本植物以及柳树、杨树、桉树等 3～4 年就能收获的速生阔叶树的原料化设为重点课题。

(2) 与森林综合研究北海道支所携手营造示范园

下川町于 2009 年 5 月成立了"北海道草木本生物量新用研究会",10 月与森林综合研究北海道支所交换了共同研究确认书,正式开始了柳树栽培林业的研究。在北海道也通过了"以现代生物量利用促进地区振兴的计划",11 月在町内约 550 m³ 的示范园中种植了龙江柳等扦插苗共 875 株。

(3) 优良无性系的利用和栽植收获的机械化必不可少

在"技术革新计划"发表后,下川町举办了"次代型生物量利用研究会",町内外相关人士约 80 人参加。会上讨论规划了扎幌啤酒提供资金支持,通过种植柳树来抵消二氧化碳排放的"碳抵消方式"。

森林综合研究北海道支所区域研究总监丸山温汇报了以前的研究成果并指出:"北海道有适合资源作物栽培的缓坡闲置地"。指出柳树初期生长旺盛,可以进行扦插栽培,萌芽再生能力也很强,为发挥柳树的这些特性,须开展以下工作:①提高栽培密度,扩大初期生长量;②在水分条件差的地方进行施肥,控制生长速度的下降;③预先进行无性系的选择。

(4) 将焦油转变为生物焦炭

下川町作为木炭生产的发达地区广为人知。由下川町区域森林组合管理和经营的全新木炭生产设备已经运转起来。主要目的是从木质生物量中提取高纯度清洁气体燃料等。如果将木材在高温下与氧气及水蒸气发生反应,使之"气化",则可作为发电燃料及汽车燃料等加以利用,但焦油的生产成为

木材气化的瓶颈。焦油不仅造成机械运转困难，而且还含有致癌性物质。

因此，这套全新的实验设备研究的是，在利用木材生成炭和气体时，使焦油附着在被称为氧化铝的粒子上制成生物焦炭，当木材转化为木炭、清洁气体及生物焦炭这三种物质后，木材中含有的燃料成分就毫无浪费地得到利用了。

（二）我国生物质能行业发展状况分析

1. 我国生物质能规模和分布情况

生物质能是一种唯一可固定碳的可再生能源。它来自生物质，生物质的说法较多，如美国可再生能源实验室的解释为："……地球上丰富的植物是太阳能和化学能的天然仓库，不管其是人为栽培还是野生繁殖，我们将这种数量巨大的可再生能源称为生物质。"

在我国生物质涉及的范围极为广泛，通常生物质就是在有机物中除矿物燃料外，所有来源于植物、动物和微生物的可再生物质，主要包括如下几个方面。

①农作物秸秆和农业加工的残余物。
②森林和林业加工的剩余物。
③人畜粪便。
④工业有机废弃物和水生植物。
⑤城市生活污水和垃圾。

2. 我国生物质能开发利用的意义及技术现状

（1）生物质能开发利用的经济意义

我国的生物质能资源非常丰富，1996年我国的主要农作物秸秆（稻秆、麦秸、玉米秸秆等）总量为7.05亿t，农业加工残余物（稻壳、蔗渣等）约0.84亿t，薪柴及林业加工剩余物合理资源为1.58亿t，人畜粪便生物质资源总量为4.43亿t，城市生活垃圾污水中的有机物为0.56亿t。我国生物质能潜力折合标准煤7亿t，而且前年使用量为22亿t，因此，我国生物质能还有很大的开发潜力。

此外，生物质能约占农村总能耗的70%，占发达地区的15%～35%，但大部分被直接作为燃料燃烧或废弃，利用水平低，浪费严重，而且会造成环境污染，如由生物质燃烧产生的二氧化硫排放量达到49%，氮氧化物的排放量达到77%，充分合理开发利用生物质能这一丰富的能源，改善我国尤其是农村的能源利用环境,加大生物质能源的高品位利用具有重要的经济意义。

(2)生物质能开发利用的生态环境意义

生物质是一种清洁能源,是低碳燃料,其含碳和含氮量均低,同时灰分也小,所以燃烧后二氧化硫、一氧化氮和灰尘排放量比化石燃料要小得多,是一种清洁燃料。同时,生物质对生态环境的最大贡献还在于其具有二氧化碳零排放的特点,大气中的二氧化碳和地面上的水经光合作用产生用于生产生物质的碳水化合物,如将生物质燃烧利用,则大气中的氧和生物质的碳相互作用生成二氧化碳和水,这个过程是循环的,所以生物质同时是一种可再生能源,可视为取之不尽的永久性能源。其利用过程中没有增加大气中二氧化碳的含量,这对于缓解日益严重的温室效应有着特殊意义。

(3)生物质能开发利用的社会意义

我国是世界上最大的发展中国家,目前有6亿多人生活在农村,农村能源短缺,利用水平低,严重阻碍了经济和社会的发展,占农村居民生活用能的70%的生物质能是在普通炉灶上用以直接燃烧,效率很低,约10%～20%,同时随着农村经济的发展和生活质量水平的提高,传统的用能方式已发生了很大变化。

1997年国家在能源工作中采取了许多重大措施,迫使农村能源由以当地能源和自然能源为主的状况逐步向商品能源方向转变,但这种转变过程会使得环境污染越来越严重,要采取措施防止城市污染向农村转移,做好农村环境保护。以上的变化会导致商品能源的紧张,同时也造成生物质能的浪费。因此,需及时开展生物质能的利用研究,促使其从自然资源向商业用能转化,而且农村的生活用能全部用高品位能源并不现实,需采取措施将当地丰富的生物质能转化成高品位的能源,解决这些问题,可大大促进我国农村地区能源紧缺局面,促进当地经济发展,对加快我国新农村建设和社会稳定具有重要意义。

(4)生物质能利用技术

①热化学转化法:通过热化学转化技术,可获得木炭、焦油、可燃性气体等高品位能源品。再细分就有高温干馏、热解、生物质液化等方法。

②生物化学转化法:生物质在微生物作用下生成沼气、酒精(乙醇)等能源产品。

③利用油料植物生产植物油。

④生物质压制成型以便集中利用并提高热效率的产品。

3. 我国生物质能发展存在的问题

（1）我国生物质能发展的四大瓶颈

一是技术瓶颈，待突破第四大能源出路何在。低碳转型正考验着我国的传统能源结构。我国承诺"2020年单位国内生产总值二氧化碳排放比2005年下降40%～45%、非化石能源占一次消费比重达到15%"，而2009年这一比例仅为7.44%。中国电力投资集团公司经理陆启洲先前向媒体表示，要实现"到2020年非化石能源占一次性消费比重达到15%"的承诺并不容易。

据悉，2007年我国能源消费总量约为31亿t标准煤，其中水电、核电、风电等非化石能源消费量为2.3亿t标准煤，约占能源消费总量的7.1%，而作为仅次于煤炭、石油和天然气的世界第四大能源——生物质能的利用不足1%。特别是"垃圾变煤"技术更让人们困惑，既然生物质能技术已经如此高效，生物质能产业发展阻力究竟何在，或者生物质能电价补贴达到0.8元/度就真能解决问题吗。众多投身生物质能的企业和专家的回答或许能为这一产业的发展提供某些启示。

二是垃圾真能变成煤吗。广东省中山市劲爽科技生物燃油研发中心主任苏兆祥肯定地对《中国能源报》记者说，不用人工分类，把混杂的生活垃圾倒进生产线入口，20 min内，垃圾就可以变成可以烧锅炉、发电的"再生煤"。

针对这一观点的科学性来说，煤炭只有碳氢两种元素而生物质中的氧元素占绝大部分，所以生物质不可能具有与煤炭相当的热量。

据悉，已获得国家发明专利的"垃圾变煤"技术最大的采购群体就是垃圾处理公司。作为一种垃圾处理的创新技术，"垃圾变煤"值得推广，但重点在垃圾处理而不是"再生"煤炭。

生物质是物质型能量来源，这一点是其他几种可再生能源所不能具备的。然而，表面上看似取之不尽的生物质，其实在现有条件下，能量转化效率低，中间成本高，外部性显著，原料稀缺的门槛更是难以逾越。我们在肯定生物质能应用前景的前提下，更不能忽略其本身及其发展中存在的问题。

三是补贴持续多久。根据国家发展和改革委员会印发的《可再生能源发电价格和费用分摊管理试行办法》规定，生物质能发电项目补贴电价标准为0.25元/度。对此，武汉凯迪控股投资有限公司董事长陈义龙提出，在现有电价补贴的水平上，生物质发电企业不能实现盈利。如将生物质能发电厂的电价调整到0.8元/度的标准从何而来。首先，生物质能发电厂与当地基准价格存在所谓"逆向选择"。例如，新疆、内蒙古和东北三省等地的秸秆资源很丰富，但是当地的基准电价偏低。在新疆，甚至包括补贴在内的每千瓦时的电价也只有 0.5 元,而广东、福建、浙江等发达地区的基准电价高达 0.6～0.7 元/度,但是这些地区却没有建设发电厂所需的充足秸秆资源。其次,燃料的收购价格在不断上涨,秸秆标准收购价已从 2006 年 150 元/t 上涨到 2010 年的 300 元/t,但是电价并未相应提高。

对于生物质发电,石油石化企业以及一些专家持有不同的观点。他们认为,煤炭现在以至将来(直到 2050 年或更晚点)在我国能源消费中仍占主导地位,预计到 2050 年煤炭占能源总量的 50%～60%,而总量还会不断增加。与此同时,国内石油供给缺口巨大,石油进口量逐年上升,石油对外依存度已接近 50%,2020 年将接近 60%。在这种情况下应提高生物质能的价值空间。陈义龙指出,生物质能在低碳经济中,是其他任何可再生能源无法替代的能源,未来可以作为替代石油的主要产品。

四是替代石油路在何方。从市场角度出发,液体生物质燃料比较有前景的利用方式如生物柴油或燃料酒精的应用,其不需要改变现有系统运作而进入市场。特别是在我国汽车保有量逐渐攀升的今天,替代燃料应用显得尤为重要。

然而,根据《2008 年中国生物柴油行业投资价值研究报告》表述,现有的 300 万 t 生物柴油产能的利用率仅有 10%,可是在建设项目总投资却至少有 300 万 t。生物柴油的原料问题突出,废弃油脂的收集、运输环节缺乏有效的组织,培育高含油量和高生态适应品种又缺乏统筹安排。而大面积种植单一树种会增加虫害。木本植物种植周期又长,投入大,没有银行贷款的支持,企业又很难独立支撑。

(2)生物质能产业化的制约因素

推进生物质能产业化进程,是新能源从补充能源转化为替代能源的必然选择,也是国际通行的做法。我国新能源种类多,发展阶段也不尽相同,在许多重大问题上存在一些共性的制约因素。近年来,我国为促进新能源产业化,在技术进步、政策激励等方面做了大量工作。目前,核能、风能、太阳能、生物质能已实现规模化开发利用。其中核能目前采用的是世界上通用的改造型二代技术,我国已基本具备单机容量 750 kW 及风机设备的制造能力,太阳能光伏发电技术成熟运行可靠,太阳能利用方面处于世界前列,全国太阳能热水器用量和生产均居世界第一。生物质能中沼气技术最成熟,全国已建成户用沼气池 2600 多万个,大型畜禽养殖场和工业废水处理沼气工程 2400 万座,生活污水净化沼气池 14 万处,沼气总利用量达到 90 亿 m³,为近 8000 万农村人口提供了优质生活燃料。2006 年以成化粮为原料的燃料乙醇生产和销售年利用量达102万t。生物质能发电装机容量210万kW。然而，在许多重大问题上还存在一些制约因素，归结起来主要有以下三大制约因素。

一是研发能力弱，核心技术落后。当前我国还没有太多专门从事生物质能技术研究的专业机构，设备制造水平和制造能力很弱，可以说，装备制造业制约了新能源的发展。很多设备和技术主要依靠从国外进口，而且资源评价、标准规范、检测认证等都很不完善。

二是缺乏完整有效的激励机制和政策体系。新能源产业多具有规模小、资源分散的特点，始终存在成本高、"不经济"问题。政府出台促进发展新能源的政策最重要的是让新能源产业的投资回报率高于常规能源产业，让投资者有钱可赚。然而，目前国家对新能源的激励太过抽象，可操作性不强，在实践中难以落实为优惠政策。

三是相关人才匮乏问题日益突出。随着我国新能源产业的发展，相关专业技术人才的匮乏问题日益突出。我国几乎没有能源技术专业的院校。如农村能源建设多年来，相关人才一般都是从其他行业中抽出的人充当。不仅项目建设需要成熟的高级专业人才，而且此后项目运行、后续服务、设备维护等所需中等专业技术人才更多。

4. 我国生物质能发展预景

依据对国内外生物质能利用技术研究与开发现状分析，并结合我国现有技术和实际情况，今后我国生物质能利用技术将在以下方面得到发展。

①高效直接燃烧技术与设备。
②集约化综合开发利用技术。
③新技术开发。
④城市生活垃圾的开发利用。
⑤能源植物的开发利用。

（三）生物质能利用技术及应用情况

生物质是指植物光合作用直接或间接转化产生的所有产物。生物质能是指利用生物质生产的能源。在欧洲国家，作为能源的生物质主要指各种作物秸秆、糖类作物、淀粉作物和油料作物，林业及木材加工废弃物、城市和工业有机废弃物以及动物粪便等。

1. 生物质能利用技术情况

生物质能利用技术可分为固体、液体和气体三种。

生物质固体燃料是指将农作物秸秆和林业加工废弃物压缩成颗粒或块状、棒状燃料，不仅便于长距离运输，而且热值大幅度提高，可替代煤炭在锅炉中直接燃烧，进行发电或供热，也可解决农村地区居民的基本生活能源问题。大部分生物质原始状态密度小，热值低，不经过处理，也可作为能源使用，但无论是运输和储存，还是利用效率方面，都不能与化石能源相提并论。但如果对生物质进行一些处理，就可以有效弥补生物质能的不足。目前国际上使用最广泛的生物质利用技术是固体成型技术，就是通过机械装置，对生物质原材料进行加工制成压块或颗粒燃料，即得到经过压缩成型的生物质固体燃料。其密度和热值大幅度提高，基本接近于劣质煤炭，便于运输和储存。可用于家庭火炉取暖、区域供热，也可以与煤混合发电。未经过加工的生物质（主要是农业、林业废弃物）也可以直接用于发电和供热。

生物质液体燃料是指将生物质通过液化技术转化为乙醇或柴油，替代石油产品，用于驱动运输车辆。生物质液体燃料主要有两种技术。一种是通过生物能源作物产生乙醇和柴油，如利用甘蔗、木薯、甜高粱等生产乙醇，利用油菜籽或食用油等生产生物柴油。目前这种利用能源作物生产液体燃料的技术已相当成熟，并得到较好的应用，如巴西利用甘蔗生产的乙醇代替燃油的比例已达25%。另一种是利用农作物秸秆或木柴生产柴油或乙醇，目前这种技术还处于工业化试验阶段。

生物质气体燃料是指将生物质通过厌氧消化技术转化为沼气或其他合成气，可用于发电、供热和生活能源。

生物质气体燃料技术主要有两种。一种是利用禽畜粪便、工业有机废水和城市生活垃圾通过厌氧消化技术生产沼气，用作居民生活燃料或工业发电燃料，这既是一种保护环境的技术，也是一种重要的能源供应技术。目前，沼气技术非常成熟，并得到广泛应用。另一种是通过高温热解技术将秸秆或林业木质转化为以一氧化碳为主的可燃气体，用于居民生活燃料或发电燃料，由于生物质热解气体的焦油问题还难以处理，致使目前生物质热解气化技术的应用还不够广泛。

2. 生物质能利用技术应用状况

欧洲生物质能利用技术是20世纪70年代以来，为了应对石油危机逐渐发展起来的。目前，生物质能利用技术已成为最受欧盟国家重视的可再生能源技术。在各国支持生物质能发展的政策推动下，生物质能利用技术发展很快，生物质能在能源中的比例迅速提高，特别是生物质颗粒成型技术和直燃发电技术应用已非常广泛。仅瑞典就有生物质颗粒加工厂10多家，单个企业的生产能力20多万t。生物质颗粒的热值相当于劣质煤炭，除通过专业运输工具定点供应发电和供热企业外，还通过袋装方式在市场上销售，成为居民首选的生活燃料。利用农作物秸秆和森林废弃物进行直接燃烧发电也是目前生物质能利用最成熟的技术。目前，以生物质为燃料的小型电联产（装机容量为1~2 kW）已成为瑞典和丹麦的主要发电与供热方式。瑞典2002年的能源消费总量为7000万t标准煤，其中可再生能源为2100万t标准煤，占能源消费总量的30%，而可再生能源中生物质能占55%，主要作为区域供热燃料。丹麦在生物质直燃发电方面成绩显著。丹麦的BWE公司率先研究开发了秸秆生物燃烧发电技术，迄今在这一领域仍是世界最高商品的保持者。2002年丹麦的能源消费总量为2800万t标准煤，其中可再生能源为350万t标准煤，占能源消费总量的12.5%，可再生能源中，生物质能占81%。

德国和意大利对生物质固体颗粒技术和直燃发电技术也非常重视，在生物质热电联产应用方面也很普遍。德国2002年能源消费总量约5亿t标准煤，其中可再生能源为1500万t标准煤，约占能源消费总量的3%，在可再生能源中生物质能占68.5%，主要为区域热电联产和生物液体燃料。意大利2002年能源消费总量为2.5亿t标准煤，其中可再生能源为1300万t标准煤，占能源消费总量的5.2%，在可再生能源中生物质能占24%，主要是固体废弃物发电和生物液。

在我国生物质能发展的规模还非常小。生物质燃料乙醇的产量很低，占液体燃料的比例非常小。生物柴油也刚刚起步。对照一些发达国家对待生物质能的积极态度和措施，我们对生物质能的研究目标和技术路线尚不明确，若长此以往，将无法应对能源危机。据国家发展和改革委员会制定的《可再生能源中长期发展规划》规定，到2020年我国风电装机容量应达到3000万kW，太阳能发电达到180万kW，乙醇产量达到140亿L。3000万kW风电装机容量只占届时中国总电力的3%，和多数欧洲国家的12%以上的目标差距甚远。140 L乙醇也只相当于巴西20世纪90年代的产量。

（四）生物质能的发展对策分析

1. 我国生物质能的发展重点

2009年10月17日，国家能源专家咨询委员会在北京召开了生物质能座谈会。本次会议研究提出了我国生物质能发展的五大方向，即重点支持沼气、秸秆热裂解制气、秸秆固化型、燃料乙醇和生物柴油发展。本次会议上国家能源专家咨询委员会副主任、可再生能源专家委员会主任路明进一步指出："我国是温室气体排放大国，在应对温室气体排放的谈判中，面临着巨大压力，如何做好可再生能源特别是生物质能开发，具有重要的意义。"

大力普及农村沼气。2010年全国农村户用沼气达到4000万户，适宜农户普及率达到28.4%，计划到2020年力争使适宜农户普及率达到70%，基本普及农村沼气。2010年新建大中型畜禽养殖场沼气工程4000万处。积极推广农作物秸秆生物气化和固体成型燃料。有条件的地区要继续发展秸秆生物气化技术，为农户提供清洁能源。秸秆固体成型近期要以农户居民炊事和取暖为重点，加快试点示范，逐步解决农村基本能源需要，改变农村用能方式，提高资源转换效率。

试点发展生物液体燃料。根据我国土地资源、农业生产特点，利用荒山、荒坡及盐碱地等资源，稳步发展甜高粱、甘蔗和木薯等非粮食作物，建设能源基地，生产燃料乙醇稳步推进秸秆发电。借鉴欧洲发达国家的做法，深入调研和总结国内各地的经验，在满足农民燃料、肥料和牲畜饲料的前提下，统筹兼顾秸秆的各种利用方式，秸秆资源分布电力能源市场需求特征，开展适度规模的秸秆发电，开发生物能源发展生物柴油。我国适宜发展的生物质能有五大战略产品：燃料乙醇、成型燃料、工业沼气、生物塑料和生物柴油。

2. 发展生物质能的关键措施

目前世界上不少国家都在大力发展生物质能，主要采取的政策措施有配额制度、固定电价、税收优惠、财政补贴、重视研发等，相比之下，我国发展生物质能的政策措施尚不健全，有待借鉴国外的成功经验和先进做法完善相关政策措施，为我国生物质能的发展提供有力保障。

（1）配额制度

配额制度是一项随着电力市场改革逐步发展起来的新的促进可再生能源发展的制度，主要是对电力生产商或电力供应商规定在其电力生产或电力供应中必须有一定比例的电量来自可再生生物能源发电，并通过建立"绿色电力证书"和"绿色电力证书交易制度"来实现。目前，欧盟的许多国家都在推行可再生能源配额制度。

（2）固定电价

固定电价是根据各种可再生能源的技术特点，制定合理的可再生能源上网电价，通过立法的方式要求电网企业按确定的电价全额收购。按照不同的电价水平进行收购，从而保证了各种可再生能源技术都能获得比较合理的投资收益，为可再生能源的发展创造更加优越的政策环境。欧盟通过立法方式，规定电网企业必须高价收购可再生能源发电，特别是生物质发电。

（3）税收优惠

税收优惠也是各国促进生物质能发展的重要鼓励政策。从1982年至今，巴西对酒精汽车减征5%的产品税。2002年，美国参议院提出了包括生物柴油在内的能源减税计划，生物柴油享受与乙醇燃料同样的减税政策。德国对可再生能源实施低税率的优惠政策，如对乙醇、植物油燃料免税，对生物柴油每升仅征收9欧分税费。

（4）财政补贴

由于生物质能产业市场尚未成熟，企业投入大，所以需要政府强有力的支持。对此各国纷纷出台补贴政策以推动生物质能产业的发展。如瑞典从1975年开始每年从政府预算中支出1300万欧元，用于生物质燃烧和转换技术研发及商业化前期技术的示范项目补贴。丹麦从1981年起制订出每年给生物质生产企业400万欧元的补贴计划。

（5）重视研发

生物质能技术研发的巨大投入促进了各国生物质能的发展。英国环境食品和事务部在"生物能源作物研发项目"投资90万英镑，用于能源作物的基因改良和农场环境保护。巴西经过30多年对酒精燃料的研发和推广培养了一大批高技术人才，掌握了成熟的酒精生产和提炼技术，以及酒精汽车制造技术，建立了强劲的酒精动力机械体系，完善了酒精运输、分销。

我国发展生物质能源的形式与策略：发展生物质能，既要为国家经济社会提供一定的能源，又要加快农业和农场经济发展，确保国家粮食安全和主要农产品有效供应。把发展生物质能作为加快现代农业建设、发展农业和农村循环经济的重大举措。

对生物质资源开发利用采取多种形式。一是开发和利用农业生物质资源生产燃气和发电，以生物质能替代常规能源。二是开发利用农副产品及粪便、垃圾、柴草，以发展农村沼气替代煤炭等能源。三是开发利用能源作物，从能源作物中提取乙醇燃料，加工生产生物柴油等液体燃料。

①发展生物质颗粒燃料。生物质颗粒燃料实质上是生物质能的直接燃烧利用，是对生物质的加工利用。在我国，目前生物质颗粒燃料是大力推广的技术。燃料技术可以处理的生物质原料包括农作物秸秆、林木加工废弃物等，其中秸秆占主要部分。生物质颗粒燃料用途非常广泛，不仅用于居民家庭炊事、取暖，也可作为工业锅炉和电厂的燃料，替代煤、天然气、燃料油等化石能源。

②发展农作物秸秆气化。秸秆气化也是对秸秆进行深加工的一种应用。秸秆气化又称生物质气化，是指对生物质经过技术加工，使生物质生成高品位、易运输、利用效率高的气体燃料。生物质经气化转化为可以直接利用的可燃气体。我国每年可产生生物质约12亿t，其中农作物秸秆7亿t。因此，农作物秸秆是开发生物质气化燃料的重要原料。

③秸秆经燃烧和汽化后产生的能量有多种用途，应大力推进利用作物秸秆发电。利用作物秸秆在锅炉中直接燃烧发电，也可以用秸秆与煤混合燃烧发电和秸秆气化发电。与单纯电相比，生物质电连供的能源利用效率高。因此，欧洲生物质发电多采用热电联供模式，即不仅发电上网，而且为附近的居民提供热水或其他热力服务。秸秆发电在我国极具推广潜力。

④发展农村沼气。沼气是经过微生物发酵而产生的以甲烷为主要成分的可燃性气体，是一种重要的清洁能源。沼液、沼渣均可作为优质肥料。生产沼气的设备简单、方法工艺简易，适宜在农村推广应用，目前已有许多农村和养殖场使用了沼气，如宁夏隆德县已建有户沼气池1500口，养殖场沼气工程8处，沼气使用率80%。推广应用沼气有利于节约资源、保护环境、提高农民生活质量。

⑤发展乙醇燃料。乙醇燃料是目前世界上生产规模最大的生物质能源。我国的乙醇燃料生产已初步形成规模。但从我国国情出发，考虑到口粮需求刚性增长，饲料需求不断增加，目前还尚不具备以玉米为主要原料生产乙醇燃料的条件。巴西生产乙醇燃料主要原料是甘蔗；美国则以玉米作为生产乙醇燃料的主要原料。由于我国人均粮食年占有量不足400 kg，因此，需要开发利用其他原料如甜高粱、薯类、秸秆等生产乙醇燃料。以维护国家粮食安全和实现可持续发展的目标。

⑥发展生物柴油。生物柴油是利用生物质能生产的液体燃料，作为柴油的替代品更加环保。世界生物柴油总量已达300多万t。欧洲已专门种植原料作物来生产生物柴油，形成一定规模。据悉欧盟2004年以低芥酸油菜为原料制取生物柴油约160万t，占欧盟同期柴油生产量的80%。美国也有生物柴油的小规模生产。我国已有多家企业生产生物柴油。

立足国情发展生物质能，发展生物质能既是农业功能的拓展，又是农业资源的有效配置和利用。从我国国情出发，统筹兼顾，合理规划，立足现有资源和科技进步，完善各项政策措施，促进生物质能产业持续健康发展。

①发展生物质能要确保国家粮食安全。在保证国家粮食安全的前提下，充分利用荒山、荒丘、废弃地，种植生物能源材料。用于生物质能开发的生

物质材料主要有两大来源：一是农副产品、剩余物、废弃物；二是生物质能含量高的生物质能源作物。

②发展生物质能要综合利用现有生物质能源。转变观念，充分认识能源生物质资源重要价值。把农业生物质资源作为重要的能源资源加以收集利用。改变传统的处理生物质资源的做法，变废为宝，既要种植和开发能源作物，又要立足于利用现有农副产品、剩余物、废弃物，提高现有资源利用率，以满足发展生物质能的基本需要。

③发展生物质能要大力应用转基因生物技术。发展生物质能关键是要提供足够的生物质资源以保证能源加工。应用生物技术，培育和发展生物质能作物，提高能源作物量。国外转基因方法获得油菜柴油新品种，用转基因技术获得分解秸秆纤维生产酒精的工程菌。转基因技术应用于生物质能作物种植生产，不像食物那样要受基因标识和消费者选择的限制，也不会担心影响人类的健康。因此，应大力应用转基因技术，促进生物质能发展。转基因技术的研究和应用，在生物质能作物和能源微生物发展领域大有可为。

④发展生物质能要统筹规划、因地制宜、稳步实施。我国地域辽阔，水资源和光热等农业生产环境因素差异大。北方地区光热资源极其丰富，在确保国家粮食安全的前提下，可以在荒山、荒丘和荒坡地种植生物质能作物。因此，发展生物质能必须从实际出发，因地制宜，不可一哄而上。要依据不同地区能源发展水平和条件，科学规划出生物质能发展区域，制定切实可行的规划，稳步推进生物质能的发展。

⑤发展生物质能要加大技术研究和开发力度。生物质能发展必须与一定的加工技术相结合。生物质能材料并不能直接利用，要在一定的技术和加工条件下，才能转化为人们可利用的能源。生物质能能否有效利用，取决于其加工设备和工艺水平。要加强这领域技术装备和工艺的基础应用研究，加大生物质能的技术研究和开发力度，制定生物质能发展的技术路线，提高生物质能的利用效率。

⑥发展生物质能要建立生物质能源管理制度。我国目前生物质能产业最大的障碍是生物质能收集难，农林生物质能分散浪费，生物质能利用工程规模小，设备利用效率低，转化效率低。因此，要建立健全农业剩余物、废弃物及能源作物管理制度，使生物质原料正常进入市场流通。加强生物质原料质量价格管理，兼顾企业和农民利益。秸秆发电企业布局要与农业区域布局相结合，以利于企业和农业种植业协调发展。

3. 生物质产业化发展途径

进入 21 世纪，随着化石能源资源迅速消耗，生态环境不断恶化，保障能源安全，应对气候变化已成为全球的焦点问题，世界各国都加速发展可再生能源，特别是生物质能源。

生物质是生物体经光合作用合成的有机物，是可以直接生产气体、液体、固体能源的可再生能源。生物质的资源量十分巨大，生物质燃料是可以大规模替代柴油的可再生能源，也是替代石油化工产品的重要渠道，当前，大力发展生物质产业对我国具有重要的战略意义。

（1）维护国家安全，保护可持续发展

我国自 1993 年开始已成为石油进口国，2008 年我国石油进口依存度接近 52%。预计 2020 年，我国石油消费量将达 4.5 亿～6.1 亿 t，而国内的供应量只有 1.8 亿～2 亿 t，对外依存度将达 76.9%。因此，开发清洁的可再生能源与资源已成为我国实现可持续发展的重大选择。

（2）减少温室气体排放和环境污染，实现低碳发展

据统计，从 2000 年到 2020 年，我国二氧化碳排放量将净增 1.5 亿～3 亿 t。同时，我国汽车保有量不断攀升，汽车尾气造成的环境污染日益严重。国际社会对我国施加压力，要求我们尽快寻求缓解途径，对二氧化碳等温室气体进行减排。同时，不可降解的以石油为原料的化学合成塑料造成的白色污染，促使来源于可再生能源的、可持续发展的生物材料加快了市场化步伐。

（3）高效利用可再生能源，改善农村环境，促进农村经济发展

我国农村、农林业生产每年产生大量的有机废弃物，其中秸秆年产量约 6 亿 t，畜禽粪便约 25 亿 t，林业生产和林业加工废弃物约 3 亿 t，这些农林废弃物价格低廉、供应充足，尚未得到妥善处理和利用。发挥农村优势，将农村地区的生物质资源转化为能源，使其成为农村特色产业，可有效延长农业产业链，提高农业效率，增加农民收入，改善农村环境，促进农村经济和社会发展。

（4）提升科技创新能力，应对全球竞争

生物质能产业是全球性的一次材料经济转型，世界各国起步时间不长，我国与发达国家处在相近的起跑线上。与生物质能相关的高效、大规模、低成本清洁转化技术已成为全球必争的战略技术领域，面对这一日益激烈的竞争，我国需要具有将生物质资源优势转化为能源优势的能力，尤其是要具有一些在生物质能转化方面领先的科技成果。在国内大规模开发利用生物质类可再生资源是我国践行科学发展观的一条重要途径，战略意义十分重要。

发展生物质能，在我国时机逐步成熟，国内企业和地方发展热情高涨，这是件可喜的事。然而出现大干快上、不分析资源现状、不分析技术经济可行性、不考虑市场风险的现象。所以，生物质能要发展，必须按照经济规律办事，要统筹考虑各种因素，正确处理好以下五个方面的关系。

一是协调处理好确保粮食安全与发展能源作物的关系。必须采取措施，处理好粮食生产与发展能源作物的关系，真正做到二者"双赢"。①坚持保护基本农田制度，这是一条"红线"不能动摇，不能因为开发种植能源作物，破坏或减少基本农田。②大力引导在荒山、荒地、废弃地开发种植木薯、甜高粱、木本油料植物等，坚持不与产粮作物争地。③充分发挥发展农村农林废弃物的利用潜力，变废为宝。采取以上措施发展能源作物，促进农民增收，更能提高农民对农业生产的投入能力，增加粮食生产。

二是处理好稳定传统能源与积极发展生物质能的关系。当前首先要做好传统能源开发利用工作，同时积极发展生物质能，尽可能做到传统能源与生物质能相互配合，共同保障国家石油安全，尤其是传统能源长期享受国家政策倾斜，在生产、销售等环节占据优势，为生物质能发展提供了便利条件。

三是协调处理好立足市场与政府支持的关系。要严格市场准入制度，提供市场进入的技术、资金门槛，确保产品质量与生产过程环保达标，杜绝生产环节环境污染。另外，按照鼓励先进的原则，在以上市场准入企业中，实行招标制度，谁的效率高、补贴低，政府就支持谁。生物质能产业发展成熟，具备竞争能力的时候，政府再退出来，不再给予直接财政支持，相关企业按市场规律独立运行。

四是协调处理好全面推动因地制宜的关系。发展生物质能作为实施石油替代的一项战略举措，需要创造有利条件，全面推动。然而不可不顾资源条件限制，盲目开发，全面开发，造成资源的无限开发与巨大浪费。从技术经济角度看，生物质能资源采集及运输成本高。运距合理，经济可行性是前提，因此，确定单个项目生产能力时不能盲目求大。

五是协调好发展与对外合作关系。目前国外一些生物柴油公司已进入我国市场，目的主要是利用我国的资源，从长远看，还将会抢占我国市场。对此，我们既要加强与外合作，学外国的技术，更要坚持自主发展，抓住难得的机遇，掌握核心技术，培育壮大我国的生物质能产业。

三、生物质能发电技术

　　石油危机的出现，使人们将能源利用的视线转到了可再生能源上。1974年丹麦首次利用秸秆燃烧发电技术。1998年丹麦BWE公司正式建立了第一家秸秆燃烧发电厂。此后BWE公司在欧洲大力推行生物发电技术，在英国建立了最大的生物发电厂，总装机容量为38 MW。随着生物质燃烧技术的成熟，生物质能发电在世界范围内逐步发展起来。美国开展了"能源农场"计划，到2010年生物质能发电达到13 GW。日本设立了"阳光计划"，连印度也提出了"绿色能源工厂"的口号。我国在2006年实施了《可再生能源法》，大力推行生物质能的研究与开发。2006年12月1日，在我国的单县投产第一台直燃发电机组，发电量为103 kW，截至2013年年底，我国生物质能发电的装机容量达到12.2 GW。

　　目前常用的生物质能发电技术有甲醇发电、城市垃圾焚烧发电、生物质燃气发电和沼气发电等技术。

　　①甲醇发电技术是以甲醇作为基础燃料的发电工艺。日本将生物质液化后制取甲醇，利用甲醇气化与水蒸气反应产生氢气的工艺流程，开发了以氢气作为燃料驱动燃气轮机带动发电机组发电的技术。1990年6月日本建成一座1000 kW级甲醇发电实验站并正式发电。甲醇发电不但污染少，而且成本低于石油和天然气发电。

　　②城市垃圾焚烧发电技术。这是近年来一个主要研究方向。城市生活垃圾是困扰全世界的一个环境污染难题。垃圾焚烧发电即可处理垃圾又可得到清洁能源。垃圾焚烧发电有两种形式：一是城市垃圾通过发酵产生沼气再用来发电；二是利用气化炉焚烧，既使垃圾无害化处理，又可回收部分能源用来发电。

　　③生物质燃气发电技术。其指生物质气化制取燃气再发电的技术。它主要由气化炉、冷却过滤装置、煤气发动机、发电机四大主机构成。其工作流程为：首先将汽化后的生物燃气冷却过滤，送入煤气发动机，将燃气的热能转化为机械能，再带动发电机发电。生物质燃气发电技术的核心是气化炉及热裂解技术。

　　④沼气发电技术。该技术分为纯沼气燃烧电站和沼气-柴油混烧电站，按规模又可分为50 kW以下的小型沼气电站、50～500 kW的中型沼气电站和500 kW以上的大型沼气电站。

四、生物质能的发展方向

利用农作物的废弃部分发展非粮生物质能，可有效利用废弃资源和生物能源，从而替代传统化石能源，促进环保和节能减排。目前世界各国正加紧生物能源特别是先进生物燃料的开发与研究。以生物质能源担任能主角是世界发展的潮流。

我国"十二五"时期的重点目标是新型原料的培育、产品的综合利用和高效低成本的生物质能转化技术。逐步改善我国现有的能源消费结构，降低对石油的进口依存度。改变目前的能源消费结构，向能源多元化和可再生清洁能源时代过渡。生物质能技术发展的总趋势是，原料供应从传统的生物质废弃物为主向新型生物资源林选育和规模化生产为核心的方向转变，大力发展高效、低成本的生物质能转化技术及生物燃料产品高值利用，开发生物质绿色、高效综合利用的全链条模式。大力发展生物乙醇和生物燃油替代石化液体燃料技术，进而改变国家能源供给模式。"十二五"时期生物质能科技重点任务包括：微藻、油脂类、淀粉类、糖类、纤维类等能源植物等新型生物质资源的选育与种植，生物燃气高值化制备及综合利用，农业废弃物制备车用生物燃气示范，生物质液体燃料高效制备与生物炼制，规模化生物质热转化生产液体燃料及多联产技术，纤维素基液体燃料高效制备，生物柴油产业化关键技术研究，万吨级的成型燃料生产工艺及国产化装备，生物基材料及化学品的制备炼制技术等。努力发展以下几个方面。

①促进生物质能源化成熟技术的产业化，提高生物质能利用的比重，为生物质能的大规模应用奠定工业基础。

②研究开发高品位生物质能转化的新技术，提高生物质能的利用价值，为大规模利用生物质能提供技术支撑和技术储备。

③大力扶持生物质能的理论和技术研究，解决重大的理论问题，为生物质能的利用提供理论依据。

④大力研究和培养高产能源植物品种，建立生物能源基地，使生物质能形成生产、转化、应用、供给一体的产业模式。

在农村大力发展生物质能源化实用技术，充分发挥生物质能作为农村补充能源的作用，改善农村生活环境及提高人们生活水平。

第三节　绿色建筑与风力发电技术

一、风力发电技术原理

（一）风的形成

风是大规模的气体流动现象，是自然现象的一种。在地球上，风是由地球表面的空气流动形成的。在外层空间存在太阳风和行星风。太阳风是气体或者带电粒子从太阳到太空的流动，而行星风则是星球大气层的轻化学元素经释气作用飘散至太空。

在地球上，形成风的主要原因是太阳辐射对地球表面的不均匀加热。由于地球形状和与太阳的相对位置关系，赤道地区因吸收较多的太阳辐射导致该地区比两极地区热。温度梯度产生了压力梯度，从而引起地表 10～15 km 高处的空气运动。在一个旋转的星球上，赤道以外的地方，空气的流动会受到科里奥利力的影响而产生偏转。同时，地形、地貌的差异，地球自转、公转的影响，更加剧了空气流动的力量和方向的不确定性，使风速和风向的变化更为复杂。

据估计，地球接受的太阳辐射功率大约是 1.7×10^{14} kW，虽然只有大约 2% 转化为了能，但其总量十分可观。据世界气象组织和中国气象局气象科学研究院分析，地球上可利用的风能资源为 200 亿 kW，是地球上可利用水能的 20 倍。

但是，全球风资源的分布是非常不均匀的，反应为大尺度的气候差异和由于地形产生的小尺度差异。一般分为全球风气候、中尺度风气候和局部风气候。在世界大多数地方，风气候本质上取决于大尺度的天气系统，如中纬度西风、信风带和季风等。局部风气候是大尺度系统和局部效应的叠加，其中大尺度系统决定了风资源的长期总体走势。风资源是一个统计量，风速和风向是风资源评估的基础数据。

（二）风速的概率分布

风作为一种自然现象，通常用风速、风频等基本指标来表述。风的大小通常用风速表示，指单位时间内空气在水平方向上移动的距离，单位有 m/s、km/h、mile/h 等。风频分为风速频率和风向频率，分别指各种速度的风及各种方向的风出现的频率。对于风力发电机的风能利用而言，总是希望风速较高、变化较小，同时，希望某一方向的频率尽可能的大。一个地区的风速概率分布是该地区风能资源状况的最重要指标之一。目前不少研究对风速分布采用各种统计模型来拟合，如瑞利（Rayleigh）分布、β分布、韦布尔（Weibull）分布等，其中以两参数韦布尔分布模型最近常用。

（三）风力等级

根据理论计算和实践结果，把具有一定风速的风（通常指 7～20 m/s 的风）作为一种能量资源加以开发，用来做功（如发电），这一范围的风通常称为有效风能或风能资源。当风速小于 3 m/s 时，它的能量太小，没有利用价值；而当风速大于 20 m/s 时，它对风力发电机的破坏性很大，很难利用。但目前开发的大型水平轴风力发电机，可将上限风速提高到 25 m/s。根据世界气象组织的划分标准，风被分为 17 个等级，在没有风速计的情况下，可以借助风速等级来粗略估计风速。

迄今为止，人类所能控制的能量要远远小于风所含的能量，举例说明：风速为 9～10 m/s 的 5 级风，吹到物体表面上的力约为 10 kg/m^2；9 级风，风速为 20 m/s，吹到物体表面上的力约为 50 kg/m^2。可见，风资源具有很大的开发潜力。

（四）风的变化

风随时间和高度的变化为开发风资源带来了一定难度，但只要充分把握规律，就能大大降低难度。

1. 风随时间变化

在一天内，风的强弱是随机变化的。在地面上，白天风大而夜间风小；在高空中却相反。在沿海地区，由于陆地和海洋热容量不同，白天产生海风（从海洋吹向陆地），夜晚产生陆风（从陆地吹向海洋）。在不同的季节，太阳和地球的相对位置变化引起季节性温差，从而导致风速和风向产生季节性变化，在我国大部分地区，风的季节性变化规律是，春季最强，冬季次强，秋季第三，夏季最弱。

2. 风随高度变化

由于空气黏性和地面摩擦的影响，风速随高度的变化因地面平坦度、地表粗糙度及风通道上气温变化而异。从地球表面到 10000 m 的高空，风速随着高度的增加而增大。风切变描述了风速随高度的变化规律。有两种方法可以用来描述风切变，分别为指数公式和对数公式。其中，指数公式是描述风速随时间变化最常用的方法。

（五）风能的优缺点

风能因安全、清洁及储量巨大而受到世界各国的高度重视。目前，利用风力发电已经成为风能利用的主要形式，并且发展速度很快，与其他能源相比，风能具有明显的优点，但也有不可避免的局限性。

1. 风能的优点

风能蕴藏量大，无污染，可再生，分布广泛，就地取材且无须运输。风能是太阳能的一种变换形式，是取之不尽用之不竭的可再生能源。在边远地区（如高原、山区等地）利用风能发电有很大的优越性。根据国内外形势，风能资源适用性强，前景广阔。目前，在我国拥有风力资源的区域占全国国土面积的76%，在我国发展小型风电潜力巨大。

2. 风能的缺点

由于风的不确定性，风能也有一定的缺点，如能量密度低，气流瞬息万变（时有时无、时大时小），且随日、月、季的变化都十分明显；同时，由于地理位置及地形特点的不同，风力的地区差异很大。

二、风力发电技术在绿色建筑中的应用

（一）建筑环境中的风能利用研究现状

欧洲20世纪末才开始对在建筑环境中风能利用进行研究。1998年，欧洲委员会开展了建筑环境中的风能（Wind Energy in the Built Environment，WEBE）的研究项目，第一次将风力发电引入城市建筑。同时项目组指出，建筑物的造型设计应该充分考虑如何使风力发电机达到最大效率。同时，由于建筑楼群的存在会扰乱空气流动，易造成湍流，设计建筑物表面时应保证来流顺畅地流向风机叶片。之后，国内外学者对建筑环境的风能利用技术进行了研究。研究主要集中在建筑风环境评估、建筑风力集中器研究、适宜建筑环境的风力发电机开发以及建筑环境风力发电效益评估等方面。

英国及荷兰的学者对扩散体型和平板型建筑进行了较为深入的研究。他们采用计算流体动力学（CFD）数值模拟和风洞试验相结合的方法，对不同

形式的建筑风能利用效果进行评估，得出当横截面为肾形和回飞棒形时，其风能利用效果最好。同时结合扩散体型建筑的特点，对平板型建筑进行了改进，设计出了新的风能利用建筑。

英国皇家工学院和德国斯图加特大学联合承担了欧盟资助的项目建筑环境中的风能，并在英国牛津附近的卢瑟福·阿普尔顿实验室（Rutherford Appleton Laboratory）按照1∶7的比例建造了一个风机直径为2 m、高度为7 m的扩散型风力集中器形式的建筑模型。结果显示，曲线设计使发电效率提高了一倍，并且在此想法基础上，提出了双塔建筑模型的概念设计。

随着风能在建筑环境中的应用研究不断发展，进入21世纪后，取得了突破性研究成果。2003年，桑德·莫特恩（Sander Mertens）阐述了几种能够有效利用风能的建筑形式，采用数值模拟的方法，对安装在建筑顶部的风机展开了相关研究。并提出了计算和预测屋顶风机能量场的方法和步骤。研究发现，在屋顶上放置风力发电机的位置与未受绕流影响的风流场的情况差别很大。同时得出结论，考虑到来流倾斜角的问题，相比于水平轴风力发电机，垂直轴风力发电机更适合安装于屋顶。2004年，有学者使用计算流体动力学软件模拟分析了一种具有折边的扩散体建筑形式周围的流场，进而研究了此种建筑形式在进行风能利用时的特性。2005年，有学者对建筑环境中如何使用小型风力发电机做了研究，包括纽约新世贸中心自由塔风电场的风力发电机设计研究。2006年，有学者较为详尽地阐述了在建筑环境中利用风能的重要性、现有的技术与面临的挑战，并对未来的发展情况进行了展望。

有了理论上的分析，之后也就会有用于实践的工程。2007年，海湾小国巴林在建筑上建造了利用风能发电的实际工程，这就是著名的巴林世贸中心，被誉为"风能建筑"的杰作。2010年伦敦大象城堡区（Elephant and Castle）建成风能发电与住宅相结合的大楼Strata，称为"空中住宅"。这是世界上第一座楼顶安装风能涡轮发电机的摩天大楼。国外对于在建筑中融入风能发电的研究不断发展，其应用于实际工程的建筑也不断涌现，使风能利用走向又一个新的高度。

国内研究风力发电起步比较晚，但发展迅速。2004年之前，我国的风力发电产业几乎一片空白。"十一五"期间，我国的并网风力发电得到迅速发展，其中包括与建筑结合的风能发电装置。20世纪90年代初开始国内初步探索了立方体建筑的数值模拟，1990—1994年汤广发等对二维矩形和立方体建筑周围的风速与风压分布进行了数值模拟；1994年苏铭德等对矩形截面高层建筑在不同风向下的表面风压和周围风场进行了数值模拟，并将计算得到的风压值与部分已有的试验结果进行了比较；吴义章等针对某些建筑布局可能引起的强局部风和造成不舒适的风环境问题，从大气边界层模拟、建筑模型风洞试验、风统计特性、风环境舒适性判断等方面介绍了几种研究方法。

从 20 世纪 90 年代末开始，国内许多研究者采用计算流体动力学商业软件对不同形式的单体和群体建筑物进行数值模拟，其中很多研究工作均针对工程实际并结合风洞试验进行。

杜王盖经过对结构化网络和非结构化网络划分计算区域，对建筑风场进行了数值模拟，指出六面体同位网格能适用于不同形式的建筑风场模拟。苑安民、田思进介绍了建筑群的"风能增大效应"和计算方法，提出了建筑"风洞"和"风坝"的概念。潘雷、张涛等通过数值模拟重点探讨了几种基于扩散体型风能建筑形式对增强风速、强化风能利用的效果，并研究了城市楼群风的特点，讨论了利用楼群风进行风力发电。冯茺蔚等对不同来流风向角时单、双风通道的最佳位置进行了分析，此外还对由相同尺寸建筑组成的不同布局形式的建筑群进行了模拟计算，得出了中心建筑的风场状况、风速增强效果与建筑平面布局之间的影响关系。李太禄以在建筑密集城区内的风能利用为背景，采用理论分析、计算流体动力学数值模拟和风洞试验相结合的方法，利用空气动力学的基本原理和计算流体动力学技术分析建筑周围空气流动的基本情况，根据流场进而分析和研究在建筑环境中将建筑物作为风力强化与集中的载体安装风力发电机的最佳位置，通过把风力发电机与建筑物有机结合，实现对建筑环境中风力资源的优化利用。对于风能转换装置，除了水平轴和垂直轴风力发电机外，贺德馨还提出了一些新概念风能转换装置。它们的共同点是希望通过较小的风轮扫掠面积来收集更多的风能，提高有效的风能密度。近年来，一些国家利用周围的风环境特别是高耸建筑物顶部的风环境进行风力发电，或者将风力发电装置和建筑物进行一体化设计，根据对气流绕建筑物的流场分析，在建筑物中布置风力发电机组。2010 年竣工的珠江城大厦就是运用风力发电的很好的实例。

（二）建筑用风力发电技术经济性和节能减排效果分析

1. 建筑用风力发电技术经济性分析

考虑到目前大多数经济性模型是以离网型风力发电技术为基础的，对于建筑用小型风力发电技术的经济性分析存在一定困难。一般来说，制造商会配套地提供电池以及逆变器的技术参数和价格，但很少提供有关安装方面的数据。将一个风力发电机改造加入建筑物的构造中，需要综合考虑各个方面，如安全性（避免共振同时节省风塔建设）、基础和电缆费用（所有这些都会对最后的安装费用产生影响）。一般来说，较为全面的经济性评估包括以下几个方面。

①风机基本费用。

②逆变器和风力转换器费用。

③构造安装费用。

④电缆费用。

大卫·米尔博（David Milborrow）提出了中型风力发电机容量费用及发电费用。并指出，不包括安装费用，WS1000（1 kW）的风力发电机市场价为995英镑（垂直轴风力发电机费用加成5%）。

根据美国能源部的风力发电市场报告，2015年的风力发电平均成本为1690美元/kW，随着风电技术的日益发展，价格将会继续降低。

2. 建筑用风力发电技术节能减排潜力分析

（1）改造建筑用风力发电技术节能减排潜力分析

对于建筑内安装风力发电机来说，该系统的二氧化碳减排量取决于以下几个方面。

①根据不同的建筑特点，尤其是墙体和屋顶类型，是否选择了合适的风力发电机类型。

②在高风速地区，不同建筑类型的排列方式。

③由城市环境引起的风速减弱。

④由建筑分布或建筑形状导致的特定风向的风速增大情况。

（2）新建建筑用风力发电技术节能减排潜力分析

对于新建建筑来说，可以在初始设计阶段就考虑风力发电机与建筑结构的整合，如果设计的建筑安装率较高，就可以安装更多的风力发电机。若建筑用风力发电技术的总建筑安装率为1%～20%，在不同的风速条件下，年发电潜力和二氧化碳减排量也有所不同。

综上，建筑用风力发电技术以及对应的二氧化碳减排量取决于建筑结构分布、风环境及在最优风力发电机布置下的捕风能力等。从以上分析中可以看出，风力发电技术具有较大使用潜力，尤其在非住宅建筑中。

（三）建筑用风力发电可行性因素分析

1. 低运输成本

建筑用风力发电系统，直接将产出的电力输送给建筑用户本身，减少了运输损失和购买费用。因此，从用户方面来说，建筑风力发电成本更低。

2. 低发电成本

据预测，到 2020 年，传统的大型陆上风场的发电成本会达到最低，与此同时，随着技术的进一步发展，小型风力发电机的性能与发电效率也会有所提高，并带来发电成本的降低。建筑用风力发电技术将从上述大趋势中受益，其成本将会随风力发电机改进而降低。

3. 风速更高，能量更大

一般来说，传统风力发电技术通过选择风速较高的场址，用以安装风力发电机，并通过输电网运送给用电终端。鉴于能量和风速的三次方关系，对于风速较大地区，输电网损失的电量相比于发电量可以忽略。

建筑用风力发电技术，一般考虑将风力发电机安装在一个已建成的拥有较强风场的建筑上。考虑到建筑对风的集结提速作用，需要谨慎考虑风力发电机的安装位置，以避免风速超过可接受范围。

4. 满足可再生能源法规定

为了促进可再生能源开发利用，增加能源供应，改善能源结构，保障能源安全，保护环境，实现经济社会的可持续发展，国家相关部门制定了可再生能源法。建筑用风力发电技术，紧扣可再生能源法目标，把握风力发电技术发展机遇，具有广阔的开发利用前景。

5. 满足绿色建筑用能目标

节能减排是绿色建筑概念的核心价值之一。如今，各国政府或者环保组织提出的绿色建筑评估法则中都有鼓励可再生能源利用的相关条文。国内最新的《绿色建筑评价标准》中也详细制定了建筑由可再生能源提供的电量比例所对应的得分规则。

6. 弥补大型陆上风力发电不足

对于陆上风电场来说，开发利用的最大障碍是输电网的运输连接设计和民众的接受度。但是，建筑用风力发电却并不存在这些问题。建筑用风力发电系统直接连接低压配电网（通常是建筑用户），输电网连接不是其设计短板。相比于大型风力发电机来说，小型风力发电机的民众接受度完全不是问题，建筑用风力发电系统通常安装在屋顶，对于建筑内用户影响很小。

第四节　绿色建筑与水力发电技术

一、我国水能资源概况

（一）水能资源总量

我国幅员辽阔，国土面积达 960 万 km^2，蕴藏着丰富的水能资源。根据最新水能资源复查结果，我国大陆水能资源理论蕴藏量在 1 万 kW 及以上的河流共 3886 条，水能资源理论蕴藏量年电量为 60829 亿 $kW \cdot h$，平均功率为 69440 万 kW，理论蕴藏量 1 万 kW 及以上河流上单站装机容量 500 kW 及以上水电站技术可开发装机容量 54.164 万 kW，年发电量 24.740 亿 $kW \cdot h$，其中经济可开发水电站装机容量 40.1795 万 kW，年发电量 17.534 亿 $kW \cdot h$，分别占技术可开发装机容量和年发电量的 74.2% 和 70.9%。

（二）水能资源分布

由于我国幅员辽阔，地形与雨量差异较大，因而形成水能资源在地域分布上的不平衡，水能资源分布是西部和中部多、东部少：按照技术可开发装机容量统计，我国西部云南、贵州、四川、重庆、陕西、甘肃、宁夏、青海、新疆、西藏、广西、内蒙古等 12 个省（自治区、直辖市）水能资源约占全国总量的 81.46%，特别是西南地区云、贵、川、渝、藏就占 66.70%；中部的黑龙江、吉林、山西、河南、山西、湖北、安徽、江西等 8 个省占 13.66%；而经济发达、用电负荷集中的东部辽宁、北京、天津、河北、山东、江苏、浙江、上海、广东、云南、海南等 11 个省（直辖市）仅占 4.88%；我国的经济东部相对发达、西部相对落后，因此西部水能资源开发除了两部电力市场自身需求以外，还要考虑东部市场，实行水电的"西电东送"。

（三）水能资源在能源结构中的地位

常规能源资源包括煤炭、水能、石油和天然气，我国能源资源探明（技术可开发量）总储量 8450 亿 t 标准煤（其中水能为可再生能源，按使用 100 年计算），探明剩余可开采（经济可开发量）总储量为 1590 亿 t 标准煤，分别约占世界总量的 2.6% 和 11.5%。我国能源探明总储量的构成为原煤 85.1%、水能 11.9%、原油 2.7%、天然气 0.3%，能源剩余可采总储量的构成为原煤 51.4%、水能 44.6%、原油 2.9%、天然气 1.1%。我国常规能源资源以煤炭和水能为主，水能仅次于煤炭，居十分重要的地位。如果按照世界有些国家水能资源使用 200 年计算其资源储量，我国水能剩余可开采总量在常规能源构成中则超过 60%。由此可见，水能在我国能源资源中的地位和作用十分可观。

能源节约与资源综合利用是我国经济和社会发展的一项长远战略方针。今后更长远时期，国家把实施可持续发展战略放在更加突出的位置，可持续发展战略要求节约资源、保护环境，保持社会经济与资源、环境的协调发展。优先发展水电，能够有效减少对煤炭、石油、天然气等资源的消耗，不仅节约了宝贵的化石能源资源，还减少了环境污染。

二、建筑给排水系统与水力发电技术

水力发电技术是利用水位落差配合水轮发电机产生电力的技术。它利用水的位能转为术轮的机械能，再以机械推动发电机，从而得到电力。它作为一种经济效益、环境效益十分显著的可再生能源技术，得到了人们的广泛关注并迅猛发展。在地球传统能源日益紧张的情况下，各国都在大力发展水能资源。然而，目前世界范围内的水力发电研究几乎全都集中在修建水坝，利用自然界中存在的或者人为制造水源的高落差发电。

早在 20 世纪 50 年代，在我国农村就出现了由农机技术人员用电动机改制的微型水力发电设备。这种微小水电主要是利用小溪、小河等微小水源来进行发电，这一技术也已经在我国农村掀起了兴办小水电的热潮，得到了大规模的应用，特别是在偏远地区，农村无电人口正迅速减少。但对更小的微小水源的利用却很少得到关注，用于城市居民生活的水电转换节能很少有报道。

1. 高层建筑给水系统的分类

（1）生活给水系统

生活给水系统主要供给人们在生活方面（如饮用、烹调、沐浴、盥洗、洗涤及冲洗等）的用水。该系统除水压、水量应满足要求外，水质也必须严格满足国家现行的《生活饮用水卫生标准》。

（2）生产给水系统

生产给水系统主要满足生产要求（包括洗衣房、锅炉房的软化水系统，空调、冷库的循环冷却水系统，游泳池水处理系统等）的用水。生产给水系统对水质、水压、水量及安全方面的要求应视具体的生产工艺确定。

（3）消防给水系统

消防给水系统主要供建筑消防设备（包括消火栓给水系统、自动喷洒灭火系统、水幕消防给水系统等）的用水。高层建筑消防给水系统对水质、水量均有严格的要求。

（4）直饮水系统

在标准比较高的宾馆、饭店和住宅中有时设置直饮水系统。直饮水系统就是将自来水进行深度处理，然后用管道输送到建筑内的用水点供人们直接饮用。

由于高层建筑对用水的安全要求比较高，特别是消防的要求特别严格，必须保证消防用水的安全可靠。因此，高层建筑各种给水系统一般宜设置独立的生活给水系统、消防给水系统、生产给水系统或生活-生产给水系统及独立的消防给水系统。

2. 高层建筑排水系统的分类

按污水的来源和性质，高层建筑排水系统可分为粪便污水系统、生活废水系统、屋面雨雪水系统、冷却废水系统以及特殊排水系统。

（1）粪便污水系统

该系统中含有从大、小便器排出的污水，其中含有便纸和粪便等杂物。

（2）生活废水系统

该系统中含有从盥洗、沐浴、洗涤等卫生器具排出的污水，其中含有洗涤剂和一些洗涤下来的细小悬浮颗粒杂质，污染程度比粪便污水轻。

（3）屋面雨雪水系统

该系统水中含有少量灰尘，比较干净。

（4）冷却废水系统

该系统中含有从空调机、冷却机组等排出的冷却废水。冷却废水水质未受污染，只是水温升高，经冷却后可循环使用。但如果长期使用则水质需要经过稳定处理。

（5）特殊排水系统

该系统中含有从公共厨房排出的含油废水和冲洗汽车的废水，含有较多的油类物质。需要单独收集，局部处理后排放。

高层建筑排出的污水，根据其性质的不同可采用分流制和合流制。分流制是指分别设置管道系统将污水排出；合流制是指对于其中两种以上的污水采用统一管道系统排出。

由于高层建筑多为民用建筑，一般不产生生产废水和生产污水，在高层建筑排水系统中，必须单独设置雨水系统。高层建筑排水方式的选择主要是指粪便污水和生活废水的收集排出方式。通常可以根据市政排水系统体制和污水处理设备的完善程度、建筑内或建筑群内是否设置中水系统和卫生等因素来确定排水方式。

三、建筑给水系统水力发电技术

（一）建筑给水系统的组成

它主要由引入管，水表节点，升压、降压和储水设备，管网及给水附件4部分组成。

①引入管（进户管）。它是从室外供水管网接出，一般需要穿过建筑物基础或外墙，引入建筑物内的给水连接管段。每条引入管应有不小于3‰的坡度坡向外供水管网，并应安装阀门，必要时还要设泄水装置，以便管网检修时放水用。

②水表节点。水表是用来记录用水量的设备。通常需要根据具体情况在每个用户、每个单元、每幢建筑物或一个居住区内设置水表。需单独计算用水量的建筑物，水表应安装在引入管上，并装设检修阀门、旁通管、泄水装置等。通常把水表及这些设施通称为水表节点。室外水表节点应设置在水表井内。

③升压、降压和储水设备。当外部供水管网的水压、流量经常或间断不足，不能满足建筑给水的水压、水量要求，或为了保证建筑物内部供水的稳定性、安全性时，应根据要求设置水泵、气压给水设备、减压阀、水箱等增压、减压、储水设备。

④管网及给水附件。配水管网是将引入管送来的水输送给建筑物内各用水点的管道，主要包括水平干管、给水立管和支管等。给水附件则包括与配水管网相接的各种阀门、放水龙头及消防设备等。

1. 高层建筑给水系统竖向分区

当建筑物很高时，给水系统需要进行竖向分区。它是指建筑物内的给水管网和供水设备根据建筑物的用途、层数、材料设备性能、维修管理、节约供水能耗及室外管网压力等因素，在竖直方向将高层建筑分为若干供水区，各分区的给水系统负责对所服务区域供水。

如果不进行竖向分区，那么底层的卫生器具会承受较大的压力，这样可能会导致一系列问题，主要表现如下。

①龙头开启时，水流呈射流喷溅，影响使用，浪费水量。

②开关龙头、阀门时易形成水锤，产生噪声和振动，引起管道松动漏水，甚至损坏。

③龙头、阀门等给水配件容易损坏，缩短使用期限，增加维护工作量。

④建筑底部楼层出流量大，导致顶部楼层水压不足，出流量过小，甚至出现负压抽吸，造成回流污染。

⑤不利于节能。理论上讲，分区供水比不分区供水要节能。

因此，高层建筑给水系统必须进行合理的竖向分区，使水压保持在一定的范围。但若分区压力值过低，势必增加分区数，并增加相应的管道、设备投资和维护管理工作量。因此，分区压力值应根据供水安全、材料设备性能、维护管理条件，结合建筑功能、高度综合确定，并充分利用市政水压以节省能耗。

我国《建筑给水排水设计规范（2009年版）》（GB 50015—2003）规定，分区供水不仅是为了防止损坏给水配件，同时可避免过高的供水压力造成用水不必要的浪费。

高层建筑生活给水系统应竖向分区，竖向分区压力应符合下列要求。

①各分区最低卫生器具配水点处的静水压不宜大于 0.45 MPa。

②静水压大于 0.35 MPa 的入户管（或配水横管），宜设减压或调压设施。

③各分区最不利配水点的水压，应满足用水水压要求。居住建筑入户管给水压力不应大于 0.35 MPa。

每一分区所包含的建筑物层数与建筑物的性质、供水方式、建筑物的层高等有关，当不采用高位水箱供水时，一般将 10～12 层划分为一个供水分区。当采用高位水箱供水时，各分区高位水箱要保证各分区最不利点卫生器具或用水设备的流出水头。水箱相对安装高度，即水箱的最低水位与该区最不利点卫生器具或用水设备的垂直距离应大于等于最不利点的流出水头与水流流经由水箱至最不利点管道和水表的水头损失之和，其值一般约为 100 kPa（经验数值）。因此，各分区高位水箱不能设置在本区的楼层内，至少应设置在该区以上 3 层，只有这样才能满足最不利点卫生器具或用水设备流出水头的要求。因此，高位水箱供水，水箱需要设置在该区以上 3 层，此时分区供水层数有所减少。

一般来说，建筑高度不超过 100 m 的建筑的生活给水系统，宜采用垂直分区并联供水或分区减压的供水方式；建筑高度超过 100 m 的建筑的生活给水系统，宜采用垂直串联供水方式。

2. 高层建筑给水方式

高层建筑给水方式主要是指采取何种水量调节措施及增压、减压形式，来满足各给水分区的用水要求。给水方式的选择关系到整个供水系统的可靠性、工程投资、运行费用、维护管理及使用效果，是高层建筑给水系统的核心。

高层建筑给水方式可分为高位水箱、气压罐和无水箱三种。

（1）高位水箱给水方式

这种给水方式的供水设备包括离心水泵和水箱，主要特点是在建筑物中适当位置设高位水箱，起到储存、调节建筑物的用水量和稳定水压的作用，水箱内的水由设在底层或地下室的水泵输送。它又可细分为高位水箱并联、高位水箱串联、减压水箱和减压阀 4 种给水方式。

①高位水箱并联给水方式。各分区独立设高位水箱和水泵，水泵集中设置在建筑物底层或地下室，分别向各分区供水。

优点：各区给水系统独立，互不影响，供水安全可靠；水泵集中管理，维护方便；运行动力费用经济。

缺点：水泵台数多，高区水泵扬程较大，压水管线较长，设备费用增加；分区高位水箱占建筑楼层若干面积，给建筑平面布置带来困难，减少了使用面积，影响经济效益。

②高位水箱串联给水方式。水泵分散设置在各分区的楼层中，下一分区的高位水箱兼作上一给水分区的水源。

优点：无高压水泵和高压管线；运行动力费用经济。

缺点：水泵分散设置，连同高位水箱占楼层面积较大；水泵设置在楼层，防振隔音要求高；水泵分散，管理维护不便；若下一分区发生事故，其上部数分区供水受影响，供水可靠性差。

③减压水箱给水方式。整栋建筑的用水量全部由设置在底层或地下层的水泵提升至屋顶水箱，然后再分送到各分区高位水箱，分区高位水箱只起减压作用。

优点：水泵数量最少，设置费用降低，管理维护简单；水泵房面积小，各分区减压水箱调节容积小。

缺点：水泵运行动力费用高；屋顶水箱容积大，在地震时存在鞭梢效应，对建筑物安全不利；供水可靠性较差。

④减压阀给水方式。其工作原理与减压水箱给水方式相同，不同之处在于以减压阀代替了减压水箱。

与减压水箱给水方式相比，减压阀不占楼层房间面积，但低区减压阀减压比较大，一旦失灵，对阀后供水存在隐患。

（2）气压罐给水方式

这种给水方式的供水设备包括离心水泵和气压水罐。其中气压水罐为一钢制密闭容器，使气压水罐在系统中既可储存和调节水量，供水时又可以利用容器内空气的可压缩性，将罐内储存的水压送到一定的高度，因此可取消给水系统中的高位水箱。

气压给水装置是利用密闭压力水罐内空气的可压缩性储存、调节和压送水量的给水装置，其作用相当于高位水箱和水塔。水泵从储水池或室外给水管网吸水，经加压后送至给水系统和气压水罐内，停泵时，再由气压水罐向室内给水系统供水，由气压水罐调节储存水量及控制水泵运行。

这种给水方式的优点：设备可设在建筑物的任何高度上，便于隐蔽，安装方便，水质不易受污染，投资少，建设周期短，便于实现自动化等。但是，这种方式给水压力波动较大，管理及运行费用较高，且调节能力小。

（3）无水箱给水方式

近年来，人们对水质的要求越来越高，国内外高层建筑采用无水箱的调速水泵供水方式成为工程应用的主流。无水箱给水方式的最大特点是省去高位水箱，在保证系统压力恒定的情况下，根据用水量变化，利用变频设备来自动改变水泵的转速，且使水泵经常处在较高效率下工作。缺点是变频设备相对价格稍高，维修复杂，一旦停电则断水。

变频调速水泵是采用离心式水泵配以变频调速控制装置，通过改变电动机定子的供电频率来改变电动机的转速，从而使水泵的转速发生变化。通过调节水泵的转速改变水泵的流量、扬程和功率，使出水量适应用水量的变化，实现变负荷供水。水泵的转速变化幅度一般在其额定转速的80%～100%，在这个范围内，机组和电控设备的总效率比较高，可以实现水泵变流量供水时保持高效运行。

变频调速供水的最大优点是高效节能。当系统用水量减少时，水泵降低转速运行，根据相似定律，水泵的轴功率与转速的三次方成正比，转速下降时轴功率下降极大,所以变频调节流量在提高机械效率和减少能耗方面是显著的,该设备比一般设备节能10%～40%。另外,变频调速水泵占地面积小,不设高位水箱,减少了建筑负荷,节省水箱占地面积,还能有效避免水质的二次污染,给水系统也可以随之相应简化。

由于建筑物情况各异、条件不同,供水可采用一种方式,也可采用几种方式的组合(如下区直接供水,上区用泵升压供水;局部水泵、水箱供水;局部变频泵、气压水罐供水;局部并联供水;局部串联供水等)。管道可以是上行下给式,也可以是下行上给式等。所以,工程中供水方案一般由设计人员根据实际情况,在符合有关规范、规定的前提下确定,力求以最简便的管路,经济、合理、安全地满足供水需求。

(二)建筑给水系统发电潜力

从建筑给水系统的组成中,可以看出为了保证建筑中水压分布均匀,需要使用各种加压和减压设备,如水泵和减压阀。减压阀是一种高层建筑中很常用的减压装置。通过调节减压阀阀门,可以将管道进口压力减至某一需要的出口压力,并依靠介质本身的能量,使出口压力自动保持稳定。从流体力学的观点看,减压阀是一个局部阻力可以变化的节流元件,即通过改变节流面积,流速及流体的动能改变,造成不同的压力损失,从而达到减压的目的。通过控制与调节系统的调节,阀后压力的波动与弹簧弹力相平衡,阀后压力在一定的误差范围内保持恒定。

若能使用微型水力发电装置来取代减压阀,通过回收多余水压的方式来发电,也是可再生能源在建筑中的一种应用形式。

假设一个地上30层、地下1层的住宅建筑,层高为3 m,每层住有5户家庭,每个家庭4人。给水系统分为4个区:一区为6层及6层以下,直接利用城市自来水压力供水;二区为7～14层;三区为15～22层;四区为23～30层。四区采用变速水泵直接供水,二区和三区采用变速水泵分别设置减压阀供水。也就是前面提到的无水箱减压阀给水方式。这种方式是目前高层建筑中普遍采用的一种给水方式。

由于市政管网中需要保证最不利配水点的水压要求,而在位于有利配水点的建筑物给水系统引入管处通常有潜力进行发电。另外,高层建筑分层供水后,不同分区之间的压差需要用减压阀减去,此处也有潜力进行发电。

1. 建筑给水发电系统每日发电潜力

建筑给水发电系统每日发电潜力与可用水头和每日用水量有关。我国《城市给水工程规划规范》（GB 50282—2016）规定，城市配水管网的供水水压宜满足用户接管点处服务水头 28 m 的要求。28 m 相当于把水送至 6 层建筑物所需的最小水头。目前大部分城市的配水管网为生活、生产、消防合一的管网，供水水压为低压制，不少城市的多层建筑屋顶上设置水箱，对昼夜用水量的不均匀情况进行调节，以达到较低压力的条件下也能满足白天供水的目的。

对于高层建筑，给水从市政给水系统进入储水池处的压力可以进行利用，可用水量需要根据建筑用水量进行计算。

生活用水量根据建筑物的类别、建筑标准、建筑物内卫生设备的完善程度、地区条件等因素确定。生活用水在一昼夜间是极不均匀的，并且逐时逐秒都在变化。生活用水量按用水量定额和用水单位数确定。

2. 建筑给水发电系统瞬时发电潜力

建筑给水发电系统瞬时发电潜力与可用水头和水管中水的流速有关，水的流速与瞬时用水量和水管管径有关。水管管径和给水系统所需压力是给水管网系统水力计算的主要目的。对于低层分区系统需要复核室外管网提供的水压是否满足低区给水系统所需压力；对于中区和高区给水系统需要确定给水所需压力并为水泵选择提供依据。

在这里由于二区、三区和四区的给水管网类似，可用水头之差来源于位置水头，因此，不进行压力的校核，仅适用压头差分别为 48 m 和 24 m。而流量与流速需要考虑同时使用系数。它们可以用设计秒流量的计算方法来计算。设计秒流量是根据建筑物内卫生器具类型数量和这些器具满足使用情况的水用量来确定，得出的建筑内卫生器具按最不利情况组合出流时的最大瞬时流量。对于建筑物内的卫生器具，室内用水总是通过配水龙头来体现的，但各种器具配水龙头的流量、出流特性各不相同，为简化计算，以污水盆用的一般球形阀配水龙头在出流水头为 2 m 全开时的流量 0.21 L/s 为一个给水当量，其他各种卫生器具配水龙头流量以此换算成相应的当量数。

（三）建筑给水系统发电研究

CLA-VAL 公司开发了一种可以安装在自动控制阀上的独立发电系统，它能利用阀门两边的压降发最大 14 W 的电能，用以驱动阀门处的用电设备，如流量计、压力计等。

香港理工大学开发了一种微型水力发电系统用于管道内利用剩余水压发电。这种微型水力发电机可以通过在管道上增加一个 T 形管，方便地添加到已有的建筑给水系统中。

受限于机房的空间以及布置便利性要求，在给水系统中应用的微型水力发电系统的水轮机需要满足如下原则。

①不改变原有管网的布置形式。

②结构简单可靠。

③安装部署满足即插即用原则，部署时间短，不影响管网原有的功能。最大可利用压头为 5 m。

综合考虑结构形式及安装特点，采用如下布置形式。

①水轮机采用垂直轴布置形式，发电机置于水管上方。

②水轮机与发电机通过联轴器进行连接，密封结构采用机械密封结构。

③在原有水管上开 100 mm T 形连接口，整套发电系统直接通过该破口与管道匹配连接。

在水力管网中采用垂直轴涡轮发电机发电已经有一定的实施案例。英国一家名为明晰能（Lucid Energy）的公司借鉴风力发电机的结构形式，开发了基于升力型叶片的垂直轴水力发电装置。

但部署该套设备，需要对原有管路整体进行切割处理，工程量较大，因而无法直接应用在该项目中。受该产品设计思想启发，借鉴风力发电机组的结构特点，针对 100 mm 直径的给水管网开发了阻力型叶片的水力发电机组。

在产品开发初期，针对功率输出指标，结合管道开口的详细外形尺寸，进行了大量的计算流体动力学模拟计算，初步获得了一些影响功率输出的参数及其优化措施，在此基础上，制造了一些原理样机进行试验。

1. 计算流体动力学模拟仿真

计算流体动力学采用有限体积法的思想在计算机上模拟包含流动、传热等的复杂物理过程，为产品详细设计提供一定的参考。计算流体动力学分析技术在旋转机械开发、流动、传热传质机理研究等领域都有了大规模的工程化应用。

在产品设计过程中采用计算流体动力学模拟后，产品在研发初期可以覆盖尽可能多的设计方案，同时也避免了传统设计过程中制造物理样机的盲目性和随机性，可以大幅缩短产品开发周期，降低研发成本。

采用计算流体动力学进行产品设计，水轮机属于旋转机械的分支，对于叶片的设计和开发，经历了一维流动假设、二维流动假设、准三维流动假设三个阶段，随着计算能力的提高以及湍流相关理论的完善，直接考虑流场的三维黏性流动特性并进行计算流体动力学模拟是必然的趋势。

2. 水轮机设计历程

对管道内的某典型叶片原型进行数值模拟，了解影响功率输出的影响因素。

在计算趋于稳定后，提取计算结果进行分析。在流动趋于稳定后，轴功率的输出呈现一定的周期性。取功率在旋转一周的平均值可以认为是该型水轮机的理论输出功率。

通过对称面上的压力分布可以看出，对于逆时针方向旋转的叶轮，后行叶片的迎水面与背水面的压力差产生正向即逆时针方向的扭矩。而前行部分叶片的压力差抵消了部分正扭矩，因此从整体上造成了合扭矩偏低。如果更好地利用正扭矩而削弱负扭矩，可以考虑在叶轮上游添加一定的导流部件，改变水流的速度和方向，提高叶轮的功率输出。

3. 导流部件设计

针对导流部件的设计，借助计算流体动力学模拟做了大量的外形以及尺寸的优化，优化的原则是既要使流动阻力尽可能小，又要使水流尽可能以比较大的动能冲击叶轮，提高能量转换效率。在此原则下，确定最后的产品设计样式。在设计过程中，优化导流部件的断面形状，使得局部水力损失尽可能小。

四、建筑排水系统水力发电

（一）建筑排水系统的组成

1. 卫生器具和生产设备受水

它们是用来承受用水和将用后的废水、废物排泄到排水系统中的容器。建筑内的卫生器具应具有内表面光滑、不渗水、耐腐蚀、耐冷热、便于清洁卫生、经久耐用等性质。

2. 排水管道

排水管道由器具排水管（连接卫生器具和横支管之间的一段短管，除坐式大便器外，其间含有一个存水弯）、横支管、立管、埋设在地下的总干管和排出到室外的排出管等组成，其作用是将污（废）水迅速安全地排到室外。

3. 通气管道

卫生器具排水时，需向排水管系补给空气，减小其内部气压的变化，防止卫生器具水封破坏，使水流畅通；需将排水管系中的臭气和有害气体排到大气中去，需使管系内经常有新鲜空气和废气对流，可减轻管道内废气造成的锈蚀。

因此，排水管线要设置一个与大气相通的通气口。

4. 清通设备

为疏通建筑内部排水管道，保障排水畅通，常需设置检查口、清扫口及带有清通门的 90°弯头或三通接头、室内埋地横干管上的检查井等。

5. 提升设备

当建筑物内的污（废）水不能自流排至室外时，需设置污水提升设备。建筑内部污废水提升包括污水泵的选择、污水集水池容积的确定和污水泵房设计，常用的污水泵有潜水泵、液下泵和卧式离心泵。

6. 局部水处理构筑物

当室内污水未经处理不允许直接排入城市排水系统或水体时需设置局部水处理构筑物。常用的局部水处理构筑物有化粪池、隔油井和降温池。

化粪池是一种利用沉淀和厌氧发酵原理去除生活污水中悬浮性有机物的最初级处理构筑物，由于目前我国许多小城镇还没有生活污水处理厂，所以建筑物卫生间内所排出的生活污水必须经过化粪池处理后才能排入合流制排水管道。

隔油井的工作原理是使含油污水流速降低，并使水流方向改变，使油类浮在水面上，然后将其收集排除，此原理适用于食品加工车间、餐饮业的厨房排水、由汽车库排出的汽车冲洗污水和其他一些生产污水的除油处理。

一般城市排水管道允许排入的污水温度不大于 40 ℃，所以当室内排水温度高于 40 ℃（如锅炉排污水）时，应尽可能将其热量回收利用，如不可能回收，在排入城市管道前应采取降温措施，一般可在室外设降温池以冷却。

（二）建筑排水系统发电潜力

从建筑排水系统的组成中，可以看出建筑排水从高处落到低处的能量被浪费了，可以通过微型水力发电装置将能量回收发电。

萨卡尔（Sarkar）等提出了一种建筑排水发电系统，通过在中层放置水箱，底层放置涡轮机来发电。由于建筑排水中含有一些杂物易阻塞管道，因此排水发电系统需要设置水箱进行杂物与水的分离。在建筑中层设置收集污水废水的水箱，当水位较低时，关闭下方阀门，储存污水；当水位达到一定值时，打开下方阀门，让污水一次通过。这样可以使管道中的水流更加容易集中，避免小流量时，发电系统无法发出电。

萨卡尔等为建筑排水系统发电做了一个缩小版（大约 1∶30）的实验模型。在实验中，他们发现最低的水箱高度约为 30 m 或 10 层，此时发电量比较高。该实验使用的是培尔顿涡轮机，通过特殊设计的水斗，可以将通过喷嘴喷射的高速水射流的动能转换为涡轮的轴功。其运行效率可以达到 70%。

五、建筑雨水系统水力发电

（一）雨水发电系统分类

我国的雨水资源十分丰富，具有很广阔的开发应用前景，可供选择的雨水发电方案设计有如下三种。

1. 阵列式分布发电系统

发电系统利用单位面积接收到的雨水冲击驱动叶轮转动，将雨水的能量转化为机械能，进而驱动发电机将机械能转化为电能送入用电装置中。该系统的一大特点是由很多发电单体组成，单个装置占地面积不大（通常不大于 1.5 m^2），电量较小，因而该系统组装采用地毯式阵列分布形成覆盖式的发电网阵，将各个发电装置所发出的电汇集后输出。

针对目前住宅楼的楼顶多为平顶结构，该系统的布置主要集中在房顶，也可作为景观灯供电设备，其优点是不占用陆地资源，雨水能为清洁能源，对环境无污染，而且不影响居民的日常生活，维护费用低。其缺点是初期投入较大，安装调试过程烦琐。

2. 汇流式集中发电系统

此发电系统利用在高处将已经落下的雨水汇流到一起，在低处安装水流发电机，发电机与汇流的水流之间通过管道连接，利用两处的势能差使水流具有一定的能量，从而驱动水流发电机工作。水的能量被用来发电的同时，发电机流出的水也可以再次收集作为人们生活用水和灌溉用水等。

目前高层建筑均具有楼顶排水系统，但几乎都是将雨水通过这些排水管道排人地下污水管道中。此系统的特点是将落入高层建筑顶端的雨水通过楼顶排水管道暂时收集在一个集水塔中,这些管道从楼顶的各个方向将水流引向此集水塔,另有一管道从集水塔底部引出作为集水塔的排水通道,此排水通道将水笔直排向建筑物底部的水流发电机组中进行发电。由于此系统直接利用收集后的雨水流过水流发电机的内部转子,因而对水中的杂质要予以清除,以防损坏水流发电机或其叶片,这就需要在集水塔的出口端或入口端设置过滤器。

该系统的主要优点是发电量大,短时发电均匀,可以控制流入水汽发电机的流量而控制发电量,初期投入较小,应用范围广,农村城市均可建设。缺点是需要专门建造集水塔,并且要安装过滤器设备,维护费用较高,对建筑物的防水和结构强度要求较高。

3. 混合式一体化发电系统

此发电系统即为阵列式分布发电系统与汇流式集中发电系统的混台系统。由于阵列式分布发电系统与汇流式集中发电系统所利用的雨水能量的层面不同,因而可以采用阵列式分布发电系统利用雨水的第一级能量发电,而采用汇流式集中发电系统利用雨水的第二级能量发电。在建筑物的顶端设置阵列式分布发电系统主要利用雨水降落时的能量,在雨水落在建筑物顶端以后,通过各汇流管道将雨水收集在高处集水塔中再采用汇流式集中发电系统进行发电。该系统具有充分利用雨水不同层面能量的优点,发电量大,工作可靠。但缺点是初期投资大,对建筑物的结构要求高,在第二级发电系统处需设置过滤装置。

(二)雨水发电系统应用案例

水流发电设备是整个雨水发电装置的核心部件,国内一些研究机构已经针对其特点进行了一定的研究。

以武汉地区 60 栋楼的小区住宅为例进行计算和分析,一栋建筑 20 层,层高 3 m,每层 2 梯 4 户,屋顶面积 800 m^2,该地区一栋建筑屋面在一次暴雨中接收的雨量为 38 m^3。选用的灯泡贯流式发电机组的效率为 70%,后续电路效率为 70%,一栋建筑一次降雨发电量为 3 kW·h。假定该小区一个月降雨 8 次,则一年的发电量为 17280 kW·h。

第五节 绿色建筑与地热能应用技术

一、地热能概述

（一）地热能应用历史

人类很早以前就开始利用地热能，如利用温泉沐浴、医疗，利用地下热水取暖、建造农作物温室、水产养殖及烘干谷物等。但真正认识地热资源并进行较大规模开发利用始于20世纪中叶。

1904年意大利的皮也罗·吉诺尼·康蒂王子在拉德雷罗首次把天然的地热蒸汽用于发电。

1958年新西兰的北岛开始用地热源发电。

1960年，美国加利福尼亚州的喷泉热田开始发电。

1990年安装的发电能力达到6000 MW，直接利用地热资源的总量相当于4.1 Mt油当量。

20世纪90年代中期，以色列奥玛特（Ormat）公司把上述地热蒸汽发电和地热水发电两种系统合二为一，设计出一个新的被命名为联合循环地热发电系统，该机组已经在世界一些国家安装运行，效果很好。

（二）地热能的分类

常见的地热能依其储存方式，可分为如下两种类型。

1. 水热型地热能

水热型地热能（又名热液资源），系指地下水在多孔性或裂隙较多的岩层中吸收地热，其所储集的热水及蒸汽，经适当提引后可作为经济型替代能源，即现今最常见的开发方式。

2. 干热岩型地热能

干热岩型地热能（又名热岩资源），系指潜藏在地壳表层的熔岩或尚未冷却的岩体，可以用人工方法造成裂隙破碎带，再钻孔注入冷水使其加热成蒸汽和热水后将热量引出，其开发方式尚在研究中。

（三）地热能的分布

世界地热资源主要分布于以下 5 个地热带。

1. 环太平洋地热带

世界最大的太平洋板块与美洲、欧亚、印度洋、南极洲板块的碰撞边界，即从美国的阿拉斯加、加利福尼亚到墨西哥、智利，从新西兰、印度尼西亚、菲律宾到中国沿海和日本。世界许多地热田都位于这个地热带，如美国的盖瑟尔斯、墨西哥的塞罗普列托、新西兰北岛的怀拉基、中国台湾的马槽和日本的松川、大岳等地热田。

2. 地中海、喜马拉雅地热带

欧亚板块与非洲、印度板块的碰撞边界，从意大利直至中国的滇藏。如意大利的拉德瑞罗地热田和中国西藏的羊八井及云南的腾冲地热田均属这个地热带。

3. 大西洋中脊地热带

大西洋板块的开裂部位，冰岛和亚速尔群岛的一些地热田位于这个地热带。

4. 红海、亚丁湾、东非大裂谷地热带

肯尼亚、乌干达、扎伊尔、埃塞俄比亚、吉布提等国的地热田均属于这个地热带。

5. 其他地热区

除板块边界形成的地热带外，在板块内部靠近边界的部位，在一定的地质条件下也有高热流区，可以蕴藏一些中低温地热，如中亚、东欧地区的一些地热田和中国的胶东、辽东半岛及华北平原的地热田。

二、地热能利用与环境保护

地热是一种清洁廉价的新型能源，也是一种环境友好、绿色环保的能源，它可以广泛应用于发电、供暖、制冷、医疗、温泉洗浴、种植养殖、旅游等领域。所以地热资源的开发利用不仅可以取得显著的经济和社会效益，由于地热的开发无须燃料，还可以取得明显的环境效益。但是，同国外先进国家相比，我国的地热开发利用在地热勘探、开采、地热水回灌、防腐、防垢等

方面的技术和设备还存在较大的差距。此外，地热资源的大规模利用也给环境带来一些问题。

（一）地热利用和开采对环境的影响

随着全球对自然资源认识的改变，地热利用引起的环境问题越来越受到人们的关注。人们不仅认识到地热对周围生态环境、社会系统、地形的影响，而且也认识到更加有效、更加广泛地使用自然资源的重要性。越来越多的国家已经把环境问题列入法律条文中。

1. 地面沉降问题

当地热水的抽取量超过天然补给量时就可能发生地面沉降，其沉降量取决于抽出的地热水水量和热储中岩石的强度。1956年新西兰的怀拉开地热区建成试验井后就开始做地面沉降的观测工作。统计结果表明，1964—1974年期间的地面沉降量最大，约为 4.5 m，影响范围达 65 km^2，并且产生了水平运动，最大水平位移达 0.4 m。

2. 对环境的热污染

在地热开发和利用过程中，必然会向大气和水体中排放大量的热量，再加上我国许多地方地下热水的热能利用率很低，排放的尾水温度高，使周围的空气或水体温度上升，影响环境和生物的生长、生存，破坏水体的生态平衡。热气体冷凝成雾有时还会影响人体健康和交通。温度较高的地热尾水排放到下水道等排污管道，也会造成细菌等各种微生物的大量繁殖。如一些地区排放热水的下水道中常年聚居着蚊虫，不但影响周围居民的生活，也会传播大量疾病。

3. 对土壤的影响

地热水中氟及其他有害元素对土壤的影响程度与土壤的结构和渗透性能有关。虽然地热水中的钾、钠、磷等元素可以改进土壤性质，但地热水中大量的盐类排入农田会造成严重的土壤板结和盐碱化，因而多数的地下水不能直接用于农田灌溉。

4. 对地表水的影响

地热能的利用使一些化学物质随着地热水的排放进入地表水中，对地表水造成一定的污染。在我国南方和北方地区，这种污染的程度和影响不完全相同。南方地区雨量多，河水流量大，有限的地热水排入后会很快被河水稀释，影响不明显，水质仍可达到农田灌溉的标准。例如，福州郊县永泰鲤鱼场地热水氟化物含量为 15 ～ 15.7 mg/L，养鱼后的尾水排入附近小溪，溪水中氟化物仅为 0.56 mg/L。但在北京小汤山地区，地热水直接排入附近的葫芦河，地热水中氟的含量为 5.84 mg/L，总排放量为 24300 t/ 天，河水量为 25900 t/ 天，两者地水量的比值是 1：1。在冬季地热水开采量增加，而河水量反而减少，水质监测结果表明，葫芦河上游的河水中氟化物的含量为 0.84 mg/L，经小汤山地区后河水中氟化物的含量升为 2.43 mg/L。

5. 对地下含水层的影响

地下水是北方地区生活用水的主要来源。检测结果表明，在地热开采井的附近，地下水的氟含量和矿化度都有升高的趋势。冀津地区土壤多为碱性盐渍土，容易积累氟。所以地热开发利用地区地下水的矿化度和氟含量都有不同程度的升高，一般为对照点的 2.5 ～ 5 倍。例如，河北雄县文家营地热井周围浅层地下水氟含量达 1.2 ～ 1.4 mg/L，矿化度为 1474 ～ 2484 mg/L，而对照点水含氟量为 1 mg/L。华北的一些地区地下水中总固体和氟化物等的含量已经超出或者将要超出饮用水标准，预计随着开采时间的延续和开采量的增加，地表水排放对浅层地下水的影响会更严重。

6. 对农、副产品的影响

高氟含量的土壤对农作物品质的影响尚不明显。实验表明，一些植物能够利用空气和水将土壤中的无机氟通过生化途径合成有机氟化物，有些对生物普遍有毒害作用。另外，在地热开发区及其附近地区农作物中氟的含量均高于当地对照点农作物中氟的含量，而且不同品种、不同部位间有一定差距，一般而言粮食和豆类高于蔬菜，稻根高于稻米。

鱼能够吸取水中的氟，并富集在体内，使体内的含氟量升高。研究表明鱼体内的氟化物含量与水体中含氟量有着直接的关系。

此外，过量开采地下水还会引起海水入侵、发生突发性岩溶塌陷等问题。岩溶塌陷虽然影响范围较小，但其突发性的特征会直接危及生命财产的安全。

7. 空气污染和放射性污染

地热开发中，所含的各种气体和悬浮物将排入大气，其中在高温发电地区浓度较高，危害较大的有硫化氢、二氧化碳等不凝性气体。硫化氢对人体有害，二氧化碳是造成温室效应的罪魁祸首。

地热水中含有不同程度的氡、铀和钍等放射性物质，在它们的衰变释放产物中有伽马射线，对人体的危害性及危害程度尚在研究中。所以在地热资源开发利用时必须要进行环境影响评估。

8. 金属井管腐蚀与地下水污染问题

目前我国地热资源开发的主要手段是利用钻机通过回转的方式钻井，然后再利用水泵提取地下的热水，其井管一般为金属管材（石油套管或普通无缝钢管）。管材本身存在表面粗糙、杂质含量高等质量问题，再加上工业、生活污染严重，导致地下水中有害离子和元素增加，加速了金属井管的腐蚀。对于一些特殊场合下的腐蚀或因井管腐蚀报废的水井，如果不做技术处理往往会造成局部或区域性的地下水污染。深层地下水大面积遭受污染势必会给人类的生产、生活带来严重危害。

地下金属井管腐蚀带来的环境污染主要包括以下几方面。

①水井涌砂和地面沉降。井管腐蚀破裂位置在砂层或土层时，水井在使用过程中会出现涌砂或砾料问题。轻者加速抽水设备的磨损，堵塞管道，不能正常使用；重者使地面产生沉降，造成周围建筑物倾斜或开裂，严重时会造成泵房下沉。

②水温下降和水质污染。井管腐蚀破裂位置在水井止水封闭位置以上时，地表浅水层将与下部深层水混合。浅层水污染时，势必造成该井或该井周围区域地下水污染；当该井是地热井时，上下水混合后水温将下降，起不到地热井的作用。

③水量减小和地层坍塌。井管腐蚀破裂后，在水流作用下地层中的砂粒一部分抽到地面，一部分淤积在井底堵塞下部的滤水管，导致水量减小，达到一定限度时，地层中将形成大空洞，一旦地层压力失去平衡，上部坍塌封闭下部含水层，最终导致水井抽不出水而报废。

（二）地热水污染的防治措施

1. 硫化氢气体处理

地热水向大气排放的硫化氢是一种有害气体。目前经常采取有效的方法把硫化氢气体变成有商业价值的硫酸产品。

2. 制定有关法规

目前，我国在地热资源勘探和开发过程中环境保护意识仍十分薄弱，对于地热开发项目没有严格执行环境质量的评价。虽然在地热资源开发利用管理条例中规定，在制定地热开发利用规划时，必须包括对开发利用后所产生的环境影响进行评价和预测，并提出防治和解决措施，否则计划主管部门不予批准，但真正执行起来并没有具体的监督措施。因此，加强环保意识，建立权威的监督机构是当务之急。

3. 地热尾水回灌

地热尾水的回灌是保护地热资源和环境的最佳方法。不仅保护环境，还能维持热储层的压力，防止地面沉降。同时回到地下的热水又可以将热储岩体中的热量再次汲出，从而延长地热田的寿命，保护地热资源。

4. 走可持续发展的道路

地热水是宝贵的热矿水资源，由于其深埋地下，开采成本较高，无论从经济效益还是从资源、环境保护来说，都应该努力实现梯级利用、循环利用，走可持续发展的道路。

5. 重视地热资源评价

目前地热井的勘探、开采施工绝大部分是市场商业行为，单井探测、单井论证、单井施工，成则皆大欢喜，败则两败俱伤，很少也较难进行认真的地热资源评价。相信随着地热开支和地热资源管理的加强会予以相应的重视，以防止单井或地热田过度开采而引起的问题。

6. 控制地热水的热污染

除了进行回灌，大力推广地热资源的梯级利用，尽可能地降低地热尾水的排放温度，这是提高地热资源利用率和防止热污染最好的方法。

7. 注重地热成井工艺质量

由于地热井深度大，揭穿地层复杂，成井工艺十分关键，特别是平原地区松散沉积盖层建区施工更是如此，否则即使具备地热资源条件也打不出地热水，从而错误的结论造成重大的经济损失。

8. 加强地热基础理论和基础地质工作

我国的地热研究和开发利用已有一段时间，但除了对有明显地热露头的对流型地热资源的"源、储、盖、通"地热资源要素条件比较清晰之外，对大量存在的平原盆地型低温地热资源的地热要素并不是很清楚。特别是对于新生代沉积盆地深部地层的时代划分，由于缺乏深孔资料而难以确定，影响开采储层的准确判断和今后地热资源的正确评价。

总之，和其他常规能源相比，地热资源污染小，节约经济成本，在某种程度上缓解了环境污染，是一种清洁环保的新能源，具有广阔的发展前景。虽然在开采、利用过程中存在一定的问题，但只要合理开发、科学利用，就能充分发挥地热绿色能源的优势。地热资源作为一种集水、热、矿于一体，具有独特的、不可代替的复合型资源，将成为未来经济发展和城市化水平提高的优势资源。

第六节　绿色建筑与太阳能光电光热技术

一、绿色建筑与太阳能利用

现代建筑已经进入绿色建筑阶段，是环境科学与生态艺术的完美结合。要达到绿色建筑的目的，主要从两个方面入手：一方面是减少建筑能耗和提高能源转换效率，即采用节能型的建筑技术、工艺、设备、材料和产品，提高保温隔热性能和采暖供热、空调制冷热率，加强建筑物用能系统的运行管理；另一方面是采用可再生能源，主要是利用太阳能进行发电、采暖等，在保证建筑物室内热环境质量前提下，抵消一部分采暖供热、空调制冷制热、照明、热水供应等的能耗。太阳能在建筑学上的应用，为绿色建筑提供了无比广阔的前景。太阳能建筑系统是绿色能源和新建筑理念的交汇点。

一直以来，太阳能等可再生能源在建筑技术上的应用都是政府和企业的追求，太阳能利用与建筑节能的完美结合，创造的低能耗、高舒适健康的居住环境，不仅让企业（家庭）工作（生活）得更自然更环保，而且能节能减排，对实现社会可持续发展具有重大意义。在人类面临生存环境破坏日益严重和能源危机的今天，开发利用环保节能的绿色住宅以及配套节能产品成为一个焦点话题。太阳能作为一种免费、清洁的能源，在建筑节能中的利用，将关系到可持续发展的战略，可谓意义深远。经过数年的研究和开发，太阳能的利用已取得显著成果并转化为生产力。在我国，太阳能热水器在全行业中现已拥有企业超过千家，推广应用范围也在不断扩大。而太阳能与建筑的结合，也在住宅建设中越发呈现出其不可替代的地位，并成为住宅建设中的一个最新亮点。

我国幅员广阔，有着十分丰富的太阳能资源。从全国太阳年辐射总量的分布来看，西藏、青海、新疆、内蒙古南部、山西、陕西北部、河北、山东、辽宁、吉林西部、云南中部和西南部、广东东南部、福建东南部、海南岛东部和西部以及台湾地区的西南部等广大地区的太阳辐射总量很大，尤其是西藏和青藏高原地区最大，那里平均海拔高度在4000 m以上，大气层薄而清洁，透明度好，纬度低，日照时间长。例如，被人们称为"日光城"的拉萨，年平均日照时间为3005.7 h，相对日照为68%，年平均晴天为108天，阴天为98.8天，年平均云量为4.8，太阳总辐射为816 kJ/cm^2，比全国其他省区和同纬度地区的都高。全国以四川和贵州两省的太阳年辐射总量最小，特别是四川盆地，那里雨多、雾多、晴天较少。例如，素有"雾都"之称的成都，年平均日照时数仅为1152.2 h，相对日照为26%，年平均晴天为24.7天，阴天达244.6天，年平均云量高达8.4。其他地区的太阳年辐射总量居中。

我国太阳能资源分布的主要特点：太阳能的高值中心和低值中心都处在北纬22°～35°，这一带，青藏高原是高值中心，四川盆地是低值中心；太阳年辐射总量，西部地区高于东部地区，而且除西藏和新疆两个自治区外，基本上是南部低于北部；由于南方多数地区云雾雨多，在北纬30°～40°地区，太阳能的分布情况与一般的太阳能随纬度而变化的规律相反，太阳能不是随着纬度的增加而减少，而是随着纬度的增加而增长。

二、太阳能光伏发电与建筑一体化技术

（一）太阳能光伏发电的基本原理

光伏发电是利用半导体界面的光生伏特效应将光能直接转变为电能的一种技术。这种技术的关键元件是太阳能电池。太阳能电池经过串联后进行封装保护可形成大面积的太阳电池组件，再配合功率控制器等部件就形成了光伏发电装置。

理论上讲，光伏发电技术可以用于任何需要电源的场合，上至航天器，下至家用电源，大到兆瓦级电站，小到玩具，光伏电源无处不在。太阳能光伏发电的最基本元件是太阳能电池（片），有单晶硅、多晶硅、非晶硅和薄膜电池等。其中，单晶硅和多晶硅电池用量最大，非晶硅电池用于一些小系统和计算器辅助电源等。光伏发电产品主要用于三大方面：一是为无电场合提供电源；二是太阳能日用电子产品，如各类太阳能充电器、太阳能路灯和太阳能草地各种灯具等；三是并网发电，这在发达国家已经大面积推广实施。

太阳能电池是利用光电转换原理使太阳的辐射光通过半导体物质转变为电能的一种器件。这种光电转换过程通常称为光生伏特效应，因此太阳能电池又称光伏电池。用于太阳能电池的半导体材料硅原子的外层有四个电子，

按固定轨道围绕原子核转动。当受到外来能量的作用时，这些电子就会脱离轨道而成为自由电子，并在原来的位置上留下一个"空穴"，在纯净的硅晶体中，自由电子和"空穴"的数目是相等的。如果在硅晶体中掺入硼、镓等元素，由于这些元素能够俘获电子，它就成了空穴型半导体，通常用符号 P 表示；如果掺入半导体结合，交界面便形成一个 P-N 结。太阳能电池的奥妙就在这个"结"上，P-N 结就像一堵墙，阻碍着电子和空穴的移动。当太阳能电池受到阳光照射时，电子接收光能，向 N 型区移动，使 N 型区带负电，同时"空穴"向 P 型区移动，使 P 型区带正电。这样，在 P-N 结两端便产生了电动势，也就是通常所说的电压。这种现象就是上面所说的光生伏特效应。如果这时分别在 P 型层和 N 型层焊上金属导线，接通负载，则外电路便有电流通过，如此形成的一个个电池元件，把它们串联、并联起来，就能产生一定的电压和电流，输出功率。已知的制造太阳能电池的半导体材料有十几种，因此太阳能电池的种类也很多。目前，技术最成熟，并具有商业价值的太阳能电池是硅太阳能电池。

1953 年美国贝尔研究所首先应用这个原理试制成功硅太阳能电池，获得 6% 光电转换效率的成果。太阳能电池的出现，犹如一道曙光，尤其是航天领域的科学家，对它更是注目。这是由于当时宇宙空间技术的发展。人造地球卫星上天，卫星和宇宙飞船上的电子仪器和设备，需要足够的持续不断的电能，而且要求重量轻，使用寿命长，使用方便，能承受各种冲击、振动的影响。太阳能电池完全满足这些要求，1958 年，美国的"先锋一号"人造卫星就是用了太阳能电池作为电源，成为世界上第一个用太阳能供电的卫星，空间电源的需求使太阳能电池作为尖端技术，身价百倍。现在，各式各样的卫星和空间飞行器上都装上了布满太阳能电池的"翅膀"，使它们能够在太空中长久遨游。我国 1958 年开始进行太阳能电池的研制工作，并于 1971 年将研制的太阳能电池用在了发射的第二颗卫星上。以太阳能电池作为电源可以使卫星安全工作达 20 年之久，而化学电池只能连续工作几天。空间应用范围有限，当时太阳能电池造价昂贵，发展受限。20 世纪 70 年代初，世界石油危机促进了新能源的开发，开始将太阳能电池转向地面应用，技术不断进步，光电转换效率提高，成本大幅度下降。时至今日，光电转换已展示出广阔的应用前景。太阳能电池近年也被人们用于生产、生活的许多领域。

当前，太阳能电池的开发应用已逐步走向商业化、产业化；小功率小面积的太阳能电池在一些国家已大批量生产，并得到广泛应用；同时人们正在开发光电转换率高、成本低的太阳能电池。可以预见，太阳能电池很有可能成为替代煤和石油的重要能源之一，在人们的生产、生活中占有越来越重要的位置。

根据所用材料的不同，太阳能电池可分为硅太阳能电池、多元化合物薄膜太阳能电池、聚合物多层修饰电极型太阳能电池、纳米晶太阳能电池、有机太阳能电池、塑料太阳能电池，其中硅太阳能电池是发展最成熟的，在应用中居主导地位。

（二）太阳能光伏发电系统的发展

近年来，随着系统成本不断降低，太阳能光伏发电在全球范围内得到了迅速发展和广泛应用。

2013 年我国新增光伏装机容量达 10 GW，同比增长 122%，居全球首位。2013 年、2014 年我国光伏需求市场的高速发展主要得益于国家政策对光伏行业的扶持。近年来我国光伏政策密集出台，在 2014 年尤为突出，国家陆续出台了一系列推进光伏应用、促进光伏产业发展的政策措施。2015 年 3 月 16 日，国家能源局发布 2015 年光伏发电建设实施的方案的通知，2015 年新增光伏电站的建设规模为 17.8 GW，同比 2014 年增长将超过 70%，新增光伏电站建设规模包括集中式光伏电站和分布式光伏电站。2015 年中国已超越德国成为全球累计装机容量第一大国。

对于全球市场来说，2014 年全球光伏市场发展比较稳健保守，全球光伏装机容量达到 44 GW，较 2013 年的 37 GW 增长约 19%。其中，中国、日本、美国市场继续保持着明显优势，装机容量分别为 10.5 GW、9 GW 和 6.5 GW。欧洲市场装机容量已经连续三年下滑，尽管英国光伏产业得以强劲增长，但德国和意大利市场进一步下滑，整体装机规模为 7 GW 左右。新兴市场方面，2014 年印度、南非、智利等市场均呈现迅猛发展态势。据统计，2015 年全球光伏总装机容量达到 43.5 GW，其中 15.13 GW 为当年新增装机量。随着近年来光伏产品价格迅速下滑，度电成本也逐年下降，未来政府补贴对行业发展的影响力度将逐渐消减。

（三）太阳能光伏建筑一体化系统简介

太阳能光伏发电发展如此迅速，除了与其成本急剧下降有关外，还与其他可再生能源相比光伏发电具有很多优点相关。其中一个显著的优点就是光伏系统可以与建筑物相结合从而形成建筑一体化系统。太阳能光伏建筑一体化（Building Integrated Photovoltaic，BIPV）系统是指将太阳能光伏电池或组件与建筑物外围护结构（如屋顶、幕墙、天窗等）相结合，从而构成建筑结构的一部分并取代原有建筑材料。除了 BIPV 系统之外，另一种与建筑物相关的光伏系统称为建筑应用光伏系统（Building Applied Photovoltaic，BAPV）。BIPV 与 BAPV 的主要区别在于，BIPV 除了发电之外还要作为建筑结构的一部分发挥建筑功能，因此 BIPV 系统一般适用于新建建筑并且可以取代原有建筑材料；而 BAPV 系统一般适用于旧建筑物，不能取代建筑结构和建筑材料。2015 年 2 月，国家能源局下发了《2015 年全国光伏发电年度计划新增并网规模表》，该表中规定了 2015 年全国新增屋顶分布式不低于 3.15 GW。

光伏建筑是利用太阳能发电的一种新形式，通过将太阳能电池安装在建筑的围护结构外表面或直接取代外围护结构来提供电力，是太阳能光伏系统与现代建筑的完美结合。常规能源的日益枯竭、人类环境意识的日益增强和逐步完善的法规政策，都促使光伏产业进入快速发展时期。一些发达国家都将光伏建筑作为重点项目积极推进。例如，实施和推广太阳能屋顶计划，比较著名的有德国的"十万屋顶计划"、美国的"百万屋顶计划"以及日本的新阳光规划等。

光伏发电系统与建筑结合的早期形式主要是屋顶计划，这是德国率先提出方案和具体实施的。德国和我国的有关统计表明，建筑耗能占总能耗的 1/3，光伏发电系统最核心的部件就是太阳电池组件，太阳电池组件通常是一个平板状结构，经过特殊设计和加工，完全可以满足建筑材料的基本要求。因此，光伏发电系统与一般的建筑结合，即通常简称的 BIPV 应该是太阳能利用的最佳形式。

在我国，BIPV 在 2006 年 9 月 30 日深圳太阳能学会年会上首次提出，并有八个单位做报告，介绍了他们在建筑物的设计中，用电池片取代房瓦和外墙装修的人造石板，并统一安排建筑物和光伏发电系统一体化设计，使光伏系统合理分布在房顶和墙体中，取得了显著降低光伏建筑造价的效果。当时的说法是，可以在一体化设计中，消化掉光伏系统增加的成本，这是一个意义重大的概念突破。在这次会议上，建筑领域的代表介绍了光伏建筑相关的另一个重要概念——零能耗建筑，一旦光伏建筑的发电量达到能够满足住户生活需求，即可称为零能耗建筑。

绿色建筑很重要的一个特征就是建筑节能和利用可再生能源发电，其中 BIPV 系统是其中最重要的系统之一。光伏发电本身具有很多独特的优点，如清洁、无污染、无噪声、无须消耗燃料等。光伏发电和建筑相结合系统除了发电外，还具有很多附加的建筑功能，如防风挡雨、美化建筑物外观、隔离噪声、屏蔽电磁辐射、减少室内冷热负荷、自然采光、遮阳等。与普通光伏系统相比，BIPV 系统自身也具有如下一些优点。

①我国建筑能耗约占社会总能耗的 30%，而我国香港特别行政区的建筑能耗则占社会总能耗的 50%。如果把太阳能光伏发电技术与城市建筑相结合，实现 BIPV，可有效减少城市建筑物的常规能源消耗。

②可就地发电、就近使用，一定范围内减少了电力运输和配电过程产生的能量损失。

③有效利用建筑物的外表面积，无须占用额外地面空间，节省了土地资源。特别适合于在建筑物密集、土地资源紧缺的城市中应用。

④利用建筑物的外围护结构作为支撑，或直接代替外围护结构，不需要为光伏组件提供额外的支撑结构，减少了部分建筑材料费用。

⑤由于光伏阵列一般安装在屋顶，或朝南的外墙上，直接吸收太阳能，避免了屋顶温度和墙面温度过高，降低了空调负荷，并改善了室内环境。

⑥白天是城市用电高峰期，利用此时充足的太阳辐射，BIPV 系统除提供自身建筑内用电外，还可以向电网供电，缓解高峰电力需求，解决电网峰谷供需矛盾，具有极大的社会效益和经济效益。

⑦使用光伏组件作为新型建筑材料，给建材选择带来全新体验，增加了建筑物的美观，令人赏心悦目。

⑧综合考虑传热、自然采光等因素的 BIPV 优化设计可以减少建筑物冷热负荷，减少照明用电，降低建筑物能耗。

⑨与地面光伏电站相比，分布式安装的 BIPV 系统装机容量比较小，对电网冲击小、电网消纳能力强。

⑩光伏发电没有噪声，没有污染物排放，不消耗任何燃料，安装在建筑物的表面，不会给人们的生活带来任何不便，是光伏发电系统在城市中广泛应用的最佳安装方式，集中体现了绿色环保概念。

⑪利用清洁的太阳能，避免了使用传统化石燃料带来的温室效应和空气污染，对人类社会的可持续发展意义重大。

（四）BIPV 系统的分类

根据其发挥的功能、使用的材料及机械特性可以把 BIPV 系统分为如下几类：标准屋顶系统、半透明双玻璃薄膜组件系统、覆层系统、太阳砖和太阳瓦组件系统、柔性组件系统。不同的 BIPV 系统在建筑物上的应用场合也各不相同，目前 BIPV 常见的应用场合主要有斜屋顶、平屋顶、半透明幕墙、外墙、遮阳设施、天窗和中庭等。对于审美要求不高的屋顶，安装晶体硅标准屋顶系统是最合适的选择。晶体硅电池效率高，屋顶可以获得的太阳辐射多，因此此类系统的年发电量最高、性价比好。对于美观度要求很高的玻璃幕墙或者建筑立面而言，使用半透明双玻璃薄膜组件可以获得理想效果。一方面，这类组件可以和建筑物很好地融合成一体；另一方面，由于薄膜电池可以做成不同颜色并且整块电池色泽均匀美观，因此可以满足不同视觉需求。

此外，薄膜电池弱光性能好、温度系数低的特点也有利于它应用在没有通风并且容易被遮挡的建筑幕墙上。对于住宅或者古老建筑的屋顶，可以使用太阳砖或者太阳瓦组件，但是，其组件面积小所以安装费时费力，其优点是和建筑斜屋顶结合好，外表非常美观。另外，对于大型公共建筑或工业建筑的曲面屋顶，使用柔性组件是最佳选择，不仅外表美观而且安装过程不会破坏原有建筑屋顶结构（如屋顶防水层）。

（五）BIPV系统的主要部件

光伏发电系统由逆变器、蓄电池组、充放电控制器、太阳能电池组件/阵列等设备组成。

1. 逆变器

逆变器是将直流电转换成交流电的设备。当太阳能电池和蓄电池是直流电源，而负载是交流负载时，逆变器是必不可少的。逆变器按运行方式，可分为独立运行逆变器和并网逆变器。独立运行逆变器用于独立运行的太阳能电池发电系统，为独立负载供电。并网逆变器用于并网运行的太阳能电池发电系统。逆变器按输出波形可分为方波逆变器和正弦波逆变器：方波逆变器电路简单，造价低，但谐波分量大，一般用于几百瓦以下和对谐波要求不高的系统；正弦波逆变器成本高，但可以适用于各种负载。

2. 蓄电池组

其作用是储存太阳能电池阵列受光照时发出的电能并随时向负载供电。太阳能电池发电对所用蓄电池组的基本要求是：①自放电率低；②使用寿命长；③深放电能力强；④充电效率高；⑤少维护或免维护；⑥工作温度范围大；⑦价格低廉。

3. 充放电控制器

充放电控制器是能自动防止蓄电池过充电和过放电的设备。由于蓄电池的循环充放电次数及放电深度是决定蓄电池使用寿命的重要因素,因此能控制蓄电池组过充电或过放电的充放电控制器是必不可少的设备。

4. 太阳能电池组件/阵列

在有光照(无论是太阳光,还是其他发光体产生的光照)情况下,电池吸收光能,电池两端出现异号电荷的积累,即产生"光生电压",这就是光生伏特效应。在光生伏特效应的作用下,太阳能电池的两端产生电动势,将光能转换成电能,是能量转换器件。太阳能电池一般为硅电池,分为单晶硅太阳能电池、多晶硅太阳能电池和非晶硅太阳能电池三种。

(六)BIPV 系统组件的基本要求

光伏组件用作建材必须具备坚固耐用、保温隔热、防水防潮等特点。此外,还要考虑安全性能、外观和施工简便等因素。下面结合光伏建筑的特殊性,对用作建材的光伏组件进行分析。

1. 电学性能相匹配

在设计光伏建筑时,要考虑光伏组件本身的电压、电流是否适合光伏系统的设备选型。例如,在光伏外墙设计中,为了达到一定的艺术效果,建筑物的立面会由一些大小、形状不一的几何图形构成,这样就会造成各组件间的电压、电流不匹配,最终影响系统的整体性能。此时需要对建筑立面进行调整分隔,使光伏组件接近标准组件的电学性能。

2. 光伏组件寿命要求

光伏组件由于种种原因不能达到与建筑相同的使用寿命,所以研究各种材料尽量延长光伏组件的寿命十分重要,如光伏组件的封装材料。如使用 EVA 材料,其使用寿命不超过 50 年。而聚乙烯醇缩丁醛(PVB)膜具有透明、耐热、耐寒、耐湿、机械强度高、黏结性能好等特性,并已经成功地应用于制作建筑用夹层玻璃。BIPV 光伏组件若采用 PVB 代替 EVA 则能有效延长使用寿命。我国关于玻璃幕墙的规范也明确提出了"应用的 PVB"的规定。但目前掌握这一技术的厂商并不多,还有很多技术上的难题有待解决。

3. 建筑隔热、隔声要求

普通光伏组件的隔热、隔声效果差。普通光伏组件如不做任何处理直接用作玻璃幕墙,不仅会增加建筑的冷负荷或热负荷,还不能满足隔声的要求。这时可以将普通光伏组件做成中空的低辐射玻璃形式。由于中间有一空气层,既能够隔热又能够隔声,起到双重作用。

4. 对光伏建筑物的美学要求

不同类型的光伏组件在外观上有很大差别,如单晶组件为均一的蓝色,而多晶组件由于晶粒取向不同,看上去带有纹理,非晶组件则为棕色,有透明和不透明两种。此外,组件尺寸和边框(如明框和隐框、金属边框和木质、塑料边框等)也各有不同,这些都会在视觉上给人以不同的效果。与建筑集成的光伏阵列的比例与尺度必须与建筑整体的比例和尺度相吻合,达到视觉上的协调,与建筑风格一致。如能将光伏组件很好地融入建筑,不仅能丰富建筑设计,还能增加建筑物的美感,提升建筑物的品位。

5. 对通风的要求

不同材料的太阳能电池对温度的敏感程度不同,目前市场上使用最多的仍是晶体硅太阳能电池,而晶体硅太阳能电池的效率会随着温度的升高而降低,因此如果有条件应采用通风降温。相对于晶体硅太阳能电池,温度对非晶体硅太阳能电池效率的影响较弱,对于通风的要求可降低。就用于幕墙系统的光伏组件而言,目前市场上已经出现了各种不同类型的通风光伏幕墙组件,如自然通风式光伏幕墙、机械通风式光伏幕墙、混合式通风幕墙等。它们具有通风换气、隔热隔声、节能环保等优点,改善了BIPV组件的散热情况,降低了电池片温度以及组件的效率损失。

6. 组件要方便安装与维护

由于与建筑相结合,光伏建筑组件的安装比普通组件的安装难度更大、要求更高。一般将光伏组件做成方便安装和拆卸的单元式结构,以提高安装精度。此外,考虑到太阳能电池的使用寿命可达20～30年,在设计中要考虑到使用过程中的维修和扩容,在保证系统局部维修方便的同时,不影响整个系统的正常运行。

7. 建筑对光伏组件的力学要求

光伏组件用作建筑的外围护结构,为满足建筑的安全性需要,其必须具备一定的抗风压和抗冲击能力,这些力学性能要求通常要高于普通的光伏组件。例如,光伏幕墙组件除了要满足普通光伏组件的性能要求外,还要满足幕墙的实验要求和建筑物安全性能要求。

8. 建筑对光伏组件采光的要求

光伏组件用于窗户、天窗时，需具有一定的透光性。选择透明玻璃作为衬夜和封装材料的非晶体硅太阳能电池呈茶色透明状，透光好而且投影均匀柔和。但对于本身不透光的晶体硅太阳能电池，只能将组件用双层玻璃封装，通过调整电池片之间的空隙或在电池片上穿孔来调整透光量。

9. 建筑对光伏组件表面反光性能要求

建筑对光伏组件具有特殊的颜色要求。当光伏组件作为南立面的幕墙或天窗时，考虑到电池板的反光而造成光污染的现象，对太阳能电池的颜色和反光性提出要求。对于晶体硅太阳能电池，可以采用绒面的办法将其表面变黑色或在蒸镀减反射膜时通过调节减反射膜的成分结构等来改变太阳能电池表面的颜色。此外，通过改变组件的封装材料也可以改变太阳能电池的反光性能，如封装材料布纹超白钢化玻璃和光面超白钢化玻璃的光学性能就不同。

（七）光伏建筑的设计原则与步骤

光伏建筑不是简单地将光伏板堆砌在建筑上。它既要节能环保又要保证安全美观的总体要求。由于光伏系统的渗透应用，建筑设计之初就需要将光伏发电系统纳入建筑整体规划中，将其作为不可或缺的设计元素，如从建筑选址、建筑朝向、建筑形式等方面考虑如何能够使光伏系统更好地发挥能效。特别需要注意的是，光伏建筑的主体仍是建筑，光伏系统的设计应以不影响和损害建筑效果、结构安全、功能和使用寿命为基本原则，任何对建筑本身产生损害和不良影响的设计都是不合格的。建筑与光伏发电一体化是艺术与科学的综合，我们所要寻找的是两者之间的一个平衡点，使光伏与建筑相得益彰。

从一体化的设计、一体化制造和一体化安装的核心理念出发，BIPV 的设计通常可按如下步骤进行。

1. 系统设计

BIPV 要根据光伏阵列大小与建筑采光要求来确定发电的功率和选择系统设备，因此其系统设计要包含三部分：光伏阵列设计、光伏组件设计和光伏发电系统设计。

与建筑结合的光伏阵列设计要符合建筑美学要求，如色彩的协调和形状的统一，另外，与普通光伏系统一样，必须考虑光照条件，如安装位置、朝向和倾角等。

光伏组件设计涉及太阳能电池的类型（包括综合考虑外观色彩与发电量）与布置（结合功率要求、电池板大小等进行），以及组件的装配设计（组件的密封与安装形式）。

进行光伏发电系统设计时，要综合考虑建筑物所处地理位置和当地相关政策，如是否接近共电网，是否允许并网，是否可以卖电给电网以及用户需求等各方面信息来选择系统类型。如果城市电网供电很可靠，很少断电，则应考虑并网光伏发电系统，这样可以避免使用昂贵的蓄电池和减少维修运行费用，在有些地方还可以获得并网优惠电价。如果建筑远离电网或者电网常断电，则应考虑使用独立发电系统，需要配置蓄电池，初投资和维修运行费用昂贵。除了确定系统类型外，还要考虑控制器、逆变器、蓄电池等设备的选择，接地防雷系统、综合布线系统、感应与显示等环节的设计。

2. 建筑初级规划

光伏建筑的设计首先要分析建筑物所在地的气候条件和太阳能资源，这是决定是否应用太阳能光伏发电技术的先决条件；其次是考虑建筑物的周边环境条件，即镶嵌光伏板的建筑部分接收太阳能的具体条件，保证光伏阵列能最大程度地接收太阳光，而不会被其他障碍物如周围建筑或树木等遮挡，特别是在正午前后 3 h 的时间段内。如果条件不满足则也不适合选用 BIPV 一体化应用。

3. 评估建筑用能需求

BIPV 的目的是减少建筑对常规能量的需求，以实现节能。因此，在设计过程中要考虑建筑负载情况和能量需求，应使用常见的节能技术，不节能的不可取。这就需要综合多学科的一体化设计理念，如通过改进建筑外墙，减少能量损耗；通过透明围护结构，实现自然采光；通过自然通风设计，减少对空调的依赖；使用低能耗电器，减少耗电量；等等。全面评估建筑用电需求，采用绿色技术与环境友好的设备将其降至最低，这样建筑运行成本将会得到有效控制，光伏发电在整个供电量中所占的比例达到最大，使得该建筑成为真正的节能建筑，即低能耗建筑。

4. 将光伏发电融入建筑设计

将光伏发电纳入建筑设计的全过程，在与建筑外在风格协调的条件下考虑在建筑的不同结构（如天窗、遮阳篷和幕墙等）中巧妙地嵌入光伏发电系统，使建筑更富生机，体现出绿色理念。

三、太阳能光伏光热建筑一体化技术

太阳能光伏电池是利用光伏效应完成光电转化的。商业化晶体硅太阳能电池的理论光电转换效率在15%～20%，但实际上效率只有10%～15%，这是因为对于太阳辐射总量，没有转换成电能的80%～90%的太阳能转化为热能或以电磁波形式辐射出去，使太阳能光伏电池温度升高。对于硅基太阳能电池，随着温度升高，效率降低的幅度不断增大。研究表明，每上升1℃，单晶体硅太阳电池的效率降低0.3%～0.5%，多晶体硅太阳能电池的效率降低0.4%。由此可见，降低太阳能电池温度显得非常重要。在降低太阳能电池温度的同时可以回收太阳能电池废热，这样既可以提高太阳能电池光电转化效率，又可以获取额外热能。太阳能光伏电池热利用（Photovoltaic/Thermal，PV/T）的主要概念最早是由克姆（Kem）和如赛尔（Russell）于1978年提出的，这是一种将太阳能光伏电池组件与集热器相结合的技术。此技术的产生不仅获得了热收益，更重要的是，光伏光热建筑一体化（Building Integrated Photovoltaic/Thermal，BIPV/T）系统降低了光伏电池组件温度，从而提高了光电转化效率。针对建筑上利用的太阳能瀹电池热利用系统，也可称为光伏光热一体化系统。BIPV/T系统是与建筑相结合，使得太阳能光电热综合利用装置与建筑外观达到和谐一体的效果。因此，BIPV/T系统在绿色建筑和能源领域逐步引起人们的重视，国内外研究者纷纷开展该方面的研究和探索。

（一）太阳能BIPV/T系统在建筑上的应用

BIPV/T系统是通过在建筑围护结构外表面铺设光伏电池阵列或者利用光伏电池阵列直接替代建筑围护结构，并在光伏电池阵列的背面加设换热器，同时利用空气或水带走热能的系统。

BIPV/T系统既能提高太阳能电池的发电效率，又能提供暖气或是生活热水，可以有效提高太阳能的综合利用效率。

BIPV/T系统具有较高的热效率，系统整体能效率大于50%，比单一热水系统或光伏系统效率有显著提高。系统所得到的热水温度能够达到60℃以上，可以满足一般家庭洗浴需要。BIPV/T系统在得到热水和电力之外可以降低建筑热负荷，有广阔应用前景。与光伏系统和集热系统相互分离相比，BIPV/T系统在将光伏电池与铝合金型条层压成形的制作工艺上略为复杂，劳动成本略高，但节省了独立光伏系统中太阳电池板所必需的金属边框和背板材料，同时节省了太阳能电池板封装的劳动成本。

因此，总体而言，一体化系统的生产成本略小于分离系统成本；而与光伏系统和集热系统相互分离相比，一体化系统将太阳能电池整合在热水器的吸热表面上，提高了单位集热面积的能量产出，因此，可利用面积有限的场合如屋顶或建筑外墙上，以增加单位面积上有更多的热电产出。

（二）太阳能 BIPV/T 系统类型

近年来，越来越多的研究人员已经对 BIPV/T 系统展开研究，而 BIPV/T 系统得以应用的关键在于太阳能光电热一体化构件建材化，即一体化构件能够直接安装在建筑围护外表面或者取代外围护结构。BIPV/T 系统可以按照一体化构件的类型来分类，划分为空冷型 BIPV/T 系统、水冷型 BIPV/T 系统、聚光型 BIPV/T 系统、热管 BIPV/T 系统和热泵 BIPV/T 系统等。

1. 空冷型 BIPV/T 系统

空冷型 BIPV/T 系统主要包括带通风流道和不带通风流道两种系统。有通风流道的光伏墙体一体化结构包括建筑墙体、光伏模块、模块与墙体间的通风流道以及流道两端的空气进口和出口。

2. 水冷型 BIPV/T 系统

水冷模式是在光伏模块背面设置吸热表面和流体通道，构成光伏光热模块，通过流道中水带走热量，这样既有效降低了光伏电池的温度，提高了光电效率，又有效利用了余热，获得了热水。

水冷型 BIPV/T 系统可以是自然循环系统，也可以是强制循环系统。传统的管板式 BIPV/T 系统是研究和应用最广泛的一种形式，水冷型模式与空冷型模式相比，结构较为复杂，提高了生产成本，冷却效果优于空冷型模式，同时利用太阳能光伏模块产生的多余热量得到热水，提高了太阳能的综合利用效率。综合评价 BIPV/T 系统的能量利用特性，可以看出 BIPV/T 系统有较高的热效率和电效率，系统综合性能效率大于 60%，比单一热水系统或光伏系统效率有显著提高。

3. 聚光型 BIPV/T 系统

聚光型 BIPV/T 系统是利用聚光方式来减少太阳能电池的工作面积，从而降低太阳能电池的成本。聚光方式包括复合抛物面聚光、槽式聚光、平面镜反射聚光以及菲涅尔透镜聚光等。聚光型 BIPV/T 系统的结构较为复杂，附加耗材较多，而且该系统不易与建筑结合，应用前景不如平板型 BIPV/T 系统。

4. 热管 BIPV/T 系统

热管作为一种优良的导热元件，与 BIPV/T 技术的结合应用是一项创新技术。热管 BIPV/T 系统的主要形式是将热管的蒸发段与光伏组件结合构成蒸发器，将热管的冷凝段与热回收装置结合构成冷凝器，即通过热管将光伏组件的热量传导给热回收装置。

热管冷却模式相比前三者而言结构最为复杂，使用范围更广，冷却效果也最佳，能得到温度更高的生活热水，但其生产成本远远高于前几种方式，维护保养比较麻烦。随着生产工艺的不断进步，热管冷却技术这一新兴 BIPV/T 系统冷却模式一定会展示出其越来越多的优势，成为太阳能 BIPV/I 系统中无可替代的核心部件。

5. 热泵 BIPV/T 系统

热泵 BIPV/T 系统的主要形式是将蒸发器布置在光伏组件背部，将冷凝器布置在热用户终端，构成热泵循环系统。水温高于 50 ℃才能应用于生活热水，为了提高水冷型 BIPV/T 系统的出口水温，设计并制造了一种 BIPV/T 辅助热泵系统（BIPV/T-SAHP），其制冷能效比高于传统的热泵系统，与普通光伏组件相比，电效率提高了 16.3%，热效率为 70.4%。有人设计了一种新型的 BIPV/T 热泵空调系统，夏季可以制冷和提供热水并且降低光伏组件温度，在春季和秋季提供热水，在冬季可以供暖和提供热水；系统光电效率可达 10.4%，比普通光伏组件提高了 23.8%；热泵的制冷能效比为 2.88，水温可提升 42 ℃。

（三）太阳能 BIPV/T 技术的应用

BIPV/T 技术的应用主要包括 BIPV/T 热水系统、BIPV/T 供暖系统和 BIPV/T 通风系统等。

1. BIPV/T 技术应用于热水器

将 BIPV/T 技术应用于热水器是 BIPV/T 系统的利用方式之一，主要供家庭或公用建筑独立使用。这种 BIPV/T 热水系统是部分覆盖了光伏组件的平板集热器，具有更高的热效率和电效率。这种设计的优点在于光伏组件为系统提供电力，整个热水器可独立运行，可以应用于偏远地区。中国兴业太阳能公司已经开展了此类商品的研发和生产。

2. BIPV/T 技术应用于建筑通风和供热

目前，BIPV/T 技术还可以用于建筑通风和供热，属于风冷型 BIPV/T 系统。有学者设计的 BIPV/T 系统是通过浮升力的作用，空气掠过光伏背板，与光伏组件自然对流换热后进入室内供暖。光伏墙体一体化不仅能有效利用墙体自身发电，而且能大大降低墙体得热和空调冷负荷。这是因为光伏发电虽然释放了热量提高了空气夹层温度，但其对太阳辐射的遮挡大大降低了室外综合温度，从而降低了墙体得热。另外，收集到的热可以用于冬季住宅的取暖，也可以通过热交换器加热自来水供家庭使用，同时还可以应用于其他的工业或农业领域，如产品的烘干等。

（四）BIPV/T 系统现状分析

BIPV/T 系统在提高太阳能综合利用率、实现太阳能与建筑一体化上具有技术可行性和科学性，该方向已成为建筑技术科学与能源利用科学的研究热点。但是，现有 BIPV/T 系统还不是很成熟，也存在一些不足之处。

①尽管 BIPV/T 系统的光电/光热综合效率均高于单独的光电或光热效率，但光电效率某些时段并未提高，甚至降低。因为光热转换的热能输出往往受使用温度限制，这样冷却流体对光伏背板的冷却能力降低，导致电池温度上升、光电效率下降，特别是中午太阳辐照较强时光电效率下降更明显。因此，以一定流量的通风和冷却水这种显热冷却方式就受到冷却介质使用温度的限制，这种显热冷却方式亟须改善。

②现有 BIPV/T 系统主要采用机械循环冷却方式，需消耗风机或循环水泵功率，且电池板冷却通道较狭小，现有系统在提高了百分之几（目前为 4%～5%）的光电效率的同时，往往要多消耗几倍以上的额外电能。现有 BIPV/T 系统用铝板等作为光电池的基板，二者接触热阻大，不利于提高散热速率，因此系统的热性能还需改善。

③当前 BIPV/T 系统对建筑冷热负荷影响的研究还很少，实际上光伏光电一体化的存在改变了建筑冷热负荷的性质和大小，原有的建筑负荷计算方法显然不再适用，因此，亟须揭示 BIPV/T 系统中墙体和屋面热动力延迟与衰减规律，深入研究其建筑热工机理。

四、太阳能综合利用与绿色建筑一体化的设计

随着绿色建筑和可再生能源的发展，将各种太阳能利用技术结合绿色建筑一体化设计，建立具有分布式能源供应能力的绿色节能建筑思路，已经成

为国内外研究的热点。以浙江大学提出的绿色智能节能示范楼为例，对这一基于绿色建筑的太阳能综合利用技术进行总结和示范。该项目针对浙江的实际气候情况，采用了包括纳米流体太阳能窗式集热器、太阳能热电联供、蜂窝热管太阳能集热器、太阳能空调在内的一系列新技术，结合智能控制系统以实现全楼的智能化和节能环保。该设计方案使得建筑在生活用水、夏季空调、冬季供暖、采光照明、通风换气等方面都大大降低了能耗，并且实现了太阳能发电，可以作为分布式能源供应基点。绿色建筑包含了减轻建筑对环境的负荷，节约能源及资源；提供安全、健康、舒适性良好的生活空间；与自然环境亲和，做到人及建筑与环境的和谐共处。在节约资源、能源回归自然的同时，绿色建筑还要根据地理条件，设置太阳能采暖、热水、发电及风力发电装置，以充分利用环境提供的天然可再生能源。随着全球气候的变暖，世界各国对建筑节能的关注程度日益提升。但绿色节能建筑仍存在着成本较高、利用技术不够成熟等问题，亟待解决。

第六章　绿色建筑中的蓄能技术

冰蓄冷是利用水的潜热和显热来蓄冷，而水蓄冷仅仅是利用水的显热进行蓄冷，一般直接与常规空调系统匹配，空调主机在用电低谷时段工作，蓄水温度在 4～7 ℃，用电高峰时段或者空调用户需要时将蓄存的冷水从保温槽抽出使用。

第一节　蓄能空调发展现状与适用范围

一、蓄能空调原理和介质

蓄能空调就是蓄冷、蓄热空调，即把电网负荷低谷时段的电力用于制冷或制热，将水等蓄能介质制成冰或者热水，达到储存冷量或热量的目的，在电网负荷高峰时段就将冷量或热量释放出来，作为空气的冷热源。

蓄能空调系统的特点是转移设备的运行时间，充分利用夜间的廉价电，减少白天的峰值用电，实现电力移峰填谷的目的。

考虑到人对居住建筑舒适性的要求，蓄能空调系统中对蓄能介质的选择很重要，水、冰、油、冷冻液、金属、石块等都可以作为蓄能介质，但理想的蓄能介质应该满足工作性能、经济性、安全性等方面的要求，具有较大的热容量、较高的潜热、合适的相变温度、良好的导热性能、化学性能稳定、无毒无腐蚀、不污染环境、使用寿命长、价格便宜等特点。符合要求的常用蓄能介质为水、冰及部分相变材料。德国推荐在低温储热或热泵中采用 $KF·4H_2O$，在建筑物供暖系统中采用 $CaCl_2·6H_2O$（29℃）或 Na_2HPO_4（35℃），尤其 $CaCl_2·6H_2O$ 还是太阳能储热系统中常用的结晶水合盐。

在建筑应用方面，美国已研制成功一种利用 $Na_2SO_4·10H_2O$ 共熔混合物做蓄热芯料的太阳能建筑板。也研究了有机相变蓄热材料在各种建筑水泥中的稳定性情况，得出相变材料掺入水泥中能显著提高墙体的储热能力的结论,但相变材料的长期稳定性和现有水泥的吸收特性还有待进一步改善。这方面我国起步较晚,早期主要研究无机水合盐类,$Na_2SO_4 \cdot 10H_2O$ 是开发研究最早的一种,适用于各种温室冬季供暖,节约能源。可用膨胀多孔石墨和硅藻土这两种多孔矿物介质与硬脂酸丁酯有机相变材料制备有机相变蓄热复合材料。

二、蓄能空调的国内外发展状况

用人工制冷的蓄冷空调大约出现在20世纪30年代,最初主要用于影剧院、乳品加工厂等。后来由于蓄冷装置成本高、耗电多不利因素比较突出,此项技术的发展停滞了一段时间。20世纪70年代,由于全球性能源危机,加之美国、加拿大和欧洲一些工业发达国家夏季的电负荷增长和峰谷差拉大的速度惊人,以致不断增建发电站来满足高峰负荷,到夜里,发电机组又闲置下来,而且夜间发电站是在很低的负荷下低效率运转。于是,蓄能技术的研究又迅猛发展起来,并派生出水蓄能、冰蓄能、化合物蓄能等技术手段。

国外对冰蓄冷技术研究较多,并试验性地引入集中空调系统。20世纪80年代,美国能源部主持召开"冰蓄冷在制冷工程中的应用"专题研讨会,首次提出与冰蓄冷相结合的低温送风系统,此后,冰蓄冷空调的使用不断增多。到20世纪90年代,美国有40多家电力公司制定了分时计费电价,从事蓄冷系统及冰蓄冷专用制冷机开发的公司也多达10家。1994年年底前,美国约有4000多个蓄冷空调系统用于不同的建筑物。美国BAC公司在芝加哥的最大盘管式冰蓄冷空调系统,最大蓄冷量近46万kW·h。近年来,高美(Calmac)蓄冰筒、华富可(FAFCO)蓄冰槽等设备日趋完善,BAC公司外融冰蓄冰槽向内融冰蓄冰槽方向发展,动态蓄冰系统等推动了美国冰蓄冷空调技术的发展和应用。

日本由于战败引起的经济衰退,20世纪90年代以前,主要是发展初投资较低的水蓄能系统,后来才转向发展冰蓄冷系统。1998年年底前,日本大约有9400个蓄冷空调系统在运行。到2002年已建成一万多套蓄冷空调系统,其中集中式冰蓄冷2039项,分散式冰蓄冷14813项,电网低谷时段约有45%被应用。截至2004年,日本小型冰蓄冷空调机组有6万多台,总容量超过8×10^6 kW·h,而且一般都具有蓄热功能,其蓄热量主要用于热泵除霜,也有部分机组利用晚上低谷电蓄热,直接用于白天供暖。日本横滨市最大的冰球式冰蓄冷空调系统最大蓄冷量近39万kW·h。

20世纪70年代初就有学者将水蓄冷空调技术引入国内,但行业内只是展开理论和技术的研讨。直到 20 世纪 80 年代末 90 年代初，随着改革开放的不断发展，集中空调和居民空调的耗电量占整个城市用电的比例不断上升，电力供应高峰不足而低谷过剩的矛盾相当突出，才开始实际工程应用。1994 年 10 月及 1995 年 4 月召开的全国节电、计划用电会议，提出在 2000 年前全国电网要实现将 1000～1200 万 kW 高峰电负荷转移至后半夜的目标，从而蓄冷空调成为电力部门和空调制冷界共同关注的重点。

为了大力推进蓄冷空调的应用，国家发展和改革委员会、电力工业部等部门实行电力供应峰谷不同电价的政策，来推动削峰填谷的策略，以此缓解电力建设与新增用电的矛盾。例如，北京一般工商业用电峰谷电价（2014 年 1 月 20 日起）为高峰 1.37 元，平段 0.8 元，低谷 0.37 元；天津一般工商业用电峰谷电价（2011 年 12 月 1 日起）为：高峰 1.3133 元，平段 0.8593 元，低谷 0.4273 元。杭州市、烟台市等给冰蓄冷用户许多优惠措施，上海、天津、武汉等地建立了冰蓄冷空调示范工程。早期的蓄冷空调系统有深圳电子科技大厦和北京日报社综合办公楼，以后建成和投入运行的冰蓄冷项目越来越多，研制和生产蓄冷设备的厂家也越来越多。

三、蓄能空调优缺点及适用范围

所谓蓄冷、蓄热空调，就是将电网负荷低谷时段的电力用于制冷和制热，利用水或优态盐等介质的显热和潜热，将制得的冷量和热量储存起来，在电网负荷高峰段时再将冷、热量释放出来，作为空调的冷热源。近年来空气调节系统是用电大户，也是造成电网峰谷负荷差的主要原因之一。蓄冷和蓄热的空调系统是解决这一矛盾的主要方法，使空调系统原来高峰期 8 h 或 12 h 的运行改为 24 h 全日蓄能和放能的运行，使制冷机组的装机容量、供电设备的容量减少 30%～50%，如果实行峰谷电价差，可节省大量的运行费用。

蓄能空调技术的种类很多，其中以冰蓄冷技术的利用比较成熟。冰蓄冷是利用冰的相变潜热来储存冷量，因为相变温度 0 ℃是比较低的，而且蓄冰时存在比较大（4～6 ℃）的过冷度，因此其制冷主机的蒸发温度必须低至 -10～-8 ℃，这样就降低了制冷机组的效率；而且空调工况和蓄冰工况需要配置双工况制冷主机，增加了系统的复杂性。此外，该系统的缺点还有以下几点。

①蓄能空调的一次性投资比常规空调大。
②蓄能装置通常需要占用额外的建筑空间。
③蓄能空调的设计与调试相对复杂，必须为用户提供专业的工程设计、

制造、安装、调试、售后服务等。

④蓄能空调产品设计、评定、运行、操作、验收标准等有待进一步规范。

但冰蓄冷空调系统优点也很多，除了蓄能密度大以外，其更多优点如下。

①平衡电网峰谷负荷，减缓电厂和输变电设施的建设。

②制冷主机容量减少，减少空调系统电力增容费和供配电设施费。

③利用电网峰谷负荷电力差价，降低空调运行费用。

④冷冻水温度可降低到 1～4 ℃，可实现大温差、低温送风，节省水、风输送系统的投资和能耗。

⑤相对湿度较低，空调品质提高，可防止中央空调综合征。

⑥具有应急冷源，空调可靠性提高。

蓄能空调能够利用电价的峰谷差，通过节省电费来回收系统初投资。随着更加优惠的电力政策出台，蓄能空调投资回收期限将进一步缩短，这是其他空调系统无法比拟的。当地的电价政策是决定是否采用蓄冷空调的关键。电价由电力报装费、峰谷电价和基本电价三部分构成，其中的电力报装费影响初投资，峰谷电价和基本电价影响运行费用，电力报装费和峰谷电价是影响蓄冷空调经济性的重要因素。另外，通过设置与冰蓄冷相结合的低温、超低温送风空调系统，大大降低能耗，采用小型化风机、缩小风管尺寸等都可以在一定程度上弥补设置蓄冰系统增加的初投资，从而整体上提高冰蓄冷空调的竞争能力。

第二节　冰蓄冷空调系统运行模式与设备

一、冰蓄冷空调系统运行模式

冰蓄冷空调系统转移高峰负荷的多少、储存冷量的多少与其采用的运行模式是分不开的，且需要考虑建筑物空调负荷分布、电力负荷分布、电费的计价结构、各种设备的容量及储存空间等。建筑物冷负荷的最大值一般出现在 14：00～18：00 的某个时刻，而其常规空调系统的设备都是按最不利情况来选型的。我国定义的高峰用电时段是上午 8：00～11：00 及晚上 18：00～21：00，所以除河南、湖南等几个省外，绝大部分地区的空调冷负荷最大值时段都不是用电高峰，因此，冰蓄冷空调系统有多种运行模式。根据当地电费结构及其他优惠政策，有明显优势时可以只选择一种运行模式，否则应选择几种不同的运行模式来进行经济比较。

(一）全部蓄冷

全部蓄冷的蓄冷时间和空调时间完全错开。夜间非用电高峰期间起动制冷机进行蓄冷，当蓄冷量达到空调所需的全部冷量时，制冷机停机。白天空调期间制冷机不运行，依靠蓄冷系统融冰供冷。这种运行模式中蓄冷设备要承担空调系统全部的冷负荷，使得蓄冷设备的容量较大。

（二）部分蓄冷

部分蓄冷为了减少制冷机组的装机容量，蓄冷量为峰值的30%～60%，制冷机利用夜间电力低谷时段蓄冷，储存部分冷量，白天空调期间先释冷，当冷量不足时再起动制冷机组运行。一般来说，部分蓄冷比全部蓄冷制冷机利用率高，蓄冷设备容量小，是更为经济有效的负荷管理模式，应用较为广泛。

（三）分时蓄冷

由于电费分时计价，一天中会有某些时段内电价最高，因此可以充分利用夜间低谷电或电费低谷期来制冰蓄冷，而在电力高峰时段不开制冷机全部靠释冷满足要求。

（四）空调淡季释冷

按空调旺季设计的冰蓄冷系统，在空调淡季容易部分或全部由蓄冷装置中的冰融化供冷，以更加节省运行费用。

（五）应急释冷

应急释冷也称为应急冷源，当主要制冷系统出现问题时，蓄冷系统起到替代的作用。低谷或平时段蓄冷，根据临时需要释冷。

具体的冰蓄冷空调系统运行策略和工作模式类型有多种，选择时，要根据建筑物本身负荷的实际特点，经过技术经济分析后确定。下面根据不冻液的循环运行模式来介绍。在不冻液循环中，按制冷机组和蓄冷装置的相对位置不同，分为并联连接和串联连接两种。并联连接就是冷水机组设备和蓄冰槽等蓄冰设备并联，兼顾压缩机与蓄冷槽的容量和效率。但是这种连接方式使冷媒水的流量和出水温度控制变得复杂，难以保持恒定，尤其当主机产生的冷媒水温度较高，而蓄冷槽产生的冷媒水温度较低时，两股冷媒水的混合消耗了蓄冰的低温能量，因此实际中较少使用，一般都采用串联流程。

对于冰蓄冷空调，具体采用哪种运行模式，必须计算出设计日逐时冷负荷，并画出冷负荷曲线图，以便确定蓄冷量和选择冷水机组大小。为了使设计人员快捷、方便、准确标出设计日逐时冷负荷，科研人员通过大量科学的统计数据，提出了系数法和平均法的近似估算法以及动态计算法。

目前，国内冰蓄冷空调系统大多是部分蓄冷，与常规空调中的冷水机组合用时，会增加20%～30%的投资费用。如果没有电力部门或政府部门的优惠电力政策，仅靠电价差来补偿，回收年限是比较长的，这样会限制冰蓄冷空调系统的推广应用。国外冰蓄冷空调系统一般采用区域性供冷，广泛用于低温送风，使其初投资明显下降，基本和常规空调系统初投资持平。

二、冰蓄冷空调系统运行设备

（一）冷水机组

冷水机组是在制造厂内将制冷系统的全部或部分设备组装成一个整体，结构紧凑，机组工作效率高。通常的冷水机组，其制冷能力随蒸发温度的降低而下降，随冷凝温度的降低而升高。选择蓄冷空调用冷水机组，首先应考虑冷水机组的蒸发温度适应蓄冷温度的要求，其次要使冷水机组的容量和调节范围满足负荷需求。对水蓄冷系统和优态盐式蓄冷系统，一般可选常规冷水机组，载冷剂为水。而冰蓄冷空调系统一般要求制冷剂的蒸发温度较低，所以对冰蓄冷空调系统，需采用双工况运行的制冷机组。一般机组在制冰工况下的容量仅为标定容量的60%～80%。

空调工况是按冷却水进出口温度为32℃/37℃，冷冻水进出口温度为12℃/7℃来计算的；蓄冷工况是按质量分数为25%的乙二醇水溶液，进出口温度为-2℃/-6℃，冷却水进出口温度为30℃/35℃来计算的。

为了最大程度地提高在蓄冷工况下的制冷量，同时又使制冷机组易于从空调工况向蓄冷工况转化，会选择两种工况下性能系数都比较高的蓄冷空调冷水机组。目前，冷水机组大多采用三级离心式、螺杆式及涡旋式。单级、双级离心式制冷机工况能力差，不适用于蓄冰工况，三级离心式冷水机能适应空调及蓄冰工况的要求，性能系数也最高。三级压缩离心式冷水机组一般包括：全封闭三级压缩机和电动机组合，蒸发器，冷凝器，两级中间节能器，微处理机的控制柜、启动柜、制冷剂和润滑系统等。

选择冷水机组之前，按照建筑物空调冷负荷的计算方法算出逐时冷负荷，并画出冷负荷曲线图。因为使用冰蓄冷空调技术的主要目的是避开高峰用电，多用夜间低谷电，起到削峰填谷的作用，所以空调冷负荷高峰部分由融冰释冷来提供。为了最大程度地利用削峰填谷并减少冷水机组的装机容量，降低初投资，必须根据冷负荷曲线图确定运行模式，进而确定最佳的蓄冷量和制冷机容量。

（二）蓄冷槽

冰蓄冷空调系统中的蓄冷设备有蓄冰罐、蓄冰槽等，它们和盘管换热器等功能部件可以组成各种标准型号的蓄冷装置，也可以根据具体条件因地制宜制成适合建筑物的非标准的蓄冷装置。蓄冷装置可设置在室内或室外，也可放置在屋顶或埋在地下、半地下，甚至必要时可设置在安装支架上。

绝热蓄冰槽和蓄冰罐都采用钢结构框架，内胆为玻璃钢，内部液体不与钢结构接触。外部采用彩钢板护壳，彩钢板和玻璃钢之间为聚氨酯，其整体发泡可达到保温绝热的效果。保温材料和密封工艺克服了传统金属蓄冰槽与水泥蓄冰槽的保温性能和抗腐蚀性能不佳的技术缺陷，性能更稳定，同时还可结合建筑装饰造景美化环境，适合现场组装。整个罐体没有金属部件，绝热、抗腐蚀、无泄漏、免维修，使用寿命可达50年以上。该蓄冰槽制冰方式为完全冻结式，制冰率达到85%，融冰率最高可达100%，适合区域冷站使用。

（三）不冻液泵

目前的冰蓄冷空调系统中，大多数的不冻液泵都是单独设置在不冻液的环路中，通过板式热交换器与常规的冷冻水泵分开。不冻液泵的选择与常规空调中冷冻水泵的选择基本相同，主要依据流量和扬程，但还需要考虑载冷剂的浓度、温度、密度、比热容、黏度等参数。如当采用质量分数为25%的乙二醇水溶液做载冷剂时，所需流量比水流量大8%左右。另外由于载冷剂价格比较昂贵，运行时要严格控制泵的泄漏量，一般采用优质的机械密封泵。同时泵体和密封材质应具备耐低温的要求，因为输送的载冷剂温度会达到-6℃左右。

一般情况下泵的设置一定要满足4个基本运行工况：制冷蓄冷、单融冰供冷、机组和融冰同时供冷等，以尽量提高泵的运行时间，即一泵多用。系统中最好设置一台备用不冻液泵。在闭式蓄冷系统中，确定泵的扬程时应考虑回路中的设备以及回路管路的压降。

（四）板式换热器

冰蓄冷空调系统中，由于乙二醇水溶液循环管线长、容量大、防漏等问题，一般都不把乙二醇水溶液直接送到末端空气处理设备中，而采用板式换热器与空调冷冻水回水进行热量交换，还由冷冻水进入空调处理设备。由于乙二醇水溶液与冷冻水传热温差小，若采用普通壳管换热器，则体积庞大、不经济。同等条件下，板式换热器传热效率高，体积是壳管式的1/4，而且高低温两种介质相互不接触，避免了两种介质的混合（当流体从密封垫片泄漏时，只能从泄流口流出，不会发生混合）。运行管理方便，可靠性好。所以板式换热器在冰蓄冷空调系统中得到广泛应用。

目前常用的板式换热器主要有整体焊接型和组合垫片型两种，在结构上都是采用波纹金属板作为换热板片。中小型制冷系统一般选择整体焊接型，将波纹金属板片真空烧焊制成整体的换热器。大型制冷系统一般选择组合垫片型，密封元件是优质橡胶，板片和垫片按所需要的流程与面积，经端元板、螺杆等夹紧，构成换热器。

由于板式换热器内流体的高湍流程度，板式换热器的传热系数要比管式换热器高3～5倍。逆流方式的高传热效率使得即使端部温差只有1℃，热回收率也高达95%。板式换热器具有较小的框架容积，可提供较大换热面积。由于框架小，体积小，占用空间少，它的空间体积只有管式换热器的30%左右，占地面积只有1/10～1/5。重量可减轻50%，维修时既不增加空间，还易拆易修。组合垫片型板式换热器的无焊结构，使得拆开清洗或更换、增减板片变得简单易行，便于增减传热面积。污垢程度低，光洁的板片表面及流体在通道中的高湍流，使得垢层较薄，其热阻系数仅为管式换热器的1/5。在材质相同的情况下，板式换热器比管式换热器的投资低50%左右。诸多优点使得板式换热器广泛应用。

（五）管道与阀门

各种型号蓄冷槽的接管都集中在槽体的一侧，蓄冷槽容量不同接管管径不同。各蓄冷槽之间一般应保持并联。为了避免堵塞蓄冰盘管，管路系统安装前应清洗，安装过程中不得有杂物进入，安装后还要清洗与试压。蓄冷槽连接管进入蓄冷槽前应设旁通管。所有介质为乙二醇溶液的管道，都不宜采用镀锌管及其管道配件。

按载冷剂（乙二醇水溶液）的流量和推荐流速来确定管道直径，按不同管材的摩擦阻力系数计算管内沿程压降，按管件、设备的局部阻力系数等计算局部压降，确定出管道系统的总压降。这是确定不冻液泵的条件之一。

在不冻液循环中阀门是管道的主要部件，其作用是控制载冷剂在系统中流动，要求密封性能好、不泄漏、耐腐蚀，运行调节开关方便、可靠，而且维修方便。适用于冰蓄冷系统中的阀门种类如下。

1. 蝶阀

蝶阀主要用于管道的关开,是用圆盘式启闭件往复回转 90° 左右来开启、关闭和调节流体通道的一种阀门。型号有单偏心型对夹式蝶阀、电动控制蝶阀、涡轮蜗杆型对夹式蝶阀等。

蝶阀的优点是其为 90° 旋转开关,开关迅速,行程短,可任意角度安装;结构简单、紧凑、质量轻;在管道进口积存液体最少;低压下,可以实现良好的密封,调节性能好。另外蝶阀结构长度短,可以做成大口径,故在结构长度要求短的场合或大口径阀门,宜选用蝶阀。

2. 闸阀

闸阀是指关闭件(闸板)沿通路中心线的垂直方向移动的阀门,一般用于流体的切断,不能用作流量调节。一般安装在管道直径大于 50 min 的系统中。闸阀的优点有开闭所需外力较小,介质的流向不受限制,全开时密封面受工作介质的冲蚀比截止阀小等。闸阀有各种不同的结构形式,主要区别在于密封元件的结构形式不同,常见的有平板闸阀、楔式闸阀,按照阀杆结构可分为升降杆闸阀和旋转杆闸阀。

3. 球阀

球阀在管路中主要用来做切断、分配和改变介质的流动方向。一般用于管道中的开关,不做节流用。它的关闭件是个球体,球体绕阀体中心线做旋转来达到开启、关闭的目的。目前球阀的密封面材料广泛,由氟塑料到金属材料,硬密封球阀应用越来越广泛。球阀的优点有密封可靠,而且可以双向密封;操作方便,开闭迅速,从全开到全关只要旋转 90°,快速启闭时操作无冲击;在全开或全闭时,球体和阀座的密封面与介质隔离,高速通过阀门的介质不会引起阀门密封面的侵蚀;适用范围广,通径从 8~1200 mm,压力从真空至 42 MPa,温度从 −204~815 ℃ 都可应用。

4. 截止阀

截止阀是一种常用的截断阀,主要用来接通或截断管路中的介质,一般不用于调节流量。截止阀适用的压力、温度范围很大,但一般用于中、小口径的管道。螺纹截止阀一般用于直径小于 50 mm 管路系统,法兰截止阀一般用于直径小于 200 mm 管路系统。

5. 止回阀

止回阀又称止逆阀、单向阀或逆止阀，主要用于防止管路中的介质定向流动而不致倒流。启闭件靠介质流动和力量自行开启或关闭。

除了以上阀门外，还有三通调节阀。在蓄冷系统中常用三通调节阀来控制载冷剂的流量，以实现蓄冷和释冷。此外，随着技术的发展，电动闸阀、电动球阀、电动蝶阀等电动阀也被大量使用。

第三节 水蓄冷空调系统的形式与适用范围

一、水蓄冷空调系统的形式

一个好的水蓄冷空调系统，冷水机组和水泵的效率以及操作模式必然达到最佳，蓄存的能量损失最小。储存冷量的大小取决于蓄冷槽储存冷水的数量和蓄冷温差。为了提高水蓄冷空调系统的蓄冷效果和蓄冷能力，维持尽可能大的蓄冷温差，满足空调供冷时的冷负荷要求，关键问题是蓄冷槽的结构形式应该能防止蓄冷水与空调系统回流温水的混合。目前行之有效的水蓄冷模式有自然分层蓄冷、多槽式蓄冷、迷宫式蓄冷、隔膜式蓄冷四种。

（一）自然分层蓄冷

所谓分层就是利用密度的差别将热水和冷水分隔开。水的密度与温度关系密切，在 0～3.98 ℃，随温度升高密度增大，而 3.98 ℃以上，随温度升高密度减小。3.98 ℃时水的密度最大。因此，4～6 ℃的冷水稳定地自然聚集在蓄冷槽的下部，而 6 ℃以上的温水尤其 12 ℃以上的空调回水应该积聚在蓄冷槽的上部，实现冷温水的自然分层。蓄冷和释冷过程中，空调回流温水始终从上部散流器流入或流出，冷水从下部散流器流入或流出，形成了分层水的上下平移运动，避免温水和冷水的相互混合。

在较好的自然分层蓄水槽中，上部温水和下部冷水之间会形成斜温层，这是由于冷热水之间自然的导热作用形成的冷热温度过渡层。水流散流器可以使水缓慢地流入或流出蓄冷槽，尽可能减少紊流和扰乱斜温层，一般希望斜温层厚度为 0.3～1.0 m。

这种开式流程的自然分层蓄冷直接向用户供冷，是最简单、有效和经济的，若设计合理，蓄冷效率可以达到 85%～95%。但由于蓄冷槽与大气相通，水质容易受到环境的污染，需要设置相应的水处理装置。

自然分层蓄冷还有一种形式——蓄冷槽组，大的蓄水槽被隔板分隔成多个相互连通的小槽，形成多个蓄水槽的串联形式。蓄冷和释冷过程中，由于隔板的作用，所有槽中都是温水在上，冷水在下，依靠水温不同产生的密度差防止冷温水的混合。

所以空调回流温水始终从左侧流出或流入，低温冷水始终从右侧蓄水槽流入或流出。

（二）多槽式蓄冷

冷水和温水分别储存在不同的蓄冷槽中。蓄冷和释冷转换时，总有一个槽是空的，利用空槽来实现冷温水分离，所以也称为空槽式水蓄冷系统。多槽式蓄冷避免了冷温水混合造成的冷量损失，可以达到较高的蓄冷效率，个别蓄冷槽可以从系统中分离出来进行检修维护。但系统管道布置复杂，阀门较多，自控系统也比较复杂，初投资和运行费用较高。

（三）迷宫式蓄冷

对于有地下层结构的建筑物，一般都设有格子状的筏形基础梁，从而可以构成筏形基础槽，以此作为蓄水槽。将设计好的管道预埋在基础梁中，管道把基础槽联合成回路，像迷宫一样，故称为迷宫式蓄冷系统。

迷宫式蓄冷系统充分利用地下层结构基础槽，不需要设置专门的蓄水槽，初投资比较节省。由于蓄冷槽是由基础梁隔离的多个小槽构成的，水流是按照设计的路线通过管道依次流过每个单元小槽，可以较好地防止冷温水混合。但是在蓄冷和释冷过程中，水交替地从顶部和底部进口进入单元小槽，每两个相邻的单元小槽就有一个是温水从底部进口进入，或冷水从顶部进口进入，很容易因浮力造成混合。另外，若水流动速度过低，则会在进出口端发生短路，在单元小槽中形成死角，不能充分利用空间；若水流动速度过高，蓄冷小槽内则会产生漩涡，导致水流扰动及冷温水的混合。

（四）隔膜式蓄冷

隔膜式蓄冷是为了减少冷水、温水混合造成的冷量损失而提出的，就是在蓄水槽内部安装一个活动的柔性隔膜或可移动的刚性隔板将蓄水槽分成两个空间，来实现分别储存冷水、温水。左边蓄水槽中的隔膜是垂直放置的，右边蓄水槽中的隔膜是水平放置的。隔膜材料用橡胶布比较多。垂直隔膜由于水流前后波动，隔膜与槽壁有摩擦，容易破裂，使用比较少见。而水平隔膜蓄水槽为了减少温水对冷水的影响，冷水一般放在下部，由于符合自然分层原理，隔膜即使有破损也能靠水温差的自然分层限制上下方水的混合。隔膜式蓄冷已经成功地应用于许多工程实例中。

二、水蓄冷空调系统适用范围

水蓄冷空调系统应用比较广泛，有很多优点，但也有一些缺点，其特点及适用范围如下。

①可以使用常规的冷水机组或吸收式制冷机组。一般常规的制冷机组就可以实现蓄冷和蓄热的双重用途，不需要专门的设备，其设备的选择和适用范围广。

②其设备以及控制方式与常规空调系统相似，技术要求低，维修方便，不需要特殊的技术培训。

③适用于常规供冷系统的扩容与改造，可以通过只增加蓄冷槽，不增加制冷机组容量而达到增加供冷容量的目的。

④可以利用建筑物地下室、筏形基础槽、消防水池等设施作为蓄水槽，降低初投资。

⑤蓄冷和释冷运行时的冷水温度比较接近，这两种运行工况下制冷机组都可以维持额定容量和效率。

⑥可以实现蓄冷水和蓄热水的双重功能。水蓄冷系统非常适宜于采用热泵系统的地区，冬季蓄热，夏季蓄冷，有利于提高蓄冷槽的利用率。

⑦水蓄冷空调系统只能储存水的显热，不能储存潜热，存在蓄能密度低、蓄冷槽体积大的缺点，使用受到空间条件的限制。

⑧蓄冷槽体积大，表面散失的能量也多，需要增加保温层。

⑨蓄冷槽内不同温度的冷水容易混合，影响蓄冷效率。

⑩开放式蓄冷槽内的水与空气接触容易滋生菌藻，管路容易锈蚀，需增加水处理装置。

第四节 蓄热供暖系统的形式与设备

一、蓄热式电热锅炉供暖

伴随着供电峰谷差的加大，作为低谷时段将电能转变成热能的电热锅炉起到了移峰填谷的作用。夜间开启电热锅炉将产生的热量储存在保温水箱，白天直接用保温水箱的热水供暖。

蓄热式电热锅炉供热系统是间接加热式蓄热供暖系统，中间的板式换热器将放热过程和吸热过程分隔成两个独立循环回路。蓄热电锅炉通过电热管将电能转换成热能，一般利用热水或蒸汽或导热油等做介质将热能带走，通过板式换热器将热量传递给蓄热水槽中的水。蓄热水槽中被加热的水通过循环水泵完成对用户的供暖过程。该系统适用于蓄热运行，尤其适合锅炉给水硬度较高的地方。因为在电热锅炉放热侧是闭式循环，常用的热媒水基本没有消耗，只有微量的泄漏需要补充，所以只要初始起动前循环回路中充满软化水，则电热锅炉中的电热元件表面就不会积垢。一般推荐充分采用低谷电蓄热的运行模式，蓄热运行时间一般设计为夜间的 8 h 低谷电。蓄热时间越短，要求电热锅炉的功率越大，相应的初投资就越高。

除了最常用的间接加热式蓄热供暖系统形式外，对于功率较小的储水式电热锅炉来说，为了管路简单，一般采用直供式蓄热供暖系统；对于较大功率的快热式电热锅炉，一般采用循环式蓄热供暖系统。

二、蓄热热泵系统供暖

热泵系统在环境温度较低时使用，会造成室外机组的换热器出现结霜现象，影响制热效果，而且化霜时会停止向室内供暖，引起室内温度波动。蓄热热泵的提出正好可以改善热泵在低温下的运行性能。

蓄热热泵系统属于低温蓄热，一般低于 50℃。常用的显热蓄热材料为水、岩石等，蓄热密度比较低，热损失比较大。潜热蓄热材料为水合盐等，利用其相变产生的热量达到蓄热目的。

三、相变蓄热器供暖

由于相变的热量是在恒温下释放的，而且储热密度较高，所以相变蓄热器供暖有一些优势。相变蓄热器目前主要是两类，一类是相变蓄热供暖器，一类是相变蓄热电热水器。

传统的相变蓄热供暖器加热功率一般都大于 800 W，不具备蓄热功能。当较多的用户同时使用时会出现电路负载过重，导致使用区域电压低，影响电器的正常使用。

传统的相变蓄热电热水器一般是直热式和蓄水式两种类型。直热式电热水器一般需要 6 kW 左右的大功率电加热才能保证出水较大，水温较高，一般家庭的电路和电表难以承受；而蓄水式电热水器的热水容量受盛水容器容量的限制，放水时水压也较低，不便使用。

由于高温相变蓄热材料放置在隔热容器中，其升温过程可以缓慢进行，能采用小功率加热，同时热损失少，可以使蓄热时间较长，充分利用电网低谷时段加热蓄热来降低电费开支。

第七章　建筑能源的评价与管理

现阶段，我国建筑中主要使用传统能源，如煤炭、石油、天然气、电能等。但是随着我国可持续发展战略的逐步实施，我国在"十二五"期间，已经明确了可再生能源建筑应用推广目标，提出要切实提高太阳能、浅层地能、生物质能等可再生能源在建筑用能中的比重，到 2020 年实现可再生能源在建筑领域消费比例占建筑能耗的 15% 以上。常见的可再生能源有太阳能、风能、水能、潮汐能、地热能、生物质能等，能够应用到建筑上的可再生能源主要有太阳能、风能、地热能、生物质能。

第一节　建筑能源使用的基本情况

我国目前城镇民用建筑（非工业建筑）运行耗电量为我国总发电量的 22%～24%，北方地区城镇供暖消耗的燃煤为我国非发电用煤量的 15%～18%（建筑消耗的能源为全国商品能源的 21%～24%）。这些数值都仅为建筑运行所消耗的能源，不包括建筑材料制造用能及建筑施工过程能耗。目前发达国家的建筑能耗一般在总能耗的 1/3 左右。随着我国城市化程度的不断提高，第三产业占国内生产总值比例的加大，以及制造业结构的调整，建筑能耗的比例将继续提高，最终接近发达国家目前的 33% 的水平。

我国城镇民用建筑能源消耗按其性质可分为如下几类。

①北方地区供暖能耗。目前城镇民用建筑供暖能耗平均约为 20 kg 标准煤 /m^2，城镇民用建筑供暖面积约为 65 亿 m^2，此项能耗约占民用建筑总能耗的 56%～58%。

②除供暖外的住宅能耗（照明、炊事、生活热水、家电、空调），折合用电量为每年 30 kW·h/m^2，目前城镇住宅总面积接近为 100 亿 m^2，占民用建筑总能耗的 18%～20%。

③除供暖外的一般性非住宅民用建筑能耗（办公室、中小型商店、学校

等），主要是照明、空调和办公室电器等，用电量每年 20～40 kW·h/m²，占民用建筑总耗能的 14%～16%。

④除供暖外的大型公共建筑能耗（高档写字楼、星级酒店、大型购物中心等），此部分建筑总面积不足民用建筑面积的 5%，但单位面积用电量每年多达 100～300 kW·h/m²，因此用电量占民用建筑总量的 30% 以上，此部分建筑能耗占民用建筑总用电量的 12%～14%，是非常值得关注的部分。

上述分析之所以把供暖能耗分出是因为此部分能耗以直接燃煤和热电联产的排热为主，其他部分能耗则以用电为主；之所以把非住宅民用建筑分为一般与大型，是因为这两类建筑的单位面积用电量差别巨大。

目前我国正处在城市化高速发展的进程中，为适应城镇人口飞速增加的需求和继续改善人民生活水平的需要，在 2020 年前我国每年城镇新建筑的总量将持续保持在 10 亿 m² 左右，到 2020 年新增城镇民用建筑面积将为 100～150 亿 m²，由于人民生活水平的提高，供暖需求线不断南移，新建建筑中将有 70 亿 m² 以上需要供暖，10 亿 m² 左右为大型公共建筑，按照目前建筑能耗水平，则需要每年增加 1.4 亿 t 标准煤用于供暖，每年增加 4000～4500 亿 kW·h 用电量。这将为我国能源供应带来巨大压力。因此加强可再生能源在建筑中的使用可以有效缓解我国能源的紧缺状况。

第二节 建筑能耗分析方法与工具

一、度日法

度日法通常用来计算供暖期总的累计供暖耗能量，是指每日平均温度与规定的标准参考温度（或称温度基准）的离差，因此某日的度日数，就是该日平均温度与标准参考温度的实际离差。度日法分为供暖度日数和空调度日数。

二、计算机模拟方法

建筑物的传热过程是一个动态过程，建筑物的得热和失热是随时随地随着室外气候条件的变化而变化的，采用静态方法会引起较大误差。建筑能耗不仅依赖于围护结构和空调调节系统（HVAC）、照明系统的性能，并且依赖于它们的总体性能。大型建筑非常复杂，建筑与环境、系统以及机房存在动态作用，这些都需要建立模型，进行动态模拟和分析。动态的能耗模拟必须以计算机技术为基础，这样就应运而生了许多建筑能耗分析软件。

建筑能耗软件的主要用途和目的，主要包括如下四方面。

①建筑负荷和能耗的模拟：为后续的节能设计、节能评估、节能审计以及节能措施的制定提供参考。

②优化分析：通过不同工况的模拟，进行围护结构、设备、暖通空调系统、控制系统和控制策略等的优化，得出最佳结果；同时还可以进行各种方案的比对，通过经济性分析得出最佳方案。

③设备与系统各种运行状况的预测：在内外扰动等复杂因素的作用下，系统中参数的变化很复杂。通过建筑能耗模拟软件能够比较方便地预测各种工况下的系统参数。

④为节能标准与规范的制定和实施提供辅助作用。

用来模拟建筑能耗的数学模型由三部分组成。

①输入变量，包括可控制的变量和无法控制的变量（如天气参数）。

②系统结构和特性，即对于建筑系统的物理描述（如建筑围护结构的传热特性、空调系统的特性等）。

③输出变量，系统对于输入变量的反应，通常指能耗。在输入变量、系统结构及特性确定之后，输出变量（能耗）就可以确定。

因应用对象和研究目的的不同，建筑能耗模拟的建模方法可以分为两大类：正向建模（Forward Modeling）方法和逆向建模（Inverse Modeling）方法。前者用于新建建筑，后者用于既有建筑。

（一）正向建模方法

在输入变量和系统结构与特性确定后预测输出变量（能耗）。这种建模方法从建筑系统和部件的物理描述开始，如建筑几何尺寸、地理位置、围护结构传热特性、设备类型和运行时间表、空调系统类型、建筑运行时间表、冷热源设备等。建筑的峰值和平均能耗就可以用建立的模型进行预测和模拟。

正向建模方法的模型由四个主要模块构成：负荷（Loads）模块、系统（Systems）模块、设备（Plants）模块和经济（Economics）模块——LSPE。这四个模块相互联系形成一个建筑系统模型。其中，负荷模块模拟建筑外围护结构及其与室外环境和室内负荷之间的相互影响。系统模块模拟空调系统的空气输送设备、风机、盘管以及相关的控制装置。设备模块模拟制冷机、锅炉、冷却塔、蓄能设备、发电设备、泵等冷热源设备。经济模块计算为满足建筑负荷所需要的能源费用。

在负荷模块中，有三种计算显热负荷的方法：热平衡法（Heat Balance Method）、加权系数法（Weighting Factor Method）和热网络法（Thermal Network Method）。热平衡法和加权系数法较为常用，都采用传递函数法计算墙体传热，但从得热到负荷的计算方法两者不同。热平衡法根据热力学第一定律建立建筑外表面、建筑体、建筑内表面和室内空气的热平衡方程，通过联立求解计算室内瞬时负荷。

热平衡法假设：①房间的空气是充分混合的，因此温度为均一，而且房间的各个表面也具有均一的表面温度；②长短波辐射、表面的辐射为散射；③墙体导热为一维过程。热平衡法的假设条件较少，但计算求解过程较复杂，计算耗时较多。热平衡法可以用来模拟辐射供冷或供暖系统，因为可以将其作为房间的一个表面，并对其建立热平衡方程求解。

加权系数法是介于忽略建筑体的蓄热特性的稳态计算方法和动态的热平衡方法之间的一个折中。这种方法是在输入建筑几何模型、天气参数和内部负荷后计算出在某一给定的房间温度下的得热，然后在已知空调系统的特性参数的情况下由房间得热计算房间温度和除热量。这种方法由 Z 传递函数法推导得来，有两组权系数：得热权系数和空气温度权系数。得热权系数是用来表示得热转化为负荷的关系的；空气温度权系数是用来表示房间温度与负荷之间的关系的。加权系数法有两个假设。①模拟的传热过程为线性。这个假设非常有必要，因为这样可以分别计算不同建筑构件的得热，然后相加得到总得热。因此，某些非线性的过程如辐射和自然对流就必须被假设为线性过程。②影响权系数的系统参数均为定值，与时间无关。这个假设的必要性在于可以使得整个模拟过程仅采用一组权系数。这两点假设一定程度上削弱了模拟结果的准确性。

热网络法是将建筑系统分解为一个由很多节点构成的网络，节点之间的连接是能量的交换。热网络法可以被看作更为精确的热平衡法。热平衡法中房间空气只是一个节点，而热网络法中可以是多个节点。热平衡法中每个传热部件（墙、屋顶、地板等）只能有一个外表面节点和一个内表面节点，热网络法则可以有多个节点。热平衡法对于照明的模拟较为简单，热网络法则对于光源、灯具和整流器分别进行详细模拟。但是热网络法在计算节点温度和节点之间的传热（包括导热、对流和辐射）时还是基于热平衡法。在三种方法中，热网络法是最为灵活和最为准确的方法，然而，这也意味着它需要最多的计算时间，并且使用者需要投入更多的时间和努力来实现它的灵活性。

(二)逆向建模方法

在输入变量和输出变量已知或经过测量后已知时,估计建筑系统的各项参数,建立建筑系统的数学描述。与正向建模方法不同,这种方法用已有的建筑能耗数据来建立模型。建筑能耗数据可以分为两种类型:设定型和非设定型。所谓设定型数据是指在预先设定或计划好的实验工况下的建筑能耗数据;而非设定型数据是指在建筑系统正常运行状况下获得的建筑能耗数据。逆向建模方法所建立的模型往往比正向建模方法简单,而且对于系统性能的未来预测更为准确。

逆向建模方法可以分为三种类型:经验(黑箱)法(Empirical or Black-Box Approach)、校验模拟法(Calibrated Simulation Approach)和灰箱法(Gray-Box Approach)。

1. 经验(黑箱)法

这种方法建立的是实测能耗与各项影响因子(如天气参数、人员密度等)之间的回归模型。回归模型可以是单纯的统计模型,也可以基于一些基本建筑能耗公式。无论是哪一种,模型的系数都没有(或很少)被赋予物理含义。这种方法可以在任何时间尺度(逐月、逐日、逐时或更小的时间间隔)上使用。单变量(Single Variate)、多变量(Multi Variate)、变平衡点(Change Point)、傅立叶级数(Fourier Series)和人工神经元网络(Artificial Neural Network, ANN)模型都属于这一类型。因其较为简单和直接,这种建模方法是逆向建模方法中应用最多的一种。

2. 校验模拟法

这种方法采用现有的建筑能耗模拟软件(正向模拟法)建立模型,然后调整或校验模型的各项输入参数,使实际建筑能耗与模型的输出结果更好地吻合。校验模拟法仅在建筑能耗测量仪表具备和节能改造项目需要估计单个措施的节能效果时才适合采用。分析人员可以采用常用的正向模拟程序(如DOE-2)建立模型,并用建筑能耗数据对模型进行校验。用来校验模型的能耗数据可以是逐时的,也可以是逐月的,前者可以获得较为精确的模型。

校验模拟的缺点是太过费时、太过依赖于做校验模拟的分析人员。分析人员不仅需要掌握较高的模拟技巧,还需要具备实际建筑运行的知识。另外,校验模拟模型准确地反映实际建筑能耗还存在着一些实际的困难,包括:①模拟软件所采用的天气参数的测量和转换;②模型校验方法的选择;③模型输入参数的测量方法的选择。要想把模型校验得特点准确,需要花费大量的时间、精力、耐心和经费,因此往往较难。

3.灰箱法

这种方法是建立一个表达建筑和空调系统的物理模型,然后用统计分析方法确定各项物理参数。这种方法需要分析人员具备建立合理的物理模型和估计物理参数的知识与能力。这种方法在故障检测与诊断和在线控制方面有很好的应用前景,但在整个建筑的能耗估计上的应用较为有限。

第三节 建筑能源管理系统

一、建筑能源管理系统的基本概念及分类

(一)建筑能源管理系统的定义

国际能源组织在建筑能源管理系统(Building Energy Management Systems)的用户接口和系统集成中对建筑能源管理系统有了详细的定义:

建筑能源管理系统,是指有能力在控制(监视)节点和操作终端之间通信传输数据的控制与监视系统,该系统拥有建筑物内所有的控制和管理功能,如暖通空调系统、照明系统、火灾系统、安全系统、维护管理和能源管理。

其目标是:①提供愉快和舒适的室内环境;②确保使用者和管理者的安全;③确保建筑节能效果和人力的节约。

日本对于建筑能源管理系统的定义是,建筑能源管理系统是整合楼宇自控系统(BAS)、能源管理系统、楼宇管理系统(Building Management System,BMS)、暖通空调自控系统(HVAC Automatic Control)、建筑物优化及故障诊断和评估(Building Optimization, Fault Detection and Diagnosis/Commissioning,BOFDD/Cx)系统及火灾灾害预防和安全(Fire/Disaster Prevention and Security,F/DPS)系统等功能为一体的全方位的系统。

我国对于建筑能源管理系统的定义是,建筑能源管理系统是指将建筑物或者建筑群内的变配电、照明、电梯、空调、供暖、给水排水等能源使用状况,实行集中监视、管理和分散控制的管理与控制系统,是实现建筑能耗在线监测和动态分析功能的硬件系统与软件系统的统称。它由各计量装置、数据采集器和能耗数据管理软件系统组成。建筑能源管理系统通过实时的在线监控和分析管理实现以下效果:①对设备能耗情况进行监视,提高整体管理水平;

②找出低效率运转的设备；③找出能源消耗异常；④降低峰值用电水平。建筑能源管理系统的最终目的是降低能源消耗，节省费用。

国际能源组织在建筑能源管理系统的定义中强调的是目的，特别是舒适、安全、能源和人力的双重节约；日本对于建筑能源管理系统的定义强调的是大集成，整合几乎所有自控系统后提供全系统的联动，涵盖供能、输能和用能进行监视和控制三方面；而国内强调的是数据监测、数据分析、优化策略制定，总体较为偏软，即偏在 IT 系统，实现控制功能的偏硬件方面现阶段仍以与楼宇自控系统结合为主。

（二）建筑能源管理系统分类

建筑能源管理系统可以分为宏观层面和微观层面上的管理。在宏观层面，主要是指政策法规的制定，在建筑设计中贯彻节能标准，对工程项目的建筑节能进行审核、评估、监管和验收。在我国目前的国情下，宏观层面的建筑能源管理是由政府主导的，部分工作可由第三方参与。在微观层面，主要是通过对建筑物的日常运行维护和用户耗能的行为方式实施有效的管理，以及通过能效改善和节能改造实现节能。相对而言，微观层面的建筑能源管理更加务实，也蕴藏着很大的节能潜力。

宏观层面的建筑能源管理是以社会或国家的利益作为工作角度，而微观层面的建筑能源管理是以建筑使用者利益为出发点，在具体实施的时候微观层面的建筑能源管理必须以宏观层面的建筑能源管理为导向，宏观层面的能源管理则最终要落实到微观层面的能源管理上来，以此来推动建筑节能事业的发展。

二、建筑能源管理系统组成、结构、模式和功能

（一）建筑能源管理系统组成

完整的建筑能源管理系统由监测计量、统计分析、系统控制等组成。其中监测计量是整个系统的基础，对建筑内的水、电、空调、冷热源、燃气等能耗状况进行实时计量，为建筑能源管理系统节能提供依据。统计分析是系统的核心，通过分析、对比系统采集的数据，提出更合理、节能的控制策略，对多表综合计费、建筑设备监控、电力监控、智能照明等子系统进行优化。系统控制执行统计分析形成的控制指令，控制和调节系统设备，最终达到节能效果。

（二）建筑能源管理系统结构

建筑能源管理系统采用分层分布式结构，分为现场层、自动化层、中央管理层，并有专用的能源监控和管理软件。服务器加工作站模式便于进行日常维护管理，且支持局域网或互联网访问。

①现场层采集原始计量数据，包含各类能源计量装置，如电能表（含单相电能表、三相电能表、多功能电能表）、水表、冷量表等。监测现场末端空调、动力设备各项运行参数，如空调系统的运行状态、故障报警、启停控制及供回水温度、风压及流量等。采集空调主机房冷水机组、水泵及管网系统各项参数。

②自动化层（数据处理执行层）对采集的能耗数据进行汇总，将汇总的数据发往中央管理层，并同步接收中央管理层发送的控制指令。能耗数据存储在数据库中，通过建筑物内部局域网提供给能源管理系统。

③中央管理层对自动化层传输的能耗数据进行综合分析，将分析结果提交决策者作为决策参考，同时将客户的能耗修正指令传输至自动化层，以降低系统能耗。

（三）建筑能源管理系统模式

①减少能耗（节约）型能源管理。节约型管理最容易实现，具有管理方便、易操作、投入少的优点，能收到立竿见影的节能效果。其主要措施是限制用能，如非高峰时段停开部分电梯、提高夏季和降低冬季室温设定值、加班时间不提供空调、无人情况下关灯（甚至拉闸）和人少情况下减少开灯数量等。这种管理模式的缺点也很明显，主要有会造成室内环境质量劣化、管理不够人性化、不利于与用户的沟通、造成不满或投诉。因此，其管理的底线是必须保证室内环境质量符合相关标准。

②设备改善（更新）型能源管理。任何建筑都会有一些设计和施工缺陷。改善（更新）管理是指针对这些缺陷和建筑运行中的实际状况，不断改进和改造建筑用能设备。一般而言是"小改年年有"，如将定流量改成变流量、为输送设备电动机加变频器、手动控制改自控等。大改则结合建筑物的大修或全面装修进行，如更换供暖制冷主机、增设楼宇自控系统、根据能源结构采用热电冷联产和蓄冷（热）新技术等。这种管理模式的优点是能明显提高能效、提高运行管理水平、减少能源和日常维护费用开支、减少人力费用开支。其风险在于需要较大的初期投入（除了自有资金，也可以采用合同能源管理方式），需要较强的技术支撑以把握单体设备节能与系统节能的关系，

避免在改造时或改造后影响系统的正常运行。这种管理的底线是所掌控的资金量能满足节能改造的需要。

③改善（优化管理）型能源管理。通过连续的系统调试（System Commissioning）使建筑各系统（尤其是设备系统与自控系统）之间、系统的各设备之间、设备与服务对象之间实现最佳匹配。它又可以分为两种模式：一种是负荷追踪型的动态管理，如新风量需求控制、制冷机台数控制、夜间通风等；另一种是成本追踪型的运行策略管理，如根据电价峰谷差控制蓄冰空调运行、最大程度地利用自有热电联产设备的产能等。这种方式对管理人员素质要求较高。

（四）建筑能源管理系统主要功能

①实时能耗数据采集，对能源系统能源（水、空气、燃气、电、蒸汽、冷量等）数据进行实时监控和采集，并提供从概貌到具体的动态图形显示。实时数据保存到能源管理系统的能耗数据库中，各级管理人员在自己的办公室里就可以利用浏览器访问能源管理系统，根据权限浏览全部或部分相关能源计量信息。

②能耗报表（Energy Profile），各能源管理组逐时、逐日、逐月、逐年能耗值报告，帮助用户掌握自己的能源消耗情况，找出能源消耗异常值。单位面积能耗等多种相关能耗指标报告为能耗统计、能源审计提供数据支持。

③能耗指标（Energy Ranking）排名，不同时间范围下能源管理组的能耗值排序，帮助找出能效最低和最高的设备单位。

④能耗比较（Energy Comparison），不同时间范围内能源管理组能耗值的比较。

⑤建立能源使用计划。根据目前的能源使用情况，做出能源使用计划。根据能源使用需求，制订能源采购、供应计划，做到能源使用有计划，保障能源使用合理、节俭，避免浪费现象发生。

⑥建立能源指标系统。对于不同种类能源的使用情况，必须折合成标准单位才能进行比较和综合，因此建立能源指标系统，以便对不同的能源指标进行合并比较。将建筑能耗值折算为热量、标准煤以及原油、原煤等一次能源消耗量和相对的二氧化碳释放量。

⑦建立需求侧管理。目前大部分地区都有峰谷平电价，如何利用不同的电价进行有效的运营管理，降低能耗费用，帮助设施管理人员进行分析和决策，系统能为用户自动计算出设备经过调整后节约的费用，让管理者看到进

行调整带来的直接效益。

⑧科学预测、预警系统。可对企业单耗指标自动计算节能量，并同企业节能目标进行对比，对未完成目标企业提出报警。实现能耗限额制度和节能量目标完成情况的在线监察。

⑨能耗对标及异常分析。系统搜集相关国家、省、市限额标准，对全面数据进行汇总、统计分析，实现重点指标对标分析，及时发现企业发展过程中的问题，分析能耗变化的趋势及原因，充分挖掘企业节能潜力。

⑩为管理者提供决策服务系统。利用采集、上报的数据，通过建立节能目标的地区分解理论模型，根据具体指标影响因素对全省经济和能耗数据做出全省节能目标的区域分解目标，指导节能计划的科学制订。

⑪整体用电量统计模块。通过同供电局的数据接口连接，掌握各地市、各区域的全部用电情况，为科学、及时了解用电情况提供决策性数据支持。

三、建筑能源管理的实施

（一）建筑能源管理的四项基本原则

1. 服务原则

建筑能源管理是一种服务。它的目标是提高能源终端的能源利用效率、降低建筑运营成本。节能不是单从数量上限制用户合理的需求，更不能以节能为借口，降低服务质量，劣化室内环境质量。管理者应向用户提供恰当的能源品种、合理的能源价格、高效的用能设备，以及节能技术、工艺和管理方式，用尽量少的能耗满足用户的各种用能需求和环境需求。

2. 系统优化原则

建筑能源管理应从能源政策、能源价格、供需平衡、成本费用、技术水平、环境影响等多方面进行投入产出分析，选择社会成本低、能源效率高、又能满足需求的节能方案。除了注意单体设备的节能，更要注意系统的匹配、协调和整合，重视系统的持续调试（Continued Commissioning）。

3. 节能技术原则

采用经济上合理、技术上可行的节能技术提高终端的能源利用效率是实现建筑节能的关键所在。但最先进的技术不一定是最适用的技术，根据建筑自身条件，有时选用处于"镰刀与收割机"之间的"中间技术"更为合理。

避免出现不顾条件，用行政手段"大跃进"式地推广某一新技术，或硬性规定节能改造的技术路线。对于节能的方案或新技术，在市场经济不完善、信用机制不健全的条件下，要依据科学做出正确判断。

4. 动态节能原则

建筑节能技术的最大特点是有两性，即地域性和时效性。由于各地气候、生活习惯、建筑形式、系统形式以及建筑功能有差别，因此在北京适用的节能技术在深圳就不一定适用，在 A 楼适用的节能技术到 B 楼就可能适得其反。由于气候变化、建筑功能改变、用户需求变化以及设备系统的损耗都会引起节能效果的改变，因此建筑节能并不是一劳永逸的。管理者要适应这种变化。

（二）建筑能源管理的组织形式

我国节能法规定，年综合能源消费在 5000 t 标准煤以上的单位是重点用能单位。节能法还规定"重点用能单位应当设立能源管理岗位，在具有节能专业知识、实际经验以及工程师以上技术职称的人员中聘任能源管理人员"。

建筑能源管理工作首先需要由最高管理层组织建立能源管理队伍，其次建立建筑能源管理领导负责制以及高能耗的问责制。大型耗能建筑应有专职的能源管理经理，直接对董事会（高校对校长）负责。建筑能源管理的组织形式有以下几种。

①全员参与方式，以经营者或单位领导为责任人，组成节能推进委员会或节能领导小组，小组成员包括部门负责人和员工代表（在学校是各学生宿舍推选的学生代表）。这种方式尤其适合大学。

②会议方式，各部门推选代表定期举行会议对建筑能耗状况进行合议。

③项目方式，对某一节能措施或节能改造项目，由各部门代表会同本单位或外聘的能源管理专家、专业人员参与项目管理。

④业务方式，设立专门的能源管理部门，将能源管理作为其业务内容。

（三）设立能源管理目标

与常规管理一样，建筑能源管理应设立可量化的、具体的管理目标，主要有以下几个。

①量化目标如全年能耗量、单位面积能耗量（EUI）、单位服务产品（如旅馆、医院的每个床位，大学的人均）能耗量等绝对值目标；系统效率（如 CEC）、节能率等相对值目标。

②财务目标如能源成本降低的百分比、节能项目的投资回报率，以及实

现节能项目的经费上限等。

③时间目标如完成项目的期限，在每一分阶段时间节点上要达到的阶段性标准等。

④外部目标如达到国际、国内或行业内的某一等级或某一评价标准，在同业中的排序位置等。

设定目标必须遵循实事求是的原则。根据自己的财力、物力和资源能力恰如其分地确定目标。

（四）建立能源管理标准

根据建筑内各种设备系统的特点制定将能耗控制在最低程度的运行、管理措施。这些措施是依据一定的节能评价基准（量化值），并把这些基准作为管理目标的标准值。根据管理措施的要求，确定自动控制系统的设定值和目标值，制定检测、记录、维护、检修、故障诊断等方面的操作规定，编制各种报表。

（五）建筑能源审计

建筑能源审计（Building Energy Audit）是指审计单位根据国家有关的节能法规、法律、技术标准、消耗定额等，对建筑能源利用的物理过程和财务过程进行监督检查和综合分析评价。对管理者而言，通过建筑能源审计可以对自己管理的建筑的能耗现状、先天条件、节能潜力、与其他同类建筑相比的优势和劣势心中有数，即有一个量化的概念。同时，通过审计检查建筑物能源利用在技术上和经济上是否合理，诊断主要耗能系统的性能状态，找出建筑的节能和节约能源费用开支的潜力，以确定节能改造方案。因此，能源审计是建筑能源管理中最重要的环节之一。

对政府而言，在政府建筑和大型公共建筑中推行建筑能源审计，有利于节能管理向经常化和科学化转变；计算出不同层次的建筑的能耗指标，有利于对既有建筑的能源使用情况进行有效的监督和合理的考核；有利于了解建筑节能标准的贯彻情况与实施效果；有利于推进既有建筑节能改造和合同能源管理事业的发展；有利于改善管理、改进服务，获得实质性的节能（Embodied Energy）。

（六）建筑调试

随着建筑设备系统技术日趋先进，特别是楼宇自控系统日趋普及，调试过程从设计阶段开始一直延续到建筑使用之后。在建筑正常使用过程中每隔

3~5年就需要进行调试。这也成为建筑能源管理的一个重要内容。

建筑在验收后的系统调试的主要任务主要有以下几项。

①系统连续运转，检验系统在各个季节以及全年的性能，特别是能源效率和控制功能。

②在保修期结束前检查设备性能以及暖通空调系统与自控系统的联动性能。

③通过调试寻找系统的节能潜力。

④通过用户调查了解用户对室内环境质量及设备系统的满意度。

⑤在调试过程中记录关键的参数，整理后完成调试报告。

（七）建筑能耗计量

我国能源法规定："用能单位应当加强能源计量管理，健全能源消费统计和能源利用状况分析制度。"建筑能耗计量的重要性体现在以下几点。

①通过计量能实时定量地把握建筑物能源消耗的变化。通过对楼宇设备系统分系统进行计量以及对计量数据进行分析，可以发现节能潜力和找到用能不合理的薄弱环节。因此，能耗计量是能源审计工作的基础。

②通过计量可以检验节能措施的效果，是执行合同能源管理的依据。

③通过计量可以将能量消耗与用户利益挂钩，计量是收取能源费用的唯一依据。

④通过计量收费可以促进建筑能源管理水平的提高。要向用户收费，则用户有权要求能源管理者提供优质价廉的能源。用户会对室内环境质量（如热环境、光环境和空气质量）提出更高的要求，希望以较少的代价，得到舒适、健康的工作环境和生活质量。能源管理实际是能源服务，管理者只有不断改进工作、提高效率、降低成本，才能满足用户需求。

⑤计量收费是建筑能源管理的重要措施。管理者可以通过价格杠杆调整供求关系，促进节能，鼓励节能措施，推动能源结构调整。

四、建筑合同能源管理

合同能源管理（Energy Management Contract，EMC），也称为能源绩效合约（Energy Saving Performance Contract，ESPC）。合同能源管理是以节省下来的能耗费用支付节能改造成本和运行管理成本的投资方式。这种投资方式让用户用未来的节能收益降低目前的运行成本，改造建筑设施，为设备和系统升级。用户与专业的节能服务公司之间签订节能服务合同，由节能服务公司提供技术、管理和融资服务。通过合同能源管理，业主、用户和企业可以切实降低建筑能耗，降低成本，使房产增值，并且得到专家级的建筑能源管理服务，同时规避风险。

节能服务公司（Energy Services Company，ESCO），又称能源管理公司，是一种基于合同能源管理机制运作的、以营利为目的的专业化公司。节能服务公司与愿意接受能源管理服务和进行节能改造的客户签订节能效益合同，向客户提供能源和节能服务，通过与客户分享项目实施后产生的节能效益、承诺节能项目的节能效益或承包整体能源费用等方式为客户提供节能服务，获得利润，滚动发展。

节能服务公司向客户提供的服务包括：建筑能耗分析和能源审计、设备系统的调适和诊断、建筑能源工程项目从设计到验收的全程监理、"量体裁衣"式的建筑设备和系统改造、建筑能源管理、区域能源供应、设施管理和物业管理、节能项目的投资和融资、节能项目的设计和施工（交钥匙工程）总包、材料和设备采购、人员培训、运行和维护、节能量检测与验证等。

（一）我国建筑合同能源管理的发展

我国第一个完全规范的合同能源管理项目是 1999 年德国 ROM 公司为上海金茂大厦所实施的节能改造。此后，我国建筑合同能源管理的节能服务项目迅速发展起来。经过多年的发展，我国建筑合同能源管理已初具规模，呈现出如下特点。

①建筑合同能源管理占全部节能服务项目数量比重较大。据对 100 多家能源服务公司的调查，建筑节能服务项目占其全部项目数的 21%，建筑节能服务投资占全部项目投资的 58%。

②需要建筑节能的建筑类型多样。当前，我国建筑节能项目主要集中在商业楼宇、学校、医院、政府办公机构、科研院所等大型公共建筑，其中商业楼宇的建筑节能服务项目无论是在投资额和项目数量上均占了很大比重，其次为学校、医院和政府办公建筑。服务内容包括供暖系统改造、锅炉节能改造、楼宇照明系统节能、中央空调系统改造等。其中，中央空调改造项目数量较多，其余类型的建筑服务项目分布较为平均。

③建筑节能项目投资少、节能收益明显，投资回收期短。相比于工业节能项目，建筑节能服务项目的单体投资较少，平均每个建筑节能服务项目的投资额为工业节能项目投资额的 20%，收益明显，投资回收期短。建筑节能服务项目的 69% 是在 2 年内收回投资，3 年以上收回投资的只占到了 7%。

由于建筑节能工程是一个系统工程，实施起来具有更大的复杂性，同时建筑物业主及物业管理部门由于其自身技术、管理、融资等能力的局限性，无法依靠自身力量进行节能改造，急需具备研究、工程、管理和服务能力的专业节能服务公司，因此，节能服务机制尤其适合建筑节能。

（二）建筑节能领域合同能源管理运作模式

目前，我国建筑节能领域的合同能源管理大致有以下六种运作模式。

1. 设备租赁模式

业主采用租赁方式购买设备，即付款的名义是租赁费。在租赁期内，设备的所有权属于节能服务公司。当合同期满，节能服务公司收回项目改造的投资及利息后，设备归业主所有。产权交还业主后，节能服务公司仍可以继续承担设备的维护和运行。一般而言这种节能服务公司是由设备制造商投资的，作为制造商延伸服务的一种市场营销策略。政府机构和事业单位比较欢迎这种设备租赁方式，因为在这类单位中，设备折旧期比较长。

2. 节能量担保模式

节能改造工程的全部投入和风险由节能服务公司承担，在项目合同期内，节能服务公司向业主承诺一定的节能量，或向客户担保降低一定数额的能源费用开支，将节省下来的能源费用来支付工程成本。达不到承诺节能量的部分，由节能服务公司负担；超出承诺节能量的部分，双方分享。在合同期内，节能改造所添置的设备或资产的产权归节能服务公司，并由节能服务公司负责管理（也可以由客户自己的设施管理人员管理，节能服务公司负责指导）。节能服务公司收回全部节能项目投资后，项目合同结束，节能服务公司将节能改造中所购买的设备产权移交给业主，以后所产生的节能收益全归企业享受。由于这种模式对节能服务公司存在着较大的风险，所以一般都采用可靠性高、比较成熟、投资回收期短、节能效果容易量化的技术。投资回收期控制在 3～5 年以内。

3. 节能效益分享模式

节能改造工程的全部投入和风险由节能服务公司承担，项目实施完毕，经双方共同确认节能率，双方按比例分享节能效益。项目合同结束后，节能服务公司将节能改造中所购买的设备产权移交给业主，以后所产生的节能收益全归业主。

4. 能源费用托管模式

节能服务公司负责改造业主的高耗能设备，并管理其用能设备。在项目合同期内，节能服务公司按双方约定的能源费用和管理费用承包业主的能源消耗与维护。项目合同结束后，节能服务公司将经改造的节能设备无偿移交给业主使用，以后所产生的节能收益全归业主。

5. 能源管理服务模式

通过使用节能服务公司提供的专业服务，实现企业能源管理的外包，将有助于企业聚焦到核心业务和核心竞争能力的提升方面。能源管理的服务模式有两种形态：能源费用承包方式和用能设备分类收费方式。前者由节能服务公司承包双方在合同中约定数额的能源费用，在保证合同规定的室内环境品质的前提下，如果能源费用有节约，则作为节能服务公司的营收；如果因非不可抗力造成的能源费用超支，则由节能服务公司承担损失。后者按节能服务公司所管理的设备系统能耗的分户计量以及双方在合同中商定的能源价格收费，在能源价格中含有节能服务公司管理费，也可以按建筑面积另收取固定的管理费。这种模式是典型的服务外包。

6. 总包和"交钥匙"模式

业主或政府委托的节能改造工程项目一般采取总包和"交钥匙"的方式，即节能服务公司提供节能方案和节能技术，承担从设计到设备采购，到系统集成，到施工安装直至验收的全程技术服务。业主按普通工程施工的方式，支付工程前的预付款、工程中的进度款和工程后的竣工款。没有融资问题，也不承诺节能量。这种模式多用于旧房改造（如将旧工业厂房改造成创意产业园区）和既有建筑更新（如旧设备更新、系统加自控、用冰蓄冷或微型热电联产给建筑扩容等）。运用该模式运作的节能服务公司的效益是最低的，因为合同规定不能分享项目节能的巨大效益。当然，因为不用担保节能量，节能服务公司的风险也最小。

（三）全过程合同能源管理服务

结合我国城市化的特点，针对建筑合同能源管理中的问题，可以将能源服务扩大到能源规划阶段，实现全过程的合同能源管理服务。

在政府主导的大型区域开发项目中，由于区域能源系统的先进性、集约性和复杂性（如大型区域供冷供暖系统、热电冷联供系统、蓄冷调峰系统、大规模可再生能源系统等），政府可找寻专业化的第三方承担项目融资、项目管理、系统设计、设备采购、工程施工等全过程任务，给予第三方公司基础设施经营的特许权，作为这部分资产的所有权人在项目竣工和区域开发建成之后负责运行管理。承包项目的能源服务公司通过冷、热和一部分电力的销售回收投资、赚取利润，使合同能源管理从短期分享转变成长期收益。

全过程合同能源管理服务实际上是基础设施建设中常用的建设-经营-移交（Build-Operate-Transfer，BOT）模式，BOT 模式也可意译为基础设施特许权。BOT 模式是在政府和节能服务公司之间达成的协议，由政府向节能服务公司颁布特许，允许其在一定时期内筹集资金建设区域能源系统，管理和经营该设施及其相应的产品和服务。政府对其提供的公共产品或服务的数量和价格可以有所限制，但保证节能服务公司有获取利润的机会。整个过程中的风险由政府和节能服务公司分担。特许期限结束时，节能服务公司按约定将能源系统移交给政府部门，转由政府指定部门进行经营和管理。

1. BOT 的几种"变形"

① BOOT（Build-Own-Operate-Transfer）模式，即建设-拥有-运营-移交模式。这种方式明确了节能服务公司在特许期内既有经营权又有所有权。一般情况下 BOT 即 BOOT。

② BOO（Build-Own-Operate）模式，即建设-拥有-运营模式。这种方式是节能服务公司按照政府授予的特许权，建设并经营能源系统，但所有权归节能服务公司，并不将此基础设施移交给政府或公共部门。

③ BLT（Build-Lease-Transfer）模式，即建设-租赁-移交模式。政府授予特许权，在项目运营期内，节能服务公司拥有并经营该项目，政府有义务成为项目的租赁人，在租赁期结束后，所有资产再转移给政府公共部门。

④ BT（Build-Transfer）模式，即建设-移交模式。由节能服务公司融资、建设，能源系统建成后立即移交给公共部门，政府按项目的收购价格分期付款，其款项可来自项目的经营收入。

⑤ BTO（Build-Transfer-Operate）模式，即建设-移交-运营模式。与 BT 模式不同的是，政府在获得能源系统的所有权后委托节能服务公司运营和管理该项目。

⑥ IOT（Investment-Operate-Transfer）模式，即投资-运营-移交模式。由节能服务公司融资并收购现有的能源系统，然后再根据特许权协议运营，最后重新移交给公共部门。

在全过程合同能源管理服务中，节能服务公司是 BOT 项目的执行主体，处于中心位置。所有关系到 BOT 项目的筹资、分包、建设、验收、经营管理以及还债和偿付利息都由节能服务公司负责。大型项目通常专门设立项目公司作为业主，同设计、施工、制造厂商以及客户打交道。而政府是 BOT 项目的控制主体。政府决定着是否设立此项目、是否采用 BOT 模式。在谈判确定 BOT 项目协议合同时政府也占据着主导地位。在节能服务公司向银行或基金贷款时，政府要提供担保。政府还有权在项目实施过程中对各个环节进行监督，并具有对节能服务公司所提供的服务产品的定价权。在项目特许期结束后，政府还具有无偿收回该项目将其国有化的权力。如果能源系统运行的年度实际总成本与净累计损失之和低于预计总成本基准，则可以获得比预期更多的节能收益，其节能效益可以由用户与节能服务公司分享。

2. 全过程合同能源管理的服务内容

①设定区域节能减排的战略目标和关键性能指标（Key Performance Indicators）。

②通过城市（城区）的气候设计（Climate Design）技术调整建筑布局和气流通道，充分利用天然采光、自然通风等被动式技术。

③通过负荷测绘（Load Mapping）技术调整建筑功能布局，降低负荷集中度。

④通过能源总线集成应用低能量密度的可再生能源和低品位的未利用能源（Untapped Energy），提高有限资源的利用效率。

⑤将无碳的虚拟能源（即用户端的节能）作为替代资源。

⑥在城区层面合理利用基于天然气的分布式能源。

⑦通过热回收和协同（Synergy）技术实现园区层面传统能源的梯级利用。

⑧利用城区能源系统的负荷参差率和同时利用系数降低负荷与需求。

⑨设计科学合理的园区能源收费制度。

⑩在区域内积极推行绿色生活方式和行为节能。

3. 节能服务公司的类型与层次

全过程合同能源管理提高了节能服务公司的技术含量。因此节能服务公司应该分为三种类型，三个层次。第一类是能源服务公司，这类公司从事能源管理服务和建筑节能改造业务；第二类是能源服务供应商（Energy Service Provider，ESP），这类公司能以 BOO 模式提供热电联产和分布式能源项目的服务；第三类是节能承包商（Energy Service Contractor，ESC），这类公司只能提供单一改造技术和服务。

第一类公司必须具备照明、电动机和驱动装置、暖通空调系统、自动控制系统和围护结构热工性能改善方面的技术和管理能力；同时还必须具备提供能源审计、设计和工程实施、融资、项目管理、系统调试、运行维护以及节能量验证等方面的服务的能力。第二类公司则必须具备实施分布式能源和热电联产工程、按合同供应能源的技术和管理能力，以及融资和资产管理的能力。而第三类公司一般只能作为前两类公司的分包商。

4. 节能服务公司的经营流程

国外建筑节能服务的实施机构一般为节能服务公司。节能服务公司一般通过以下步骤向客户提供综合性的节能服务。

①能效审计。节能服务公司针对客户的具体情况，评价各种节能措施，测定业主当前用能量，提出节能潜力之所在，并对各种可供选择的节能措施的节能量进行预测。

②节能改造方案设计。根据能效审计的结果，节能服务公司为客户的能源系统提出如何利用成熟的技术来提高能源利用效率、降低能源成本的整体方案和建议。

③能源管理合同的谈判与签署。在能效审计和改造方案设计的基础上，节能服务公司与客户进行节能服务合同的谈判。在某些情况下，如果客户不同意签订能源管理合同，则节能服务公司将向客户收取能效审计和项目设计费用。

④材料和设备采购。节能服务公司根据项目设计负责原材料和设备的采购，其费用由节能服务公司支付。

⑤施工。

⑥运行、保养和维护。在完成设备安装和调试后即进入试运行阶段。

⑦节能及效益保证。节能服务公司与客户共同监测和确认节能项目在合同期内的节能效果，以确认在合同中由节能服务公司提供项目的节能量保证。

⑧节能服务公司与客户分享节能效益。

第八章 绿色建筑节能的研究趋势

在建筑领域，对于一个城市来说，建筑是最突出的标志，建筑也是人们生活在这个城市的载体。对于建筑来说，人们也在建筑的形式、外观以及应用等多方面有更高要求，很多国家都将建筑节能作为一项基本国策给予高度重视，这使得建筑节能在全球范围内得到迅速发展，建筑节能学正成为国内外重视的新兴学科，同时，以绿色建筑为基础的观念也是建筑行业发展的必然趋势。本章针对绿色建筑节能三个主要研究现状与趋势进行了简要阐述。

第一节 绿色建筑节能政策的研究现状与趋势

一、国内外建筑节能政策的研究现状

我国建筑节能政策研究开始于20世纪80年代后期，这一时期，我国建筑业高速发展，同时也面临着建筑业能耗过高、能源利用率低等问题。因此，建筑节能政策成为改革开放背景下能源经济政策研究的热点。

改革开放初期，国家提出了"开发与节约并重，近期把节约放在优先地位"的能源方针，旨在采取国家宏观调控手段，通过开展制定相关节能政策法规、编制资源利用综合规划、开发推广建筑节能新设计标准和产品等工作来调整国民经济发展与能源需求之间的比例。进入20世纪90年代后，经济全球化使得我国对能源的需求不断增加，能源已成为制约我国经济发展的重大问题。

针对当前形势，国家制定了包括煤炭、水能、核电、风能、新能源及可再生能源等一系列能源发展方针，倡导经济与能源的可持续协调发展。建筑节能政策的研究逐渐从公共政策、节能政策研究中分化独立，主要围绕经济、能源、环境三者之间存在的对立与统一关系进行研究，并逐渐扩展到更深层次的建筑节能政策体系构建中。

国内外学者对建筑节能政策的研究主要有三个层次，分别是单一的国内外建筑节能政策理论研究，激发、鼓励的导向型建筑节能政策研究及建筑节能政策与环境、经济三者之间互动的开放性研究。

（一）单一的国内外建筑节能政策理论研究

局限于探索学习，该理论研究主要集中在分析国内外建筑节能政策的发展现状及相关政策、法规，或由此剖析我国建筑节能政策中存在的问题或对比分析发达国家的建筑节能政策后提出我国建筑节能政策制定的相关策略和建议。

（二）激发、鼓励的导向型建筑节能政策研究

进入21世纪，面临严峻的能耗问题，政府制定的强制性、约束性节能政策已很难适应建筑节能的推进工作，由此许多学者开始转向激发、鼓励的导向型建筑节能政策研究。

清华大学建筑节能研究中心是建筑节能的权威研究机构，其研究成果体现在《中国建筑节能年度发展研究报告2018》中，该报告从我国建筑能耗现状、实现中国特色建筑节能和建筑节能措施评价三个方面对我国建筑节能发展进行研究，报告中对我国建筑能耗现状的分析为建筑节能政策提供了现实的借鉴，同时报告中对建筑节能各个方面的系统阐述对建筑节能发展具有重要的战略指导意义。

国内也有一些学者从宏观上对建筑节能发展战略进行了探讨，如有的学者探讨了21世纪建筑的发展方向：智能建筑、生态建筑、绿色建筑、有机建筑、地下建筑等。强调未来建筑的设计研究应以发展为主要目标，这是建筑业发展的必由之路。另有研究者在兼顾建筑节能历史的基础上，较全面地对建筑节能的技术途径和政府所起的调控作用进行了综述，并论述了建筑节能的重要性，认为建筑节能不仅在缓解全球环境和能源安全问题中起到至关重要的作用，而且是可持续发展战略的重要内容。有的学者认为建筑业是最活跃和最强劲的产业之一。那么它的发展就需要有与之相适应的劳动力和劳动力市场，从而实现劳动力市场和建筑业的可持续发展。卢庆华以可持续发展理论为指导，着重探讨了可持续发展的物质基础——能源资源的可持续利用问题。

学者徐振川从系统观点出发，分析了能源消费和可持续发展的一般关系，阐述了我国国家及地区能源战略抉择的机理。以石家庄市为例进行分析，运用新增长理论和耗散结构理论，探讨了基本能源耗竭对经济发展的影响。

学者黄云峰立足于可持续发展建筑的现状，比较中外生态建筑的发展，分析国内外可持续发展建筑理论和实践的差距，提出从可持续发展建筑要素入手，通过实践逐步提高我国可持续发展建筑的数量和质量。

学者游娜指出各级政府大力倡导建筑节能降耗，但是在建筑节能中出现了一些不好的做法，所以建筑节能不能盲目进行，要在合理的经济造价与节能指标结合的基础上，大力发展低能耗建筑，给人们提供既舒适又节能的建筑。

综上所述，学者们运用成熟的理论和方法，从不同角度多方面地进行系统分析，追求建筑节能政策制定和实施的可靠性、合理性及与相关政策、法规的契合性。

（三）建筑节能政策与环境、经济三者之间互动的开放性研究

随着能源和环境问题变得日益严重，如何协调好经济、能源、环境三者之间对立与统一的关系成为世界各国亟待解决的重大问题。

不少学者通过分析现有建筑节能政策中存在的问题，倡导建筑节能政策的建立要符合能源安全型、建设节约型及环境友好型三项标准，最终实现可持续建筑。通过以上分析可以发现，国内外关于建筑节能政策的研究已经较成熟。研究内容涵盖了从最基本的建筑节能政策的制定、实施、对比改进等单一的静态研究，到运用成熟的理论和方法对建筑节能政策设计过程进行系统分析，以及强调建筑节能政策要与特定的环境相适应，提出建筑节能政策、经济及环境三者之间协调发展的策略。

二、我国建筑节能政策的研究趋势

我国建筑节能政策的研究起步较晚，与发达国家的建筑节能政策研究存在一定差距。虽然近几年我国建筑节能政策研究成果逐年增加，但在研究内容的深度、研究方向的广度，以及研究方法的科学合理性等方面仍有待进一步探索和研究。

（一）采用定性与定量相结合的方法研究建筑节能政策

当前，我国建筑节能政策的大部分研究采用定性研究方法，定量研究方法未能得到充分运用。然而，建筑节能是一项综合性工程，建筑节能政策的制定和推行受多方面因素影响，通过定量研究，可以测量、评估、完善现有政策的实施效果。因此，采用定性与定量相结合的研究方法，有助于检验研究成果，分析研究结论，最终科学合理地提出改进策略和建议。

（二）开展建筑节能政策全寿命周期研究

建筑节能政策全寿命周期是指建筑节能政策从最初的制定、执行、评估、监控、改进到最后终结的全过程。相比于国外全寿命周期政策研究，我国建筑节能政策研究往往更加关注制定、执行两大环节，而对评估、监控、改进等环节的研究较少，对全寿命周期各个环节之间的关系也缺乏探讨。这也使得我国建筑节能相关法律、法规不够完善，出台的建筑节能政策缺乏有效的强制性执行标准和监管力度，难以起到规范建筑节能行为推动建筑节能工作的作用。

（三）拓展建筑节能政策研究视角

建筑节能政策研究不仅仅针对政策本身的制定、推行、实施、评估等内容，还包括多视角地探讨节能政策相关问题。

例如，从建设单位视角，考虑到建设单位在建筑节能工作上作为投入者而非受益者，一般不愿意增加投入成本，有必要研究强制性政策和引导性激励政策对建设单位的不同推动作用及他们之间的互补关系。从社会视角，探讨全社会建筑节能过程中所有利益相关主体之间涉及的一系列问题；从政府部门视角，根据不同的市场主体，设计分阶段、差异化的经济激励政策，充分利用市场经济中利益驱动的效应，挖掘出更大的节能需求。

总之，拓展研究视角，能丰富建筑节能政策研究内容，使研究成果切实应用于建筑节能各个环节，提高建筑节能工作实施成效。

（四）关注建筑节能政策与环境之间的均衡关系

建筑节能政策涉及内容复杂，范围广泛。一项不管如何科学、标准的建筑节能政策，如果不能与特定的社会环境相适应，其执行、评估、监控等环节就会被各种社会环境影响因素制约，也就实现不了政策的良好循环。

当前国内建筑节能政策研究中，单一分析建筑节能政策的较多，封闭式研究倾向较明显，而将建筑节能政策置于特定的社会环境中加以分析，探究两者之间均衡关系的相对较少，如研究市场机制下，强调建筑节能政策与社会各方参与者之间的互动影响关系。应重视建筑节能政策与环境两者间的动态适应问题，把握建筑节能政策与环境协调发展的思路。

第二节 绿色建筑节能设计的研究现状与趋势

一、国内外建筑节能设计的研究现状

目前国内外学者在建筑节能设计上的研究主要体现在以下 5 个方面。

①有的学者认为传统的节能设计方法侧重于外观和功能设计，而忽视了建筑能效设计，提出将建筑信息模型（BIM）技术与建筑节能技术相结合来分析建筑能耗。

②有的学者认为建筑节能体系构成要素之间存在着耦合相关性，这种耦合相关性能更好地从系统的角度解析建筑节能体系的特征。

③有的学者在绿色建筑节能设计中加入了复合设计过程，分析了复合设计过程在整个绿色建筑节能设计各个方面的具体作用。建筑节能设计是整个建筑节能阶段的关键环节，目前的研究已充分地证实了这一重要性，并取得了丰富的研究成果。然而，建筑业的蓬勃发展必然使得建筑节能设计趋于多样化、复杂化。在这样的新形势下，正确合理的建筑节能设计理念显得尤为重要，并应成为建筑节能研究的重点。

④有的学者通过对夏热冬暖地区气候特征及该地区建筑特点的分析，阐述了影响建筑能耗各方面的因素，并从整体布局规划设计和单体设计两个层次探讨了夏热冬暖地区建筑节能设计和建筑热工节能设计的方法及要点。国外学者介绍并评价了几种可以提高能源效率的复合型建筑节能设计，指出这几种设计均可用于含变化参数和不含变化参数的节能设计中。

⑤有的学者认为建筑节能设计决定了建筑运行能耗，节能设计过程中应充分考虑外部环境影响因素，要针对不同质量要求的建筑采取不同的建筑节能设计标准。

二、国内外建筑节能设计的研究趋势

对于建筑工程项目而言，其设计过程中节能设计方案，直接关系着环境保护和社会发展，同时也关系着当前国内建筑行业的可持续发展。众所周知，建筑物是个复杂系统，受到内外部各方面因素的相互影响，很难简单地确定建筑物的建筑设计类型或评价建筑设计的优劣，因此，建筑节能设计应强调建筑节能设计的全面和全寿命周期优化，即在建筑物全寿命周期内考虑周围环境的变化和人们的耗能需求，采用先进的计算机模拟技术对不同设计方案进行测试和比较，完善建筑节能设计，以最大程度地降低建筑能耗。近几年，建筑行业提出的绿色建筑、低能耗建筑、可持续建筑、零能耗建筑等概念的核心内容就是如何通过优化建筑节能设计，最大程度地降低建筑高能耗问题。随着世界能源问题的日益加剧，建筑节能设计的研究进程越来越快，研究方向和研究内容将发生改变。

（一）研究重点的转变

建筑节能设计研究重点由外观和功能设计向能效设计转变，建筑能效设计是指在建筑节能设计的初始阶段，充分运用先进的计算机技术、成熟的节能技术，全面考虑建筑节能技术措施，找到建筑功能要求和建筑节能效果两者之间最佳平衡点的设计方案。当前，我国的建筑节能设计往往更加侧重于建筑的外观设计是否精美、功能是否齐全，对降低建筑能耗，提高节能效率问题关注较少。

为了建筑节能得以全面高效地实施，建筑节能设计研究不应局限于建筑外观和功能设计，而要侧重于筑的能效设计，采用定性和定量的计算分析方法，将建筑节能设计与分析计算有效地结合起来，通过建筑能耗的分析结果及时评估和调整建筑节能设计过程。

（二）特定环境下节能设计的研究

建筑节能设计考虑多环境影因素，注重特定环境下节能设计的研究，影响建筑节能设计的环境因素较多，如建筑工程环境、不同地域的气候和自然环境、社会文化环境、政治法律环境、当地的经济发展水平等，这些影响因素在一定程度上决定了建筑节能设计的立足点，应在建筑节能设计研究中加以考虑。

此外，在建筑节能设计研究过程中要明确研究的首要任务是设计建筑运行能耗尽可能低的建筑，要注重建筑节能设计特定环境下的研究。例如，在太阳能、风能和地热能等可再生新能源比较丰富的地区，研究如何因地制宜利用好这些资源，最大程度地减少暖通空调、热水器、洗衣机等建筑能耗设备的使用，或研究大型公共建筑中如何通过结构和功能上的布局设计，合理组织建筑内部的自然通风，降低人为产生的热量，达到节能目的。

（三）被动式和主动式合理组织的研究

1. 被动式绿色节能设计

被动式绿色节能设计可通过对建筑的整体与局部设计来降低能耗，在建筑整体方面通过建筑场地的选址和建筑群的布局来降低能源消耗，在建筑局部方面可通过设计具体的户型和绿化建筑本身降低能源消耗，住宅建筑被动式绿色节能设计不仅仅是一种技术，更是一种理念。思只有不断地增强这种设计理念并付诸实践，才能将住宅能源的消耗降至最低。

2. 主动式绿色节能设计

主动式绿色节能设计，则是采用先进的节能技术和一系列高效能源设备装置系统，通过对太阳能、地热能等各种非常规能源的收集、转化、储存降低常规能源的使用。

现阶段的研究大部分局限于单个建筑节能设计方式的探讨上，对两种方式的合理组织研究相对较少，这使得我国的建筑节能设计效果并不理想，建筑自身对周围环境的适应和调控能力差。

因此，研究两种方式在建筑节能设计过程中的主辅关系及正确合理的建筑节能设计理念应成为建筑节能设计的研究重点。

（四）系统化研究

建筑节能设计系统化研究是指综合考虑节能设计政策、节能设计方法、各专业节能设计一体化等问题。目前，我国建筑节能设计的配套政策明显不足，节能设计标准、收费问题等更新调整速度较慢，影响了既有建筑节能设计的积极性。建筑节能设计人员对节能设计方法不熟悉，在设计中没有充分利用可再生能源，而且电气、暖通、建筑等各专业人员之间缺乏配合，出现各种建筑节能设计违规问题。

第三节 绿色建筑节能技术的研究现状与趋势

一、建筑节能技术研究现状及研究成果评述

（一）研究现状

建筑节能的顺利推进，不仅需要经济支持，而且依赖于先进成熟的技术，

以及质量合格、数量足够的产品的支持。我国建筑节能产业存在着起点低、技术水平不高、创新能力弱等问题，而且国家在建筑节能技术开发和创新方面的支持力度不够，缺乏技术支撑，结果浪费资源、污染环境的状况没有根本性改变，治标不治本。同时，节能产品价格高昂，使得建筑节能技术发展缓慢，难以得到推广。

建筑节能技术是我国可持续发展战略和国民经济增长方式转变的一个方面。增长方式的转变，由粗放型转为集约型，这个转变的一个重要方面就是建筑节能。

首先，我们研究合理用能提高能效，节水、节电、节地、节材其实质都是节能。

其次，要认识到建筑节能是建筑工业化的重要内容。要适应高速发展的国民经济建设的需要，必须提高建筑技术水平，实现建筑工业化。研究节能建筑是建筑技术的前沿阵地，是建筑技术发展的一个大趋势。今天已到了不考虑节能就无权说建筑的程度。

再次，要认识到建筑节能问题也是工程建设相关的科研单位、设计单位以及施工企业在经营管理方面一个全新的重要的课题。

建筑节能技术与产品的专业性强，与建筑物安全性和长期使用寿命有关，但由于目前建筑节能技术水平低，性能还不完善，市场机制也很不规范，因此有必要借鉴国外成熟经验，成立评估认证执行机构，推行国家建筑节能技术产品评估认证制，建立推广和限制、淘汰、公布制度和管理办法，规范建筑节能技术和产品市场，推动建筑节能技术和产品的创新。

完善建筑节能减排的技术标准，加快工程减排技术标准的制定和修订，不断扩大标准的覆盖范围，直接设计能源资源节约、生态环境保护、建筑技术进步的内容，将作为强制性条文。充分发挥节能减排标准的技术保障和引导约束作用。

大力推进节能技术创新与产品研究开发。开展建筑节能，就是要依靠科技进步，坚持技术创新，迅速提升建筑品质和性能，谋求可持续发展，杜绝和减少浪费；组织推动重大技术研究攻关，不断增强自主创新能力。国家及各地方政府对建筑节能技术的开发创新应提供强有力的支持，给予相应的政策扶持或资金投入。同时及时了解国际上建筑节能技术创新动向，加强国际间合作交流，引进和吸收关于建筑节能的新理论、新标准、新技术、新材料和新工艺，使高效优质价廉的产品迅速得到推广，以加快国内建筑节能技术创新的步伐，不断提高我国建筑节能的技术水平。组织实施水体污染与治理、北方地区供热改造等节能减排重点示范项目和重大专项，在加强成熟、适用新技术的成果转化和推广应用的同时，要充分挖掘本土化的建筑节能环保传统技术和工艺。

（二）研究成果评述

国内外建筑节能技术研究主要集中在建筑节能技术的应用、措施、特点和发展方向等几方面，对深层次的节能技术创新、节能技术体系及节能技术产业化等方面的研究相对较少。与国外相比，我国建筑节能技术水平较差，缺乏自主研发的核心技术，如供热采暖技术、相变储能技术、余热回收技术、变流量的热力管网输配技术等，以至于建筑节能技术没有形成一套完整的体系，在供热制冷系统、排风热回收装置、围护结构体系、新能源的开发利用等技术需求上系统配套程度差。

建筑节能技术和产品的可供选择性也较差，这固然是受到经济发展的制约，但也反映了我国在新技术和新产品的推广应用上存在问题，没有充分发挥市场的调节作用，没有形成市场机制，直接导致了我国建筑节能技术产业化水平不高。当前，研究新型建筑节能技术的开发利用，注重技术体系和产业化发展路径的构建有助于我国以可持续发展的战略模式满足不断增长的能源需求。现阶段，我国的建筑节能技术研究工作虽已全面开展，且进程迅速，但是取得的研究效果有限，其主要原因有以下几点。

①建筑节能技术涉及范围广，是集建筑技术、材料技术、能源技术、智能技术、仿生技术、废物再利用技术等技术项目和设计单位、施工单位、政府管理部门等利益相关方的一体化的一项综合性系统工程，且建筑节能技术的研究要受我国现阶段的政治体制、经济发展水平、建筑业发展状况等因素的影响，这使得我国建筑节能技术研究工作变得更加复杂。

②由于我国地域辽阔，气候条件差异大，居民生活习惯各有不同，南方和北方的建筑节能技术措施与技术标准须区别对待。

因此，我国的建筑节能技术研究要结合我国的具体国情，做到因地制宜、经济可行，努力把每一项研究工作应用到具体的实际建筑节能技术操作上，要借鉴国外发达国家的先进研究成果，扬长避短，走出一条适合我国国情的特色建筑节能技术研究道路。

建筑节能是贯彻我国能源资源战略和可持续发展战略的重要组成部分。我国经过近40年的探索和积累，建筑节能政策、标准及管理制度不断完善，技术水平逐步提高，节能减排效果明显。但不容乐观的是，由于我国建筑节能研究较发达国家起步较晚，在制定建筑节能政策、合理选择建筑节能设计方案、综合利用各种建筑节能技术措施等方面都存在着不少的差距，取得的建筑节能效果并不理想。随着建设规模的持续扩大及人们生活水平的不断提高，我国建筑能耗在未来较长一个时期内仍将保持理性增长。

因此，我国的建筑节能也将继续推进，通过实行"节能优先、结构优化、环境友好"的可持续能源发展战略，向更加完善的政策体系、标准体系及技术产品体系方向发展，最终构建以低碳排放为特征的建筑体系，建设建筑节能技术和产业强国，不断提高能源效率，改善人居环境，保护生态平衡，最终实现经济、社会、环境的可持续发展。

二、建筑节能主要技术及其研究趋势

（一）建筑围护结构节能

建筑围护结构系指墙体、屋面、地面以及门窗，其保温、隔热、密封性等工作性能的提高，可以大大降低建筑物能量负荷，从而减少建筑设备的能耗，节省能源。所以提高建筑围护结构的热工性能是建筑节能的一项重要措施。在建筑物围护结构门窗、墙体、屋顶中，以面积与能量损失率计，第一位的是门窗，其次是墙体，最后是屋顶。有数据表明，从门窗跑掉的能量约占建筑使用过程中总能耗的50%，其耗能约是墙体的4倍、屋顶的5倍、地面的20倍。

因此，门窗、墙体及屋顶这三种围护结构的节能技术就成为建筑可持续发展关注的焦点。建筑围护结构节能主要发展方向是，开发高效、经济的保温、隔热材料和切实可行的构造技术，以提高围护结构的保温、隔热性能和密闭性能，减少围护结构的能量损失。特别值得指出的是，围护结构节能建设的投入产出比很高。有资料表明，要使建筑节能率提高20%～40%，其增强围护结构的投入只需比总投资提高3%～6%即可实现，节能收益不可忽视。

（二）建筑设备节能

建筑设备节能要求建筑能耗设备使用能源利用效率高的供应燃料，并采用能源监控和管理系统实时监督设备运行过程中的能耗情况。此外，建筑设备节能还要考虑室内综合热量的最大利用，即根据周围环境和用户的实际需求把所有的热力设备设计成一个完整的热力系统，最大程度地降低热力损耗，提高热力设备运行效率。建筑设备包括建筑电气、供暖、通风、空调、给排水等，合理地降低这些建筑设备的设计参数、选择适当的建筑设备系统规模、采用建筑设备自动化能源管理系统等手段都可以在满足人们舒适度需求下，提高能源利用效率，达到节约能耗的目的。

科学技术的迅猛发展使得建筑节能设备的研究要与时俱进，选择更为高效的建筑用能设备、设计出智能化的能源监控管理系统，以及采用更加先进节能的电气产品等都是建筑设备节能下一步的研究任务和目标。

（三）可再生能源的使用

太阳能、地热能、风能等可再生能源在传统能源日益消耗的严峻形势下将成为未来能源结构的主要部分。如何开发和利用这些能源，使之更好地服务于建筑行业已成为建筑节能技术研究的必然趋势。目前，依据住房和城乡建设部与财政部支持推广的可再生能源利用技术清单，我国可再生能源在建筑中的应用形式主要包括两大类。

①热泵技术，如水源热泵技术、土壤源热泵技术等。我国具有丰富的可再生能源资源，并且在可再生能源的开发利用上取得了很大成就，特别是太阳能利用方面发展迅速。太阳能因其无处不在、取之不竭、用之不尽、无污染、无公害、不破坏地表热平衡等优点，在光热利用、光伏发电系统、制冷系统、太阳能灯等利用方式上进展迅速。

②太阳能在建筑中的应用，如光热技术（太阳能热水系统）、太阳能BIPV系统、太阳能采暖系统等。

然而，由于太阳能的分散性、不稳定性、周期性等缺点，致使太阳能的利效率较常规能源偏低，成本较高，推广利用的可能性受到经济发展水平的制约。如何优化太阳能热水系统使之与建筑总体设计紧密结合，如何开发太阳能技术提高光电转换、光伏发电等利用方式的效率，降低运行成本及如何克服太阳能自身弱点，提高太阳能装置利用水平等这些问题都将长期处于实验研究和完善改进阶段。

（四）建筑采光照明技术

建筑采光照明包括天然采光照明和人工照明两方面。天然采光是指将自然光引入建筑内部，并且将其按一定的方式分配，以提供比人工光源更理想和质量更好的照明。随着计算机各种软、硬件的发展，大量新型的光环境计算和模拟软件被开发出来，给天然采光的研究提供了强有力的工具。

学者们对天然采光照明的研究也因此将不再局限于采光方式、采光时间和空间位置合理性、采光稳定性及采光新技术的应用等定性分析层次，而是转向计算机模拟的天然采光照明环境系统或各个子系统的定量设计和评价研究工作上。对于人工照明，电气化和智能化发展方向已成定局，即将计算机技术、通信技术、信息技术和建筑技术相结合，通过采用高效光源、设计及选用照明节能灯、采用高效节能的灯用电器附件等措施来达到建筑节能的目的。

（五）建筑供热计量技术

供热计量改革涉及供热系统的多个环节，就建筑内部而言，由发达国家引入的成熟的供热计量技术如户用超声波热量表应用技术和楼栋换热技术已在我国的多个示范城市被大范围推广。

户用超声波热量表主要应用在新建居住建筑，其室内供热系统都是按户分环系统，便于安装热量表。户用超声波热量表应用技术带远程传输系统，让供热企业实现网络远程传输抄表，可对各个热用户的用热情况进行实时跟踪，既省去了人力成本，又能及时发现热量表的工作情况，便于热量表的及时维修。户用超声波热量表可解决机械式热量表的启动流量大、机械磨损导致的精度降低、水质适应力差等问题，最重要的是运行维护成本较低的户用超声波热量表保证了热计量收费工作的顺利实施。

楼栋换热技术也是西欧发达国家集供热行业节能减排的一项重要技术。它取消了传统供热系统中的二次网，将一次网直接接入楼栋，通过小型楼栋换热站为每栋楼进行供热。这项技术有效地解决了传统的大型换热站和大型二次网系统带来的问题，并且在建筑节能方面也有突出效果。

①消除了二次网，避免了大型二次管网的失水和水力失调带来的20%左右的热量损失。

②楼栋换热站更接近用户端，使得系统流量调控更灵敏，更顺应实施热计量收费后对供热系统变流量运行的要求，节热效果明显。

③换热站为集成式，所有电气接线及水压实验均在工厂内完成，减少了现场调试工作，系统可靠性更强。

④可在一次网使用较细的管道，取消二次网的管道，使得管网工程投资大大降低。

第九章 建筑环境末端系统的发展趋势

社会经济的发展、科学技术的进步，以及人们物质文化生活水平的不断提高，使得建筑环境与设备工程的新材料、新产品、新技术不断涌现。21世纪，健康、能源、环境已成为倍受人类关注的三大主题。本章针对毛细管网系统、温湿度独立调节系统以及被动式超低能建筑进行了简要概述。

第一节 毛细管网系统在建筑节能中的应用与发展

一、背景

近代工业革命使人类进入了一个高速发展的时代，能源消耗从煤炭到石油再到天然气，不可再生的化石燃料被疯狂开采。更可怕的是，我们在经历能源危机的同时，不得不接受它的"副产品"——环境污染。有数据显示，自工业革命到2007年，大气中二氧化碳含量增加了25%，远远超过科学家可能勘测出来的过去16万年的全部历史纪录，而且目前尚无减缓的迹象。我国改革开放以来，一直处于经济高速增长阶段，呈现出高投资、高耗能、高排放、高污染的特征。

2005年，我国二氧化硫的排放量居全世界第一。

2006年，我国二氧化碳排放量62亿t（美国排放量58亿t，人均第一），也排在了第一位，但人均二氧化碳排放量排第98位。未来，如果我们人均二氧化碳排放量达到世界平均水平（约10 t/人），那么我国二氧化碳排放量将接近130亿t。目前，生活在北京、上海、广州等大城市的人，其二氧化碳人均排放量已远远超过了10 t/年。

我国能源资源消耗多，环境污染重，要毫不松懈地加强节能减排和生态环保工作，突出抓好工业、交通、建筑三大领域节能。我国的建筑能耗占社会总能耗的30%左右（既有建筑近400亿 m^2，95%以上是高能耗建筑），其份额最大，可挖掘的潜能也最大。目前我国是世界上最大的建筑工地，每年建成的房屋面积高达 20 亿 m^2，超过了发达国家年建成建筑面积的总和，绝大部分仍是高能耗建筑。

我国幅员辽阔，在冬天，除了传统的"三北"地区外，华东、华中、西南等地区的城镇均开始流行采暖；在夏天，那些原本不制冷地区，由于一年比一年更频繁地出现极端天气，如某年的 6 月上旬，东北出现了罕见的 36 ℃高温天气，使得哈尔滨地区，空调开始热销。我国的建筑规模将在很长的一段时间内有增无减，因为在过去的 28 年里，我国城镇人口由 1.73 亿增加到 6 亿，今后平均每年有 1000 多万人城镇化，难怪一位诺贝尔奖得主说，21 世纪影响人类发展的最重大的两件事：一是各国的高科技发展，一是中国的城镇化，因为几亿人进入城市，相关的能耗将是非常非常之大的。所以，建筑节能注定成为最大的节能减排。

二、建筑节能方式

政府早就意识到建筑节能的重要性，因此各种政策、标准频频出台。目前力度比较大的就是强制维护结构的节能标准实施，普通城市要达到 50%，重点大城市如北京、上海、深圳等要达到 65%。在欧洲，基本上要求达到 70%，有些要求达到 75%，在此基础上还可以达到更高要求，但是其材料要求、施工要求均极高，投资回收期长。建筑节能是个系统工程，单一技术的过度应用不仅不能将建筑节能优化，反而会使成本增加，而节能效果达不到预期，舒适度也会有所降低。因此，在畅谈建筑节能的同时，需要先确定以下几点主要原则。

①要在满足人体热舒适度的前提下尽量节约能源，做到节能和舒适二者并存。

②不要盲目地追求新技术、高技术，要合理利用，力争有高的性价比。

③要根据建筑物所在的地区特征，进行节能设计，把建筑物看成一个系统进行优化，力求各个技术点之间匹配。

④不要破坏建筑物所在的环境，尤其不能污染环境。在原则确定之后，建筑节能应该从"开源""节流"着手。"开源"就是大力度地创造条件应用再生能源，尤其是地源热泵、水源热泵、空气源热泵、太阳能光热和光电、风能、高效热泵前端等。一般建筑用能中，采暖、空调占 65% 左右，生活热水供应占 15% 左右，电器照明等占 14% 左右，炊事占 6% 左右。除电器照明和炊事外，其他的建筑用能具有以下特点。

a. 狭窄的温度范围。建筑空调冷冻水的温度一般为 5～12 ℃，供热热水温度在 55～80 ℃。由此可见建筑能源的温度范围非常狭窄。

b. 低品位能源。越接近环境温度的热能品位越低，而高出环境温度，幅度越高则热能品位越高。建筑采暖所需的温度通常低于 100 ℃，空调所需的温度通常高于 5 ℃，均为低品位能源。如果将化石燃料燃烧后产生的高品位能量用于建筑采暖、空调，是不符合"温度对口、梯级利用"的热力学基本原则的，存在着严重的能量浪费。

c. 建筑用能温度与可再生能源的温度接近。以北京为例，土壤的地下水温度全年约 14 ℃；污水厂冬季排出的处理后污水温度仍在 16 ℃左右；空气温度一般为 –15～40 ℃。显然这个温度范围与空调、供暖所需的温度相当接近，我们可以通过热泵将温度升高或降低到建筑用能的使用温度。如果采用目前流行的真空管太阳能集热器，每日集热时间按 8 h 考虑，则对于一层和两层的建筑，均可以实现太阳能供暖；对于多层建筑，可以作为能源的补充而节省部分能源。

由此可见，低品位的可再生能源即可再生的自然能源应是建筑用能的最佳选择。一般来说自然能源可以包括以下六个来源：土壤、地下水、地表水（湖泊、河流等）、海水、污水及空气，它们所含有的热能来自太阳辐射和地热能，同时地球表面包括土壤和水体的储能作用也在自然能源的应用中起到了至关重要的作用。因此，大力推进可再生能源在建筑中的应用，是解决建筑用能最科学、最经济、最合理的选择。

"节流"就是尽量提高建筑物的维护结构水平、采用低温高效末端、使用智能控制系统、优化室内舒适度等。"节流"是建筑节能系统中特别关键的一步，可以说没有恰当的节流措施，建筑节能就等于空中楼阁。现阶段，新建建筑强制要求外墙、屋顶、地基保温，同时优先使用真空双玻或相当于真空双玻热阻水平的门窗，并逐步要求达到 65%～70% 的节能水平。对于既有建筑，也已经开始有计划地进行维护结构的节能改造。我们知道，仅仅改进维护结构是不够的，要想有效减小建筑运行的能耗还必须解决暖通末端的低效利用问题。

回顾暖通末端的发展史，期初是用火堆，其主要特点是：温度高、烟雾较大、环保系数低，且采暖面积小。之后使用火炉，其主要特点是：温度高、烟雾较小、环保系数较高，但采暖面积仍然有限。到 20 世纪四五十年代，普遍采用的是 100 ℃以上的汽暖和 80 ℃以上的水暖。20 世纪 70 年代，西方国家开始采用 55 ℃水温的地板辐射采暖和风机盘管；20 世纪 90 年代，日本和德国开始采用预制轻薄型温水辐射板采暖，其水温为45℃左右。另外，德国在1986年开始采用16～40℃水温的毛细管网恒温恒湿技术来使建筑物一年四季保持温度和湿度的恒定不变。随着末端的温度不断降低，末端的效率极大地提高，节能越来越显著，而舒适度也越来越高。

同时，智能控制系统是不可或缺的。在实际应用过程中，一个最优质的设计，最优质的施工，以及最优质匹配的冷热源、维护结构和末端系统，在交付之后，必须全天都能够发挥出理想的功效，不可能划分时间段进行使用。因此，有无智能控制、智能控制的精确性成为节能的关键，比较先进的如气候识别及补偿控制系统、远程网络控制系统、无线遥控控制系统、智能编程控制系统等。

综上所述，建筑节能不是单一技术或某一系统的应用，而是多个系统的综合应用，尤其是冷热源、维护结构、暖通末端、新风换气系统、智能控制系统等。

三、当代空调与室内空气质量

在普通空调发明的一百多年时间里，几乎渗透到了人类生活的每一个角落，但由于其使用强制空气流动来调节空气，始终有一些无法克服的缺点：噪音、吹风感、占用空间、局部过冷（或过热）、耗能、室内空气品质差；循环使用室内空气，相互传播病菌、霉菌、病毒等，从而传染军团菌等疾病，引发"病态建筑综合征"；清洗费用过高；使用寿命短；管道需要保温。

随着社会的不断发展和人们对高生活水平的不断追求，越来越多的人加入买房的队伍中，有的人甚至在几年内多次买房。对于大多数的人，房子是生中最昂贵的商品之一，因而装修是能豪华的就决不简单，从而导致"病态建筑综合征"的频发：眼睛发红、流鼻涕、嗓子疼、头晕、恶心、皮肤瘙痒、困倦、失眠、记忆力减退、畸变、突变、癌变等。这是因为房屋的内环境除了温度湿度外，还有采光、噪声、放射性辐射、电磁辐射、密闭不通风、挥发性有机化合物、二氧化碳、细菌、霉菌、尘螨、臭味等。

尤其是室内空气品质（IAQ）对人体的健康影响较大。有些人，特别是儿童、老人及过敏的人群，对室内污染会特别的敏感，会对他们的呼吸系统、神经系统和皮肤等带来不利的影响，产生诸如脑损伤（小儿痴呆症），肺病和癌症等疾病。为减少这些影响，居住者要应用"相关原则"综合考虑与之相关的所有因素。例如，最常见的在居室污染中排位第一的甲醛气体所带来的危害就足以让我们对装修有一个重新的认识。

甲醛是一种无色、有强烈刺激性气味、毒性较高的气体，气体相对密度 1.067（空气为 1），易溶于水，其 40% 的水溶液称为福尔马林，最高可到 55%。在我国有毒化学品控制的名单上甲醛居第二位，被世界卫生组织确定为致癌和致胎儿畸形物质。甲醛液体相对密度 0.815 g/cm³（−20 ℃），熔点 −92 ℃，沸点 −19.5 ℃，室温下极易挥发，并随温度的上升挥发速度加快；国标规定居室甲醛最高浓度 0.08 mg/m³，而脲醛树脂的室内甲醛释放量一般为 3.35 mg（已达到超标 40 倍以上），有的高达 13.4 mg。

在大多数情况下，室内装修即使全部使用环保、"免检"的产品，装修完后室内的甲醛污染浓度仍然超标几十倍。甲醛释放是叠加的，由大大小小几百块甚至几千块人造板共同作用的。每一个成人肺呼吸的面积为一个足球场大小，肺癌温暖湿润，极易溶解空气中微量的甲醛气体，因而可以说，人就是一个甲醛过滤器，只要吸入甲醛气体就几乎完全吸收。甲醛能与蛋白质中氨基结合生成甲酰化蛋白，使 DNA 蛋白质的交链和单链断裂，从而对呼吸系统造成遗传性的损伤，也就是说，上一代人吸入甲醛引起的病变，下一代人会在其基础上继续累加，加上儿童的抵抗力弱、个体小、呼吸快、代谢快等因素，儿童在甲醛超标的环境里更容易得病。

中国室内装饰协会环境检测中心透露，我国每年由室内空气污染直接引起的死亡人数已达 11.1 万人，而间接受影响无法统计。北京儿童医院血液科的一项调查研究表明，近 90% 的小儿白血病患者家中近期都曾装修过，而劣质家具、木地板及各种装饰板是造成室内环境污染的重要因素之一。目前使用的胶粘剂以脲甲醛或三聚氰胺甲醛为主，无法去除的游离甲醛是最主要的污染物，其释放期达 8～15 年，靠开窗通风或摆放绿色植物收效甚微。因此，有效的解决方法如下。

①进行新风置换，冲淡甲醛等有害物质的浓度，达到室内空气环境要求。

②使用不含甲醛或甲醛含量较低的产品（除了使用玻璃、塑料和铁器，即使是实木，由于采用福尔马林进行杀菌、防腐、防变形等处理，同样也释放高浓度的游离甲醛）。

四、安静无风的毛细管网恒温恒湿新风系统

1985 年，德国人唐纳德（Donald Herbs）发明了毛细管网系统。1986 年，在德国柏林的一个项目中，他们将毛细管网安装在该建筑物的天花板和墙面上，冬天采暖，夏天制冷，到目前为止，仍正常运行，这是毛细管网在人类历史上的首次应用。伴随着这一新技术，又引入了室内空气质量和冷（热）

辐射舒适度的概念，从而形成了以毛细管网系统为基础的，以恒温恒湿新风为目的的，将节能和舒适有机地结合在一起的新型空调系统。

绿色建筑应该是资源高效的、环境健康的，能够给居住者提供健康的建筑。根据美国环境保护协会的调查统计，大多数美国人一生中有90%的时间在室内度过。而儿童、老人和病人可能每天只能待在一个地方，大多数是待在家中。那些追求舒适的人们非常讲究家居的设计，因为他们觉得必须使自己的家舒适温馨。而作为一个家，必须保证室内仅具有有限污染源，一旦产生污染必须能够在第一时间内进行污染源释放。

由于人们待在室内的时间很长，因而室内空气质量的好坏非常重要。室内空气质量的好坏通常取决于污染气体或可吸入颗粒物的浓度。许多建筑材料和建筑设计导致室内空气质量出现问题。有时室外的因素也会引起室内的污染，如随鞋带入，或毗邻房屋的排风口。通风可提供新风用于稀释污染物或将污染物排出。新风量不足会使湿度和温度上升，从而引起系列问题。但是，我们目前只要使用传统的空调系统，就无法避开其固有的特点。毛细管网系统则不同，它用水做媒体，用所在空间的内表面进行大面积换热，去除环境中的显热；用新风系统进行法定新风量的置换，同时进行除湿（去除环境中的潜热）或在过于干燥时对环境加湿，使用的是100%的新风，不存在交叉的可能。同时，设置热量回收交换装置，可以做到非常节能。毛细管网系统的功能源于对人体系统的仿生。

人体内血液不停地在流动，毛细管网系统内水在不断地循环；人体通过血液循环达到体温恒温，毛细管网系统通过16~40℃的水循环使建筑内四季如春；人体通过皮肤调节体温，毛细管网系统通过毛细管网上的各种覆盖面来交换热量；人体通过脂肪层保温储热，毛细管网系统通过复合的保温层（如发泡聚苯乙烯板、发泡聚乙烯板、发泡聚氨酯板等）和各种抹灰层或吊顶来保温储热。因此毛细管网恒温恒湿新风系统是一种遵循自然法规的空气调节系统，置身此系统内，犹如置身于春秋的大森林中。毛细管网系统中的毛细管聚集在一起，其间隔只有6 mm左右，散热非常均匀。毛细管直径小，管壁薄，从热动力角度上讲，比同样系统的大厚壁管具有很大的优势。

毛细管网可以暗埋在墙、天花板和地板中，这样建筑物的内表面就具备了加热和冷却功能，只需要稍微改变一下温度就可以使建筑物恒温。一般毛细管网的表面用石膏板覆盖或直接抹灰，覆盖层厚度为10~15 mm，其热有效面积超过98%。如果假设在墙面下有一层水来代替毛细管网（这是不可能实现的），毛细管网系统的热效率只比它低2%。和传统空气调节方式比较，这种方法非常节能，因为1单位体积的水和3840单位体积的空气所传递的热量是一样的。毛细管网系统靠辐射来交换热量，而辐射能的传递就是热表面向冷表面的传热。两个表面一旦有温差，这两个就会试图趋于平等，辐射能由空间传递但不会将该空间加热，一旦接触到冷表面，就会转化成热能。

这种以辐射为主的采暖和制冷方式使人体感到较高的舒适度，可以说人体的舒适度就取决于其向周边一定温度的空气中所传递的辐射热。我们都知道，支配舒适度的6个因素是温度、湿度、平均辐射温度、风速、衣服热阻和劳动强度。毛细管网系统将湿度和温度分开控制，同时利用专用新风系统送入全新的无循环空气，因而最大程度地组合了这6个因素，达到了最高的舒适度。毛细管网系统提供的不仅仅是舒适度，同时也非常节能。

因为毛细管网系统使用大的面积换热（通常用整个天花板或墙体或地面），冷却的水温只比房间的温度低几度。这一小小的温差，可以让我们在使用热泵时获得非常高的制冷能效比，或者让我们使用各种形式的冷热源，包括别的末端无法使用的低品位能源和再生能源等，从而进一步减小建筑物的用电量。一般来说，与普通中央空调相比，同时采用地源热泵系统和毛细管网系统，可以节能70%以上。

另外，由于毛细管网系绕具有一定的热惯性，可以充分利用夜间谷电，进一步高效利用能源。毛细管网不仅用于新建筑，而且还用于既有建筑物的改造，主要有以下应用范围：酒店、医院、大空间的房间、住宅、别墅、办公楼、体育馆、高洁净度要求的动物居住或运送工具、酒窖、高要求的库房等。

第二节 温湿度独立调节系统技术的发展

一、温湿度独立调节系统技术简述

温湿度独立调节系统技术所属领域及适用范围：建筑行业公共建筑、住宅建筑等的采暖供冷系统节能。

二、与该技术相关的能耗及碳排放现状

目前我国与国外发达国家的大型公共建筑的能耗水平相当，暖通空调系统的能耗占总能耗的一半以上。要想大幅度降低大型公共建筑空调系统的能耗，就需要研究创新的高效空调系统形式与节能的新方法。国外学术界也普遍认为温湿度独立调节系统技术是最理想的中央空调方式。对深圳市大型办

公建筑的能耗调查结果显示，同类办公建筑采用常规的制冷系统单位空调面积年平均耗电量为 49 kW·h/m^2。目前应用该技术可实现节能量 35 万 t/年，二氧化碳减排约 92 万 t/年。

三、技术内容及原理

（一）重点技术

温湿度独立调节系统中温度控制系统的干式末端——毛细管辐射产品、湿度控制系统的溶液除湿技术、室内温度、湿度控制与调节技术、防结露技术。

（二）技术原理

温湿度独立调节系统由温度调节系统和湿度调节系统组成。温度调节系统由干式风机盘管、辐射板等干式末端组成；湿度调节系统由溶液除湿机组或其他类型新风机组组成。系统将处理后的新风送入房间控制湿度，而高温冷源产生的 16～18 ℃冷水被送入干式末端，带走房间显热，控制房间温度。

四、主要技术指标

①传统空调供冷温度为 7 ℃，供热温度为 60 ℃，温湿度独立调节系统供冷温度为 16 ℃以上，供暖温度低于 35 ℃。

②夏季可利用自然界的天然冷源供冷，冬季可利用废热供热。

③主机制冷能效比由常规的 5.5 提高到 8～11.5，整个系统节能40%以上。

五、典型应用案例

典型用户：深圳招商地产办公楼。

技术提供单位：珠海格力电器股份有限公司。

建设规模：主体部分分为五层，一层为车库、餐厅等，二层、三层、四层为普通办公区域，五层为会议室及领导办公室。建筑物北部设前庭，中部设中庭，前庭链接 2～4 层，中庭链接 2～5 层。总建筑面积约 21960 m^2，其中一层 5940 m^2，二层 5045 m^2，三层 3876 m^2，四层 3904 m^2，五层 3191 m^2。整个建筑的空调面积共 15600 m^2。其中一层至四层选用温湿度独立调节系统，空调面积共 13180 m^2。

应用节能技术情况：办公区域采用干式风机盘管作为末端承担显热负荷，部分区域采用冷辐射板承担显热负荷，溶液调湿型新风机组承担潜热负荷，而冷冻水供回水设计为 17.5/20.5 ℃的系统。

主要设备：高温离心机 1 台、冷冻水泵 2 台、冷却水泵 2 台、冷却塔 1 台、溶液除湿新风机组 9 台、风机盘管等。初投资约 200 万。采用常规空调系统初投资约 140 万元。温湿度独立控制系统较常规系统多投资 60 万元，年运行费用节约 24.3 万元，投资回收期 2.5 年。

六、推广前景及节能减排潜力

温湿度独立调节系统的节能潜力很大，目前已有约 300 万 m^2 的建筑采用了该系统。预计未来五年，该技术在行业内的推广比例可达 5%，需投资 200 亿元，形成年节能能力 175 万 t，减少二氧化碳排放 462 万 t。

第三节 被动式超低能耗建筑及其能源利用

一、国内外超低能耗建筑发展现状

1988 年被动房概念首次在德国提出，经历了 30 多年的发展，被动房已经成为具有完备技术体系的自愿性超低能耗建筑标准。目前，已经有 60000 多栋的房屋按照被动房标准建造，其中有约 30000 栋建筑获得了被动房的认证，主要以住宅建筑为主，也有办公、学校、酒店等类型的建筑。其节能型比既有建筑节能 90% 以上，比新建建筑节能 75% 以上。在德国被动房的认证工作也有完善的指标。

①供暖能耗：供暖能耗 $\leqslant$ 15 kW·h/(m^2·a) 或热负荷 $\leqslant$ 10 W/m^2；当采用空调时，对供冷能耗的要求与供暖能耗一致。

②建筑一次能源用量 $\leqslant$ 120 kW·h/(m^2·a)。

③气密性必须满足 N50 $\leqslant$ 0.6（即在室内外压差 50 Pa 的条件下，每小时的换气次数不得超过 0.6 次）。

④超温频率 $\leqslant$ 10%。

20 世纪 90 年代，丹麦政府提出"到 2050 年丹麦将成为化石能源零依赖的国家"。丹麦建筑能耗约占社会总能耗的 40%，自 1980 年以来，丹麦经济增长了 80%，但能源消耗总量基本维持不变。2006 年丹麦为推动欧盟能效指令，分别将建筑能耗降低到 2006 年水平的 25%、50%、75%。2013 年 3 月，丹麦议会批准通过了《2012—2020 年能源执政协议》。其中 2020 年的主要预期目标如下。

①与 1990 年相比，温室气体排放减少 34%。

②可再生能源占终端能源消费总量的比重超过35%。

③2020年前，新建建筑成为近零能耗建筑，主要依靠可再生能源。

④从2013年起，新建建筑禁止使用石油和天然气供暖，区域供热区内的现有建筑自2016年起不得安装新的燃油锅炉。进一步推广热泵、太阳能和生物质能的热利用。

自20世纪90年代起，我国建筑节能已经在"三步"节能的路线下走过了三十余年，但是，在2004年之前的十余年间发展比较缓慢，全国大部分城市80%左右的新建建筑都达不到节能标准。同时，被动房超低能耗建筑节能技术在我国起步也相对较晚。2005年我国首座超低能耗节能示范建筑才在清华大学落成。2012年建筑能源技术保障住宅零耗能的"中意绿色能源楼"正式落成启用。

中德两国开展的"被动房式超低能耗建筑"合作项目也在2006年起在建筑节能领域持续不断合作。到2011年2月中德双方已初步确定2个居住建筑的示范项目，截至2014年9月在全国范围内已经有23座高效节能超低能耗建筑示范项目。我国面临建筑气候分区特点差异大，建筑形式的多样性，生活习惯因地而异的局面，可以看到我国超低能耗建筑发展的艰难性，还有很长的路要走。

二、超低能耗建筑的能耗特点

目前，超低能耗建筑表现出以下特点。

①具有严格的性能指标，被动式超低能耗建筑同执行国家现行建筑节能标准的新建建筑相比，在严寒地区供热需求量降低75%以上并大幅减少空调使用的时间；在夏热冬冷和夏热冬暖地区，在降低冬季供暖能耗的前提下，冬季室内温度在18℃以上，夏季空调能耗降低50%以上；而在温和地区，不使用主动供暖空调技术的前提下，改善冬夏室内环境，提高建筑舒适度。

②丰富的能源结构，提高可再生能源的贡献率，加大开发和利用太阳能利用技术、风发电技术，由超低能耗建筑向零能耗建筑、产能建筑发展。

③超低能耗建筑通过最大程度的围护结构保温和气密性性能，充分利用自然通风、自然采光和室内热源得热的技术手段，将室内供暖负荷与空调负荷降到最低。

三、超低能耗建筑的典型案例

零能耗建筑是建筑物本身对于不可再生能源的消耗为零，并非建筑不耗能，而是最大可能地利用可再生能源。从这一定义可以看出零能耗建筑耗能包括两方面的内容，即"节流"与"开源"，其中的"开源"是指利用可再生能源替代常规能源，实现对太阳能、风能、地热能、生物质能等的高效利用。达模斯特达－克然尼思坦居住建筑实验区是德国的第一个近零能耗建筑，于1991年底完成。超级保温、组织通风及热回收系统有效降低了供暖能耗，达到单元居住面积供暖耗能量低于15 kW·h/(m^2 a)，然而，近零能耗建筑设计目标是降低建筑使用的总能耗，因此在建筑中也安装了太阳能热水和地温利用的设备。

室外新鲜空气都经过地下管道进入空气热回收器，然后输送到各个房间。每一户都有3根长15 m，直径100 mm的管道，埋在比地下室深1 m的地层中。当室外气温在-5～-10 ℃时，这个深度的温度仍然能保持在10 ℃左右。空气经过地下预热或者是预冷的意义都非常明显。在夏季，家用热水由高效的真空管太阳能热水器提供。在冬季由太阳能热水器和燃气中心锅炉同时提供热水。

德国萨克森州某幼儿园设计供暖能耗仅为10 W/m^2，一方面得益于合理的结构设计、良好热工性能的围护结构；另一方面也得益于对地源热和太阳能的利用。通过2个深度为100 m左右的钻井获得地源热，利用热泵向室内提供40 ℃热水作为供暖热源，同时提供55 ℃生活热水。在建筑南立面墙上安装75 m^2的太阳能集热器作为另一个热源，并将太阳能和地源热泵产生的热水存储在两个1500 L的缓冲热水储存器中。

幼儿园的总使用面积为800 m^2，通过传导、空气渗透造成的总热损失为44 MW·h，太阳能直接得热21 MW·h，室内得热为11 MW·h。因此还需要12 MW·h的能量作为供暖的能源补充。热水供应需要42 MW·h的能源供应。太阳能集热器可以提供20 MW·h，热泵可以提供24 MW·h。

清华大学超低能耗示范楼充分展示了低能耗、生态化、人性化等建筑形式的特色，集成了建筑材料、建筑构造、建筑智能系统、建筑环境控制等多种建筑技术，开创了中国超低能耗建筑的先河。在示范楼的能源系统中同样重视对可再生能源的开发和利用，减少对化石能源的依赖。夏季，系统通过土壤埋管方式，利用地下存储的冷量获取16～18 ℃的冷水来制冷。项目在建筑物南立面装有30 m^2单晶体硅玻璃，在不影响采光的同时把光能转化为电能为建筑供能。示范楼利用260 m^2的联集管式太阳能空气集热器，当日集热效率在50%时，峰值热产量为140 kW。利用太阳能跟踪、阳光采集、光线传导和专用灯具组成的照明系统，可在200 m范围内实现最大程度地利用自然光。

四、被动房结合可再生能源系统的技术经济性

为了对被动房结合可再生能源系统的技术经济性进行分析，选择建筑物 A 为分析对象。建筑物 A 位于日本东京郊区，建筑面积 76 m^2，结构为传统木质结构。建筑的能源供应主要是市政电为主，燃气辅助。

为将房屋改造成既节能又舒适的被动式超低能耗房，对建筑物围护结构的绝热性进行了提升，同时对建筑的能源系统进行了改造。在改造后，主要由市政电并结合太阳能和空气能两种可再生能源为建筑物供能。可知，太阳能空气集热器通过加热空气来为室内供暖，并通过气－水热交换器来为室内提供热水。太阳能空气集热器系统是由三种类型的空气集热器组成的全空气加热系统。第一阶段是无玻璃的空气预热段，第二阶段是建筑一体化型光伏系统热收集器，第三阶段是真空太阳能空气集热段。为提高热空气供暖的热容量，在地板下均匀布置了一定数量的盛满水的容器。同时，空气源热泵在夏季用来制冷，在冬季用来辅助供暖和提供热水。

被动式超低能耗建筑具有健康舒适、节能环保等特点，在我国城镇化推进中扮演着重要角色，必是建筑业发展的一个重要方向。多能互补可再生能源系统与超低能耗建筑相结合的研究和应用还相对较少，而面对起步发展的困难局面，我国应结合发达国家的发展经验，逐步改善发展环境和条件，最终达到通过技术措施将可再生能源系统与建筑整合集成，实现代替常规能源，实现建筑零能耗。

①在传统的被动式节能技术理论中融入主动式节能技术的理念。多能源系统的集成、优化与创新与建筑本体设计同步进行。坚持被动式节能技术为主、主动式节能技术为辅、充分利用可再生能源实现超低能耗建筑的基本路线。

②加大力度开发可再生能源系统在超低能耗建筑示范项目中的应用，增强在行业的示范与辐射作用，同时为优化超低能耗建筑的能源系统、供能模式提供实践平台。

③从适用技术理论的角度出发，建立超低能耗建筑能源适用技术遴选体系，对选择的多种能源适用技术从能源品位、实际用途和经济效应的角度进行多种能源利用技术的整合、集成与优化。

第十章　我国绿色建筑与可再生能源的协同发展

以人为本，全面、协调、可持续发展的原则为建筑行业指明了发展方向，发展绿色建筑是坚持可持续发展观的主动响应，是实现可再生能源协同发展的必然要求。本章主要阐述绿色环保建材的发展、城市供热多元化发展、可再生资源的发展前景以及我国绿色建筑发展的战略。

第一节　绿色环保建材的发展

一、绿色环保建材的发展历程

（一）绿色环保建材的提出

人口膨胀、资源短缺、环境恶化是当今社会可持续发展面临的三大问题。人类在创造社会文明的同时，也在不断破坏自身赖以生存的环境空间。自然资源的耗竭和贫化已成为阻碍世界经济稳定高速发展的主要因素之一。世界各国正在为此寻求各种有效的解决途径。国际材料界在材料的研究、制备和使用等方面已做了大量的工作。

1988年，第一届国际材料科学研究会提出了"绿色材料"的概念。

1992年国际学术界明确提出，绿色材料是指在原料采取、产品制造、使用或者再循环以及废料处理等环节中对地球环境负荷最小和有利于人类健康的材料。

1988年，我国在生态环境材料研究战略研讨会上提出生态环境材料的基本定义为：具有满意的使用性能和优良的环境协调性，或能够改善环境的材料。所谓环境协调性是指所用的资源和能源的消耗量最少，生产与使用过程对生态环境的影响最小，再生循环率最高。

1990年，日本山本良一提出了"环境材料"的概念。环境材料应具有三大特点：一是先进性，即能为人类开拓更广阔的活动范围和环境；二是环境协调性，即使人类的活动范围同外部环境尽可能协调；三是舒适性，即使活动范围中的人类生活环境更加繁荣、舒适。传统材料主要追求的是材料优异的使用性能，而环境材料除追求材料优异的使用性能外，强调从材料的制造、使用、废弃直到再生的整个生命周期中必须具备与生态环境的协调共存性以及舒适性。环境材料是具有系统功能的一大类新型材料的总称。

1996年8月，在政府有关部门的主持下编制的《"S-863计划纲要研究"新材料及制备技术领域研究报告》中明确提出了我国应积极研究、发展生态建材的建议，并起草了"S-863计划纲要新材料及制备技术领域——生态建材计划纲要"。

1999年，在我国首届全国绿色建材发展与应用研讨会中提出了绿色建材的定义：绿色建材是采用清洁生产技术，不用或少用天然资源和能源，大量使用工农业或城市固态废弃物生产的无毒害、无污染、无放射性，达到使用周期后，可回收利用，有利于环境保护和人体健康的建筑材料。

（二）我国绿色环保建材的发展现状

在国家政策的引导下，我国建材工业的科研院所、行业协会、生产企业等相关部门在绿色建材的研究、评价、环境标志认证等方面开展了大量的工作，丰富了绿色建材的发展实践，推动了我国绿色建材进程的不断深化。

近年来我国还逐步加大了对绿色建材的研究投入，在绿色建材产品的研究开发方面取得了一系列成果。我国绿色建材的研究开发重点是开发节能、节材、环保及具有特殊功能的绿色建材，借鉴了发达国家由"被动的末端治理"向"环境协调化"方向发展的绿色材料发展思路，着力研究先进的绿色生产工艺技术，大力研发具备环境协调性的新型建筑材料，如废弃混凝土的回收利用、高性能长寿命建筑材料、生态水泥、抑制温暖化建材生产技术、绿化混凝土、有良好的保温隔热性能并能防止光污染的低辐射玻璃等。

此外，随着高新技术的发展，有利于人体健康的多功能绿色建材的研究开发也获得了深入的发展，如能增加空气负离子的"负离子釉面砖"，具有抗菌、除霉、除臭、灭菌功能的陶瓷玻璃产品，不散发有机挥发物的水性涂料，无毒高效黏结剂，以及可调湿、防火、远红外无机内墙涂料等。各种具有节能环保效果的新技术、新工艺和新产品不断问世，提高城镇人居环境改善与保障的功能型环保材料，如环保型涂料、降噪材料等，已经大量应用在工程建设上。

积极推进新型城镇化，大力发展绿色建筑，降低建筑能耗等国家战略都为绿色建材行业的发展带来了巨大契机，同时也给绿色建材行业提出了更高层次的发展目标和要求，可谓机遇与挑战并存。发展以"节能、节材、节水、节地和环保"为特征的绿色建筑，必然需要以"节能、减排、安全、舒适和可循环"为特征的绿色建材提供可靠支撑。绿色建材全寿命周期的绿色化是未来行业发展的必然趋势。这就需要相关绿色建材企业要建立产学研相结合的技术创新体制，使自身的绿色建材工业技术工艺不断取得新突破，以实现绿色建材产业的可持续发展。

二、绿色建筑材料的选用原则

（一）资源消耗

目的：降低建筑材料生产过程中的资源消耗，保护生态环境。

要求：评价所用建筑材料生产过程中资源的消耗量，鼓励选择节约资源的建筑体系和建筑材料。

指标：计算单体建筑单位建筑面积所用建筑材料生产过程中消耗的资源量。

绿色建筑对材料资源方面的要求可归纳如下。

①尽可能地少用材料。
②使用耐久性好的建筑材料。
③尽量减少使用不可再生资源生产的建筑材料。
④使用可再生利用、可降解的建筑材料。
⑤使用利用各种废弃物生产的建筑材料。

绿色建筑强调减少对各种资源尤其是不可再生资源的消耗。对于建筑材料来讲，减少水资源的消耗表现在使用节水型建材产品，如使用新型节水型坐便器可以大幅减少城市生活用水；使用透水型陶瓷或混凝土砖可以使雨水渗入地层，保持水体循环，减少热岛效应。在建筑中限制使用和淘汰大量消耗土地尤其是可耕地的建筑材料（如实心黏土砖等）的使用，同时提倡使用利用工业固体废弃物，如矿渣、粉煤灰等工业废渣以及建筑垃圾等制造的建筑材料。应发展新型墙体材料和高性能水泥、高性能混凝土等既具有优良性能又大幅度节约资源的建筑材料；发展轻集料及轻料混凝土，减少自重，节省原材料。

在评价建筑的资源消耗时必须考虑建筑材料的可再生性。建筑材料的可再生性指材料受到损坏但经加工处理后可作为原料循环再利用的性能。可再生材料一是可进行无害化的解体,二是解体材料再利用,如生活和建筑废弃物的利用,通过物理或化学的方法解体,做成其他建筑部品。具备可再生性的建筑材料包括钢筋、型钢、建筑玻璃、铝合金型材、木材等。钢铁(包括钢筋、型钢等)、铝材(包括铝合金、轻钢大龙骨等)的回收利用性非常好,而且回收处理后仍可在建筑中利用,这也是提倡在住宅建设中大力发展轻钢结构体系的原因之一。可降解的材料,如木材甚至纸板,能很快再次进入大自然的物质循环,在现代绿色建筑中经过技术处理的纸制品已经可以作为承重构件而被采用。

(二)能源消耗

目的:降低建筑材料生产过程中能源的消耗,保护生态环境。

要求:评价所用建筑材料生产过程中能源的消耗量,鼓励选择节约能源的建筑体系和建筑。

指标:计算单体建筑单位建筑面积所用建筑材料生产过程中消耗的能源量。

建筑材料的生产能耗在建筑能耗中所占比例很大。因此,使用生产能耗低的建筑材料无疑对降低建筑能耗具有重要意义。目前,我国的主要建筑材料中钢材、铝材、玻璃、陶瓷等材料单位产量生产能耗较大。但在评价建筑材料的生产能耗时,必须考虑建筑材料的可再生性,尽可能使用生产能耗低的建筑材料。

建筑材料对建筑节能的贡献集中体现在减少建筑运行能耗,提高建筑的热环境性能方面。建筑物的外墙、屋面与窗户是降低建筑能耗的关键所在,选用节能建筑材料是实现建筑节能最有效和最便捷的方法,采用高效保温材料复合墙体和屋面以及密封性良好的多层窗是建筑节能的重要方面。

我国保温材料在建筑上的应用是随着建筑节能要求的日趋严格而逐渐发展起来的,相对于保温材料在工业上的应用,建筑保温材料和技术还较为落后,高性能节能保温材料在建筑上利用率很低。保温性能差的实心黏土砖仍在建筑墙体材料组成中占有绝对优势。为实现新标准节能50%的目标,根本出路是发展高效节能的外保温复合墙体。一些先进的新型保温材料和技术已在国外建筑中普遍采用,如在建筑的内外表面或外层结构的空气层中,采用高效热发射材料,可将大部分红外射线反射回去,从而对建筑物起保温隔热作用。

（三）环境影响

目的：降低建筑材料生产过程中对环境的污染，保护生态环境。

要求：评价所用建筑材料生产过程中对环境的影响，鼓励选择对环境影响小的建筑体系和建筑材料。

指标：计算单体建筑单位建筑面积所用建筑材料生产过程中排放的二氧化碳量。

（四）本地化

目的：减少建筑材料运输过程中对环境的影响，促进当地经济发展。

要求：评价所用建筑材料中当地生产的建筑材料用量占总建筑材料用量的比例。鼓励使用当地生产的建筑材料，减少建筑材料在运输过程中的能源消耗和污染。

指标：计算距施工现场 500 km 以内生产的建筑材料用量占建筑材料总用量的比例。

绿色建筑除要求材料优异的使用性能和环保性能外，还要注意材料在采集、制造、运输等全过程中能否节能和环保，因此应尽量使用地方材料。

（五）可再利用性

目的：延长建筑材料和建筑部件的使用寿命，减少固体废弃物的产生，降低建筑材料生产和运输过程中资源能源的消耗与对环境的影响。

要求：评价对建筑材料的可再利用量。鼓励在拆除旧建筑时，对可再利用的建筑材料和建筑部件进行分选，最大程度地加以利用。

指标：计算可再利用的建筑材料用量占建筑材料总用量的比例。

旧建筑材料是指旧建筑拆除过程中能以其原来形式且无须再加工就能以同样或类似使用的建筑材料，包括木地板、木板材、木制品、混凝土预制构件、铁器、装饰灯具、砌块、砖石、钢材、保温材料等，对这些可再利用的旧建筑材料进行分类处理，用于再制作。

（六）室内环境质量

室内环境质量包括室内空气质量、室内热环境、室内光环境、室内声环境等。其包括四个方面的内涵：①从污染源上开始控制，改善现有的市政基础设施，尽可能采用有益于室内环境的材料；②能提供优良空气质量、热舒适、照明、声学和美学特性的室内环境，重点考虑居住人的健康和舒适度；③在使用过程中，能有效地使用能源和资源，最大程度地减少建筑废料和室内废料，达到能源效率与资源效率的统一；④既考虑室内居住者本身所担负的环境责任，同时亦考虑经济发展的可承受性。

室内空气中甲醛、苯、甲苯等挥发物是危害人体健康的主要污染物。现在国内开发了很多有利于室内环境的材料，包括无污染、无害的建筑材料，有利于人体健康的材料，净化空气材料，保健抗菌材料，微循环材料等；已开发出无毒、耐候性强、使用寿命长的内外墙涂料，耐候性达到10年左右；利用光催化半导体技术产生负氧离子，开发出具有防霉、杀菌、除臭的空气净化功能材料；具有红外辐射保健功能的内墙涂料；利用稀土离子和分子的激活催化手段，开发出具有森林功能效应，能释放一定数量负离子的内墙涂料及其他建筑材料。这些新材料的研究开发为建造良好室内空气质量提供了基本的材料保证。

提高建筑材料的环保质量，从污染源上减少对室内环境质量的危害，是解决室内空气质量、保证人体健康等问题的最根本措施。使用高绿色度的具有改善居室生态环境和保健功能的建筑材料，从源头上对污染源进行有效控制具有非常重要的意义。

国外绿色建筑选材的新趋向：返璞归真，贴近自然，尽量利用自然材料和健康无害化材料，尽量利用废弃物生产的材料，从源头上防止和减少污染，尽量展露材料本身，少用油漆涂料等覆盖层或大量的装饰。

三、发展绿色环保建材的意义

（一）改善生存大环境

现代社会，人们越来越关注人类生存的大环境，并寻求良好的生态环境，希望保护好大自然，使自己和后代能够很好地生活在共同的地球上。绿色建材的发展，将有助于改善生存大环境。

（二）保障居住小环境

我国传统的居住建筑是由木料、泥土、石块、石灰、黄沙、稻草、高粱秆等自然材料和黏土加工物组成的，它们能与大自然较好地协调，而且对人体健康是无害的。现代建筑采用大量现代建筑材料，其中有许多是对人体健康有害的。因此有必要发展对人体健康无害以及符合卫生标准的绿色建材。

（三）提高公共场所的安全性

发展绿色环保建材能改善公共场所、公共设施对公众的健康安全影响，提高公共场所的安全性。车站、码头、机场、学校、幼儿园、商店、办公楼、会议厅、饭店等场所是大量人群聚集、流动的场所。这些建筑物中如果有损害公众健康安全的建筑材料,将会造成对人体的损害。

四、我国绿色环保建材的发展方向

环境问题已成为人类发展必须面对的严峻课题。人类不断开采地球上的资源,地球上的资源必然越来越少。人类在积极地寻找新资源的同时,目前最紧迫的应是考虑合理配置地球上的现有资源和再生循环利用问题,走既能满足当代社会发展需求又不致危害未来社会发展的道路,做到社会发展与环境保护的统一,眼前利益与长远利益的结合。绿色建材旨在建设资源节约型、环境友好型的建筑材料工业,以最低的资源、能源和环境代价,用现代科技加速建材工业结构的优化、升级,实现传统建材向绿色建材产业的转变。

(一)资源节约型绿色建材

我国人口众多,土地资源十分紧张,而建材又是消耗很多土地资源的行业之一。在建材的生产和使用过程中,排放出大量的工业废渣、尾矿以及垃圾,这不仅浪费了大量的资源,而且造成了严重的环境污染,对人类的生存产生了严重的威胁。建筑材料的制造离不开矿产资源的消耗,地区的过度开采,也使局部环境及生物多样性遭到破坏。

资源节约型绿色建材,一方面可以通过节省资源,尽量减少对现有能源、资源的使用来实现,另一方面也可通过采用原材料替代的方法来实现。原材料替代主要是指建筑材料的生产原料充分使用各种工业废渣、工业固体废弃物、城市生活垃圾等代替原材料,通过技术措施使所得产品仍具有理想的使用功能,如在水泥、混凝土中掺入粉煤灰、尾矿渣,利用煤渣、煤矸石和粉煤灰为原料生产绿色墙体材料等,这样不仅减少了环境污染,而且化废为宝,节约土地资源。

(二)能源节约型绿色建材

节能型绿色建材不仅仅要优化材料本身的制造工艺,降低产品生产过程中的能耗,而且应保证在使用过程中有助于降低建筑物的能耗。降低使用能耗包括降低运输能耗,即尽量使用当地的绿色建材,还要采用低耗能材料,如采用保温隔热型墙材或节能玻璃等。

建筑是消耗能源的大户,与建筑相关的能耗约占全球能耗的50%。建筑能耗与建筑材料的性能有着十分密切的关系,因此,要解决建筑的高能耗问题，开展绿色建材的研究和推广是十分有效的措施。

第一，要研究开发高效低能耗的生产工艺技术，如在水泥生产中采用新法烧成、超细粉磨、免烧低温烧成、高效保温技术等降低环境负荷的新技术，大幅度提高劳动生产率，节约能源。第二，要研究和推广使用低能耗的新型建材，如混凝土空心砖、加气混凝土、石膏建筑制品、玻璃纤维增强水泥等。第三，发展新型隔热保温材料及其制品，如矿棉、玻璃棉、膨胀珍珠岩等。第四，可以根据我国资源实际，利用农业废弃物生产有机、无机人造板，还可用棉秆、麻秆、蔗渣、芦苇、稻草、稻壳、麦秸等做增强材料，用有机合成树脂作为胶黏剂生产隔墙板，也可用某些植物纤维做增强材料，用无机胶黏剂生产隔墙板。这些隔墙板的特点是原材料广泛、生产能耗低、密度小、导热系数低、保温性能好。用这些建材建造房屋，一方面，充分利用资源，消除废弃物对环境造成的污染，实现环境友好；另一方面，这些材料具有较好的保温隔热性能，可以降低房屋使用时的能耗，实现生态循环和可持续发展。

（三）环境友好型绿色建材

环境友好型绿色建材是指生产过程中不使用有毒有害的原料，生产过程中无"二废"排放或废弃物，可以被其他产业消化，使用时对人体和环境无毒无害，在材料寿命周期结束后可以被重复使用。

人们采用各种生产方式从环境中获得资源和能源，并把它们转变成可供建筑使用的材料，同时也向环境排放出大量的废气、废渣和废水等，对环境造成了严重的危害。传统的建材生产，物质的转变往往是单方向的，生产出的产品供建筑使用，排放的废弃物并未采取措施处理，直接污染环境。而绿色建材则采用清洁新技术、新工艺进行生产，在生产和使用的同时，必须考虑与环境友好，这不仅要充分考虑到在生产过程污染少，对环境无危害，而且要考虑到建材本身的再生和循环使用，使建材在整个生产和使用周期内，对环境的污染减小到最低，对人体无害。

（四）功能复合型绿色建材

建筑材料多功能化是当今绿色建材发展的另一主要方向。绿色建材在使用过程中具有净化、治理、修复环境的功能，在其使用过程中不形成一次污染，本身易于回收和再生。这些产品具有抗菌、防菌、除臭、隔热、阻燃、防火、调温、调湿、消磁、防射线和抗静电等性能。

使用这些产品可以使建筑物具有净化和治理环境的功能，或者对人类具有保健作用，如以某些重金属离子如硅酸盐等无机盐为载体的抗菌剂，添加到陶瓷釉料中，既能保持原来的陶瓷制品功能，同时又增加了杀菌、抗菌和除臭等功能。这种陶瓷建材对常见的大肠杆菌、绿脓杆菌、金黄色葡萄球菌和黑曲霉菌等具有很强的灭菌功能，灭菌率可达99%以上。这样的建材可以用于食堂、酒店、医院等建筑的内装修，达到净化环境，防治疾病的发生和传播作用，也可在内墙涂料中加入各种功能性材料，增加建筑物内墙的功能性。再如，加入远红外材料及其氧化物和半导体材料等混合制成的内墙涂料，在常温下能发射出 $8\sim18\mu m$ 波长的远红外线，可促进人体微循环，加快人体的新陈代谢。

总之，绿色建材能推进能源和资源的高效合理利用，实现废弃物资源化，为发展资源节约型和环境友好型现代建材奠定了基础。为了实现我国经济和社会的可持续发展，建筑材料必须寻求新的、健康的发展道路，从产品设计、原材料替代和工艺改造入手，提高技术水平，提高资源和能源的综合利用率。开发使用"节能、节地、节材、节水、环保"的绿色建材将是建材业今后发展的方向。

五、绿色环保建材的发展策略

（一）提高资源综合利用率

①合理利用矿产资源，提高综合利用率，降低环境负荷。

②推进矿产资源和燃料的可持续发展战略研究，减少对优质、稀少或正在枯竭的重要原材料的依赖。

③推广节能、节资源、环保型新型建筑材料及其生产工艺、技术与装备。

（二）推广清洁生产技术

①推广节能及清洁生产技术，改造传统生产工艺，减少环境污染。

②发展大型、新型水泥生产技术和装备制造。

③开展玻璃粒化配合料制备和投料前预热方法的研究。

④推广富氧燃烧和全氧燃烧技术。

⑤进一步发展低温快烧陶瓷技术。

⑥开发和推广各种节能、节水的新工艺和新装备。

（三）推行再生资源

①发展建筑材料的再生利用技术和装备。

②综合利用工业废料废渣、尾矿、建筑物废料及城市垃圾

③研究可燃性废弃物燃料用以生产建筑材料。

(四) 改善室内环境质量

①研究建筑材料中挥发性有机物对室内空气质量的影响及污染物的释放规律。

②研究建筑材料对室内声、光、电环境的影响。

③研究和开发改善室内环境质量的产品,如具有抗菌、释放负离子、远红外保健、调温调湿功能的材料。

(五) 推广绿色建材产品

应推广以下绿色建材产品。

①无毒害、无污染的建筑涂料和黏结剂等。

②具有显著节能效果的墙体保温材料,如新型保温隔热、含蓄热功能的墙体材料。

③低辐射玻璃以及高效节能门窗玻璃。

④节水型卫生瓷和配套五金件。

⑤薄型陶瓷墙地砖。

⑥低辐射型建筑卫生陶瓷。

⑦可利用太阳能的光-电-热转化功能的玻璃窗、屋面和墙体组合建筑材料。

⑧防紫外辐射的建筑材料。

推广绿色建材在绿色建筑上的应用技术及配套施工技术,通过技术的研发和推广,提高我国绿色建材的整体技术水平。

第二节 城市供热多元化发展

一、供热模式范围界定

我国用于供热的一次能源主要包括煤炭、天然气及地热等,二次能源主要有石油产品和电力。热源是城市供热的核心,热用户是供热的对象。根据热源和热用户的不同类型将供热形式分为城市集中供热和分散供热(含小区分散锅炉房供热、楼栋或单元式集中供热、分户供热)两大类。

（一）集中供热模式

集中供热顾名思义就是由集中热源提供的热量，通过管道系统向各幢建筑或住宅各户供给热量的供热形式，减少了人口稠密地区的污染，提高了室内的舒适程度。

集中供热的热源主要有燃煤热电联产、大型锅炉房（分为燃煤、燃气、燃油型）、燃气-蒸汽联合循环等。集中供热已成为城市的一项重要基础设施，在节约能源、改善环境、促进生产、方便群众等方面起到重要作用。

集中供热是由一个或多个热源通过热网向城市、镇或其中某些区域热用户供热。发展到今天，典型的城市集中供热系统是热电联产热电厂作为基本负荷的热源与调峰锅炉联网运行的模式，十分利于节约能源和集中治理环境，逐步实现集中管理和集中调度，其能源利用率高的优势正在得到充分发挥。

集中供热是一个综合的系统工程，系统中包含着许多单元(环节或工序)。发展城市集中供热，应该根据节能、保护环境和经济合理的要求，并根据当地的具体条件，慎重选择集中供热的方式。

（二）分散供热模式

分散供热的热源主要有小区集中锅炉房（分为燃煤、燃气、燃油型）、小型天然气采暖（包括分户燃气壁挂炉、燃气直燃机）、电采暖（包括分散式直接用电采暖、电热锅炉、电动热泵）、地热等。

分散供热有很多优点。①分散供热模式的建设费用低。以独立户形式实现的分散供热则只需在户内厨房安装一套壁挂式小型家用天然气锅炉，这种壁挂式小型家庭专用天然气锅炉除能完成家庭采暖外，还能同时供应生活用热水。②分散供热运行费用低。以独立户形式实现分散供热所使用的壁挂式小型家用天然气锅炉是一种高智能化的设备，全部运行过程无须专人管理。③分散供热模式运行调节方便，供暖舒适性提高。以独立户形式实现的分散供热，住户完全可以根据家庭的实际情况，通过简单操作，给小锅炉以适当命令，达到用户自己习惯的、舒适的室内供暖温度和供暖时间。④分散供热暖气费的缴纳计量准确合理。以独立户形式实现的分散供热，不需另外安装暖气表来确定暖气的使用情况，住户根据使用的天然气量按计量表示读数缴纳费用，缴费合情、合理、合法，便于地板采暖的推广和实现。

二、我国城市供热的方式

（一）热电联产供热模式

热电联产是指发电厂既生产电能，又利用汽轮发电机做过功的蒸汽对用户供热的方式，即同时生产电、热能的工艺过程，较之分别生产电、热能方式节约燃料，经济性较好，是我国北方地区最基础、利用最广泛的供热方式。

热电联产供热的优点：成本低，投资少，建设周期短，供热量能灵活地适应热负荷需要。

热电联产供热的缺点：由于热电厂多位于城区外围，向城区输配热量修建供热管线施工困难，投资大；部分项目远距离输配热量，中途需设置中继泵站才能满足输配要求，增加运行费用；长距离输送中途热损失较大；热电厂机组供热能力强，基本无备用机组，一旦设备出现故障，受影响供热面积巨大，容易引发社会问题。

（二）锅炉供热模式

锅炉供热模式是指以锅炉房作为热源在某个特定区域内进行集中供热。按能源种类分为燃煤锅炉、燃气锅炉、电锅炉、生物质锅炉、燃油锅炉等。

锅炉供热的优点：可根据热负荷状况量身设置，供热范围可大可小；建设周期短，供热设施建设造价低、工期短，易于与城市建设同步进行，能够做到同时规划、同时设计、同时施工、同时使用，有利于加快实现城市集中供热。

锅炉供热的缺点：燃煤锅炉建设环保要求高，自身发展受政策影响较大；其他能源锅炉制热能源成本较高，经济性较差。

（三）电热供热模式

电热供热模式是采用电炉或电暖器等设备，将电能直接转化为热能来进行采暖的方式，多用于电力供应较为宽裕、热负荷相对较小的场合，如壁挂式采暖炉，通常以一户一个供暖和供生活热水的系统为主。

电采暖的供热方式有直接用电采暖、蓄热电热锅炉以及电动热泵等形式。尽管电采暖不直接耗用煤、天然气和水等一次能源，而且其供热过程也不直接造成环境污染，但从节能角度看，直接用电采暖不合理，因为产一度电要耗能 3000 kcal（千卡，1 kcal=4185.85 J），而只有 860 kcal（1 kW·h）转化为热能，能源利用率不到 30%。

电热供热的优点：电能是一种清洁能源，用电采暖有显著的环境效益，同时还具有方便、灵活和易于实现自动化等优点。在诸多能源中，电能属洁净能源，没有污染，不会造成地区环境污染，对环保最为有利。

电热供热的缺点：电热供热模式的一次能源效率是最低的，运行成本也明显高于其他采暖方式，在北方地区，绝大部分电力来源于火电，一次能源煤炭变成电能的效率只有30%左右，即使电锅炉的效率达到95%以上，电热供热的一次能源效率也只有25%左右，因此用电供热的一次能源效率是极低的。

（四）热泵供热模式

热泵供热模式一般通过热泵技术，以电能、蒸汽或燃气作为驱动能源，将低品位工业余热（30℃以下）、生活污水、空气、浅层地热等低品位热能进行收集，提取热量用于城市供热。

热泵供热的优点：热泵供热模式合理地利用了高品位能量，综合能源效率较高，对采暖区域无污染，环保效益好，一机两用，提高了设备利用，具有热回收功能，可以充分利用室外阳光、室内人员、电器办公设备等放出的热量，节能效益明显，有运行灵活、方便、调节简便等优点，而且热泵供热的供热指数能够达到数倍高于其他供热模式的供热指数，以达到节能的目的。当利用第二类吸收式热泵供热模式时，其供热指数可达其他模式的百倍以上，节能效益更加突出。

热泵供热的缺点：初投资较大，供热品味一般较低，不适于长途输配，对用热建筑供热方式（宜采用地板辐射采暖或空调采暖）建筑围护结构等有一定要求。

根据低位热源种类区分热泵，可分为空气源热泵和水源热泵。我国用得最多的空气源热泵是热泵型房间空调器。热泵型房间空调器通过换向阀门的变换，在夏季实现制冷循环，在冬季实现制热循环。当向室内提供同样热量时，热泵型房间空调器的耗电量较低，并且一机两用，提高了设备利用率。除此之外，热泵型房间空调器还具有安装方便、自动化程度高、操作简单等优点。但是，当室外温度低于-5℃时，其供热量减少，节能效益降低。

水源热泵由室内水源热泵、闭式水循环回路辅助设备和排风系统等组成。制冷运行时，将房间的余热及机组的输入功率一起都转移到水系统中去，供热运行时，从水中提取热量。这种系统具有调节方便、单独计价、布置紧凑、简捷灵活、设计方便、施工及运行管理简便等优点。

（五）高品位工业余热供热模式

高品位工业余热供热模式是指工业企业在生产过程中排放的废热，自身温度较高（一般70℃以上），经换热可直接用于城市供热，如钢厂高炉冲渣水。高品位工业余热受到政府政策支持，有利于节能减排，且制热成本低廉。出水温度不稳定，且设备定修期间无法供热，一般需配有备用热源。

（六）其他清洁能源供热模式

1. 太阳能供热模式

太阳能是清洁能源，取之不尽、用之不竭。目前太阳能热水器较普遍使用，多是安装在屋顶上利用太阳能直接照射加热利用，大部分用于生活用热，洗澡、洗涤用热，用于采暖较少。

太阳能的利用是将太阳辐射转化为热能和电能，它不但价廉，而且具有以下优点：适应性强（无论技术高低都可利用）、覆盖面广（全球各地均可利用太阳能）、洁净度高（对环境无污染）、安全性高（在使用过程中没有泄漏、燃烧、爆炸等危险）、可用期长（专家估计太阳能可用50亿年）。

2. 核能供热模式

低温核供热是近些年发展起来的一种利用核反应堆单纯供热的供热模式，这种模式安全性好，对环境污染小，供热效率高。核供热既可满足用户对室内供暖温度的要求，同时由于降低了低压参数，反应堆安全性大大提高。正常运行时对周围环境的放射性辐射照量比燃煤热电厂还低，更不排放烟尘、二氧化碳、二氧化硫等有害物质。而且由于它的能量密度高，只占用很少的地方，对解决集中供热中燃煤、燃油带来的环境染和运输问题，以及缓解煤炭紧张具有现实意义。

3. 地热能供热模式

在可再生能源中，地热能属于地球本身蕴藏的能量，地热资源储量极为丰富，是全部煤炭资源储量的17000万倍，地热通过各种途径向地表散热，一年的散热量相当于200亿t标准煤燃烧所放出的热量，是目前世界能源消费量的一倍。地热能的直接利用只要求热量交换，无须转变成机械功，因此利用技术和设备都相对简单，并能最低程度利用热能。地热采暖的特点是温度舒适、热源温度稳定、采暖连续。

三、城市供热发展建议

（一）多种能源协调利用

高效、综合利用各类能源以满足城市供热需求，是解决城市供热问题的唯一途径。城市供热应改变单纯依靠供热企业解决的思路，从当地的产业布局、能源的结构、建筑物的性质等多方面进行综合评价，从规划开始，按照"宜气则气、宜电则电、多种能源综合利用"的精神，明确各个区域、各类建筑的供热形式、用能类别，然后根据用能类别、能源使用数量，热力、燃气、电力等部门提前谋划、建设相关基础设施，满足区域供热用能需求；开发企业根据供热用能类别、能源参数进行采暖系统设计，保证达到预期的供热效果。

（二）提高供热管理水平

随着供热技术的发展，我国越来越多的供热企业通过自主研发或委托专业公司，对自身供热设施，特别是控制系统进行技术改造，提高供热系统的自动化控制水平，提高能源使用效率。但也有部分供热企业供热方式仍较为粗放，靠经验供热的现象依然存在，由于缺乏供热数据有效采集和精准的控制手段，造成不同区域之间供热效果相差悬殊，为缓和供热矛盾，往往采取提高供热参数的办法，导致能源的浪费严重。

精准供热，应以科技手段为先导，推广供热系统自动调控技术，结合室温采集系统和气候补偿系统，使整个供热系统实现自动控制、自动平衡，提升供热质量，提高能源利用效率。同时还需运用市场经济手段，完善热量计费办法，提高热用户自主节能积极性，高效利用现有热源供热能力。

第三节 可再生能源的发展论述

一、我国可再生能源发展现状

可再生能源是可以永续利用的能源资源，如水能、风能、太阳能、生物质能和海洋能等。我国除了水能的可开发装机容量和年发电量均居世界首位之外，风能、太阳能和生物质能等可再生能源资源也都非常丰富，具有大规模开发的资源条件和技术潜力，可以为未来社会和经济发展提供足够的能源，开发利用可再生能源大有可为。

随着越来越多的国家采取鼓励可再生能源的政策和措施，可再生能源的生产规模和使用范围正在不断扩大。至少有 60 个国家制定了促进可持续能源发展的相关政策。全球大约有 5000 万个家庭使用安放在屋顶的太阳能热水器获取热水，250 万个家庭使用太阳能照明，2500 万个家庭利用沼气做饭和照明。

可再生能源比重的提升传递着"绿色经济"正在兴起的信息，新的温室气体减排机制将进一步促进绿色经济的全面发展。根据我国中长期能源规划，2020 年之前，我国基本上可以依赖常规能源满足国民经济发展和人们生活水平提高的能源需要，到 2020 年，可再生能源的战略地位将日益突出，届时需要可再生能源提供数亿吨乃至十多亿吨标准煤的能源。因此，我国发展可再生能源的战略目的将是：最大程度地提高能源供给能力，改善能源结构，实现能源多样化，切实保障能源供应的安全。

二、发展可再生能源的意义

（一）实现可持续发展

随着经济社会的快速发展，大量化石能源被消耗，不仅造成化石能源日趋枯竭，同时生态环境还遭到破坏，这些越来越成为影响人类社会的重要问题，受到了世界各国的普遍关注。只有从根本上改变人类社会这种持续了几百年的能源供给模式，大规模地开发利用取之不尽、用之不竭、清洁环保的可再生能源，才能真正实现社会的可持续发展。从本质意义上说，可再生能源是人类社会发展的长久保障和不竭动力。

从 20 世纪 70 年代的石油危机开始，人类社会便开始愈发受到能源紧缺问题的困扰。从世界范围来看，常规能源是非常有限的，但社会经济的发展对能源的需求在不断增加，能源供给状况日趋紧张。按照当前的静态利用水平，全世界的石油、天然气、煤炭使用年数不过百余年。按照不断增长的动态利用水平，使用年限会更少。可以说，全球公民正透支着子孙后代的生存资本和发展空间。因此，开发可再生能源已经成为人类解决能源危机的必然选择。

在 20 世纪，化石能源的开发和利用得到了空前发展，年平均能源供应量增长了 10 倍，以化石燃料为主的能源利用支撑了人类的生存与发展。但在现有技术条件下，化石能源的大量使用给地球环境造成了严重危害，二氧化碳、二氧化硫等温室气体及其他有害气体的大量排放使人类生存空间受到了极大的威胁。人们逐渐意识到，我们赖以生存的地球既不是取之不尽的能源资源库，也不是可以随便排放的垃圾场。为了全人类及子孙后代的生存，必须开发清洁环保的可再生能源。

开发利用可再生能源是落实科学发展观、建设资源节约型社会、实现可持续发展的基本要求。充足、安全、清洁的能源供应是经济发展和社会进步的基本保障。我国人口众多，能源需求增长压力大，能源供应与经济发展的矛盾十分突出。为从根本上解决我国的能源问题，不断满足经济和社会发展的需要，保护环境，实现可持续发展，除大力提高能源效率外，加快开发利用可再生能源也是重要的战略选择。

（二）保护环境

开发利用可再生能源是保护环境、应对气候变化的重要措施。目前，我国环境污染问题突出，生态系统脆弱，大量开采和使用化石能源对环境影响很大，特别是我国能源消费结构中煤炭比例偏高，二氧化碳排放量增长较快，对气候变化影响较大。可再生能源清洁环保，开发利用的过程不增加温室气体排放。开发利用可再生能源，对优化能源结构、保护环境减排温室气体、应对气候变化具有十分重要的作用。

（三）促进经济发展

开发利用可再生能源是开拓新的经济增长领域、促进经济转型、扩大就业的重要选择。可再生能源资源分布广泛，各地区都具有一定的可再生能源开发利用条件。可再生能源的开发利用主要是利用当地自然资源和人力资源，对促进地区经济发展具有重要意义。同时，可再生能源也是高新技术和新兴产业。快速发展的可再生能源已成为一个新的经济增长点，可以有效拉动装备制造等相关产业的发展，对调整产业结构，促进经济增长方式转变，扩大就业，推进经济和社会的可持续发展意义重大。

（四）建设社会主义新农村

开发利用可再生能源是建设社会主义新农村的重要措施。农村是目前我国经济和社会发展最薄弱的地区，能源基础设施落后，许多农村生活能源仍主要依靠秸秆、薪柴等生物质资源直接燃烧的传统利用方式提供。农村地区可再生能源资源丰富，加快可再生能源开发利用，一方面可以利用当地资源，因地制宜解决偏远地区电力供应和农村居民生活用能问题，另一方面可以将农村地区的生物质资源转换为商品能源，使可再生能源成为农村特色产业，有效延长农业产业链，提高农业效益，增加农民收入，改善农村环境，促进农村地区经济和社会的可持续发展。

三、我国可再生能源的发展前景

（一）坚持可再生能源的开发与利用

我国的能源相对贫乏，再加上我国庞大的人口基数，人均能源占有量与世界平均水平相比就更低了。同时，我国是世界上少数几个以煤为主要能源的国家。目前，提高可再生能源在能源结构中的比例、推进可再生能源的产业化发展已成为我国的一项基本国策。

世界能源结构必将从以煤炭、石油和天然气为主的矿物能源系统转向以可再生能源为基础的持久性的能源系统。虽然这一转化过程需要经过漫长的发展过程，但这是必然趋势。因此，降低矿物能源消费和开发利用可再生能源应成为我国能源政策中极为重要的组成部分。开发利用可再生能源是我国实施可持续发展战略的必然选择。

由人类的整个能源利用史可以看出，人类的能源利用从薪柴到煤炭，再从石油与天然气到太阳能、风能、水能、地热能等可再生能源，整个过程遵循着碳含量越来越低的客观规律。人类的能源革命从本质上讲就是"脱碳"，人类能源的整个利用史就是"脱碳"的历史，而能源利用正是从低效、高污染向高效、零排放演进。这个革命的制高点就是氢能的大规模利用。大力开发利用可再生能源将使得人类从延续了上万年的"碳能源"时代迈入"非碳能源"的新时代。

（二）能源转型发展方向

由于以化石能源为主的能源结构是导致环境破坏的主要因素，因此只有通过优化能源结构来推动我国能源系统的转型，才能从根本上减少各类污染物的排放。因此，我国能源转型的方向是，抓住全球能源转型的机遇，推动能源生产和消费革命，建立以可再生能源为主体，清洁、低碳和高效的新型能源系统。

1. 降低高碳化石能源利用规模

以土地、水资源和生态环境条件作为煤炭开发布局的准入门槛，严格控制煤炭乱开乱采，力争将煤炭产能控制在 40 亿 t 以下。强化京津冀、长三角、珠三角等雾霾严重地区的煤炭消费总量控制，严控大型高耗煤工业甚至燃煤电厂项目，积极淘汰落后产能；着力提高煤炭直接发电比重，抑制煤炭终端利用，大幅降低煤炭在我国能源结构中的比重。石油消费增长主要集中在交通运输领域，随着交通物流需求的增长及家用汽车的普及，未来石油消费还将保持相当长时期的增长趋势。目前，还没有可大规模替代石油的交通能源，因此应在满足合理需求的前提下稳步抑制石油消费，大力发展公共交通，倡导绿色出行，逐步降低石油利用比重。

2. 扩大低碳化石能源利用规模

继续加强常规天然气资源勘探开发，加快开展煤层气、页岩气等非常规天然气资源评价，加强技术研发和储备，合理规划其发展目标。抓紧制定天然气进口战略，抓住当前全球天然气买方市场的机会，液化天然气（LNG）和管道天然气进口并举。积极推动天然气"走出去"，对外投资天然气气田、管网和运输船。

鼓励天然气发电，特别是在资源供应相对充足、价格承受能力较强、环境质量要求较高的东部地区发展相当规模的天然气发电项目以替代燃煤电厂。鼓励天然气分布式利用，因地制宜发展天然气热电冷多联产项目。积极发展天然气调峰电站，以天然气发电调峰来促进可再生能源发电消纳。加强与城市、城际交通运输体系规划衔接，鼓励城市天然气乘用车、液化天然气商用车发展以替代燃油车。在天然气资源较丰富的地区可积极发展天然气化工项目。

3. 积极发展各种可再生能源

可再生能源在中国具有种类全、总量大、分布广的特点，为规模化开发利用可再生能源创造了有利条件。积极发展各种可再生能源，一是应有序发展水电，加快水电项目开发建设进度，确保每年按一定的增长率平稳发展；二是应坚持以"近期陆上为主、远期拓展海上"的发展思路，高效规模开发陆上风电，逐步开发海上风电；三是因地制宜发展太阳能、生物质能等其他可再生能源。

4. 提高可再生能源产品竞争力

促进可再生能源产业向具有自主知识产权、注重基础研究和创新研究的方向发展。加快技术成熟、市场竞争力强的可再生能源技术应用，推进技术基本成熟、开发潜力大的新能源技术产业化。强化开展电力需求侧管理，探索动态可调节负荷管理新模式，促进终端能源需求与风电、太阳能发电等随机性电源的协调匹配。发挥可再生能源可提供多种能源产品、满足多种需求的优势，从电网、交通燃料配给网络、燃气网络以及供热网络等着手，优先考虑可再生能源的推广使用。

第四节　我国绿色建筑发展的战略

一、绿色建筑促进与管理

（一）绿色建筑规划

绿色建筑规划是一项具有全局性、综合性、战略性的重要工作，是指导、调控绿色建筑建设和发展的基本手段。搞好绿色建筑规划，对于发展绿色建筑、改善人居环境、保护生态环境、促进社会经济绿色低碳发展具有十分重要的意义。

1. 绿色建筑规划的组织

国务院城乡规划主管部门会同国务院有关部门组织编制全国城镇绿色建筑体系规划，用于指导省域城镇绿色建筑体系规划、城市绿色建筑总体规划的编制；省、自治区人民政府城乡规划部门组织编制省域城镇绿色建筑体系规划；直辖市及其他城市人民政府组织编制所在市的城市绿色建筑总体规划；县、镇人民政府组织编制县、镇人民政府所在地的绿色建筑总体规划。

2. 绿色建筑规划的依据

编制全国城镇绿色建筑体系规划时，要综合考虑我国基本国情、经济发展水平及国家规划等大政方针；各省、自治区、直辖市、县、镇人民政府组织编制其所在地的绿色建筑规划时，要充分考虑各地经济社会发展水平、资源禀赋、气候条件、建筑特点等，因地制宜地编制绿色建筑规划，合理确定绿色建筑的建设规模、步骤和建设标准。既要有适当的超前意识，但又不能脱离客观实际。

3. 绿色建筑规划的主体

编制绿色建筑规划需要有效、准确及翔实的信息和数据，并以其为基础进行定性与定量的预测，还应符合相关技术及标准，其专业性、技术性较强，故绿色建筑规划组织编制机关应当委托具有相应资质等级的单位来承担绿色建筑规划的具体编制工作，并要组织专家进行评审，确保规划的合理性、有效性及可行性。

规划是行动的指导,要积极编制绿色建筑规划,指导绿色建筑的建设和发展。我国当前正处在城镇化和新农村建设快速发展的时期,做好城镇化和新农村建设中的绿色建筑规划,必将极大地推进绿色建筑的规模化发展,推动城乡建设走上绿色、循环、低碳的科学发展轨道,促进经济社会全面、协调、可持续发展。

(二)绿色建筑发展政策

1. 财政补贴

财政补贴主要是指通过采取物价补贴、亏损补贴、财政贴息、税前还贷等方式对绿色建筑企业进行鼓励。一般而言,补贴有三种形式:一是绿色投资补贴,即对投资者进行补贴;二是绿色产品补贴,即根据绿色产品、产量对生产者进行补贴;三是绿色消费补贴,即对购买绿色建筑产品的消费者进行补贴。

2. 税收政策

发展绿色建筑与绿色节能的税收政策的主要内容包括两项。一是强制性税收政策,尤其是高标准、高强度的税收政策,不仅能起到鼓励节约利用资源和防止环境污染的作用,还能促使企业采用先进技术、提高技术水平,因而是一种不可或缺的刺激措施。因此,要建立和完善环境与资源税收体系,必须在现有资源税的基础上,扩大征收范围,开征环境税、森林资源税、碳税等税种,并逐步将现行的资源环境补偿费纳入资源环境税的范畴。同时实现税负转移,完善计税方法,加大对有害于环境的活动或产品的征税力度,加强资源税的惩罚性功能。二是税收优惠政策,如减免关税、减免形成固定资产税、减免增值税和企业所得税等。

实现绿色税收政策,应注意解决以下三个问题。一是税收调控目标的选择应建立在包括环境效益在内的成本效益分析基础上,实现环境经济一体化。二是绿色税收手段要和其他手段配合使用。三是不同税收措施要相互配合,如从税收调节环节来看,可在产前环节,运用税收手段引导企业使用清洁的能源、原材料等;在生产环节,实施鼓励采用生产工艺先进、节能降耗、消除污染的工艺、技术、设备;在产后环节,对企业回收利用废物实施税收鼓励措施。

3. 价格政策

价格政策主要包括两种。第一种是能源资源价格政策。能源资源价格与节能有密切的关系，价格上升，则会减少能源资源的需求，并促进节能技术的研究开发。所以，要改变现行的能源资源价格只计开发成本的做法，使能源资源价格至少包括开发成本、环境退化成本和利用成本等。第二种是节能技术、产品价格政策。例如，可再生能源产品由于其成本一般高于常规能源产品，所以要对可再生能源价格实行优惠的政策。

（三）绿色建筑发展机制

绿色建筑的发展与经济投资密切相关，与不同人群的利益相关。绿色建筑是需要成本投入的，而这正是"市场机制部分失效"的领域，只靠市场运作来解决绿色建筑问题在国外也被证明是失灵的，这需要政府的强力干预，如立法、税收、管理等来调节。但当前我国相关法律并不完善，政府政策干预也因缺乏力度而失效。在这种情况下，再好的生态技术推广起来也是困难重重。因此，在生态建筑发展中，政府的政策导向和经济激励是必不可少的。

实现绿色建筑的发展，需要将人类社会中一切有利于生态建筑发展的观念、行为普及化和永续化，需要将绿色建筑的经济资源条件、经济体制条件和社会环境条件长期保持和不断完善，这些都有赖于法律的保障。只有通过法律手段，绿色建筑的技术规划才能转化为全体社会成员自觉或被迫遵循的规范，绿色建筑的机制和秩序才能够广泛与长期存在。

我国绿色建筑发展的基本法律基础已经奠定，但在操作层面，将这些法律所规定下的基本原则结合建筑行业与不同地区特点形成的行政与地方法规规章与标准体系尚待完善，特别是包含生态建筑评价标准在内的可操作性强的各种标准、地方实施细则是当前绿色建筑制度体系建设中的薄弱环节。

在绿色建筑的初创期，政府如何通过一系列制度建设，承担起市场机制尚未成熟的替代推动功能，促进和培育各种市场主体，最大程度地动员建材供应商、制造商、房地产开发企业、建筑公司、设计事务所和物业公司等积极推广绿色建筑，并从法律上支持和保护各主体的利益，运用有效的激励机制，切实降低经济成本，充分调动各方积极性，将绿色建筑全面铺开，是目前政府和行业管理者推行绿色建筑所面临的挑战。只有建立了完善的绿色建筑法律体系，才能既有原则上的统一指挥，又能依法办事把绿色建筑的推广工作落到实处。而相应的财政、金融、税收等优惠政策可以实现对绿色建筑的积极引导。只有这样，才能使各项政策相互配合，加快推进绿色建筑的发展。

（四）绿色建筑评价与监督

1. 绿色建筑评价

一套清晰的绿色建筑评估系统，对绿色建筑概念的具体化，使绿色建筑脱离空中楼阁真正走入实践，以及对人们真正理解绿色建筑的内涵，都将起到极其重要的作用。对绿色建筑进行评估，还可以在市场范围内为其提供一定规范和标准，可减少开发商与购房者之间的信息不对称性，有利于消费者识别虚假炒作的绿色建筑，鼓励与提倡优秀绿色建筑，形成"优绿优价"的价格确定机制，从而达到规范建筑市场的目的。为引导绿色建筑健康发展，规范绿色建筑评价标识工作，我国还建立了与绿色建筑相关的评价标识制度。

2. 绿色建筑监督

绿色建筑是一项系统工程，贯穿于项目前期、设计、施工、验收以及运营全过程。我国现阶段绿色建筑的开发、设计、施工、运营阶段划分明显，职责细化到各单位，特别是建筑设计单位与施工单位互相独立，各负其责。为确保推广绿色建筑既定规划目标的实现，达到预期效果，应当加大绿色建筑策划决策、设计、施工、验收及运营整个过程的监管，严格绿色建筑建设全过程监督，并根据监管反馈信息不断对监管过程进行调整和完善。

二、绿色建筑宣传与教育

（一）学校绿色建筑教育

学校的绿色建筑教育主要分为两大类：专业教育和非专业教育。专业教育是针对高校建筑专业的学生进行的，主要形式是采用课程设置、开展实践教学活动、支持专项研究的方式进行。例如，在建筑专业的专业必修课中设置一门绿色建筑课程，组织学生实地参观、调研绿色建筑，进行相关专题的设计，组织学生参加全国建筑院校绿色课程设计竞赛，设立绿色建筑奖学金等。有的学校还设立了专门的研究机构从事绿色建筑的相关研究。通过这些方式能培养既有节能、环保意识，又具有专业知识与技能的绿色建筑专业人才。

（二）绿色建筑职业培训

职业培训主要是针对建筑行业从业人员进行的绿色建筑培训。目前相关的职业培训以行业主管部门的培训为主,以充分发挥和调动各地发展绿色建筑的积极性,提高我国绿色建筑整体水平。

(三) 绿色建筑专业研讨会

每年我国的相关部门都会组织一些与绿色建筑相关的专业研讨会。这些会议既有国际性的,也有全国性与地区性的,如国际绿色建筑与建筑节能大会暨新技术与产品博览会、绿色建筑国际研讨会、绿色建筑与节能国际会议、绿色建筑与城市规划会议等。

(四) 绿色建筑媒体宣传

绿色建筑宣传与教育的媒体主要涉及报纸、期刊、互联网,有些电视节目也有相关内容播出。报纸、期刊、互联网等媒体上每年都有大量有关绿色建筑的专业性文章、案例及相关信息刊载,内容涉及绿色建筑的概念、设计、施工、技术、建材、管理及推广政策等方面。

尽管上述绿色建筑的宣传与教育在绿色建筑的推广中发挥了重要作用,但我国绿色建筑的宣传与教育仍然处于初级阶段,存在着参与主体少、宣传内容更新不及时、宣传对象范围窄、宣传手段单一等问题。在学校的非专业性绿色建筑的宣传教育中,参与学校的数量还不多,学校大多进行的是绿色教育,与建筑相关的内容相对涉及较少;职业培训机构以国家主管部门为主,社会力量很少参与到这个领域中;绿色建筑宣传媒体也以与建筑相关的专业性媒体为主,大众媒体参与较少。媒体宣传以新闻报道、专业人士研究论文的形式为主,而大众喜爱的其他宣传形式,如绿色建筑专栏或绿色建筑知识问答、知识竞赛、绿色建筑有奖征文活动以及以绿色建筑为主题的小品、电影、电视纪录片等影视作品相对匮乏。

绿色建筑的推广需要社会各方的共同努力,因而,在对绿色建筑的宣传教育中,应调动各方的积极性,共同参与绿色建筑的宣传教育,根据不同的教育对象设置不同的宣传教育目标,采用不同的方法,有侧重点地进行,从而使宣传教育更具有针对性,以达到更好的效果。

三、绿色建筑发展与推广

(一) 坚持绿色建筑发展方向

绿色建筑的节能、节地、节水、节约资源与环保的特点使得绿色建筑不仅体现了科学发展观、以人为本和和谐社会的理念,也使其成为未来建筑业发展的必然趋势。对房地产企业而言，进行绿色化转型是未来面临的必然选择。虽然国内很多的房地产企业并没有付诸行动，依然建造耗能较高、环境负荷较大的建筑，但有部分具有远见、有责任的公司早已开始进行绿色建筑的实践。

（二）加大绿色建筑投入

企业绿色建筑发展战略实施的关键在于是否有先进的绿色建筑技术体系做支撑。作为新生事物的绿色建筑，在发展初期很多技术还需相关主体进行开发、实践与完善。绿色建筑方面的先行企业应投入资金、人力，并与多方进行合作，共同开发绿色建筑技术体系，应用于设计、施工实践。

（三）开发绿色建筑产品

企业在研究绿色建筑技术的同时，也将其不断地应用于建筑实践中，将绿色建筑由概念转化为建筑实体，开发出绿色化程度不同的建筑。一方面为绿色建筑的进一步发展提供有益探索；另一方面也为行业内其他企业提供了很好的示范。

（四）企业绿色形象战略

企业在绿色建筑实践中，应通过各种手段与方法与消费者、合作伙伴及社会各界进行广泛沟通与宣传，使社会各界逐步形成绿色意识，消费绿色建筑产品，参与绿色建筑发展事业中，共同促进绿色建筑的普及与推广。

参考文献

[1] 李君. 建设工程绿色施工与环境管理 [M]. 北京：中国电力出版社，2013.

[2] 殷为民，张正寅. 土木工程施工组织 [M]. 武汉：武汉理工大学出版社，2016.

[3] 石元印，邓富强，王泽云. 建筑施工技术 [M].4 版. 重庆：重庆大学出版社，2016.

[4] 王宗昌，青丽. 建筑工程施工技术与管理 [M]. 北京：中国电力出版社，2014.

[5] 李凯玲. 建筑工程概论 [M]. 北京：冶金工业出版社，2015.

[6] 李飞，杨建明. 绿色建筑技术概论 [M]. 北京：国防工业出版社，2014.

[7] 黄宗襄，陈仲. 超高层建筑设计与施工新进展 [M]. 上海：同济大学出版社，2014.

[8] 刘敏，张琳，廖佳丽. 绿色建筑发展与推广研究 [M]. 北京：经济管理出版社，2012.

[9] 杜运兴，尚守平，李丛笑. 土木建筑工程绿色施工技术 [M]. 北京：中国建筑工业出版社，2010.

[10] 武新杰，李虎，李翠华，等. 建筑施工技术 [M]. 重庆：重庆大学出版社，2016.

[11] 韩选江，李延和，周云，等. 绿色建筑理念与工程优化技术实施进展 [M]. 北京：知识产权出版社，2012.

[12] 王永祥，章雪儿，周洪林，等. 建筑节能工程施工 [M]. 南昌：江西科学技术出版社，2009.

[13] 张波，陈建伟，肖明和. 建筑产业现代化概论 [M]. 北京：北京理工大学出版社，2016.

[14] 刘睿. 绿色建筑管理 [M]. 北京：中国电力出版社，2013.

[15] 李湘洲. 新型建筑节能材料的选用与施工 [M]. 北京：机械工业出版社，2012.

[16] 刘新红，贾晓林. 建筑装饰材料与绿色装修 [M]. 郑州：河南科学技术出版社，2014.

[17] 王如竹，翟晓强. 绿色建筑能源系统 [M]. 上海：上海交通大学出版社，2013.

[18] 高力强，姚胜永. 绿色能源下的建筑形态研究 [M]. 石家庄：河北美术出版社，2015.

[19] 刘伊生. 绿色低碳发展概论 [M]. 北京：北京交通大学出版社，2014.

[20] 中国可再生能源学会.2049 年中国科技与社会愿景——可再生能源与低碳社会 [M]. 北京：中国科学技术出版社，2016.

[21] 张庆麟. 新能源产业 [M]. 上海：上海科学技术文献出版社，2014.

[22] 倪欣. 西北地区绿色生态建筑关键技术及应用模式 [M]. 西安：西安交通大学出版社，2017.

[23] 冷超群，李长城，曲梦露. 建筑节能设计 [M]. 北京：航空工业出版社，2016.

[24] 张春洪. 建筑施工管理创新研究 [J]. 中国城市经济，2011（24）：225.

[25] 鲁泓壮. 建筑环境与能源应用工程 [J]. 居业，2017（11）：78-79.

[26] 黄磊. 某绿色建筑的能源管理系统建设 [J]. 现代建筑电气，2018，9（10）：19-23.

[27] 杜成锴. 绿色建筑暖通空调设计技术分析 [J]. 住宅与房地产，2018（24）：128.

[28] 智家兴. 建筑节能途径和实施措施综述 [J]. 山西建筑，2018，44(5)：197-198.

[29] 赵悦雯. 绿色建筑能源循环利用优化设计方法管窥 [J]. 四川水泥，2018（7）：78.